全国高等农业院校教材

全国高等农业院校教材指导委员会审定

现代仪器分析

（第3版）

严衍禄　主编

农业院校理、工、农科专业用

中国农业大学出版社
·北京·

图书在版编目(CIP)数据

现代仪器分析/严衍禄主编 .—3 版.—北京:中国农业大学出版社,2010.6(2017.8 重印)
ISBN 978-7-5655-0011-4

Ⅰ.现… Ⅱ.严… Ⅲ.仪器分析 Ⅳ.O657

中国版本图书馆 CIP 数据核字(2010)第 088938 号

书　　名 现代仪器分析(第 3 版)
主　　编 严衍禄 主编

封面设计 郑 川
责任编辑 冯雪梅
出版发行 中国农业大学出版社
责任校对 陈 莹 王晓凤
社　　址 北京市海淀区圆明园西路 2 号
邮政编码 100193
电　　话 发行部 010-62818525,8625
编辑部 010-62732617,2618
读者服务部 010-62732336
出 版 部 010-62733440
网　　址 http://www.cau.edu.cn/caup
e-mail cbsszs @ cau.edu.cn
经　　销 新华书店
印　　刷 北京鑫丰华彩印有限公司
版　　次 2010 年 6 月第 3 版　　2017 年 8 月第 3 次印刷
规　　格 787×1 092　16 开本　16 印张　394 千字
定　　价 26.00 元

图书如有质量问题本社发行部负责调换

主　　编　严衍禄（中国农业大学）
副 主 编　闵顺耕（中国农业大学）
　　　　　吴谋成（华中农业大学）
　　　　　张晔晖（中国农业大学）
编 著 者　（按姓氏拼音为序）
　　　　　吉海彦（中国农业大学）
　　　　　闵顺耕（中国农业大学）
　　　　　彭运生（中国农业大学）
　　　　　吴谋成（华中农业大学）
　　　　　严衍禄（中国农业大学）
　　　　　张晔晖（中国农业大学）
主 审 人　邓　勃（清华大学）

内 容 简 介

本书是高等农业院校教材《现代仪器分析》的第3版，内容与大学物理、大学化学相衔接，以化学信息学为基础，介绍了农业和生物学中常用仪器分析技术——紫外-可见光谱、原子吸收、原子发射、红外、核磁共振、质谱、气相色谱与高压液相色谱的信息来源、信号特征、仪器的结构和工作原理、定性定量方法与应用。本书适合作为高等院校现代仪器分析技术的基础教材，也可供各个领域的仪器分析工作者参考。

第3版前言

高等农业院校教材《现代仪器分析》(第1版)于1997年出版以来,仪器分析学科有了极大的发展,该课程在农业院校中也已普遍开设,为了适应教学的新要求,我们对(第1版)教材作了全面修订。

在第3版《现代仪器分析》中,对近年来发展较快的分析技术和方法,教材中进行了相应的修改和补充,重写了绪论。红外光谱部分增加了多功能ATR附件和近红外光谱分析的内容,原子吸收光谱增加连续光源原子吸收仪器原理,液相色谱部分补充了超高效液相色谱,对第八章质谱内容重新编写,对其他新技术、新方法也进行了一些介绍。

现代仪器分析是以化学信息学为基础、包含许多分支学科,并和很多相关学科交叉的一门庞大的学科。新版教材可作为现代仪器分析技术基础课的教材,内容自始至终贯穿依据分析信息、利用分析信号、达到分析目的这一主线,分别介绍常用仪器分析技术的基本理论与方法,力求使学生理解各种分析技术、分析方法的本质及内在的联系,并能用于研究实践。

教材的内容按照对仪器分析技术概括的程度,可分为3个层次:

①绪论部分,在大学物理及化学的基础上用化学信息学的理论,概括地介绍现代仪器分析学科的体系框架、本学科的基本学习方法、应用范围和发展趋势。

②在光谱分析导论和色谱分析导论的两章内容中,运用学生已有的经典物理学、量子论、化学与热力学的概念、理论和方法,概括介绍这两类分析技术的信息、信号特征以及基本理论与方法。

③各论分为第3、4、5、6、7、8、10、11共8章,分别用统一的观点,介绍紫外-可见光谱、原子吸收、原子发射、红外、核磁共振、质谱、气相色谱与高压液相色谱的信息来源、信号特征、仪器的结构和工作原理、定性定量方法与应用。由于篇幅的限制,省略了电化学分析部分。

本教材不强调过多的数学推导,也不过分强调记忆具体的分析方法,而注重培养学生有关现代仪器分析的基本方法,提高实际分析能力,为实际运用或继续进一步学习各种专门的仪器分析技术打下良好的基础。在农业院校授课时要考虑学生的实际水平,适当降低起点、深入浅出、着重概念和基本理论的学习。

本课程是一门实验技术性很强的课程,因此实验课所占的比重要足够高,实验课应注重基本技能的训练和能力的培养。

参加本教材编写的有严衍禄(第1、2、3、6章)、张晔晖(第4、5章)、闵顺耕(第7、8章和第11章的超高效液相色谱部分)、彭运生(第8章质谱的部分内容)、吴谋成(第9、10、11章)、吉海彦(第1章的一部分)。本教材的主审、清华大学的邓勃教授对本书提出了很多宝贵意见;审阅本教材的清华大学郁监源教授、宁永成教授、陈培榕教授,对各有关章节提出了很多中肯的意见，在此谨表谢意。

限于编者的水平与经验，本教材难免有不妥之处或错误，恳请应用本教材的教师与读者批评指正。

编者

2009 年 12 月

目　　录

1 绪 论

在我们开始学习仪器分析前需要先了解该学科在自然学科体系中的地位，以及学科的性质、内容与方法；也需要了解本学科在科学研究与工农业生产中的应用与作用，并对如何学习本学科得到一些建议。

1.1 仪器分析与分析化学

仪器分析也称为物理物化分析，仪器分析与化学分析同属于化学学科中的分析化学。

自然科学的最终目标一般都是为了获取某种物质或能量。分析化学的目标是通过测定与获取物质样品的某种特征，以确定其化学结构与组成。这种分析所依据的样品特征在分析科学中就是分析信息（information）。了解与运用分析化学技术首先需要了解分析依据的信息。

化学分析：传统的湿化学分析简称化学分析，它包括重量分析与容量分析。化学分析通过化学手段直接取得样品待测量的化学信息即含量或浓度。因此化学分析的目标、对象、依据的信息与测定的信号是一致的，都是化学量，这种分析属于直接分析（图 1-1）。

仪器分析：仪器分析的目标也是确定物质的化学结构与组成，分析依据的信息是与待测量相关的某些样品物理或物化特征。仪器分析并不直接测定待测量，而是通过分析仪器，测定这些物理或物化特征，得到与样品待测量相关的电学、光学、热学等物理、物化参数，以这些物理量来承载分析信息，分析中它们是分析信息的载体称为分析信号（signal），这一个步骤称为信息采集。然后通过对分析信号的处理与解析来提取待测量信息，并将其表达为需要的分析结果，这一个步骤称为信息提取。仪器分析通过测定分析信号来确定待测量，属于间接分析。（图 1-1）。

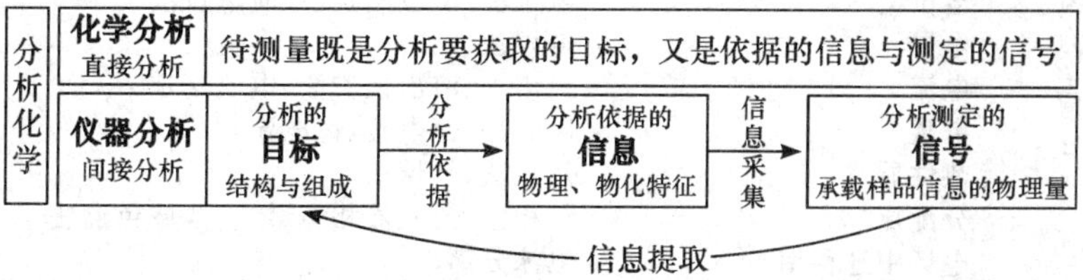

图 1-1 仪器分析与化学分析的目标、信息与信号

仪器分析从研究的对象、依据的信息、测量的信号到采用的方法手段实际已经超出了化学的学科范畴，它已不只是分析化学而是一门分析科学。学习与运用仪器分析技术不但需要了解各种分析技术依据的信息、测定的分析信号以及由此决定的技术分类，这些是分析技术的静态特征，它决定了各种分析技术能够做什么。还需要了解信息采集与提取的信息流程，这是分析技术的动态特征，它决定了各种分析技术如何做。

1.2 仪器分析技术的分类

不同仪器分析技术依据的信息与信号等静态特征决定了分析技术的分类。

正确选用一种仪器分析技术需要了解其分类。根据不同分析技术所直接依据的信息与运用信号的特点，仪器分析可分为光学分析、电化学分析、质谱分析、色谱分离分析等。其中光学分析所依据的原信息是样品分子或原子的能量（或运动）状态，负载信息的分析信号是光（辐射）。光学分析再依据应用的光信号谱区的不同，分为紫外、可见、红外分析等；依据光和物质相互作用的方式不同，再分为吸收、发射、散射分析等。电化学分析所依据的信息是物质的热力学状态，负载信息的是电信号，依据电信号的不同又可分为电位分析、电导分析等。

按分析目的，仪器分析可大体分成两类：一类是分析测定样品的结构与组成的技术；另一类是对样品中各个组分实行分离的技术（如色谱），有的兼有两种功能（如质谱分析）。复杂样品分析常需两种以上技术的结合，例如，色谱-质谱联机、色谱-红外光谱联机。

表 1-1 是分析化学按信息与信号的特点分类，其中带“*”的是本教材重点介绍的内容。

表 1-1 分析化学按信息、信号分类

分析化学	分析信息	测定的信号	分析技术
化学分析	化学性质	质量	重量化学分析法、离心分离
		容积	容量化学分析法
仪器分析	分子或原子的量子信息	辐射的吸收*	分子吸收光谱法（紫外、可见、红外）、原子吸收光谱法、核磁共振波谱法和电子自旋共振波谱法
		辐射的发射*	原子发射光谱法（X 射线、紫外、可见）、分子发射光谱法、荧光法、磷光法、放射化学法
		辐射的散射	浊度法、散射浊度法，拉曼光谱法
		辐射的折射	折射法
		辐射的衍射	X 射线衍射法和电子衍射法
		辐射的旋转	偏振法、旋光色散和圆二色谱法
		质荷比*	质谱法
	热力学信息	电位	电位法、电位滴定、计时电位法
		电导	电导法
		电流	极谱法、溶出伏安法、电流滴定
		电量	库仑法（恒电位、恒电流）
		热性质	热导法、热焓法
		分配比*	气相色谱法、液相色谱法、薄层色谱法
		电场中迁移率	电泳分离

1.3 仪器分析的操作流程

仪器分析是一门技术学科，虽然可以分为多种技术，但其操作流程，信息的传递流程以及分析使用的工具——分析仪器都有一些共性的特征。

任何一种仪器分析技术的实施都分为两个基础步骤：分析信息的采集与分析信息的提取，此外分析之前还需要一定的准备，总共包括九个操作步骤（图 1-2）。

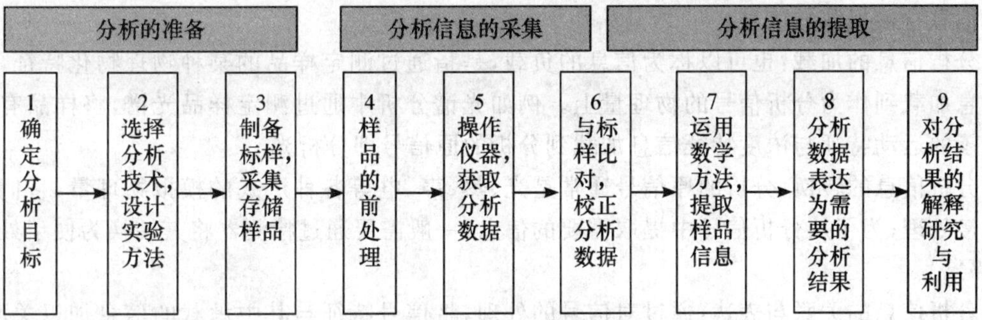

图 1-2 仪器分析的一般流程框图

(1)确定分析目标:确定分析的待测量以及需要定性或定量的目标。

(2)选择分析技术,依据分析的待测量结构特征及其在样品中的含量,结合不同分析技术能够获取的信息,确定采用何种分析技术,并对信息采集与信息提取的方法进行实验设计。

(3)制备作为分析基准的标准样品,收集并存放待测样品。

(4)样品的前处理,以便于分析信息的采集。

(5)操作仪器,将样品信息加载到分析信号,获取分析数据。

(6)与标样比对,校正分析数据,并建立分析信号特征与待测量之间的数学关系。

(7)运用已经建立的数学关系,提取样品信息,实施样品分析。

(8)分析数据表达为需要的分析结果。

(9)对分析结果的解释、研究与利用。

其中操作步骤 1～3 属于分析的准备,步骤 4～5 与 6～9 分别属于分析信息的采集与提取。

1.4 仪器分析过程的信息传递

仪器分析过程的本质是分析信息的传递,它决定了各种仪器分析技术的动态特征。仪器分析信息传递大体有四个环节:分析信息的加载、转换、关联与解析,形成了分析信息的传递流程。图 1-3 以吸收光谱定性、定量分析与色谱分析为例给出了分析过程的信息传递。

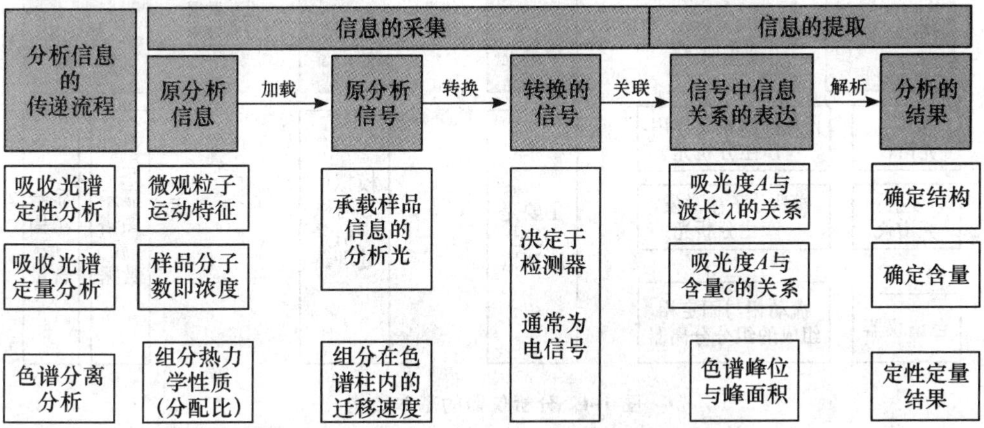

图 1-3 仪器分析过程的信息传递

图 1-3 中分析的原信息是指分析过程直接依据的样品特征,分析的原信号是指分析过程

样品信息直接加载的信号。

分析信息的加载：也可以称为信息的负载，是指通过测定样品的某种物理物化特征，将样品信息加载到作为分析信号的物理量上。例如光谱分析中通过测定样品光谱，将样品有关微观粒子的运动特征与浓度特征信息加载到分析的原信号即分析光。

分析信息的转换：分析的原信号通常是光、热、声、电等各种形式的模拟物理量，它们不便于直接处理；为了从分析信号中提取需要的信息，一般需要通过检测器将其转换为便于处理的电信号。

分析信息的关联与表达：通过对信号的处理，将信号特征与其中承载的信息加以关联，形成一定的数学表达式。例如吸收光谱定性分析需要把分析光表达为样品吸光度 A 随波长 λ 变化的光谱关系；定量分析需要建立样品吸光度 A 与待测量 c 之间的数学关系。建立这些数学关系是从分析信号中提取样品信息的关键步骤。

分析信号的解析与提取：通过对分析信号的处理与解析，运用已经建立的光谱特征与待测量之间的关系，获取分析结果。例如吸收光谱定性分析需要依据分析光的样品光谱特征，通过与标准图谱的比对，确定样品结构；吸收光谱的定量分析需要依据样品吸光度 A 与含量 c 的关系，它们可以是数学方程表达式、工作曲线、标准曲线或定量分析数学模型等形式，运用这些关系，通过测定样品吸光度，就可以确定样品的浓度。

由图 1-3 可见信息传递的四个环节实际包含中在两个基础环节中，其中信息关联可归属于信息采集，也可以归属于信息提取。分析信息的采集，主要是对仪器硬件的操作过程；从分析信号中提取样品信息主要是运用算法的软件操作过程。

1.5 分析仪器

仪器分析借助分析仪器完成对分析信息的采集与提取，其基本结构分为四部分：分析信号发生器、信号检测器、信号处理器与输出信号显示器。其中分析信号发生器与信号检测器分别完成分析信息的加载与转换，信号处理器则是完成分析信息的关联与解析，输出信号显示器是应用于显示分析结果。图 1-4 以光谱仪器与色谱仪器为例给出分析仪器的基本结构。

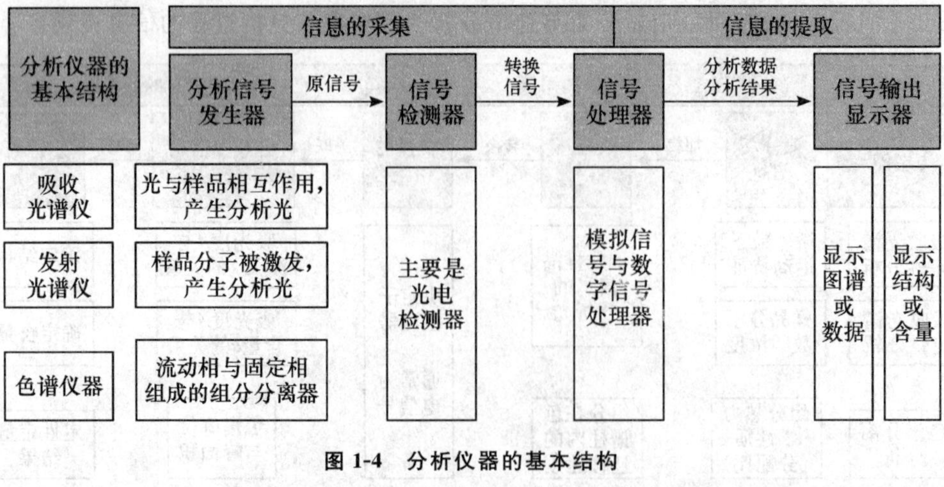

图 1-4 分析仪器的基本结构

分析信号发生器：通过样品与某种作用能量相互作用，将样品信息加载的作用能量产生分析的原信号。例如在吸收光谱仪中通过作用光照射样品，并与样品发生吸收等作用，样品信息加载到分析光形成了分析的原信号。

信号检测器：检测器的作用是将分析的原信号转换为电信号等容易处理的形式。

信号处理器：信号处理器的作用是处理分析信息，校正各种干扰，建立分析信号中的各种信息关系、提取样品有效信息并表达为需要的分析结果。

显示器：显示分析信号的图谱或数据，也可以输出样品结构或含量等分析结果。

1.6 仪器分析的应用与学习

仪器分析是一门综合性学科，它是以多种基础自然科学、技术科学与系统科学为基础发展起来的；由于这些学科的迅速发展，仪器分析发展极为迅速，可以说不管需要研究的物质系统有多么复杂，状态有多么特殊，现代仪器分析总是可以运用恰当的技术对其结构进行分析。反过来仪器分析的发展对相关学科的发展起了重要的推动作用。物质系统具有结构与功能两方面属性，系统的结构一般决定了其功能，仪器分析可以从各个层次分析与确定系统的结构，帮助人们更加深刻了解物质系统的功能与有关现象的本质。仪器分析对生命科学、环境科学、材料科学等一大批学科的发展起了重要的甚至决定性的作用。

仪器分析在工农业生产领域也有广泛的应用，特别在我国由于多年来经济高速发展，产品质量的检测与控制特别重要，食品与农产品的安全与品质的分析具有特殊的意义。生产过程的产前、产中与产后需要运用各种仪器分析技术对生产的原料与产品进行监控。学习与准确运用仪器分析技术对于许多从事现代工农业生产与自然科学工作者都具有重要意义。

学习仪器分析最重要的是了解每种技术的信息、信号及其流程，它们决定了各种仪器分析技术及其应用的基本特征。理解这些分析的静态、动态特征，可以使复杂的分析过程成为容易理解的必然过程，分析人员可以据此恰如其分地操作完成分析过程，得到最佳的分析结果。但为此必然要要涉及多门学科的多种基础知识，具备这些知识是理解并灵活运用相关仪器分析技术所绝对必需的，本书将深入浅出介绍这些知识，读者应开阔自己的知识领域，才能学好、用好仪器分析技术。现代仪器分析作为一门专业基础课，本书侧重讨论主要仪器分析技术的原理以及由此决定的方法与应用特点，有关操作技术的细节参阅各种仪器分析技术的专门书刊。作为一门技术学科，本课程必须配合相当的实验。

2　光谱分析导论

2.1　概述

凡是待测物受到某种能量作用后，产生光信号（或引起光信号变化），或待测物受到光作用后，产生某种分析信号（如光声光谱分析中的声波）的分析方法，可称为光学分析方法。光学分析方法可以分为光谱分析法和非光谱分析法。光谱是光的不同波长成分的强度按波长次序排列分布的记录，其中波长成分和强度分别用于描述光的性质特征与强度特征。

光谱分析通过测定待测物的某种光谱，分别由样品光谱中的波长特征和强度特征进行定性、定量分析；非光谱分析法是指通过光的其他性质（反射、折射、衍射、干涉等）的变化作为分析信号的分析方法，例如，旋光分析法、折射率分析法等。光谱分析是现代仪器分析中应用极广泛的一类分析方法。光谱分析在当代结构分析的四大谱（红外光谱、核磁共振的^{1}H谱和^{13}C谱以及质谱分析）中占了三大谱。在组分分析中，光谱分析应用更加广泛，有的已成为常规化学分析方法。

光谱分析依据的原信息是物质微观粒子（分子、原子或离子）及其聚集体的一些特征微观量，即它们的能量特征或运动特征；而负载这些分析信息的是光——称为分析光，由分析光的特征参数来表征分析信息。

光谱分析时分析信息负载到分析光的过程，也就是光和物质相互作用的过程。利用物质的光学性质，通过这种相互作用，如物质的发光、吸收光、对光的散射、折射、衍射、偏振面旋转，得到的分析光就负载了样品微观粒子的结构和组成的信息。分析光所负载的信息常以（吸收、散射、折射、衍射、偏振）光谱的形式表征出来。

与一般分析仪器一样，光谱分析过程中的信息传递链也可分成负载、转换、表达与提取四环，大体通过下列五步来实现：

1. *产生作用能量*　为了得到被测物的有关信息，需要产生某种能量，以作用于待测物，可称为作用能量；能量的形式可以是热、光等，若是光则称为作用光。在不同的光谱分析技术中，作用光还有专门的名词，如在原子与分子吸收光谱分析中，作用光被习惯称为入射光；荧光光谱分析中被习惯称为激发光。

2. *取得分析光*　被测物（的某种运动状态）与用于分析的能量发生相互作用，产生负载了分析信息的光信号，称为分析光，以区别于尚未负载分析信息的作用光。

3. *检测分析光*　检测负载了分析信息的光信号产生检测信号，检测信号通常是电信号；这一步实际是将负载分析信息的载体，由光变换为另一种物理量。

4. *产生光谱图或数据*　检测信号进一步转变、转换与处理后表达为光谱图或数据。

5. *提取分析信息*　根据样品光谱图的特征，确定待分析物的结构和组成。

这种光谱分析过程中信息的传递链与分析信号变换、传送的关系见图 2-1。

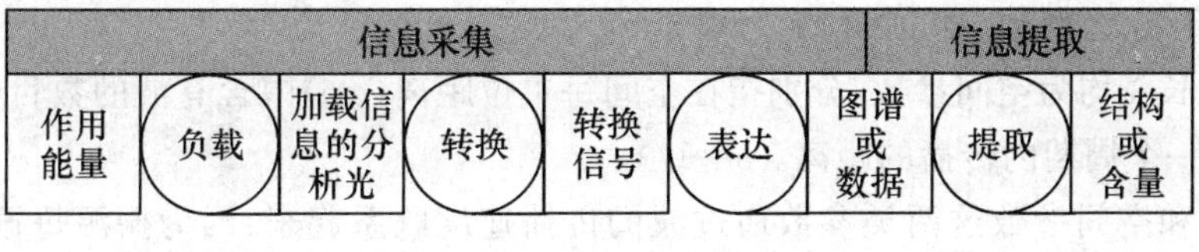

○为光谱分析信息传递链的四个环节；　□为信息传递过程的信号状态

图 2-1　光谱分析的信息传递链与信号的传送过程

与一般仪器分析过程一样，上述光谱分析过程也可分成两个基本步骤即信息采集与信息提取：光谱信息传递链中的前三环是通过光谱仪器，取得真实反映样品特征的光谱或数据；后一环是通过对样品光谱的解析，确定样品的结构与组成。

光谱分析是仪器分析领域的重要部分，可以按不同的方式分类：根据作用光与分析光谱区的不同，光谱分析可分为紫外、可见、红外光谱分析法等；根据光和物质相互作用的方式不同，可分为吸收光谱、发射光谱、散射光谱、干涉分析、衍射分析、偏振分析；根据直接受到光作用的微观粒子的不同，可以分为原子光谱或分子光谱分析等；根据受到光作用的微观粒子运动层次的不同，分为转动光谱、振动光谱、电子光谱分析等。

本章作为光谱分析的导论，首先讨论分析光负载样品信息的微观过程，因此要复习光的有关性质和描述光的一些参数；然后，讨论如何取得并解析各种光谱的宏观过程中的一些共同问题。

2.2　光与光谱

光谱分析中分析光是负载样品的结构与组成信息的分析信号，光的特征参数用于表征分析信息的特征，学习光谱分析首先应了解光的性质及表征光特征的参数。

2.2.1　光的波动性

由物理学知道，光有波、粒二重性。按波动的观点，光是一种电磁波，是振动的电场和磁场强度在空间的传播。因此描述光最基本的波动参数是作为波动振源的振动特征：描述振动状态在时间上的重复性特征，用周期或频率表示，简称光的时间参数；以及光在空间传播时，描述振动状态在空间上的重复性特征，用波长或波数表示，简称光的空间参数。电磁波按这些波动参数的不同可分为不同的谱区（见后）。光的另两个基本参数是振幅与相位，其中振幅表现为宏观的光强度。图 2-2 是某种在空间一维方向传播的偏振光示意图，图中未标出磁场方向，只标出了电场方向。

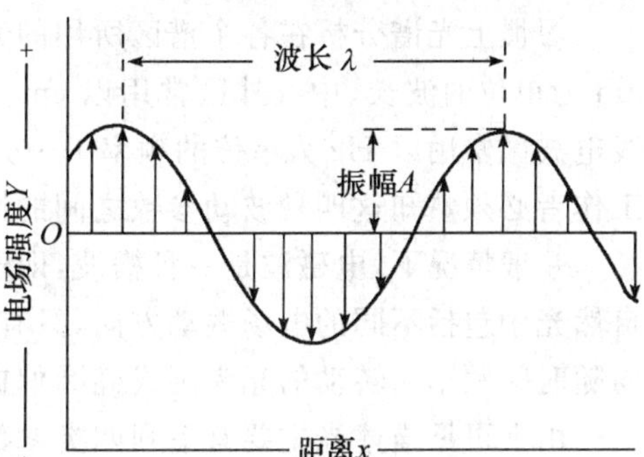

图 2-2　平行偏振光的示意图

描述单色（只有一种波长成分）平行光的波动方程是：

$$Y(x,t)=A\cos 2\pi(\nu t-\sigma x+\theta)$$
$$=A\cos 2\pi(t/T-x/\lambda+\theta) \tag{2.1}$$

式中：$Y(x,t)$为时间 t 离开光源距离为 x 处的电场强度；A 为振幅；θ 为初相位。

频率 ν、周期 T 均为时间参数，分别指每单位时间内电场振动的次数与电场每振动一次所需时间。ν 与 T 互为倒数，即 $\nu=1/T$。

波数 σ、波长 λ 均为空间参数，分别指在空间每单位距离(cm)中含有波的数目(单位：cm^{-1})，与振动状态在一个周期内传播的距离。$\sigma=1/\lambda$。

时间参数和空间参数这两类参数通过波的传播速度联系起来：因为振源每振动一次，振动的状态在空间传播一个波长的距离。因此，单位时间振动次数 ν 等于单位时间中波在空间传播距离 V 的波长数：

$$\nu=V/\lambda=V\cdot\sigma$$

在真空中：

$$\nu=c/\lambda=c\cdot\sigma \tag{2.2}$$

式中：c 为真空中的光速，$c=3\times10^{11}$ mm/s，这是自然界最重要的常数之一。

光的时间参数只决定于光源，而与光传播的介质无关。光的空间参数不但决定于光源，也与传播光的介质有关。光在介质中传播时，其速度总是小于真空中的传播速度，并与介质的本性(用该介质的绝对折射率 n 表示)有关。若介质的折射率为 n，则当光由真空射向该介质时，因为真空中折射率等于1，因此 n 的表征式为：

$$n=\sin i/\sin r=c/v \tag{2.3}$$

式中：i 为光的 λ 射角，r 为光的折射角，v 是光在介质中传播速度(参见 6.5.3 节)。

因为光从一种介质进入另一种介质时的时间频率是不变的，因此，传播的速度变化只能是空间参数即波数和波长发生变化。例如，真空中波长为 600 nm 的红光进入折射率 $n=1.5$ 的玻璃后，光速 v 变为真空光速的 1/1.5。由于时间频率 ν 不变，又由于 $\nu=v/\lambda$，因此在玻璃中该红光的波长变为真空波长的 2/3，即 400 nm。习惯上，除非特别说明，空间频率参数与时间频率参数均是指光在真空中传播的特征。

习惯上光谱分析在各个谱区所用的光波动参数与单位是不同的，例如，紫外可见区常用以 nm 为单位的波长、中红外区常用以 cm^{-1} 为单位的波数、微波区常用以 μm 为单位的波长、无线电波区常用以 Hz 为单位的频率……分别作为描述电磁波的波动特征参数，因此，仪器分析工作者必须熟知这四种波动参数之间的换算关系。

一般情况下，电磁波是一种横波，即电场和磁场的振动方向和传播方向互相垂直。普通的自然光中包括不同的电场振动方向，只有固定的一种电场振动方向的光称为线偏振光，振动方向随时间频率而转动的光为圆或椭圆偏振光。

由上可见描述光主要有下列四类参数：一是描述电磁波振动重复性(周期性)特征的波动参数，用振动的时间频率、时间周期或空间频率、空间周期来表示，这些参数是描述光的“质”，属于光的性质参数。二是光的强度即振幅，该参数是描述光的“量”，属于光的数量参数或强度参数。三是描述有关光传播的参数，包括光传播的速度、方向与相位。四是描述有关光偏振性的参数。

在光谱分析中，光与物质相互作用后的分析光就是由这些参数来表征样品的结构和组成的信息。简单的光谱分析，如测定纯样中组分的浓度，通常用单色光的强度参数即可表达；较复杂的样品为了负载较多信息常需要用分析光的两种或两种以上的参数，如用各种光谱来表征分析信息。本书的光谱分析部分主要介绍依据样品对不同谱区光的吸收和发射的强度，及其随波长变化的特征，进行分析的一些分析方法。光的相位、传播速度等在光谱分析中也很重要，例如，圆二色谱分析、旋光分析等技术就是以这些参数表征分析信息。

2.2.2 光波在频率域与时间域中的表征

周期性的运动可在两种域(domain)中得到表征：一种表征域是表现出周期性的域，例如，电(磁)场强度随时间(空间)的分布，就是在时(空)域中表征光波的特征；另一种表征域是运动状态按某周期性参数(频率、波长、波数等)的分布，可统称为频率域。通常所说的某种光的光谱是指其中包含的不同频率成分的强度按频率的分布，因此，光谱就是光在频率域中的表征。这两种域中表征同一运动状态，可通过傅立叶变换(Fourier Transform 简称 FT)相互转换。

初相位为零(以下讨论均如此)、时间频率为 ν 的某种单色光，在时间域中的表征是指在空间一定的位置，电场强度 E_t 随时间 t 的变化：$E_t = A\cos 2\pi\nu t$。

空间频率为 σ 的光，在空间域中的表征是指在某一定时间，电场强度 E_x 随离开光源距离 x 的变化，或称 E_x 在空间 x 的分布：$E_x = A\cos 2\pi\sigma x$。

因为在时间域与在空间域中表征光的形式相同，统称为时空域。下面只是以光在空间域中的表征来讨论光在时空域和频率域表征的关系。图 2-3 中 A、B、C 是指某种偏振光在空间域中的表征，图中 A′、B′、C′是指对应光在频率域中的表征。

图 2-3 中的 A、A′是波数为 σ_1、σ_2，电场振幅为 A 的两种一维单色平行光，分别在空间域与频率域中的表征。

图 2-3 中的 B′是包含波数为 σ_1、σ_2 两种成分的复色光在频率域中的表征；若 1、2 两光为相干光，空间电场强度可叠加，则空间 x 处的电场强度等于两光在该点的电场强度 E_1、E_2 的叠加(见图 2-3 中 B)；其空间域中的数学表达为：

$$E_x = E_1 + E_2 = A_1\cos 2\pi\sigma_1 x + A_2\cos 2\pi\sigma_2 x \tag{2.4}$$

同理，对于空间频率(波数)为 σ_1、σ_2、…、σ_n，共 n 种成分的复色相干光，在空间域中的数学表达为：空间 x 处的电场强度 E_x 是各频率成分 σ_i $(i=1\cdots n)$ 在 x 处的电场强度 E_i 的叠加：

$$E_x = \sum_{i=1}^{n} E_i = \sum_{i=1}^{n} A_i\, cos\ 2\pi\sigma_i x \tag{2.4′}$$

图 2-3 中 C′是波数为连续的复色光在频率域中的表征，这就是一般的光谱；图中的 C 是在空间域的表征(假定为相干光)，其数学表达为：空间域 x 处的电场强度 E_x 是复色光中各频率成分 σ_i(波数从 0 到∞)的光在该点 x 处电场强度 E_i 的积分。

$$E_x = \int_{i=0}^{+\infty} A(\sigma)\cos 2\pi\sigma_i x\,\mathrm{d}\sigma \tag{2.5}$$

因为波数为 σ 的光强度 $P(\sigma)$ 与其振幅 $A(\sigma)$ 有确定关系，因此可以把电场的振幅 $A(\sigma)$ 换成不同波数光的强度 $P(\sigma)$；相应 E_x 换成强度的相对值 $P(x)$，式(2.5)写成规范的积分式：

$$P(x) = \int_{\sigma=0}^{+\infty} P(\sigma)\cos 2\pi\sigma x\,\mathrm{d}\sigma \tag{2.5′}$$

$P(x)$与$P(\sigma)$分别是光在空间域与频率域中的表征，上述关系式就是数学上的傅立叶变换(FT)式，即通过FT可把光在频率域表征转换为空间域表征。又因为FT变换是可逆的，故频率域中某一频率的光强$P(\sigma)$，可以从光的空间域表征形式$P(x)$通过FT逆变换得到：

$$P(\sigma)=\int_{x=0}^{+\infty}P(x)\cos 2\pi\sigma x\,\mathrm{d}x \tag{2.5''}$$

以上是从光谱的物理意义上对FT作定性的讨论，上述这种FT转换只是理论上的分析，实际只能在FT光谱仪中实现(见第6章)。FT的数学意义参见有关数学论著。FT在仪器分析中有极重要的意义，不但直接用于红外光谱、核磁共振谱与质谱分析仪中，还广泛用于频谱分析、降低噪声等技术方面(见第12章)。

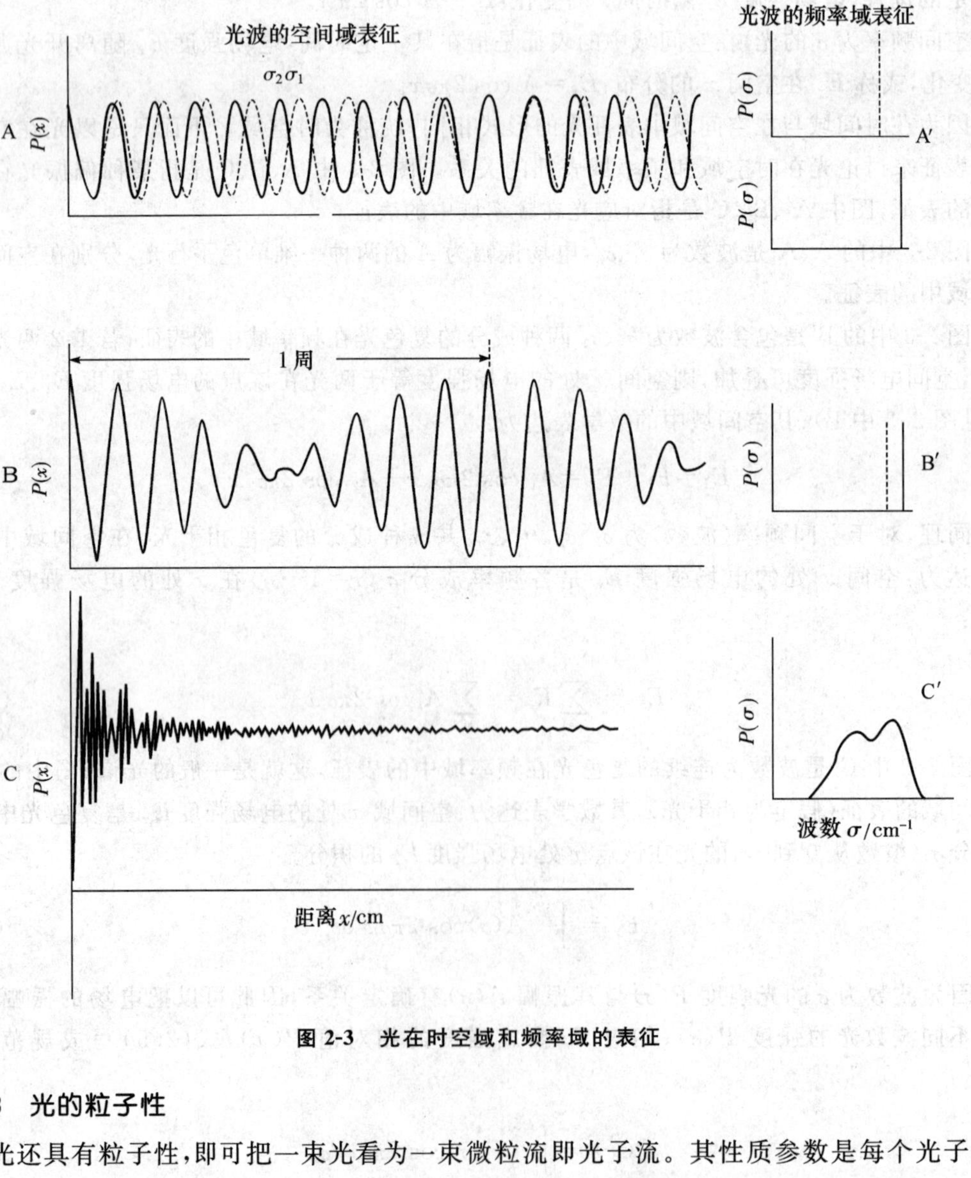

图 2-3 光在时空域和频率域的表征

2.2.3 光的粒子性

光还具有粒子性，即可把一束光看为一束微粒流即光子流。其性质参数是每个光子的能量，这与波动参数的频率相对应；其强度参数是光子流的密度，即单位时间、单位截面积通过的光子数目，这与波动参数的振幅相对应。

光的波动参数和粒子参数间的关系由普朗克常数 h 联系起来的；若某种光的频率为 ν 则该光的每个光子的能量 E 为：

$$E=h\nu=h\cdot C\cdot\sigma=h\cdot C/\lambda \tag{2.6}$$

式中：$h=6.626\times10^{-27}\,\mathrm{erg}\cdot s=4.14\times10^{-15}\,\mathrm{eV}\cdot s$，因此，对于波长为 λ(nm)的光，其每个光子的能量E(eV)可由下式计算：

$$E=1\,240/\lambda \tag{2.6$'$}$$

2.2.4 电磁波谱

波长很短（小于 10 nm）的光，因为光子能量很高（大于 10^2 eV），光的粒子性比较明显，此谱区称为能谱；该谱区的光包括 γ、X 射线；以该谱区的光为分析信号的分析技术称为能谱分析。能谱分析的仪器主要是射线仪器。

波长很长（大于 1 mm）的光，因为光子能量很小（小于 10^{-3} eV），光的波动性比较明显，此谱区称为波谱；该谱区的光包括微波和无线电波；以该谱区的光为分析信号的分析技术称为波谱分析。波谱的产生与检测主要是电子器件。

能谱与波谱之间的谱区统称为光学光谱，该谱区仪器的器件主要是光学器件，如棱镜、光栅、透镜等。光学光谱中波长为 420～780 nm 的光是人的视觉能感应的，因此该谱区称为可见谱区。该谱区的波长从长到短的光分别能产生红、橙、黄、绿、青、蓝、紫的视觉。人眼对可见谱区中不同波长的光感应的灵敏度不同，正常人眼对 555 nm 的绿光感应的灵敏度最高。人眼在该谱区的不同波长范围分辨颜色的能力不同，正常人眼对 580 nm 附近的明黄色光分辨颜色的能力最强。

表 2-1 用于分析的电磁波谱区及其相应的量子跃迁

	光谱分析类型	常用波长范围	常用频率范围/Hz	每个光子的能量/eV	对应的量子跃迁类型
能谱分析	γ 射线发射吸收（穆斯堡尔效应）	$<0.1\times10^{-8}$ cm	$>3\times10^{19}$	1.2×10^{5}	原子核
	X 射线吸收、发射、荧光与衍射	$(0.1\sim100)\times10^{-8}$ cm	$3\times10^{19}\sim3\times10^{16}$	$1.2\times10^{5}\sim1.2\times10^{2}$	原子的内部电子
光谱分析	真空紫外发射、吸收	10～200 nm	$3\times10^{16}\sim1.5\times10^{15}$	$1.2\times10^{2}\sim6.2\times10^{2}$	价电子
	紫外可见吸收、发射、荧光	200～780 nm	$1.5\times10^{15}\sim4\times10^{14}$	$6.2\times10^{2}\sim1.6\times10^{2}$	价电子
	红外吸收、拉曼散射	0.78～300 μm	$4\times10^{14}\sim1\times10^{12}$	$1.6\times10^{-3}\sim4.1\times10^{-3}$	分子的振动和转动
波谱分析	毫米微波吸收	0.3～3 mm	$1\times10^{12}\sim1\times10^{11}$	$4.1\times10^{-3}\sim4.1\times10^{-4}$	分子的转动
	在 10^4 高斯磁场中电子自旋共振	～3 cm	$\sim1\times10^{10}$	$\sim4.1\times10^{-5}$	磁场中电子自旋磁能级
	在 10^4 高斯磁场中核磁共振	0.6～10 m	$5\times10^{8}\sim3\times10^{7}$	$2\times10^{-6}\sim1.2\times10^{-7}$	在磁场中核自旋磁能级

波长比可见谱区更长或更短的谱区分别为红外与紫外谱区。红外谱区中 2.5～25 μm 的

光称为中红外谱区;分子的中红外光谱可以得到分子中原子振动的信息,是用于结构分析的重要谱区。紫外谱区的范围也很宽,因为空气中 j 氧分子能够吸收短紫外谱区(光子的能量较高)的光,因此,仪器必须在真空的条件下才能利用 180 nm 以下的短紫外谱区光。习惯上的紫外光谱分析用的分析光波长为 200~400 nm,该谱区的光能通过以石英为材料的光学器件,因此也称为石英紫外区。本教材的光学分析部分主要介绍光学光谱分析和波谱分析。

表 2-1 是用于分析的电磁波谱区,及各谱区光与物质相互作用时对应的量子跃迁类型。

2.3 光与物质相互作用的微观过程

光谱分析通过物质和光的相互作用,物质的结构和组成的信息负载到分析光上。光与物质相互作用的微观过程是指光与物质的分子或原子相互作用的过程;了解这个微观过程是研究物质光谱特征与其结构组成关系的基础,对于理解各谱区光谱分析的本质与特点具有重要意义。光有波、粒二重性,因此,可以从光的波动性和粒子性两方面来解释这个过程。

2.3.1 光与物质相互作用的经典解释

在光谱分析中,可以用经典物理运动学的一些概念,来解释光与物质相互作用的过程。下面以分子光谱分析为例进行讨论;原子光谱分析在第 4 章讨论。

1. *分子内部运动的层次性* 根据经典物理中描述宏观物体运动的一些概念,可近似与直观地描述分子具有不同层次的多种运动形式:分子的平动运动、核外电子轨道运动、分子中原子间的相对位移振动、分子转动,以及在外磁场中电子与原子核由于自旋而产生的运动。其中分子平动运动的速度状态可以取任意值,决定于温度,而不决定于分子的本性;其变化不会导致分子发射或吸收特征光,因此,不能由此取得分子的结构信息;但分子平动运动的状态与光谱的谱带宽度有关,影响光谱分析。与常用光谱分析直接有关的主要是分子上述六种运动中的后五种;其中,与光谱有关的、不受磁场约束的自由分子内部运动主要是转动、振动与电子运动。这些分子内部的运动都可以作为某种振动,并以振动的频率与振幅表示它们的特征。分子的这五种层次的运动分别有一定的频率范围,对应一定的电磁波谱区(表 2-2)。每种特定分子的每一层次运动,都只能具有一些决定于其本性的固有频率特征值;各谱区的光谱分析就是把微观粒子各层次运动的、特征的、固有频率值,作为确定物质结构与组成的分析信息。由于决定分子不同层次运动的特征频率,是不同的物理量(表 2-2),由此决定了不同谱区分析技术的特点。

表 2-2 与仪器分析有关的分子内部的一些运动及其特征

运动类型	振动固有频率范围(Hz)	相对应的电磁波谱	决定特征固有频率的物理量(分析信息)	分析技术
分子价电子轨道运动	$10^{14}\sim10^{15}$	紫外可见区	原子轨道大小与形状	UV-VIS
双原子分子机械振动	$10^{13}\sim10^{14}$	中红外谱区	折合质量与键的强度	MIR
双原子分子机械转动	$10^{11}\sim10^{12}$	远红外谱区	折合质量与分子大小	FIR
磁场*中电子自旋运动	$10^{9}\sim10^{10}$	微波区	外磁场强度与微环境	ESR
磁场*中核自旋运动	$10^{7}\sim10^{8}$	无线电波区	同上与原子核的本性	NMR

* 磁场的磁感应强度约为 10^4 Gs(1 Gs=10^{-4}T)。

表 2-2 中还列出了以不同层次运动特征为分析信息的光谱分析技术，表中 UV-VIS、MIR、FIR、ESR、NMR 分别指紫外可见光谱分析法、中红外光谱分析法、远红外光谱分析法、电子自旋共振谱分析与核磁共振分析法，它们分别是 Ultraviolet and Visible、Mid Infrared、Far Infrared、Electron Spin Resonance、Nuclear Magnetic Resonance 的简称。

这样，由于每一种分子的内部在任何时刻，都同时存在着分成若干层次的、许多种具有特征的固有频率振动；对简单的分子，与光谱分析有关的基本固有振动频率达数十种，较复杂的分子可以多达数十万种以上。这些固有频率特征决定于分子各方面的本性，因此，分子内部各种固有的振动频率分别在不同层次上包含物质结构与组成的丰富信息。通过物质与光的相互作用，物质这些信息可以负载到与其相互作用的分析光上；从分析光中取出这些信息即可完成分析。那么如何理解这种负载过程呢？

2. *分析光负载性质特征的经典解释*　光谱定性分析的基础是分子的性质特征在分析光上的负载。直接组成万物的基本粒子中，电子和质子都带有基本电荷，因此，分子、原子的各种运动往往伴随着决定于分子本性的、并与特征固有频率相同的、电场或磁场的振动；分子不同层次、不同形式的运动都可以看成是具有不同特征频率与振幅的电振动。按照经典的电磁共振的原理，这些振动可能与相同频率的电磁波发生相互作用：分子能吸收或发射与本身固有特征频率相同的或有关的光，此种物质吸收或发射的光就是光谱分析中的分析光。例如吸收光谱用于结构分析时可用不同谱区、不同频率的电磁波选择性地作用于分子中某一层次的、某一种或几种固有频率的振动，根据物质特征吸收光的频率，可以得到吸光物分子的该种固有频率特征信息，从而在结构分析中确定分子的结构特征。

图 2-4 示意图用经典物理解释中红外光谱用于结构分析时，分子性质特征在分析光负载的基本过程。

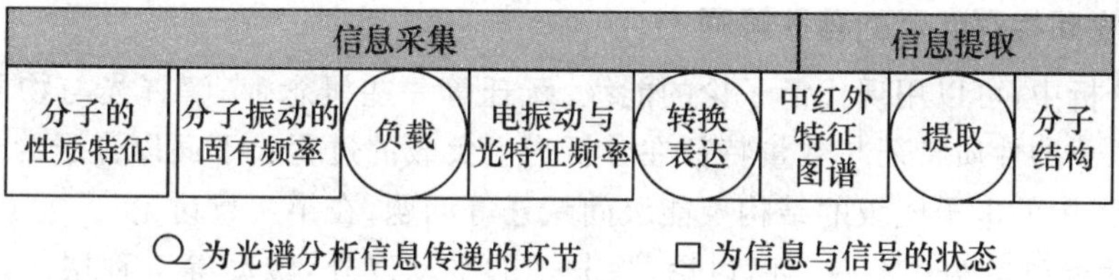

图 2-4　中红外光谱用于结构分析的经典物理解释示意图

3. *分析光负载数量特征的经典解释*　光谱定量分析的基础是物质的数量特征在分析光上的负载。以吸收光谱分析为例，作用光与物质相互作用时由于电磁共振吸收，作用光的能量传递给了与其发生电磁共振的分子中的某种振动。其结果是作用光的振幅下降，即强度降低，而分子中对应振动的振幅增加。作用光强度下降的程度用吸光度表示，它决定于两个因素：一是作用光通过样品时，样品中与作用光发生共振吸收的分子数目，因此吸光度正比于浓度，也与光在样品中通过路程的长短即光程有关；二是每个分子对作用光发生共振吸收时分子电偶极振动的振幅增加值，这决定于分子本性（分子中对应的该层次运动振幅的大小），其宏观量是（摩尔）吸光系数。这样，由于作用光与物质相互作用后，强度下降形成的分析光就负载了物质的数量特征。描述其定量关系的宏观规律就是物质吸光的比耳定律。

表 2-3 汇集了用经典运动理论解释光与物质的相互作用的有关参数。

表 2-3 吸收光谱分析的信息、信号与信息负载

	光谱定性分析的性质参数	光谱定量分析的数量参数
原信息	微观粒子运动固有的频率特征	微观粒子的数目，或待测物浓度
原信号	吸收光谱的频率特征	吸收光谱的强度特征
信息的负载	按电磁共振吸收原理，吸收光谱的吸收谱区对应于微观粒子运动的频率特征	对于一定的物质与光程，一定波长的吸光度正比于待测物浓度

依据经典运动理论对光与物质相互作用的描述，可以理解不同谱区光谱分析的特点，及其分析的能力、适用的范围等。这是因为不同谱区的分析是依据各种不同层次运动的频率与振幅特征，它们虽然都决定于微观粒子的本性，但是不同层次的运动，决定运动的特征频率或特征振幅的物理量是不同的。例如，与分析有关的分子五种层次运动（核外电子的轨道运动、分子中原子的位移振动、分子的转动与在磁场中电子和某些核的进动）的振幅依次下降，大约每个层次减少 1～3 个数量级，与此相对应的紫外可见谱、中红外谱、远红外谱、电子自旋谱与核磁共振谱的吸光系数，大致也依次减少相同的数量级。因此定量分析的检测限以紫外可见谱分析为最低，适合作组分分析，但该谱区分析依据的是分子中电子运动的特征，特征数少即信息量小，作结构分析的能力较差。红外光谱分析依据分子中原子振动的信息，因为有机分子中相邻原子振动的类型多，信息量大，适合用于结构分析。

上述分子五种层次的运动中，按经典运动的概念，分子中原子间的振动频率以及电子和自旋核在磁场中的进动频率是与分子自身能量无关的独立量，其固有频率不因吸收或发射光能量而改变，用经典理论解释这几种微观粒子的运动和光相互作用比较直观，但用以解释电子的轨道运动变化所产生的电子光谱，就比较困难，此外用于光谱分析的荧光、磷光、拉曼散射等光学现象也都需用现代量子论的解释才较方便。

2.3.2 光与物质相互作用的量子解释

在光谱分析中，可以用现代量子论的能级、跃迁等一些概念，来解释光与物质相互作用时物质分子或原子的性质特征与数量特征在分析光上负载的过程。下面以分子的光谱分析为例讨论；关于原子中的电子能级的结构及能级间跃迁等问题，在第 4 章讨论。

1. 分子的能级结构　上一节已讨论，除分子的平动以外，转动等五种层次的分子运动都具有决定于分子本性的固有频率；按量子论的表述则是这些层次运动都是量子化的，只能取一定量子条件（对应的量子数取一定的值）所允许的某些状态；对应每一种状态都有一定的能量值，称为一个能级。以分子的转动与分子中原子的振动为例，分子在未受外界能量作用的情况下，这两种层次运动一般都处于其各种能级中最低的能量状态，振动与转动量子数都等于零，称为振动或转动基态；按一定的量子规则，分子接收能量后振动与转动量子数增加，跃迁到高能态，称为振动或转动激发态。

分子内部各种运动的层次性决定了能级结构的层次性。不同分子能级结构的特征主要是能级的能量间距：若分别以 E_r、E_v 和 E_e 表示分子的转动、振动和电子能级的能量值（图 2-5）。价电子相邻能级的间距 ΔE_e 较大，为 1～20 eV，相当于紫外可见区光子的能量值；相邻振动能级的间距 ΔE_v 为 0.05～1 eV，相当于中红外区光子的能量值；相邻转动能级的间距 ΔE_r 小于 0.05 eV，相当于远红外区光子的能量值。分子在每个电子能级上叠加了许多振动能级，每个振动能级上又叠加了许多转动能级。每一种分子或原子每种层次运动都有特定的能级数目与能级值的大小，它们合在一起形成该分子某种层次运动特征的能级结构；分子中各种能级合在

一起形成了整个分子特征的能级结构(图 2-5)。

图 2-5 是分子中 E_r、E_v、E_e 能级的示意图。图中 A、B 分别表示电子基态与激发态(如分子中电子的成键轨道与反键轨道)。在电子基态中的振动能级与转动能级的量子数分别用 V、J 表示;在电子激发态中的振动能级与转动能级的量子数分别用 V' 及 J' 表示(注意:图中能级间距的比例与实际的不符:若以 E_v 的能级间距为准,则 E_e 能级间距比实际小,E_r 的能级间距又比实际的大。)分子可能具有的这些能量都是决定于其本性的固有能量,因此可作为分析信息用于光谱分析。

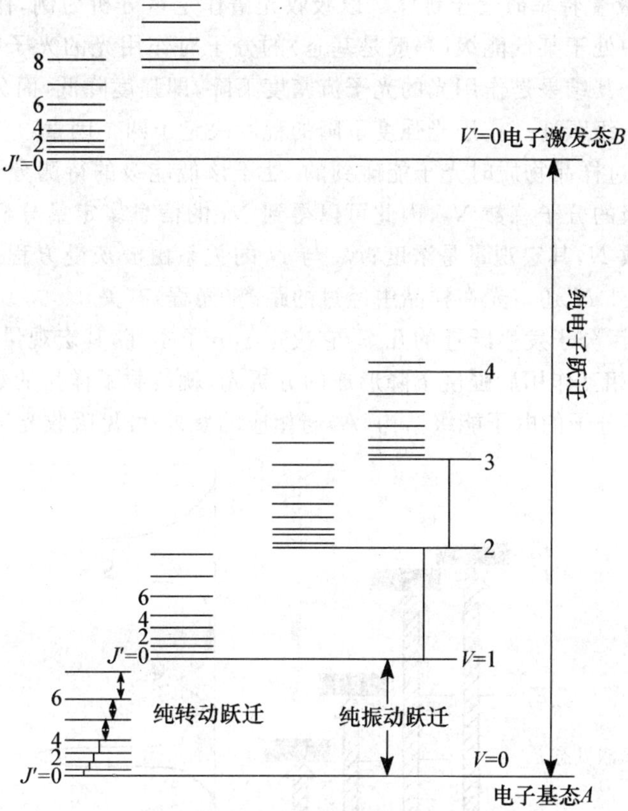

图 2-5 分子中三种层次运动的能级结构示意图

2. 分析光负载性质特征的量子解释 物质对光的吸收和发射实际是量子化的过程。分子某一层次的运动状态从一个能级跃迁到另一能级,总是伴随吸收或发射对应谱区的一个光子;在光谱分析中,这就是分析光的光子。这个光子的能量 E(光)等于分子跃迁前某能级能量值 E_1 与跃迁后另一能级能量值 E_2 的差值(ΔE);吸收光谱分析时 $E_2 > E_1$,发射光谱分析时 $E_2 < E_1$。因此在光谱分析中,负载分析信息的分析光(分子吸收或发射的)光子的能量 E(光)负载了分子中该两个能级的能量间距的特征信息:

$$E(\text{光}) = \Delta E = E_2 - E_1 = h\nu \qquad (2.7)$$

此外,并不是粒子的任意两个能级之间都可能发生跃迁,跃迁只有在符合选择定则的某两个能级之间才能发生。这一方面使分子吸收或发射光子的能量类型大大减少,使利用光谱作定性分析成为实际可能;另一方面因为选择定则也决定于分子本性,作为分子的一种性质特征,在分子吸光、发光的同时也被负载在 E(光)中。

可以用图 2-6 来示意用量子物理描述分子的性质特征负载到分析光的基本过程：

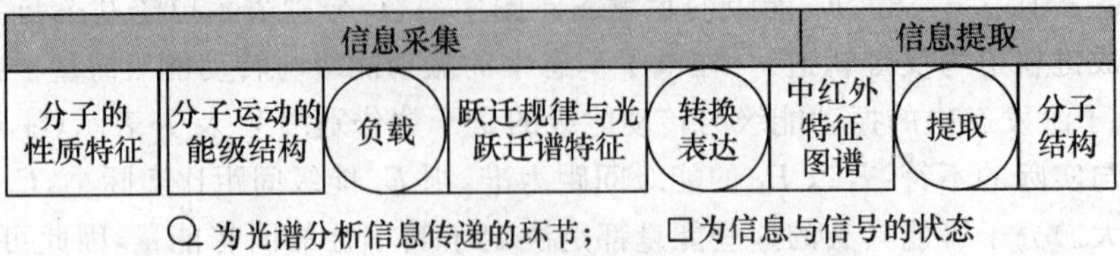

图 2-6　光谱用于结构分析的量子解释示意图

3. *分析光负载数量特征的量子解释*　以吸收光谱作定量分析为例，作用光与物质相互作用时由于待测分子中处于某低能级（一般是基态）的分子对作用光的光子吸收，光子的能量传递给了吸光的分子。其结果是作用光的光子流密度下降，即强度降低，而分子吸收了光子的能量后从低能级向高能级跃迁。作用光强度下降的程度决定于两个因素：

(1)是作用光通过样品物质时光子能碰到的、处于该低能级的待测分子数目 N'。N'正比于样品中处于该能级的分子总数 N_0，因此可以得到 N_0 的信息。定量分析实际要测定的是样品中待测分子的总数 N，其宏观量是浓度；N_0 与 N 的关系由波茨曼方程来描述（有关问题在第 4 章中讨论）。此外 N'还与光在样品中经过的距离（光程）有关。

(2)是碰到光子后分子发生跃迁的几率，它决定于分子本性，其宏观量是（摩尔）吸光系数。这样，作用光与物质相互作用后强度下降形成的分析光，就负载了样品的数量特征。

图 2-7 示意了某分子的电子能级结构（A）与相应的紫外-可见吸收光谱（B）。

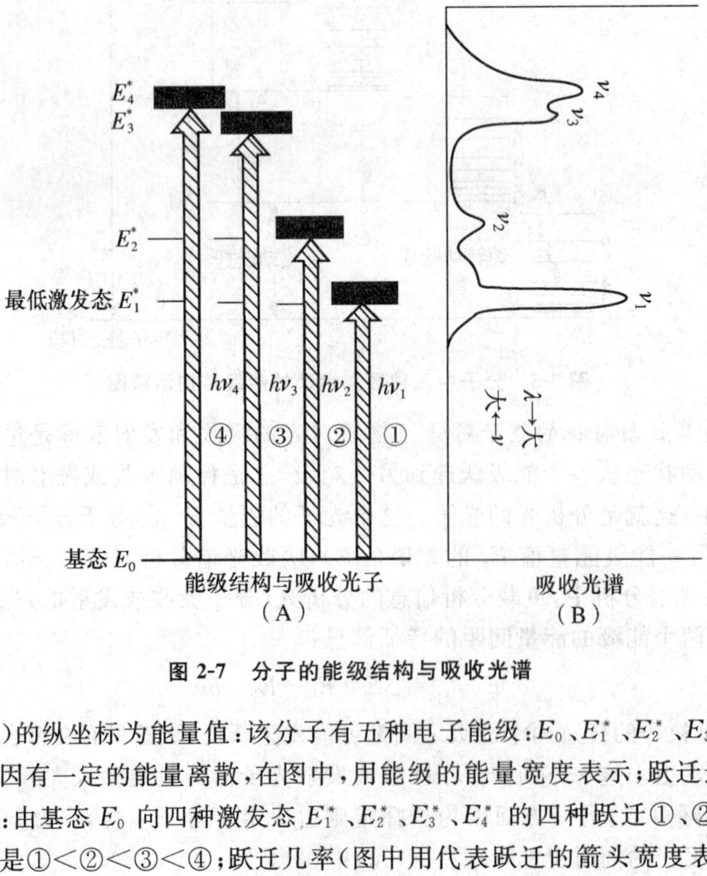

图 2-7　分子的能级结构与吸收光谱

图 2-7 中（A）的纵坐标为能量值：该分子有五种电子能级：E_0、E_1^*、E_2^*、E_3^*、E_4^*；各能级由于分子平动等原因有一定的能量离散，在图中，用能级的能量宽度表示；跃迁选择定则容许该分子有四种跃迁：由基态 E_0 向四种激发态 E_1^*、E_2^*、E_3^*、E_4^* 的四种跃迁①、②、③、④；它们的能量间距值次序是①＜②＜③＜④；跃迁几率（图中用代表跃迁的箭头宽度表示）大小的次序

是①>④>③>②。

图 2-7 中(B)是与该分子的电子能级结构对应的光谱;图(B)与图(A)的坐标互相垂直;光谱的横坐标为频率 ν(其值按箭头方向增大),纵坐标为对光的吸收强度。由图可见,分子的电子能级结构决定了其紫外可见吸收谱的特征:该物质的光谱有 ν_1、ν_2、ν_3、ν_4 四个吸收峰,分别与①、②、③、④四种跃迁相对应;四个吸收峰的波长位置与四种跃迁的能量间距相对应;四个吸收峰的相对高度与四种跃迁的跃迁几率相对应;峰的绝对高度则不但决定于样品分子的本性与浓度,还决定于光程;各能级的能量离散决定了谱峰的宽度。由此可见,光谱负载了样品分子的性质特征与数量特征。

发射光谱分析中处于高能态的分子发射光子,返回低能态,因此发射光的强度负载了样品中处于高能态分子的数目,发射光谱分析要研究样品中处于高能态的分子与分子总数的关系,有关问题在发射光谱分析中讨论。

2.3.3 物质发光的量子解释

当一束光照射到物体上,除透射部分的光可以认为没有与分子发生相互作用外,物质将吸收和散射一部分光(参见图 2-8)。下面分别讨论:

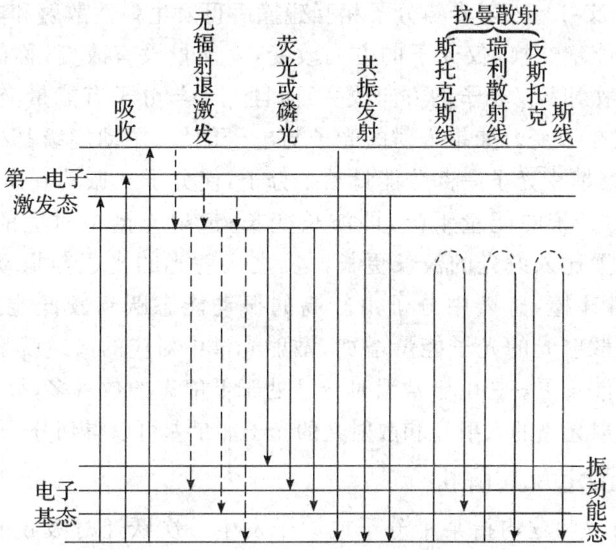

图 2-8 光与物质相互作用的几种主要方式

1. 被分子吸收的光　物质分子吸收光子的过程极短,约10^{-15} s,能量关系符合式(2.7)。分子与原子吸收某种光子能量后,与其对应的某层次运动从低能态(一般为基态)被激发到高能态的激发态。

$$X + h\nu \rightarrow X^* \tag{2.8}$$

激发态的寿命一般很短,约为 10^{-8} s,此被激发了的分子因为提高了能量,可以进一步发生光物理和光化学反应。激发态回到基态可能通过热或共振光、荧光、磷光等形式发出辐射能(见图 2-8,图中的实线表示伴随辐射吸收与发射的跃迁,虚线表示无辐射跃迁)。它们是:

(1)激发分子 X^* 与其他分子相碰,损失能量产生热能回到基态,称为无辐射退激发。

$$X^* \rightarrow X + 热能 \tag{2.9}$$

(2)激发分子 X^* 发射光子 $h\nu$ 直接回到基态。

$$X^* \rightarrow X + h\nu \tag{2.9'}$$

发射光的波长等于入射光的波长,这种发射称为共振发射。共振发射仅对孤立体系才能发生,对分子来说其发生的可能性很小。

(3)激发态分子因与其他原子、分子相碰撞,一部分能量转化为热能损失后,下降到第一电子激发态的振动基态,然后再从此能级跃迁到电子基态的其他振动能态并发射光子。因此发射光的频率 ν' 比入射光的频率 ν 小,这种发射称为荧光发射。

$$X^* \rightarrow X + h\nu' + 热能 \tag{2.9''}$$

(4)处于第一电子激发态的最低振动能级状态的分子,不直接跃迁回到基态,而是转入亚稳的三重态。分子在此三重态的寿命较长(从 $10^{-4}\sim10$ s),从此三重态跃迁回到基态的振动能级并发射光子,这种发射称为磷光发射。

上述几种类型的发射光向各方向发射。

2. 拉曼(raman)散射　入射光与分子相互碰撞后可发生弹性散射和非弹性散射。弹性散射时,光子与分子无能量交换,仅光子的方向改变,其能量没有改变,称此种散射为瑞利散射(见图 2-8)。非弹性散射不仅光子的方向改变,而且光子与分子有能量交换,光子的能量与被作用分子的能态均发生改变。如果入射的光子与电子能级、振动能级都处于基态的分子发生了非弹性散射碰撞,碰撞中光子一部分能量给了分子,使分子从振动基态跃迁到激发态,于是散射光的能量比入射光子的能量下降,即波长变长;散射光谱中对应的谱线称为斯托克斯线,该谱线的波长位置比入射光的波长更长。反之入射光的光子与振动能级处于较高能态的分子发生了非弹性碰撞,碰撞中分子由较高的振动能态跃到较低能态,其能量的差值给予了光子,则产生的散射光的光子能量增加,散射光谱中对应的谱线就是反斯托克斯线,该谱线的波长比入射光的波长更短。由于常温时分子处于低能态的数目多,故斯托克斯线比反斯托克斯线强得多。从散射光谱的入射光和散射光的光子能量差可以得到分子振动能级的信息。

2.4　物质光谱的测定及其解析

上一节讨论的有关问题均指某个分子或原子发生一次跃迁时吸收或发射光子的微观过程;本节讨论实际光谱分析的有关仪器技术与测试技术的一些基础问题。

2.4.1　光谱的基本类型

光谱的某些分类见第 2.1 节,此外,按光谱自身的特征还可分成几种类型。光谱是分子或原子在不同能级间跃迁所产生的;能级是分裂的、不连续的,因此理论上光谱中各波长成分也必然是不连续的,每种波长成分在光谱中只占一个位置,形成光谱中的一条谱线。所以理论上所有光谱都是由谱线组成的,每条谱线相应一种波长的单色光或一种能量的光子;对应每条谱线的是分子或原子从一个能级到另一能级的跃迁。由于各种原因,实际光谱仪产生的样品光谱中,每种谱线不可能只占一种波长位置,其波长宽度发生扩张,占有一定的波长范围,形成光谱带。

使实际光谱中谱线的波长宽度扩展的原因主要有两个:一是仪器条件(如狭缝宽度)和测量的条件,有关问题在下一章讨论;再一是因为任一种跃迁产生光子的能量类型本身总有一定的能量离散;能量离散越大,光谱中谱线的宽度也越大。造成这种能量离散、谱线增宽的原因有许多，其中测不准原理、相对论效应，以及分子中不同层次运动的能级间的重叠、分子平动能量的叠加，以及分子间的碰撞等原因对谱线增宽比较重要。这些原因造成的谱线增宽是无法避免的，由此引起的谱线宽度称为谱线的自然宽度，此外还有其他一些原因。由此产生了三种不同物态的物质，具有不同形式的光谱，见图 2-9。

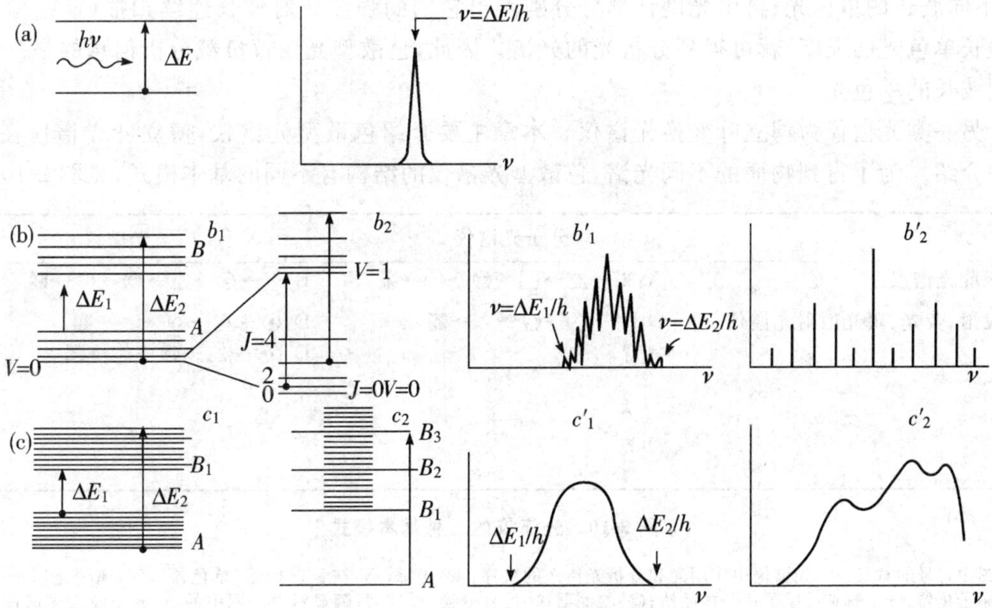

图 2-9　三种物态物质的光谱示意图

图 2-9 中的(a)是气态原子的能级结构与相应的吸收光谱示意图。该物态物质的光谱是线光谱。在紫外-可见区光谱线的自然宽度很小，只有约 10^{-3} nm 数量级。这是因为该谱区的谱线是原子的电子能级间的跃迁所产生，原子没有振动和转动能级，原子外层电子能级间距比谱线自然宽度大得多，通过光谱仪产生的原子光谱是分离的谱线，因此原子光谱是线光谱。实际的原子有许多能级、可能发生许多种跃迁，因此原子光谱是包含许多谱线的线光谱。谱线的宽度主要与原子的平动运动等有关。

图 2-9 中的(b)是气态分子的能级结构与相应的吸收光谱示意图。该物态物质的光谱是带光谱。图中的 b_1、b_2 分别是气体分子的电子-振动能级结构与振动-转动能级结构，图中的符号与图 2-5 中相同；图中的 b'_1、b'_2 分别是与上述两种能级结构相对应的吸收光谱图。由于气体分子在电子或振动能级之间跃迁时，常常分别伴随着能级间距小得多的、振动或转动能级间的跃迁，因此气体分子的电子光谱与振动光谱是由若干谱线组成的带光谱。谱线的宽度也与分子的平动运动等有关。

图 2-9 中的(c)是固、液态分子的能级结构与相应的吸收光谱示意图。该物态物质的光谱是波长连续的光谱。图中的 c_1、c_2 分别是振动激发态数目不同的两种分子的电子-振动-转动能级结构，图中的符号与图 2-5 中相同；由图可见，由于分子平动能量的连续分布，以及因为固态和液态物质中分子之间的距离很近，分子间的相互作用加上溶质与溶剂分子间的相互作用使分子能级的能量值离散，以致能级重叠，能量连续。图中的 c'_1、c'_2 分别是与上述两种能级结构相对应的吸收光谱图。由图可见，由于能级重叠，导致相邻的谱线重叠，无法分辨，因此，固态和液态物的紫外可见区吸收光谱（电子光谱）常常以连续吸收曲线的形式出现。

2.4.2 光谱仪

光谱仪的作用是通过分析过程信息传递链的前三环节，取得样品的真实光谱。

1. *光谱仪结构的基本模式* 光谱仪按工作原理可分成两类：一类是色散型光谱仪，这类仪器通过色散元件把作用光或分析光中的不同波长成分在空间分离开，通过狭缝产生一定带宽、不同波长的单色光；再由光度计部分分别测出它们的强度。对波长连续扫描(连续检测不同波长单色光的强度)就可得到分析光的光谱。因此，色散型光谱仪负载分析信息的是一系列不同波长的单色光。

另一类光谱仪为傅立叶变换光谱仪。本章主要介绍色散型光谱仪，傅立叶光谱仪在第 6 章中介绍。为了得到物质的不同光谱，色散型光谱仪的结构有不同的基本模式，见图 2-10。

	分子光谱仪	原子光谱仪
吸收光谱仪	A：※→△→□→◎→∽→■	B：※→⊙→△→◎→∽→■
发射、荧光、磷光散射光谱仪	C：□→△→◎→∽→■ ↑ △ ↑ ※	D：⊙→△→◎→∽→■ D′：⊙→△→◎→∽→■ ↑ △ ↑ ※

图 2-10 光谱仪的几种基本模式

图中符号的意义：→：光谱仪中作用光和分析光传送的次序；※：光源；△：波长选择器(单色器)；⊙：原子化器——样品通过原子化器，分子解离成原子；□：样品池；◎：检测器；∽信号变换、处理器；■显示器。图中的 A：分子吸收光谱仪；B：原子吸收光谱仪；C：分子发射光谱仪与荧光、磷光和拉曼散射光谱仪；D：原子发射光谱仪；D′：原子荧光光谱仪。

由图 2-10 可见，与一般分析仪器的基本结构(见图 1-2)一样，光谱分析仪也包括四个主要系统，即信号发生系统、信号检测系统、处理系统和显示系统；其中信号发生系统，包括图 2-10 中的光源、波长选择器与样品，其任务是为了产生负载了样品的结构和组成信息的信号——分析光。波长选择器(单色器)可以把作用光或分析光中不同的波长成分在空间分离。光谱分析仪的检测器常为光电检测器，可将光信号转变为电信号，以便于信号处理系统的处理。在上述光谱信号传递过程中，光谱仪器以及测量环境等有关背景的特征不可避免地会叠加到光谱分析信号上去，如此产生的光谱图谱数据不只是唯一决定样品的特征，也与所用仪器的特征有关，这种光谱图称为表观的光谱图；因此必须经过校正与处理，消除背景，得到样品的真实光谱，这可由光谱信号处理系统完成。显示器显示分析的结果。不同类光谱仪的差别主要在于信号发生系统。

依据作用能量的不同，光谱仪可分为两种：主动式光谱仪中作用能量是光，作用光和物质相互作用后产生的装载了分析信息的分析光。分析光若是透射光则是吸收光谱仪(图 2-10 中的 A、B)。分析光若是荧光、磷光或拉曼散射光，则分别是荧光光谱仪、磷光光谱仪和拉曼散射光谱仪(图 2-10 中的 C、D′)。这些仪器一般有两个波长选择器，一个用于选择合适的波长作为激发样品的作用光，另一个用于选择样品产生的荧光、磷光或散射光的波长成分。被动式光谱仪中作用能量是热、电等，物质受作用能量的激发作用后，发射出装载了分析信息的分析光，在光谱仪中产生发射光谱(图 2-10 中的 D)。

依据作用能量和物质相互直接作用的对象是分子或原子，光谱仪可分为分子光谱仪和原子光谱仪。在分子光谱仪中待分析的样品可以直接放入仪器中的样品池；而原子光谱仪内有原子化装置，样品在该装置内经过加温等方式，分子被解离为原子，进一步因受热而激发产生分析光(图 2-10 中的 D)，或再与作用光相互作用产生分析光(图 2-10 中的 B 与 D′)。

2. 光谱仪的基本性能　光谱仪器分析测试样品的性能反映在测定样品光谱的质量、速度等。常用表示光谱仪器测试性能的参数有仪器的分析速度、分析灵敏度与分析范围，以及分析信息在仪器中传递与转换的保真度、仪器对分析信息的选择性等。

光谱仪器的分析测试性能直接决定了仪器的分析能力，但测试的性能决定于仪器结构的性能。分析仪器的结构性能将在以后的章节按不同类型的仪器作具体讨论，本节只对光谱仪器的测试性能作一般的讨论。

光谱仪器的分析速度与分析信息在仪器中传递时各器件对信号的响应速度有关。

光谱仪器的灵敏度指单位待测成分含量所产生信号的绝对强度。灵敏度不但与仪器中的器件，如检测器的灵敏度等有关，还与样品及分析条件(如吸收光谱分析中的吸光系数与光程等)有关。

光谱仪器的分析范围与所用器件以及整机对光谱的响应范围有关。

光谱仪器的选择性指选择性地提取样品多种分析信息中的某一种信息的能力；选择性与光谱仪器中波长选择器的波长分辨率有关，也与样品自身光谱特征有关。

光谱仪信息传递的保真度是指分析信息在仪器中传递时，保持原有性质特征与数量特征的程度，它决定了分析的准确度。避免信息传递失真的前提是仪器标度(如波长与吸光度标度等)的准确，因此分析前一般需测定与校正仪器的标度。

2.4.3 光谱数据与图谱的解析

光谱分析过程中信息传递链的第四环节是解析样品的光谱分析数据或图谱，提取有用信息，确定样品的结构和组成。各谱区的光谱定性分析与结构分析是根据样品光谱某些特征区的谱峰波长位置，但解析方法有各自的特点，将在各种光谱分析技术中分别介绍。

光谱定量分析是根据样品光谱某些特征区的强度；其中发射光谱定量分析是根据样品发射某一谱区光的强度与样品发光的粒子(高能态分子或原子)数之间的关系，并考虑到样品发光粒子与样品粒子总数间的关系来定量；吸收光谱定量分析是根据样品对某一谱区光吸收强度与吸光粒子(低能态的分子或原子)之间的关系、并考虑到样品中吸光粒子数与样品粒子总数的关系来定量。吸收光谱定量分析的基础是比耳定律，该定律是吸收光谱定量分析中微观信息(分子的数目)的宏观表达，下面是其推导(见图 2-11)。

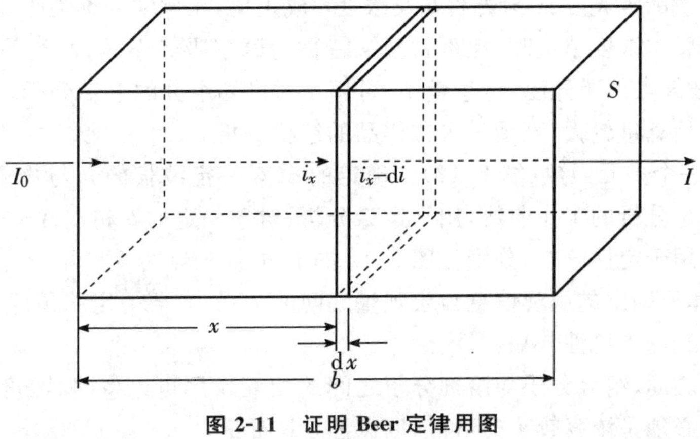

图 2-11　证明 Beer 定律用图

图 2-11 中，设均匀溶液的长度为 b，截面积为 S，该样品溶液共有 n 个吸光的分子，波长为 λ 的平行、均匀光束强度为 I，透过溶液后强度衰减为 I，在溶液中深度为 x 处光的强度为 i_x，$(i_{x=0}=I_0, i_{x=b}=I)$。设分子(或原子)吸光过程是对光子截获的过程，则分子的吸光能力决定于一个分子对 λ 单色光的吸光“截面积”a(实际的 a 并不是吸光分子真正的面积，而只是表征分子对 λ 光的吸光能力)，a 决定于单色光的波长 λ 与分子的本性，如能级结构、跃迁选律等微观特征。现考虑溶液中深度为 x 处有一无限薄的液层 dx，此处的光强 i_x，通过该薄层后减少了 di_x，则：

$$-di_x/i_x = dS/S = a\,dn/S$$

式中：dS 为薄层中的分子对 λ 单色光的总吸光截面积；dn 为薄层中的粒子数。

对上式积分得：

$$-\int_0^b di_x/i_x = \int_0^b a\,dn/S - \ln(I/I_0) = a\,n/S \tag{2.10}$$

若式(2.10)分子、分母各乘以阿佛加德罗常数(6.023×10^{23})，又因为样品的体积 $V=b\cdot S$ 则得：

$$-\ln(I/I_0)=(a\cdot n\cdot b\cdot 6.023\times10^{23})/(V\cdot 6.023\times10^{23})$$

式中：$(6.023\times10^{23}\cdot a)$即 1 mol 分子的截光面积令其等于 ε'。

$n/(V\cdot 6.023\times10^{23})$为单位体积中分子的 mol 数，即 mol 浓度，令其等于 c，则由上式得：

$$-\ln(I/I_0)=\varepsilon'\cdot b\cdot c \tag{2.11}$$

把自然对数转换为常用对数，转换的系数合并入 ε'，成为 ε，由式(2.11)得：

$$-\lg(I/I_0)=\varepsilon\cdot b\cdot c \tag{2.12}$$

把 I/I_0 称为样品对光的透光率用 T 表示，把 $-\lg T$ 称为样品对 λ 光的吸光度，用 A 表示，A 随 λ 变化，可记为 $A(\lambda)$，由式(2.12)得：

$$A(\lambda)=\varepsilon\cdot b\cdot c \tag{2.13}$$

式中：A 为吸光度；ε 为待测组分的摩尔吸光系数；b 为光程；c 为待测组分的摩尔浓度。

这就是比耳定律，也称为物质对光的吸收定律，简称吸收定律。该定律可表述为：对一定波长的单色光，物质的吸光度 A 与光程 b 及浓度 c 成正比，比例常数称为吸光系数与所用的浓度单位有关，若用摩尔浓度单位时，比例常数 ε 特称为摩尔吸光系数；吸光系数与样品本性及波长 λ 有关。单波长点的吸光度，信息量小，可用于对已知组分的定量分析。由各波长点的吸光度组成的光谱，信息量较大，可用于未知样品的结构分析。

吸光度 A 是一个多元函数(图 2-12)。确定的 ε(对一定波长的光与物质)可以得到 $A\sim c$ 的线性关系，即定量分析的工作曲线，用于定量分析；对于一定的 b 和 c，$A\sim\lambda$ 间的关系即组分的二维吸收光谱，用于定性分析，分别见图 2-12 的上方。

比耳吸收定律所确定的微观信息与宏观量之间的关系，需要一定的条件才能成立：

(1)保证分析光的单色性与平行性。

(2)组分分子之间、组分分子与溶剂分子之间的相互作用可以忽略，浓度对折射率的影响也可以忽略，因此必须是浓度较小的溶液，以保证 ε 是常量。

(3)透过率只和待测分子的吸光有关，分析过程中除了组分吸光过程外，没有其他发光(荧光等)、散射、折射的变化。

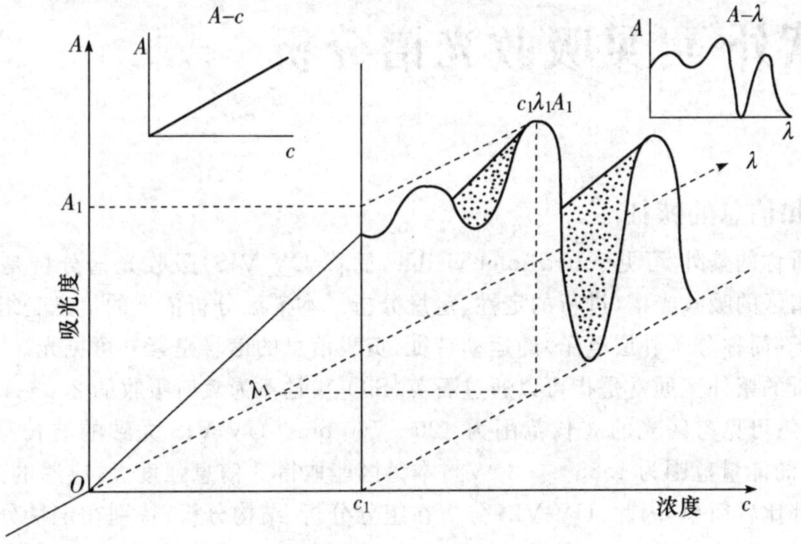

图 2-12 比耳定律中 A, c 与 λ 间的关系

(4)测量过程中分析信号在仪器中的传送保持线性关系等。

若不符合上述条件，则比耳定律所确定的关系将发生偏离而失真。这种原信息表达的失真是吸收光谱定量分析误差的重要来源。

习 题

1. 光谱分析的主要过程以及这些过程对光谱分析的结果有什么影响？
2. 写出仪器分析中电磁波的主要谱区，以及各谱区在分析中能够负载的分析信息。
3. 计算下列辐射的频率(以 Hz 为单位)和波数(cm^{-1} 为单位)：

(a)波长为 1 nm 的单色 X 射线； (b)589.0 nm 的钠 D 线；

(c)10 μm 的红外吸收峰； (d)波长为 200 cm 的微波辐射。

4. 以 erg(尔格)和 eV 为单位，计算习题 3 中每个光子的能量。($1\ J=10^7\ erg=6.241\ 8\times10^{18}\ eV$)
5. 实际光谱与理论光谱的主要差别，以及造成这些差别的主要原因是什么？
6. 光谱分析主要分成哪些种类？各自能得到什么信息？应用的主要特点是什么？
7. 光谱分析仪器有哪些基本类别？它们的主要特点是什么？
8. 吸收光谱定量分析依据的比耳定律如何表述？试根据该定律的推导，说明依据比耳定律进行定量分析的条件是什么？

3 紫外-可见吸收光谱分析

3.1 信号和信息的特征

习惯上所称的紫外-可见(ultraviolet-visible,简称 UV-VIS)吸收光谱分析是指利用分子在紫外可见谱区的吸收光谱,进行的定性、定量分析。本谱区分析依据的信息是组成分子的原子外层价电子(简称分子外层电子)的运动特征,负载信息的信号是紫外可见光。

光谱分析的紫外区通常是指可以通过石英(SiO_2)、且不为氧所吸收的 200～420 nm 谱区,即石英紫外区;可见谱区光的波长范围为 420～760 nm。UV-VIS 大致的波长范围为 200～800 nm,光子的能量范围为 1.55～6.2 eV。本谱区能取得的信息强度大,应用的光源、检测器与光学材料都比较简单,因此,UV-VIS 分析在组分分析、结构分析、特别在定量分析中应用极为广泛。

学习 UV-VIS 分析首先需要了解本谱区分析依据的信息,要学习描述分子中电子运动状态的参数,以及它们与紫外、可见光相互作用的微观与宏观过程。

3.1.1 分子外层电子的分子轨道与能级结构

正像原子中电子的运动状态用原子轨道来描述一样,分子中电子运动的状态可以用分子轨道来描述。分子轨道是指在分子中各原子核的周围最可能找到给定电子的区域,可近似用原子轨道的线性组合表示:原子形成分子时,它们中两个能量相近的外层电子之间组成化学键,这两个电子的原子轨道 ψ_1、ψ_2 线性组合可产生两个分子轨道:能量较低的成键(σ 或 π)分子轨道与能量较高的反键(σ^* 或 π^*)分子轨道。见图(3-1)左方。

原子外层电子最多可有 8 个电子,分布在四个原子轨道上:一个 s 轨道,电子云的分布呈球形;三个 p 轨道,电子云呈互相垂直的哑铃形(p_x、p_y、p_z)。原子通过化学键组成分子后,形成分子轨道的两个原子轨道可能是 s-s、s-p_x、p_x-p_x、p_y-p_y、p_z-p_z,这五种分子轨道的电子云形状特征不同:上述前三种分子轨道对于键轴具有圆柱对称性,称为 σ 分子轨道;后两种对于通过键轴的平面具有反对称性,称为 π 分子轨道。因此分子轨道可以分为四种,即 σ 成键与反键轨道、π 成键与反键轨道,它们分别用 σ、σ^*、π、π^* 表示。图 3-1 右方给出了 a、b 两个原子轨道形成分子轨道电子云分布的轮廓,图中的点"·"示意了两原子核的位置。

此外,有的原子在组成分子时,其外层电子没有参与形成键,只与别的核发生较弱的作用,而被束缚在原来的原子核周围,这个"嵌"在分子内的原子轨道保持原来的能量状态,称为非键轨道,常用 n 表示。

因此,分子中外层电子的能级结构主要由五种分子轨道对应的能级组成,它们的能量由低到高排列次序通常为 σ、π、n、π^*、σ^*,见图 3-2。

电子倾向于优先排布在能量比较低的成键分子轨道上。基态分子的外层电子主要是 σ、π、n 轨道的电子,这些轨道通常是排满的;分子的空轨道是 π^*、σ^* 轨道。一般有机分子中常包

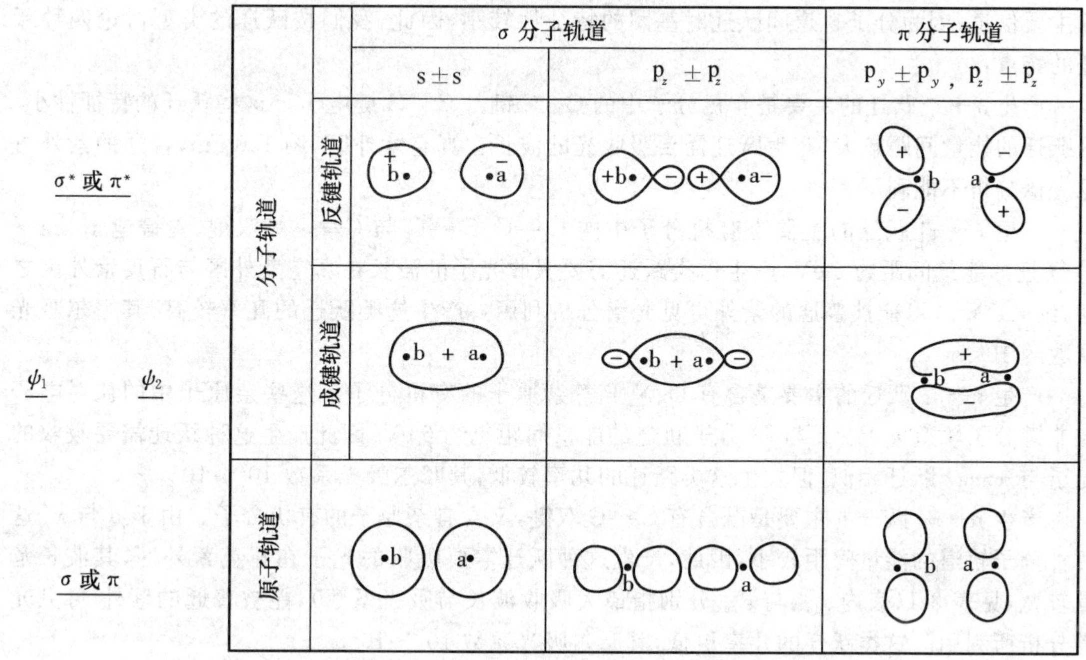

图 3-1　原子轨道及分子轨道的能级(图左方)与电子云分布(图右方)

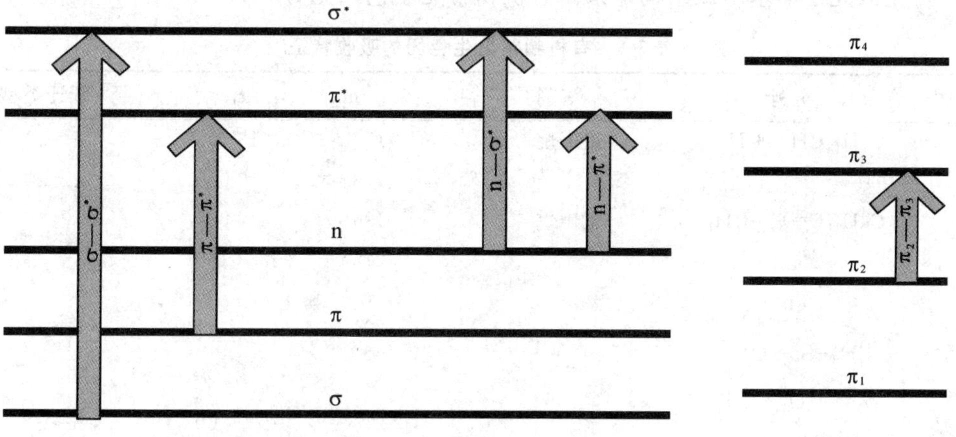

a. 分子轨道的能量状态与几种跃迁　　　　b. 共轭体系中的 π 分子轨道

图 3-2　分子轨道及其能态的跃迁

含几种分子轨道，例如在甲醛分子 $H_2C=O$ 中，C—H 键是 σ 键，C═O 基团中的双键分别为 σ 键与 π 键；氧原子上还有 n 键分子轨道。

3.1.2　紫外-可见吸收光谱的信息

紫外可见吸收光谱定量分析所依据样品分子的数量特征信息与一般吸收光谱分析相同，已在上一节讨论；结构分析与定性分析依据的性质特征是样品分子外层电子的能级结构。该能级结构不但决定于指定电子自身的特征，还与该电子在分子中的微环境以及分子的外环境有关，它们在紫外-可见光谱分析中都可作为分析信息，下面分别讨论。

分子的电子基态跃迁成为激发态的过程主要是五种分子轨道间的下述四种跃迁：$\sigma \to \sigma^*$、$\pi \to \pi^*$、$n \to \sigma^*$、$n \to \pi^*$（图 3-2）。这些跃迁的能量特征是有机物紫外可见吸收光谱分析所依据的主要信息；因为分子轨道间跃迁时基团的特征性较小，因此，我们按跃迁的类型讨论四种跃迁的特点：

产生 $\sigma \rightarrow \sigma^*$ 跃迁的主要是有机分子中的 C—C 键与 C—H 键电子。这些跃迁的特征性小，且跃迁的能量间距较大，产生跃迁需要吸收光的波长在真空紫外区，约 150 nm，普通的紫外可见光谱分析不能利用。

产生 $\pi \rightarrow \pi^*$ 跃迁的主要是有机分子中的 C═C、C═O 与 C≡C 等双键、叁键电子。$\pi \rightarrow \pi^*$ 跃迁的能量间距约 6 eV，产生这类跃迁需要吸收光子的波长在真空紫外区与石英紫外区之间，约 200 nm，可能被普通的紫外可见光谱分析利用。产生这类跃迁的几率较高，其摩尔吸光系数约 10^4。

产生 $n \rightarrow \sigma^*$ 跃迁的主要是含有 O、N、P 等杂原子的有机分子。这些杂原子中的孤对电子在非键分子轨道 n 上。n 与 σ^* 分子轨道的能量间距也约 6 eV，因此产生这种跃迁需要吸收的光子与 $\pi \rightarrow \pi^*$ 跃迁相似，但发生这类跃迁的几率较低，其摩尔吸光系数 $10^2 \sim 10^3$。

产生 $n \rightarrow \pi^*$ 跃迁的主要是既含有 C═C 双键，又含有杂原子的有机分子。由于 n 与 π^* 这两种分子轨道的能量间距较小，因此，产生这种跃迁需要吸收的光子在石英紫外区，其波长范围较宽，见表 3-1（表内 λ_{max} 与 ε_{max} 分别指最大吸收波长与吸光系数），能被普通的紫外-可见光谱分析所利用。这类跃迁的几率更低，其摩尔吸光系数 $10^1 \sim 10^2$。

光谱分析中常把分子中能吸收光子而产生电子跃迁的基团称为生色团，习惯上常指能吸收紫-外可见区光子的基团或结构体系。有机物常见生色团见表 3-1。

表 3-1　有机物常见生色团的吸收特征

生色团	实例	溶剂	λ_{max}/nm	ε_{max}	跃迁类型
烯	$C_6H_{13}CH{=}CH_2$	正庚烷	177	13 000	$\pi \rightarrow \pi^*$
			178	10 000	$\pi \rightarrow \pi^*$
炔	$C_5H_{11}C{\equiv}C{-}CH_3$	正庚烷	196	2 000	
			225	160	
羧基	$CH_3{-}C({=}O){-}OH$	乙醇	204	41	$n \rightarrow \pi^*$
酰胺基	$CH_3{-}C({=}O){-}NH_2$	水	214	60	$n \rightarrow \pi^*$
羰基	$CH_3{-}C({=}O){-}CH_3$	正己烷	186	1 000	$n \rightarrow \sigma^*$
			280	16	$n \rightarrow \pi^*$
偶氮基	$CH_3N{=}NCH_3$	乙醇	339	5	$n \rightarrow \pi^*$
硝基	CH_3NO_2	异辛烷	280	22	$n \rightarrow \pi^*$
亚硝基	C_4H_9NO	乙醚	300	100	$n \rightarrow \pi^*$
			665	20	
硝酸酯	$C_2H_5{-}O{-}NO_2$	二氧杂环	270	12	$n \rightarrow \pi^*$

有机分子在紫-外可见区产生吸收的还有电荷迁移跃迁。电荷迁移跃迁是指受光的照射后，分子中的电子从给体部分向内部的受体部分的轨道上跃迁，相应的吸收光谱称为电荷迁移

吸收光谱,因此电荷迁移的实质是分子吸收一个光子后,产生一个分子内部的氧化还原过程。某些取代芳烃可以产生这种吸收,如:芳酮中苯环部分是电子的给体,氧原子是电子的受体,接受一个光子后产生电荷迁移。

一些含有过渡金属的无机物在 UV-VIS 区也有吸收。这些无机物以及某些通过显色剂形成络合物在 UV-VIS 有吸收的无机物,都可以由本谱区取得信息用于分析。

分子轨道的能量状态还受分子内、外环境的影响,这些影响的规律也可被用作为分析信息。分子内部的微环境影响分子轨道的能量,例如同是 $\pi\rightarrow\pi^*$ 跃迁,乙烯的吸收峰为 162 nm,随着分子的增大,戊烯的吸收移至 184 nm。双键共轭后对 $\pi\rightarrow\pi^*$ 跃迁的影响更大,这是因为共轭体系中相邻双键对应的 π 分子轨道能量接近,空间位置又很近,能形成新的 π 分子轨道(图 3-2b)。

图 3-2b 中由于共轭形成新的 π_1、π_2、π_3、π_4 分子轨道能量间距比原来的小,它们之间跃迁所需能量较低。一般共轭体系越大,$\pi\rightarrow\pi^*$ 跃迁吸收的波长越长。例如,一个双键的 $\pi\rightarrow\pi^*$ 跃迁吸收的波长为 170 nm 左右,两个、三个与四个双键的共轭体系,其特征的吸收分别为 210 nm、250 nm 与 300 nm 左右;以后共轭体系的双键数每增加一个,吸收波长大约增加 30 nm,如表 3-2 中 11 个双键共轭的胡萝卜素,其吸收波长移至可见谱区的 480 nm(表内数据是指大体的范围,实际还和溶剂等有关)。

表 3-2 双键共轭对 $\pi\rightarrow\pi^*$ 跃迁吸收波长的影响

分子		λ_{max}/nm	ε_{max}
1 个双键	$CH_2=CH_2$	162	~10 000
戊烯	$CH_3CH_2CH_2CH=CH_2$	184	~10 000
2 个非共轭双键	$CH_2=CHCH_2CH_2CH=CH_2$	185	~20 000
2 个共轭双键	$H_2C=CHCH=CH_2$	217	21 000
3 个共轭双键	$H_2C=CHCH=CHCH=CH_2$	250	
	苯	254	
4 个共轭双键	1,3,5,7 八碳烯	304	
5 个共轭双键	1,3,5,7,9 十碳烯	334	121 000
11 个共轭双键	β-胡萝卜素	480	139 000
酮	$CH_3CH_2CH_2CH_2-C(=O)-CH_3$	282	27
烯酮(未共轭)	$CH_2=CHCH_2CH_2-C(=O)-CH_3$	278	30
烯酮(共轭)	$CH_2=CH-C(=O)-CH_3$	324	24
		219	3 600

有些原子和原子团本身虽然不吸收大于 200 nm 的光,但一些生色团与这些原子或原子团结合后,原来生色团所产生的吸收峰向长波方向移动,并且吸收强度增加,这样的一些原子和原子团称为助色团。例如作为生色团的苯,其 B 吸收带的吸收峰约在 256 nm,摩尔吸光系数也较小,当苯环上的氢被一些助色团(如 OH)取代后,苯的吸收峰向长波方向偏移,苯酚的吸

收峰增为 270 nm，而且吸收强度也增加了约 7 倍。助色团一般包含具有孤对电子的原子，当它们与一些生色团结合后会产生能级间距较小的 $n\rightarrow\pi^*$ 跃迁或 $n\rightarrow\sigma^*$ 跃迁，见表 3-3。

表 3-3　一些助色团对苯分子 $\pi\rightarrow\pi^*$ 跃迁的影响

	E_2 吸收带		B 吸收带	
	λ_{max}	ε_{max}	λ_{max}	ε_{max}
C_6H_6	204	7 900	256	200
$C_6H_5CH_3$	207	7 000	261	300
$C_6H_4(CH_3)_2$			263	300
C_6H_5Cl	210	7 600	265	240
C_6H_5OH	211	6 200	270	1 450
$C_6H_5O^-$	235	9 400	287	2 600
$C_6H_5NH_2$	230	8 600	280	1 430
$C_6H_5NH_3^+$	203	7 500	254	160
C_6H_5SH	236	10 000	269	700
$C_{10}H_8$	286	9 300	312	289
$C_6H_5CH—CH_2$	244	12 000	282	450

分子轨道的能量还受到外部环境如溶剂的影响：溶剂的极性增强或溶剂中含水量增加，则溶质分子 $\pi\rightarrow\pi^*$ 跃迁的吸收峰向长波移动，这种效应称为红移效应。例如在极性由小到大的溶剂：乙醚、100％丙酮、80％丙酮、乙醇中，叶绿素 a 的吸收峰波长依次递增，分别为 660～661、662～663、663～664、665。相反，随着溶剂的极性增加，溶质分子 $n\rightarrow\sigma^*$ 跃迁的吸收峰向短波移动。可以利用这些特征作为分析信息，区别这两种跃迁。

由于双键的共轭作用与助色团的影响，有机分子的莫尔吸光系数可以有很大的差别，图 3-3(该图源自参考文献[19])是 β-胡萝卜素、咖啡因、阿司匹林与丙酮的摩尔吸光系数与波长的关系，摩尔吸光系数的量级分别为 10^4、10^3、10^2、10^1。

3.1.3　信息负载的宏观过程

紫外可见光谱分析通过分光光度计，取得真实反映样品特征的紫外可见光谱，然后解析该光谱，以确定样品的结构与成分。

吸收光谱作结构分析时为了得到样品的性质特征信息，必须取得像图 3-3 的、样品对作用光的吸收(吸光度)随波长变化的二维光谱图。实际的样品二维光谱是通过分光光度计得到：色散型分光光度计是将光谱的全部谱区(设起点波长为 λ_1，终点波长为 λ_2)分割成波长宽度为 $\Delta\lambda=(\lambda_1-\lambda_2)/n$ 的、共 $n+1$ 个单色光波长单元，作为作用光。通过分光光度计测定样品对各波长单元的单色作用光的吸收特征 A，将这些吸收特征按波长 λ 次序排列，就得到样品的二维($A\sim\lambda$)光谱，这个过程就是光谱扫描。所得样品光谱的吸收峰波长位置、高度、宽度与各吸收峰间的相对高度等光谱特征，决定于样品分子的性质特征与数量特征，因此可依据光谱特征进行定性与定量分析。

样品光谱的特征是进行光谱分析最重要的依据，因此光谱分析的核心问题是取得真实反映样品特征的真实光谱。但实际扫描得到的光谱不但决定于样品的特征，还与分光光度计的性能与扫描的条件有关；通过光谱仪实际得到光谱可能是与样品的真实光谱不完全符合的表

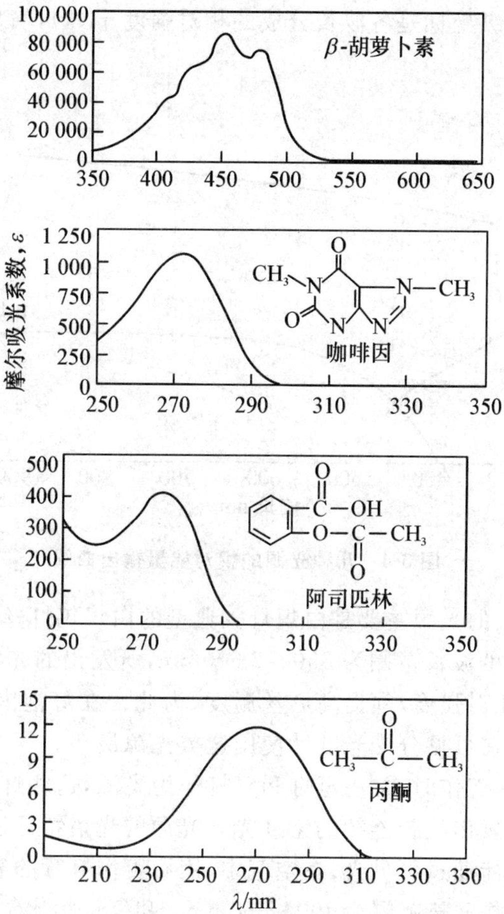

图 3-3　典型有机物的摩尔吸光系数

观光谱。UV-VIS 光谱分析必须研究分光光度计的性能与分析条件对测定的影响，还需要学习如何通过校正仪器，以得到符合实际的样品真实光谱。

3.2　紫外-可见分光光度计的基本组成与结构

3.2.1　基本组成

正确运用光谱仪器技术必须了解其基本组成和结构。由图 2-10 中的 A 可见，分光光度计的基本组成分成三部分：分光系统、样品室与光度计系统。分光系统包括光源与单色器，用于产生一定波长的单色光作为光谱分析的作用光；作用光投射到样品室中的样品，与样品分子相互作用，透过样品后成为负载了样品信息的分析光；其强度由光度计系统检测，并经过转换、传送、处理后在显示器显示分析结果。本节主要讨论基本组成中的光源、单色器与检测器。

1. 光源　光源具有数量与性质两方面的特征。光源的总强度反映了光源的数量特征，要求光源有足够高而且稳定的强度。光源的不稳定性会叠加到分析信息中，影响测量的准确度与精确度。光源的总强度可以用辐射功率（输出功率），即单位时间内光源发出的所有波长光的总能量来表示，单位是瓦（W）。在实际应用中有时就用光源的功耗来表示。

光源的性质特征反映在其光谱特征：每种光源所发的光具有一定的波长范围；且在此范围内，不同波长 λ 成分光的相对强度 $f_s(\lambda)$ 也不同。光源的光谱特征可以用其发光的相对能量输出曲线表示(见图 3-4)。纵坐标是各波长分成的相对强度 $f_s(\lambda)$,横坐标是波长 λ。

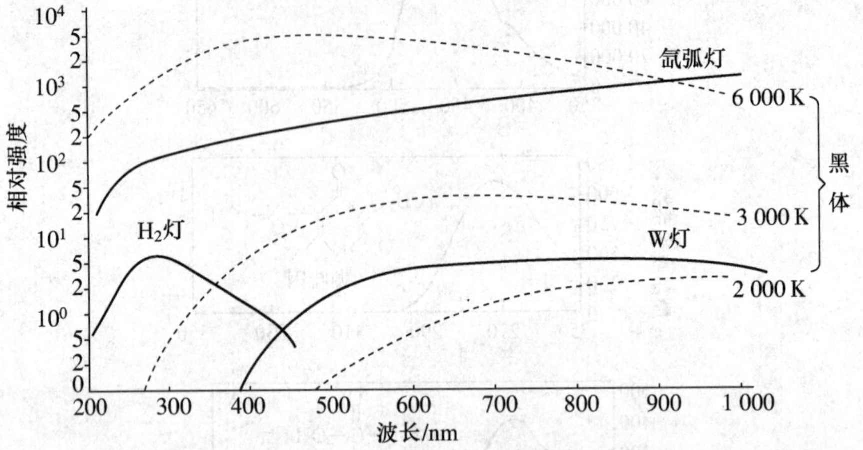

图 3-4　几种光源的相对能量输出曲线

分光光度计在可见区的光源主要是白炽灯。典型的白炽钨灯丝温度约 2 850 K,其能量输出见图 3-4。这种灯工作的波长范围为 350～2 500 nm,所发出的光大部分在近红外区。为了提高其在可见区辐射的相对强度,须提高灯丝温度,为此常在灯泡内充入卤素气体,制成卤素灯,如碘钨灯、溴钨灯等,在可见分光光度计使用这类光源最多。

分光光度计在紫外区工作时,常用氢灯和氘灯作为光源,这些灯是低压氢和氘的气体放电灯,能在 160～360 nm 间发出波长连续的紫外光。光源的光谱特征还受光源管壁材料的影响:玻璃不能通过紫外线,只能通过可见光;在空气中、用石英作灯管的氢灯或氘灯,由于受石英与空气透过特性的影响,工作波长范围为 190～360 nm。和氢灯相比氘灯的能量输出和波长范围均显著地提高。有些灯(如氙灯)在紫外区和可见区都可以发出强度高、波长连续的光,见图 3-4。

2. 单色器　分光光度计的基本性能,特别是其单色作用光的带宽主要决定于单色器。

(1)单色器的功能与基本结构　UV-VIS 分光光度计的光源产生的光是包含多种波长成分的、波长连续的复色光。单色器的功能就是通过色散器件,将此复色光中的不同波长成分在空间分开,然后分别取出所需波长(或波长范围较窄)的单色光用于分析。

单色器的结构包括:由入射狭缝、准直镜组成的用于产生平行光的准直系统,具有选择波长作用的光栅或棱镜等色散器件,以及由成像物镜与出射狭缝组成的成像系统;这些光学器件在图 3-5 分别用 A、B、C、D、E 表示。

由图 3-5 可见,在单色器中,入射狭缝位于准直镜(透镜)的焦平面上,若受到光源的复色光照亮,则入射狭缝在单色器中相当于明亮的“物”,它所发出的复色光通过准直镜后成为平行的复色光,射向色散器件。当色散器件为棱镜时,入射平行复色光中的不同波长成分通过棱镜后,分别成为不同波长的平行单色光,以不同的偏转角 δ 通过棱镜射出来;当色散器件为反射光栅时,入射平行复色光投射到光栅后,不同波长成分的光分别以不同的衍射角 β 从反射光栅面上反射出来。从色散器件产生的各种不同波长的单色平行光,经成像物镜后,分别在其焦平面(光谱面)的不同位置聚焦,成为入射狭缝的、对应波长的单色像。不同波长的单色像以其波长为次序横向排列,就成为入射复色光的光谱带。出射狭缝位于成像物镜的焦平面;它从波长连续的光谱带中“取出”所需波长的单色光。

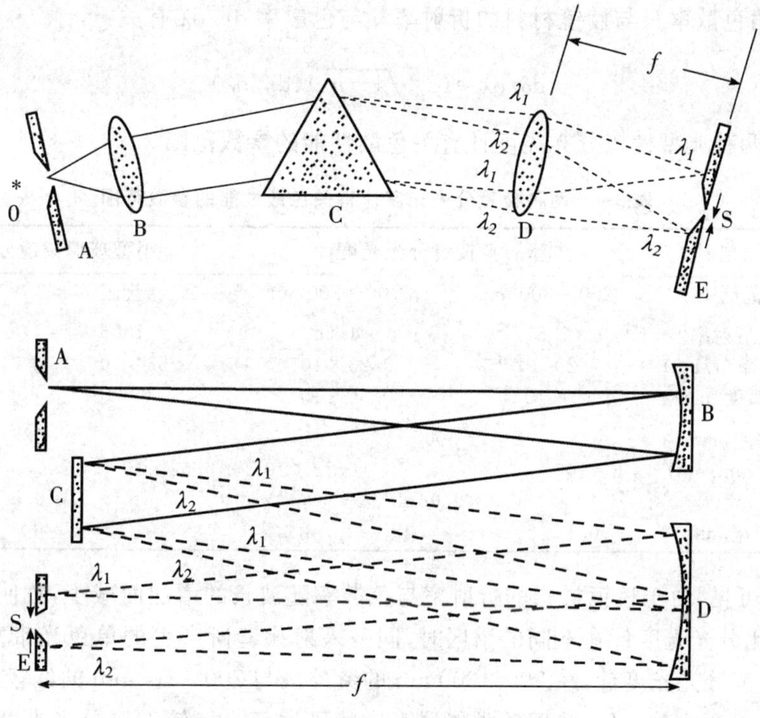

图 3-5 棱镜与光栅单色器的基本结构

单色器中入射狭缝越窄，则光谱带上任意一点的波长成分越纯，光谱的质量就越高；出射狭缝越小，则单色器产生单色光的带宽小、单色性好，但能量小，影响仪器的信噪比。通常入射狭缝与出射狭缝实行同步调节，保持两者的宽度相同，这种情况下单色光的能量输出与狭缝宽度的平方成正比。

单色器的准直镜与成像物镜的像差要小。准直镜与成像物镜可用透镜也可用凹面反射镜。后者可以在很宽的波长范围内工作，而且没有色差，因此使用比较广泛。

(2)单色光的单色性　单色器的性能主要是指其所产生单色光的"质"与"量"。单色光的"质"是指单色光中指定波长成分的"纯度"，或称为"单色性"，用单色光光谱的谱带宽度，简称带宽来表示。带宽通常指单色光的光谱中 1/2 峰高处的波长宽度，称为半高宽或半宽。单色光的"量"即单色光的强度，用能量输出表示。本节重点讨论单色光带宽的有关问题，单色光能量输出的强度与传输等问题于下节讨论。

单色器产生单色光的带宽 $\Delta\lambda$(nm)决定于出射狭缝的宽度 S(mm)与其线色散率($dl/d\lambda$)：

$$\Delta\lambda = S/(dl/d\lambda) \tag{3.1}$$

单色器在某波长处的线色散率是指在该波长处，波长间隔 $d\lambda$ 为一个单位(nm)的两条谱线，在光谱面上被展开的距离 dl(mm)，其单位是"mm/nm"。

棱镜单色器的线色散率决定于成像物镜的焦距 f(mm)和棱镜的角色散率($d\delta/d\lambda$)：

$$dl/d\lambda = (d\delta/d\lambda) \times f \tag{3.2}$$

棱镜在某波长处的角色散率是指在该波长处，波长间隔 $d\lambda$ 为一个单位(nm)的两束平行光，通过棱镜后偏转角 δ(弧度)的差值 $d\delta$，其单位是"弧度/nm"。在一般光谱仪符合最小偏转角的条件下，棱镜角色散率只与棱镜材料的折射率 n 与色散率 $dn/d\lambda$ 有关：

$$d\delta/d\lambda=(2/\sqrt{4-n^2})(dn/d\lambda) \tag{3.3}$$

表 3-4 是两种典型棱镜分光光度计有关色散性能的参数范围。

表 3-4　两种棱镜分光光度计有关色散性能的参数范围

	仪器类型	中型石英棱镜分光光度计		小型玻璃棱镜分光光度计	
	波长范围	200～300 nm	700～800 nm	蓝区	红区
棱镜	材料的平均折射率	1.61	1.54	1.66	1.64
	材料的色散率(1/nm)	7.2×10^{-4}	0.23×10^{-4}	23×10^{-4}	0.9×10^{-4}
	角色散率(弧度/nm)	12×10^{-4}	0.36×10^{-4}	4.0×10^{-4}	1.6×10^{-4}
光谱仪	成像物镜焦距/mm	500		125	
	线色散率/(mm/nm)	6×10^{-1}	0.18×10^{-1}	0.52×10^{-1}	0.20×10^{-1}
	狭缝宽度/mm	0.06		0.5	
	单色光的带宽/nm	0.1	3.4	10	25

由表 3-4 可见，由于棱镜材料的折射率与色散率随波长的增加而减小，致使单色器的线色散率下降；因此分光光度计在不同的谱区时，同一入射狭缝所产生的单色光带宽不同，例如表内中型石英棱镜分光光度计，在 200～300 nm 的紫外区与 700～800 nm 的红区，相同狭缝时单色光的带宽相差竟达数十倍，使用此类仪器时应特别注意。棱镜扫描分光光度计进行波长扫描时，为了在工作范围内有相同的单色光带宽，就要求狭缝的宽度随着波长的扫描而改变，即当波长增加时由于线色散率逐渐降低，相应地逐渐减小狭缝宽度。

光栅单色器与棱镜单色器一样，也符合公式(3.1)与公式(3.2)。一般光栅光谱仪在衍射角很小的实际使用条件下，若光栅常数为 G(光栅上每毫米距离内刻的条数)，则对光栅的一级光谱有：

$$\Delta\lambda=10^6 S(G\cdot f) \tag{3.4}$$

式中：$\Delta\lambda$ 与 S、f 分别以 nm 与 mm 为单位；G、f 都不随波长变化，因此，对光栅分光光度计，当狭缝的机械宽度 S 相同时，不同波长的单色光带宽 $\Delta\lambda$ 基本相同。

(3)单色器的波长分辨率　当谱线之间的波长距离过分靠近时，光谱仪就无法将它们区别开；光谱仪分辨谱线的能力称为其波长分辨率。分辨率是光谱仪器极为重要的性能指标，可分为绝对分辨率、相对分辨率与实际分辨率、理论极限分辨率。

光谱仪中单色器产生单色光的带宽决定了其在光谱分析时，仪器分辨分析光中波长成分的能力。根据物理学中瑞利判据，单色光的带宽 $\Delta\lambda$ 大体等于光谱仪最低实际能分开的、两条谱线之间的绝对波长距离，也称为分辨波长。分辨波长属于实际的绝对分辨率，$\Delta\lambda$ 越小，表示光谱仪分辨谱线的能力越大。

同一绝对分辨率，在不同谱区分辨波长的本领不同，例如，有两台光谱仪，分析谱区分别在 200 nm 与 20 μm(20 000 nm)，若分辨波长 $\Delta\lambda$ 同样为 10 nm，它们相对分辨波长的本领不同，因此需用相对分辨率来描述。某波长 λ 处的相对分辨率指 λ 与分辨波长 $\Delta\lambda$ 之比，有时称为分辨本领 R，其值越大，表示单色器在该波长处分辨波长的能力越大。

$$R=\lambda/\Delta\lambda \tag{3.5}$$

按照单色光带宽的式(3.1)，带宽 $\Delta\lambda$ 决定于狭缝宽度，但由于光的衍射，单色光的带宽不总是随着狭缝宽度的任意缩小而降低；对一定的单色器，存在理论极限分辨本领；狭缝任意缩小，单色器的分辨本领也不可能超过此极限分辨本领 R_{max}。一般光谱仪中棱镜单色器的 R_{max} 决定于棱镜底边的长度 t 与棱镜材料的色散率 $dn/d\lambda$：

$$R_{max}=(\lambda/\Delta\lambda)_{max}=t\cdot dn/d\lambda \tag{3.6}$$

光栅单色器的 R_{max} 决定于光栅光谱的级次 k 与所用光栅上刻线的总数 N：

$$R_{max}=(\lambda/\Delta\lambda)_{max}=k\cdot N \tag{3.7}$$

R_{max} 是评价光谱仪性能的一个重要指标。单色器的单色性或波长分辨率对分光光度计的分析能力关系重大，将于下一节讨论。

3. 检测器 分光光度计中检测光信号的器件称为检测器。光谱仪器中信号的传输主要是强度特征的传送，受检测器的影响很大。常用的检测器是把光信号转变成电信号的光电检测器。传统的分光光度计中光电检测器位于单色器的出射狭缝后面，只能对一种波长成分的光进行检测，这种检测器称为单通道检测器。波长扫描时，检测器逐个检测各个单色光波长单元的强度，因此，扫描一个样品的光谱需要足够长的时间。

多通道检测器是多个单通道检测器的集合，能同时检测空间不同位置光的强度，这是近一二十年来发展起来的。常用的多通道检测器有采用摄像原理的多通道光谱仪与二极管阵列检测器等；前者实际是通过特殊的摄像机记录样品的光谱；后者是将数百个检测光强的半导体光电器件，集成在一块电路的数 mm 空间，在分光光度计中置于出射狭缝位置，于是每个光电器件处于分析光谱带不同的波长位置，可分别检测不同波长成分的光强度，并将它们检测产生的电信号由计算机采集。这种多通道检测器将机械方式的波长扫描转变为同时检测多种波长成分的光强，提高了扫描速度。

光检测器是一种有光谱特征的器件：任一种光检测器都只对一定谱区的光有响应，而且在此谱区内对不同波长光的检测效率也不同。为了测定检测器的光谱特性，用强度相同、波长不同的单色光作用于检测器，测定输出信号的相对强度 $f_D(\lambda)$ 随波长变化的曲线，这就是该检测器相对灵敏度曲线或称光谱响应曲线（见图 3-6），它表示了检测器能有效工作的波长范围及各谱区的工作效率。图 3-6 是两种（蓝敏与红敏）光电管的光谱响应曲线。分光光度计中检测器的光谱响应曲线、光源的能量输出曲线与单色器的光谱特征三者一起，大体决定了分光光度计整机的能量输出随波长变化的特征，从而决定了分光光度计在各谱区工作的效率与有效工作范围。

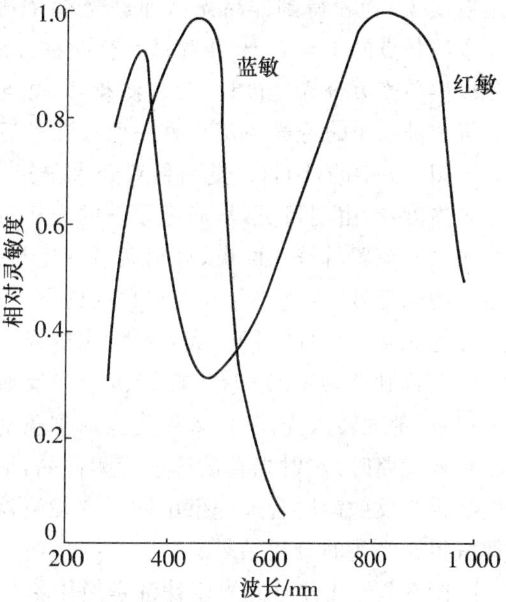

图 3-6 两种光电管的光谱响应曲线

紫外可见谱区范围的光子能量与碱金属外层电子的逸出功相近，因此，本谱区的检测器可用光电效应为基础的光电器件，如光电池、光电管、光电倍增管等，也可用半导体器件。

光电池也称为光生伏打电池(意为受光照后产生电动势)。常用的光电池有硒光电池和硅光电池，光谱响应的峰值分别在 550 nm 与近红外区。硒光电池价格便宜，它的缺点是长期曝光易“疲劳”，灵敏度也不够高，而且很易受水蒸气及化学气体的作用而失效。硅光电池不易疲劳，但对短波区的响应较差。近来也有向短波区扩展的“蓝硅”器件。

光电管由一个阴极和一个阳极构成，它们都装在抽成真空的玻璃或石英管内。阴极镀有适当的光电发射材料，通常是逸出功较低的金属或金属氧化物如铯或氧化铯等。当光照射到阴极上时，阴极表面发射电子，所发射的电子在正向电压作用下流向阳极，因此产生光电流。光电流经过作为光电管负载的高电阻时两端产生较大的电压降，这样就把光信号转变为电信号了。这种信号要经高输入电阻的放大器与功率放大后才能由显示器显示。

光电倍增管是在光电管里增加了电子流的放大功能而构成的光电检测器件。放大系数可达 10^8。光电倍增管线性范围较宽，并可通过倍增极负反馈使输出信号稳定，因此高中档分光光度计常用其作为检测器。

3.2.2 紫外-可见分光光度计整机的光路结构

紫外-可见分光光度计的结构是由其基本组件通过一定的形式联结而成的。按光路结构，常见紫外分光光度计可分为下列两种。

1. 单光束分光光度计　单光束分光光度计中分析光经过的路线只是一条光路：从光源发出的光经过滤光片或单色器后产生需要的单色光，单色光分别通过参比样或待测样，然后由检测器检测，转换产生相应的电信号，经过放大与处理后得到需要的分析结果。其结构框图见图 3-7 中的(a)(该图源自参考文献[19])。

2. 双光束分光光度计　单光束分光光度计中的分析光只有一条光路，为了测定得到样品的透光率 $T=I/I_0$，必须分别测定各个波长作用于样品的入射光强度 I_0 与透过样品后的分析光强度 I_0；为了得到样品光谱即透光率 T 随波长 λ 变化，若应用单光束分光光度计手工测定各个波长点的 I 与 I_0 十分费时。有两种方法实现 $I\sim\lambda$ 与 $I_0\sim\lambda$ 的同步扫描：一种方法是应用扫描型单光束分光光度计，分别测得 $I\sim\lambda$ 与 $I_0\sim\lambda$ 的数据并存入计算机，再通过运算得到对应每个波长 λ 的透光率 T。另一种方法是运用双光束分光光度计。

图 3-7 中的(b)，(c)是两种双光束分光光度计的结构框图。图 3-7 中的(b)是空间双光束分光光度计，由图可见，从光源发出的光经过滤光片或单色器后产生需要的单色光，单色光通过光的分束器后分为两束，分别通过参比与待测样，然后分别由匹配的检测器检测，转换产生相应的电信号，经过差分放大与数据处理后得到需要的分析结果。图 3-7 中的(c)是时间双光束分光光度计，由图可见，从光源发出的光经过滤光片或单色器后产生需要的单色光，单色光投射到高速旋转的旋转镜，旋转镜分为反射面与透射面两部分，入射光通过旋转镜后分为两束：当反射面转入光路时，入射光投射到反射面后再透过参比样品，形成参比光束(I_0)；当透射面转入光路时，入射光直接透过待测样品，形成样品光束(I)。样品光束(I)与参比光束(I_0)经过半透半反射镜后合成一束由同一个检测器检测，转换产生相应的电信号，经过放大与数据处理后得到需要的分析结果。

图 3-7 的几种分光光度计都是使用单检测器的单通道分光光度计，图 3-8(该图源自参考文献[19])是多通道分光光度计的结构框图，这种光谱仪使用的检测器是多个单检测器集成的阵列检测器。

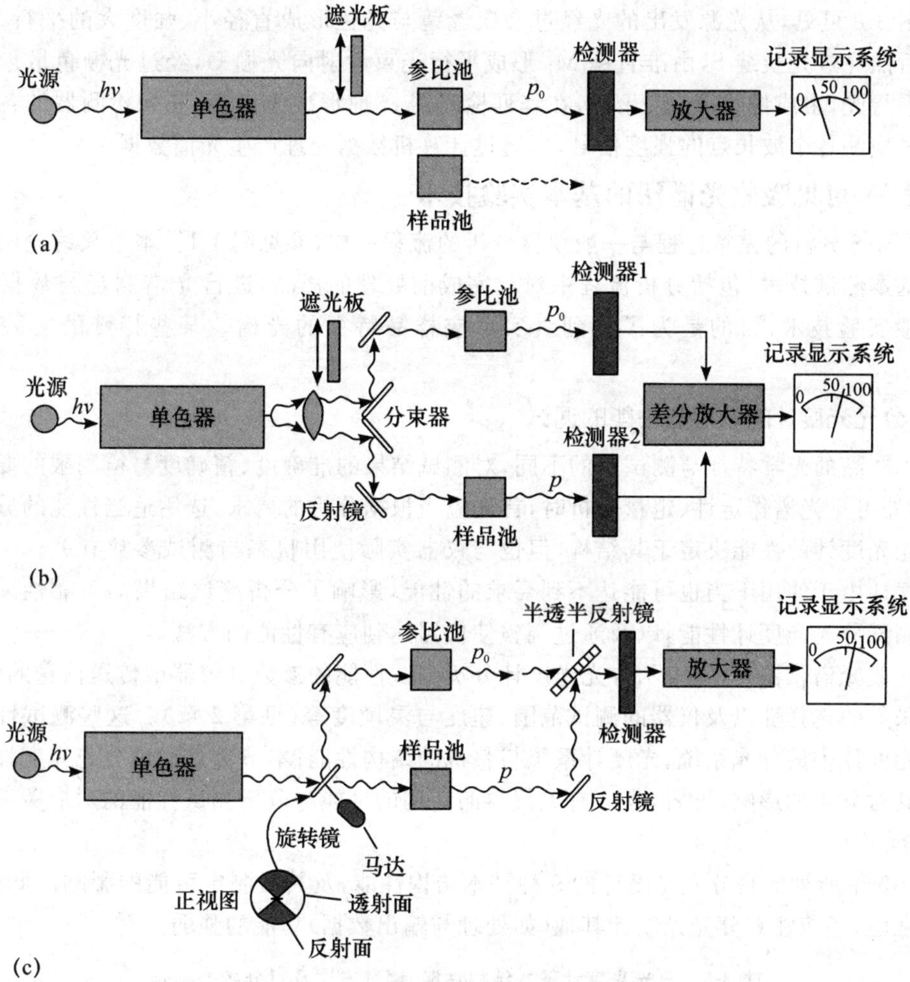

图 3-7　分光光度计的结构框图

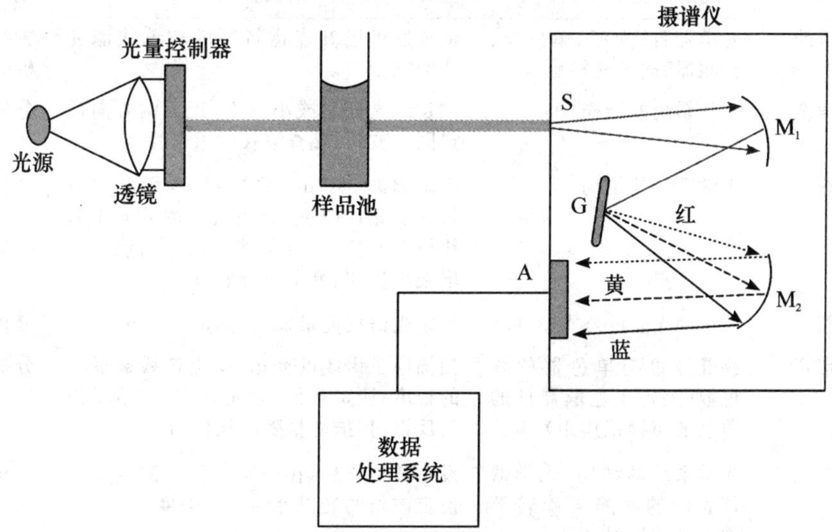

图 3-8　多通道分光光度计结构框图

由图 3-8 可见，从光源发出的光经过会聚透镜与光栏形成直径小、强度大的平行光束，通过样品后照亮进光狭缝 S，由准直镜 M_1 形成平行光束后射向光栅 G，经过光栅色散形成不同波长的平行光，由成像物镜 M_2 聚焦，在阵列检测器 A 前形成光谱带，阵列检测器的各个检测单元同时检测各个波长点的强度信号，再通过计算机数据处理产生光谱数据。

3.3 紫外-可见吸收光谱法的基本实验技术

UV-VIS 分析的完整过程与一般仪器分析的流程一样，参见图 1-1。本节只讨论吸收光谱分析的基本测试技术，包括分析流程中对已完成前处理的样品，进行光谱测定与数据初步分析的一般实验技术，目的是为了得到真实反应样品特征的光谱。某些特殊的实验技术见 3.5 节。

3.3.1 分光光度计的选用与性能的调试

由于样品的光学特征与测试目的不同，对测试结果的准确度、精确度与检测限的要求也不同；用紫外可见光谱作定性、定量分析时，首先应当根据分析的要求，选用适当性能的分光光度计。分光光度计的性能决定于其结构，但也与仪器实际使用状态与测试参数有关。一台好的分光光度计由于使用不当也可能达不到要求的性能，影响了分析测试结果的可靠性。因此必须了解测试分光光度计性能，以及通过调整使仪器达到应有性能的方法。

与一般光谱仪器一样，表示分光光度计分析测试性能的参数有仪器中传送信息的保真度、对信息采集的选择性以及仪器的测试范围、速度与灵敏度等（见第 2 章）。这些测试性能决定于分光光度计中的分光系统、光度计系统与整机的结构性能；本节重点讨论分光光度计的结构性能及其对分析的影响，见表 3-5。有关仪器的结构的性能与分析测试性能的对应关系请读者自行分析。

表 3-5 中所列的是分光光度计的 9 种基本结构性能，及其对测定可能的影响。此外，从实用方面考虑，还应注意分光光度计其他（如处理与输出数据）功能的强弱。

表 3-5 分光光度计基本结构性能、调试方法及对分析的影响

	性　能	决定性能的主要因素	调试方法	对分析的影响
光学系统	能够分析的波长范围	光学器件：光源、单色器、检测器、透光材料	检查通过已知光谱特征的玻璃或滤光片的能量	影响能实现分析的项目
	波长精确度	光学系统的结构	波长由大→小或小→大，正反两方向设定同一波长，检查波长的重复性	分析的精确度
	波长准确度	光学系统的结构	肉眼调试 580 nm 的标度，再用已知波长的滤光片校正，或用氘灯的 656.1 谱线校正波长（测定条件：单光束、取消倍增极负反馈、测定谱线能量）	分析的准确度
	作用光能量	见作用光能量公式（3.11）	测定光谱仪能量输出，测定条件同上	分析的检测限
	单色光带宽	狭缝宽度与单色器的线色散（决定于色散器件的角色散与物镜焦距）	扫描原子谱线的光谱，检查谱线被展宽的程度；测定条件：单光束、取消倍增极负反馈、扫描能量随波长分布	分析的准确度
	杂散光强度	光学系统的结构，光学器件表面的缺陷与旋转部件对光的散射	设定波长值后，在一定条件下测定除了设定波长的光以外的信号强度	分析的检测限

续表 3-5

	性　能	决定性能的主要因素	调试方法	对分析的影响
光度计整机	光度计准确度	检测器、放大器、信号处理与显示器的非线性	在一定条件下，测定吸光度已知的标准物质，校准仪器吸光度的标度	分析的准确度
	信噪比	光源、放大器、检测器产生的噪声及环境噪声	狭缝、增益、波长、响应速度等参数不变，记录信号，测定其变化的幅度	分析的准确度与精确度
	分析速度	器件的响应速度，整机的结构	按操作手册进行测试	分析的准确度与精确度

下面再就波长准确度与带宽等再作一些补充说明：

1. *波长准确度及其对分析测定的影响*　波长的准确度是指仪器所指示的波长值和单色器实际输出单色光的波长值之间相符的程度。准确度可用波长误差，即上述两值之差来表示。波长准确度是分光光度计能够正确测定样品光谱的前提，对分析测量有很大的影响。对于定性分析，波长准确度直接关系到光谱吸收峰的位置。对于定量分析，波长准确度影响测定值，其影响的大小又与被测样品的吸收光谱特征有关：在分析所用的测量波长附近，样品吸光系数 K(或 ε)随波长变化越快(吸收光谱峰形越陡)则波长误差对测量的影响越大。例如，根据 Arnon 式(3.20)、式(3.21)测定叶绿素浓度时，波长偏差 1～2 nm，即可造成叶绿素 b 浓度测定结果 10%～20%的相对误差，而用同样的方法测定叶绿素 a 时，所产生的相对误差就小得多。较精确的定性、定量分析，单色光的波长误差应小于吸收峰半宽的 1/20～1/10。

光栅分光光度计在整个工作谱区内，波长准确度大致相同。棱镜分光光度计由于短波区的色散率大于长波区的色散率，因此波长误差在不同的谱区不同。棱镜分光光度计的准确度还受温度的影响，例如冬季和夏季温度差十余度，可造成红区数个 nm 的波长偏差。

测试分光光度计波长准确度的方法参见表 3-5，校正波长须用波长已知的窄带谱线(原子发射谱线或其他的窄带单色光)或者用具有确定吸收峰的窄带滤光片来检验仪器的波长标度。常用的标准谱线有氢灯的 486.1 nm、656.3 nm，氘灯的 486.0 nm、656.1 nm。还可以用低压汞灯(石英管)的 253.65 nm、365.01 nm、435.83 nm、546.07 nm 等谱线在更宽的波长范围内校正紫外可见分光光度计的波长标度。

2. *单色光带宽对分析测量的影响*　单色光带宽决定了仪器的分辨率，对实际分析测定影响的大小还与待测样品的光谱特征及所用分析方法有关：例如叶绿素在 663 nm 吸收峰的半宽约 20 nm，用某一台石英棱镜分光光度计，按 Arnon 公式[式(3.20)，式(3.21)]绝对测量法，测定某叶片色素提取液中叶绿素 a、b 的浓度比(c_a/c_b 应为 4 左右)，当单色光带宽分别为 2 nm、4 nm、5 nm、10 nm 与 20 nm 时，测定的 c_a/c_b 值分别为 4.1、4.0、3.8、1.8 与 1.3，说明精确的定性、定量分析，单色光的带宽应相当于样品光谱吸收峰的 1/10～1/5。单色光带宽过宽的条件下所作的吸收光谱峰的高度变小，宽度变大。

3. *杂散光及其对分析测定的影响*　杂散光给分光光度计造成了测量本底，影响 c 低检测限。在高吸光度即测量时，杂散光引起的相对误差比低吸光度时要大得多，因此尽量避免在高吸光度条件下测量。

3.3.2　分光光度计的校正

前一节根据分光光度计静态的结构，讨论了分光光度计的性能对分析的影响，本节根据分光光度计中动态的信息传递链，研究光谱仪中信息传递过程背景在信号上的叠加、误差的产生以及校正的方法。

按图 2-10 分光光度计中信息的负载、信号的传递与各种背景信号的叠加过程可用下面的流程来表示，如图 3-9 所示：

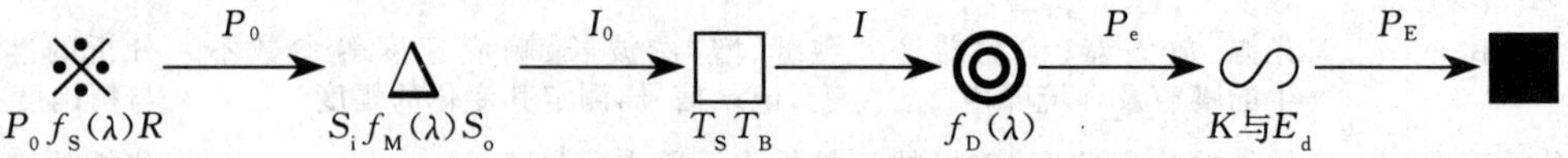

图 3-9　分光光度计中信号传递的过程

图 3-9 中的 $f_S(\lambda)$、$f_D(\lambda)$分别为光源与检测器的光谱特征，$f_M(\lambda)$为单色器对不同波长光的输出效率，R 为光源产生的光进入单色器的相对值，S_i、S_o 分别是入射与出射狭缝宽度，T_S、T_B 分别是样品中待测成分与背景成分的透过率，K 与 E_d 分别是放大器等信号处理器对信号的放大倍数与暗电流等叠加信号。

由 3-9 图可见，吸收光谱分析信号的能量来自于光源(※)，光源的总功率若为 P_0，经过单色器(Δ)后取出总强度为 I_0、波长为 λ、带宽为 Δλ 单色光作为作用光：

$$I_0 = P_0 \cdot f_S(\lambda) \cdot R \cdot S_i \cdot f_M(\lambda) \cdot S_o \tag{3.8}$$

作用光通过样品(□)后负载了分析信息，出射光的强度降低为 I，成为分析光：

$$I = P_0 \cdot f_S(\lambda) \cdot R \cdot S_i \cdot f_M(\lambda) \cdot S_o \cdot T_S \cdot T_B \tag{3.9}$$

分析光由检测器(◎)检测后转变为电信号 P_e：

$$P_e = P_0 \cdot f_S(\lambda) \cdot R \cdot S_i \cdot f_M(\lambda) \cdot S_o \cdot T_S \cdot T_B \cdot f_D(\lambda) \tag{3.10}$$

经过信号处理器(∽)处理后的分析信号 P_E，由显示器(■)显示：

$$P_E = P_0 \cdot f_S(\lambda) \cdot R \cdot S_i \cdot f_M(\lambda) \cdot S_o \cdot T_S \cdot T_B \cdot f_D(\lambda) \cdot K + F_d \tag{3.11}$$

显然，P_E 不只是决定于样品的特征，上述信号的发生、信息的负载以及分析信号被检测、处理的一系列过程中，光谱仪中各种光学器件的特征都会影响分析信号。P_E 表达式中只有样品中待测成分的透过率 T_S 才是表征待测组分数量特征的一个量，其他参数与 T_S 有相乘与相加的两种关系。令：

$$K' = P_0 \cdot f_S(\lambda) \cdot R \cdot S_i \cdot f_M(\lambda) \cdot S_o \cdot T_B \cdot f_D(\lambda) \cdot K \tag{3.12}$$

则：

$$P_E = K' T_S + E_d \tag{3.13}$$

式(3.13)中 K'与 E_d 使分析产生系统误差。

分光光度计中 K'可用仪器的相对能量输出值表示：分光光度计中不放入样品时，在单光束光路、不接入倍增极负反馈时，直接记录不同波长位置的仪器输出，此值决定于仪器的能量输出。能量输出的相对值随波长的变化称为仪器的相对能量输出曲线，它决定于式(3.12)中的各个量，因此它反映了分光光度计整机的光谱特性。图 3-10 中的 A 是某仪器的能量相对输出曲线。

图 3-10 中的 C 是某样品的表观吸光度曲线，它是样品的真实光谱(图 3-10 中的 B)受仪器光谱特性(图 3-10 中的 A)影响的结果。光谱分析必须研究如何在分析过程中消除背景，取

得只唯一决定于样品特征的真实光谱。在吸收光谱分析中可以通过两步进行校正：

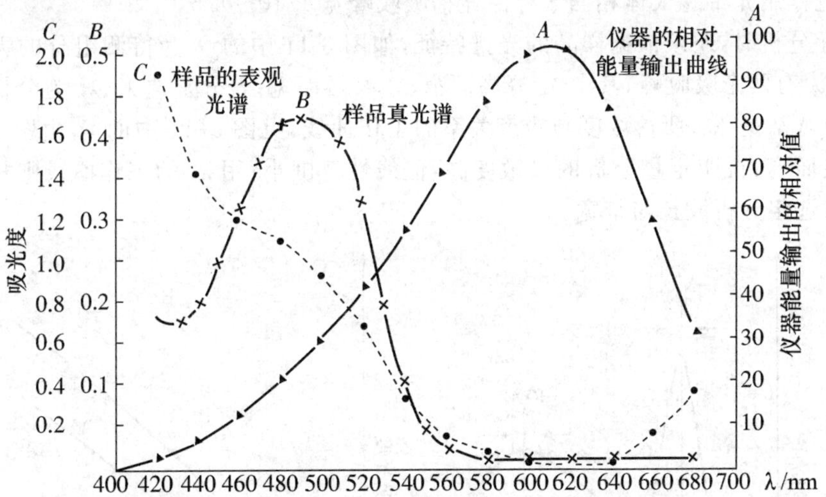

图 3-10　分光光度计的光谱特性对分析测量的影响

第一步是使 $E_d=0$，为此把光源的光挡住，在检测器不见光的条件下将输出调为零。

第二步校正是使 $K'=1$，为此在样品池中放入样品中除待测成分以外的背景成分，再将仪器的输出调为 100%。

此后当样品池中再放入待测样品，仪器的输出值 P_E 就等于待测成分的透过率 T_S：

$$P_E=K'T_S+E_d=T_S \tag{3.14}$$

为了消除 K' 中的各项参数对测定 T_S 的影响，也可以不通过校正仪器，而通过两次测定后计算 T_S：在校正暗电流以后首先在样品池中放入除待测成分以外的背景成分，测得读数为 I'_0：

$$I'_0=K'=P_0\cdot f_S(\lambda)\cdot R\cdot S_i\cdot f_M(\lambda)\cdot S_o\cdot T_B\cdot f_D(\lambda)\cdot K \tag{3.15}$$

此后当样品池中再放入待测样品，则仪器的输出值 $I=K'T_S$。由此可计算得 T_S：

$$T_S=I/I'_0=K'T_S/K'=T_S \tag{3.16}$$

分光光度计的输出中还包括噪声，噪声是指（叠加在分析信号上）大小和方向随机变化的干扰信号。噪声的来源与消除方法见第 12 章。为了降低噪声影响；还需要提高信号与噪声强度的比值（信噪比），为此须提高分光光度计单色光分析信号的输出功率，即提高式（3.12）中除 K 以外各参数的值。

提高放大器的增益 K 虽然也可以提高信号强度，但噪声随增益增加而增加，为了控制一定的噪声水平，K 值不能随意增加，或在增加放大倍数的同时设法降低噪声。

3.3.3 分析条件的设定

为了得到正确的测定结果，除了在分析测定前必须按待测物的光谱特点，确定选用并校正分光光度计，还要选择适当的测量条件，主要是：

1. 分析波长的选择　为使测定结果有较高的灵敏度，在一般情况下，分析用的单色光应选择被测物质溶液的最大吸收波长，这样可得到较大的吸光度值，且测定受分析波长误差的影响较小，如有背景干扰时，则可选灵敏度稍低，但能避免干扰的波长为作用光。

2. 单色作用光带宽大体相当于样品光谱吸收峰宽 1/10～1/5。

3. 实际分析时，还须依据样品的光谱特征，如图 3-11 中的 A 为待测组分的吸收光谱，该组分在 λ_1、λ_2 有两个吸收峰，其中 λ_1 峰高而窄、λ_2 峰矮而宽；若分别选 λ_1、λ_2 为分析光的波长，单色光的带宽都是 $\Delta\lambda$，所得浓度与吸度关系的工作曲线，见图 3-11 中的 B，由图可见用 λ_1 的工作曲线陡而弯，说明定量分析的灵敏度高，但线性范围小；用 λ_2 的工作曲线则相反，可由此按分析要求选定分析波长与带宽。

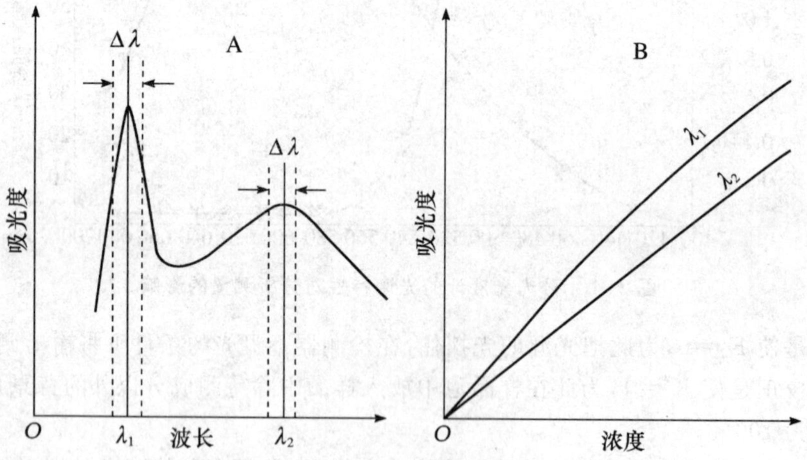

图 3-11　分析光的单色性与吸收定律

4. *控制适当的样品吸光度范围*　为了减小测量结果的相对误差，一般应控制被测试液的吸光度在 0.2～0.7 范围内(原因见后)。为此需要：

(1)控制溶液的浓度，如改变试样的称量或改变溶液的稀释度等。

(2)选择光程合适的样品池。

5. *选择适当的参比溶液*　参比溶液应包括除待测成分以外的全部背景成分，以消除由于样品池壁及溶剂等背景成分对作用光的反射和吸收带来的误差。例如在可见谱区作水溶液的显色分析时，当显色剂及制备试液所用的其他试剂均为无色，而且被测试液中又无其他有色离子存在时，可用蒸馏水作参比溶液。如果显色剂无色，但被测试液存在其他有色离子时，应采用不加显色剂的被测试液作为参比溶液。如果显色剂和试剂均有颜色时，则可按试液测定的方法，取一份试液加入适当的掩蔽剂，将被测组分掩蔽起来，使之不再与显色剂作用，以此作为参比溶液，这样还可以消除一些共存组分的干扰。

3.3.4　定量分析的方法

本节主要讨论单一组分的简单样品紫外可见定量方法。

1. *直接测定与间接测定法*　直接分光光度定量法是指直接测定待测物的光谱进行定量。测定的灵敏度受样品摩尔吸光系数的限制。有些物质虽然在本谱区没有吸收，但若可通过与其他试剂反应，生成在紫外可见区域有强烈吸收的产物，则也可在本谱区定量。此种用来使被测物质显色、生成有色化合物的试剂称为显色剂。显色剂也可用于某些低吸光物质的测定，例如测定某些过渡金属离子时，显色剂与待测离子化合物的摩尔吸收系数可比未化合的物质大几个数量级，从而提高了测定的灵敏度。对显色剂的要求是：灵敏度高(与待测物的反应产物有足够大的摩尔吸光系数)，且有足够的稳定性，此外要求显色剂的选择性好，即只与待测物(或其他少数化合物)起显色反应。

显色剂可分为无机显色剂与有机显色剂两大类。无机显色剂一般通过氧化还原或形成络合物而作用于非吸收物质的。例如硫氰酸盐测铁、钴和钼；用钼酸铵通过磷钼酸铵测定土壤、饲料中的磷以及生物样品中 RNA 和 DNA 等含磷物的含量；用硫酸铜通过二缩脲反应，测定生物样品中蛋白质的含量等。有机显色剂大多是共轭分子。它们是通过与被测物质发生氧化还原或生成二元或多元络合物而显色，使非吸收物质得以测定。

各种间接对被测物质进行分光光度测定的方法称为间接分光光度法。如酸性橙等某些偶氮染料可与蛋白质分子中碱性氨基酸发生等当量的反应而沉淀，从而使染料浓度降低，利用这一反应，可通过测定染料浓度的变化，间接测定蛋白质中碱性氨基酸含量。若蛋白质中所含碱性氨基酸的比例恒定，也可用这一反应测定蛋白质总含量。

2. *公式计算法*　本定量方法是以吸收定律为基础，只要知道样品中待测组分的摩尔吸光系数 ε(可由文献查得)，就可通过测得样品的吸光度(A)，由吸收定律 $A=\varepsilon bc$ 式算出其浓度。例如用 Arnon 公式测定计算叶片色素提取液中叶绿素 a、b 的含量(见第 3.4.2 节)就属于本方法。公式计算法属于绝对测量，因此分析测定吸光度 A 的条件应当与测得的 ε 的条件一致，此外仪器的性能(波长精度、单色光带宽、杂散光等)对测量的准确度有直接影响，参见第 3.3.1 节。

为了减少仪器对测量的影响，可在实际分析用的仪器上测定待测物的吸光系数 K 或 ε。为了测定待测物的吸光系数，可将待测组分浓度 c_S 已知的溶液作为标准溶液，在同样测量条件下(同一台仪器、同样波长的单色作用光与光程 L 等)测量标准溶液的吸光度 A_S 与待测样品的吸光度 A_x，则样品的待测组分浓度 c_x 为：

$$c_x=\frac{A_x}{KL}=\frac{A_x}{A_S}\cdot c_S \tag{3.17}$$

使用这种方法时还应注意标准溶液的浓度 c_S 与样品溶液浓度应当大致相似。

3. *标准曲线法与工作曲线法*　标准曲线法与工作曲线法是一种相对测量方法，它可以降低仪器与测量方法的差异给测定带来的误差。用标准曲线法作定量分析时，要用数学方程或曲线的形式，建立待测组分的浓度与吸光度间关系。其方法是配制一系列(一般至少五个)不同浓度 c 的被测物标准溶液，然后用一定的方法及一定的测量条件，分别测出它们的吸光度 A。A 随 c 变化的关系可以通过统计方法、建立回归方程得到，与回归方程对应的曲线即标准曲线；标准曲线也可以将 A、c 的关系直接绘制在坐标纸上得到。可用样品浓度和吸光度之间的相关系数 R、标准差 σ 与相对标准差来评价回归方程或标准曲线；一般农业定量分析要求 R 达 0.98～0.99，相对标准差应小于 1%～3%。作定量分析时，只要在相同条件下测出待测样品的吸光度，即可从回归方程或标准曲线算出待测物的浓度。

回归方程与标准曲线是定量分析的基础，因此必须可靠，一般要对每一个标准溶液测定三次以上取平均值。当试剂及工作条件、环境条件变化时标准曲线应重新测定。标准样品的最高与最低浓度大体应相差一个数量级，之间至少应当均匀分布三种浓度。

样品处理过程(如分离、显色等)会造成测定结果的系统误差，为了消除这些误差，可以按照样品处理过程的步骤与条件，测定标准样品的吸光度随浓度变化的曲线(或回归方程)，称为工作曲线。测得待测物吸光度后，由工作曲线查得相应的铱度，这样的分析方法就是工作曲线法。工作曲线法可以进一步消除样品处理过程对分析造成的偏差。

若样品的吸收符合吸收定律，则标准曲线(或工作曲线)应是通过原点的一直线，但在实际工作中，有时曲线不通过零点或偏离线性，有时透过率为负值。造成这种情况的原因比较复杂：可能是由于样品溶液有杂质或浓度过大、单色作用光带宽过大等光谱仪性能的缺陷、参比溶液选择不当、盛放样品与参比溶液的比色池不一致(称为不匹配)、样品池放置不妥或样品池透光面不清洁等原因引起。此外，溶液性质的一些变化，也可能导致标准曲线弯曲，或不通过零点。因为标准曲线法是相对测定方法，即使曲线弯曲，只要样品吸光度与浓度之间存在确定的关系，仍然可以利用曲线定量。

除了上述定量方法以外其他一些定量方法如内标法，标准添加法等参见后面的章节。

3.3.5 定量分析结果的评价

评价分光光度法定量分析的常用参数是灵敏度、检测限、测定结果的精确度与准确度、测定的线性范围与回收率等。这些参数大多要实际测定。

检测限指某一成分用某一种方法测定时，最低可以检测出来的含量或浓度，常用相当于三倍噪声的测量值所对应的待测物含量或浓度来表示。检测限与仪器的噪声有关，因此与仪器及其使用条件，如分析波长、狭缝等有关。例如，在规定的分析条件下，某仪器的噪声为 $10^{-4}A$(吸光度)，待测成分的摩尔吸光系数为 $10^{3}[A\cdot L/(mol\cdot cm)]$，则3倍噪声所对应的待测物浓度为 $3\cdot 10^{-4}/10^{3}=3\cdot 10^{-7}$ mol/L。

测定结果的准确度是指测定值和真值之间相符合的程度，用测定的误差来表示。测定结果的绝对误差是指测定值和真实值之差，相对误差是指绝对误差和真值的比值。在一般情况下，真值是不知道的，因此误差难以计算，实际评价准确度可以用回收率，回收率指在分析样品中加入一定量的待测成分，然后按照分析方法规定的流程，测定并计算加入待测成分的量，计算出来的测定值与实际加入量之比即为回收率。

测定结果的精确度是指对同一样品多次重复测定值之间相符合的程度，常用测定值的标准差 σ 来表示。标准差表示测定结果离散度的绝对值，其单位与测定值的单位相同，因此其值与测定结果所用的单位有关；相对标准差是指标准差与测定值的真值或多次测定结果的平均值之比，这是表示测定结果离散度的相对值，与测定值所用单位无关。

分光光度法作定量分析的误差来自所用的分析方法(显色反应、干扰物等)与仪器误差两方面。后者如非线性误差与透光率读数误差等。其中只有透光率读数误差产生的浓度相对误差可以作一般性的定量讨论。透光率读数误差即透光率读数不确定的程度，用 ΔT 表示，因透光率在读数表盘上是线性刻度，因此 ΔT 在全量程($T=0\%\sim100\%$)范围内相同。ΔT 主要决定于仪器性能，大约等于显示器最小分度的1/2；对于百分刻度的仪器，ΔT 约为0.005。

分光光度法作定量分析的浓度相对误差用 $\Delta c/c$ 表示，其中 c 为待测物的实际浓度，Δc 是测定值的浓度绝对误差，因为对于一定的仪器(读数误差 ΔT 一定)，样品的透过率 T 不同时，产生的浓度相对误差 $\Delta c/c$ 是不同的；而同一样品，用不同光程的样品池(或不同的稀释度)有不同的 T，因此了解 T 与(ΔT 产生的)$\Delta c/c$ 间的关系十分重要。

按吸收定律：

$$\lg T=0.434\,3\ln T=-\varepsilon bc \tag{3.18}$$

将两边微分并以 ΔT 代替 $\mathrm{d}T$ 得到

$$0.4343 \cdot \Delta T/T = -\varepsilon b \Delta c \tag{3.19}$$

将$-\varepsilon b = \lg T/c$代入上式可得到：

$$\left|\frac{\Delta c}{c}\right| = \left|\frac{0.4343}{T \cdot \lg T}\Delta T\right| \tag{3.20}$$

$0.4343/(T \cdot \lg T)$称为误差函数，是 T 的函数用$G(T)$表示；因为：

$$0.4343/(T \cdot \lg T) = (\Delta c/c)/\Delta T = G(T) \tag{3.21}$$

即$G(T)$等于每单位透光率读数误差 ΔT 所产生的浓度相对误差 $\Delta c/c$。当透光率的读数误差 ΔT 一定（仪器一定）时，则 $\Delta c/c$ 取决于误差函数$G(T)$。

对式(3.21)求导数、取极值，可得当溶液的透光率 $T=0.368(A=0.4343)$时测定产生的浓度相对误差最小。溶液吸光度 $A=0.2\sim0.7(T\approx20\%\sim65\%)$时，$G(T)$在 $3\sim3.5$ 之间，若透光率读数误差 ΔT 为 0.005，则对应浓度测定的相对误差为 1.5%～1.8%；为了减小误差，一般定量分析时要求待测溶液的吸光度 $A=0.1\sim1(T=10\%\sim80\%)$。可通过调节光程 b 或浓度 c，以使 T 或 A 达到在上述范围。

3.3.6 提高定量分析准确度的方法

如果溶液的吸光度过大（大于 1.0 即透光率小于 10%）分析的准确度降低，按误差函数的公式，就应该稀释溶液或减小光程，但有些情况稀释并不是好办法，例如，要求在大苯底下（或大的背景下）测出小的差异，就不宜将溶液稀释或减小光程。也还有种种其他化学上或生物上的原因不容许将溶液稀，或者是样品的数量很大，逐个稀释不但带来误差而且费时。这些都要求直接测定大吸光度样品。

大吸光度样品可以用扩大标尺的办法作精确测定。若把仪器灵敏度（标尺）扩大 α 倍，则仪器指示的溶液表观透光率增加为实际的 α 倍（实际上只是仪表的指示增加了 α 倍）。表观透光率 T_p 与真实透光率 T 的关系是：

$$T_p = \alpha T \tag{3.22}$$

仪器灵敏度（标尺）扩大 α 倍后，按公式(3.20)计算的浓度相对误差减小为原来的 $1/\alpha$。

提高吸收光谱分析准确度的其他方法，见第 12 章。

3.4 紫外-可见吸收光谱的应用

3.4.1 定性分析

紫外-可见吸收光谱法可用于鉴定纯化合物：首先通过光谱仪器取得样品的真实光谱，然后将光谱的各个细节，如最大与最小吸收波长 λ_{max}、λ_{min} 以及光谱中的拐点与吸光系数 ε 值等，与其他已知的、用相同的条件得到的纯化合物光谱进行比较，如果一致就可能是同一物质，反之则不是同一物质。溶液的紫外可见吸收光谱因其吸收带较宽，并因此而缺少细节，故在定性分析应用上受到限制，但在检验有机物中是否含有某些官能团（如羧基、芳环、硝基及共轭系统）还是很有用处的，常用的方法是：

(1)鉴定有文献记载的已知化合物，一般可通过对未知样品所作出的光谱与文献记载的标准光谱加以比较。若两光谱相同，则可能为同一化合物。但也有例外，如甲基麻黄碱和去甲基麻黄碱的紫外光谱相同，而两者的结构显然不同。这是因为结构的不同点距生色团较远，因此对光谱影响很小。

(2)测定未知样品光谱与另一种同类型、已知结构的标准样品光谱，并对二者加以比较，根据该类型化合物的结构-光谱之间的变化规律作出判断。

(3)有许多经验公式可以将 λ_{max} 的计算值与实测值比较以确定样品的结构。

(4)运用本章第一节的知识，解析有机物紫外光谱：对某有机物的结构一无所知时，可运用下述经验规律解析所得的紫外光谱。

a. 如在 200～400 nm 区域内无吸收峰，则初步断定该化合物无共轭双键系统，可能是无机化合物。

b. 化合物紫外光谱中在 250～260 nm 处有吸收，最大摩尔吸光系数 ε_{max} 在 10^3～10^4，则该化合物可能具有芳香环的结构。该区的精细结构是芳香环的特征吸收。当芳香环被取代而使共轭体系延长时吸收峰的位置与 ε 可能增大。

c. 化合物紫外光谱如在 270～350 nm 区域内有一个很弱的吸收峰（ε＝10～100），且 200 nm 以上无吸收，弱峰可能是 $n \rightarrow \pi^*$ 跃迁所致，例如：

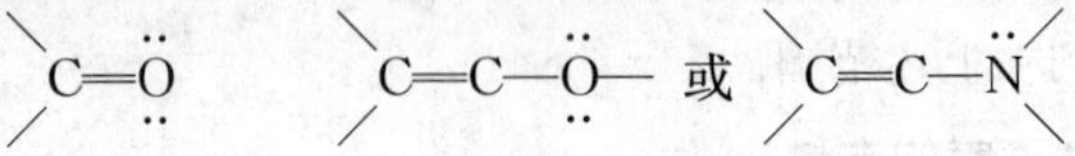

d. 化合物在紫外光谱中有吸收，其波长吸收峰强度 ε_{max} 在 1×10^4～2×10^4 之间，则表示有 α,β-不饱和酮或共轭烯烃结构。

e. 若紫外光谱中有许多吸收峰，并有一些峰出现在可见区，则该化合物结构可能具有长链共轭体系或稠环芳香生色团。如果化合物有颜色，则至少有 4～5 个相互共轭的生色团（主要指双键）。含氮化合物及碘仿例外。

除上述经验规律外，还须注意样品光谱的测定条件（如溶剂、温度、仪器狭缝和记录速度等）对光谱的影响，由此也可取得某些信息。在实际应用中，紫外可见吸收光谱通常与红外光谱、质谱、核磁共振等技术结合或与高压液相色谱联机，用于定性分析与结构分析。

3.4.2 定量分析

紫外-可见光吸收光谱法是定量分析中最有用的工具之一，既用于测定微量组分，也能用于常量组分和多组分的测定。具有应用范围广、灵敏度高（ε 可以达到 10^3～10^4）、准确度较好（浓度测量相对误差 2%～5%）与操作简便等优点。UV-VIS 分析在农业和生物学研究中有极广泛的应用，例如在生物化学中本方法常用来测定色素、蛋白质、核酸、激素等；农产品的品质分析、农用药剂、肥料、饲料，以及土壤、植物营养等许多方面的测定都可运用本谱区的分析方法。下面介绍一些农业与生物学中常用的分析方法。

1. 用可见吸收光谱法测定叶片色素提取液中叶绿素 a、b 的含量（c_a、c_b） 叶片色素的 85%丙酮提取液中叶绿素 a、b 的含量(mg/L)可按 Arnon 式计算：

$$c_a = 12.72A_{663} - 2.58A_{645} \tag{3.23}$$

$$c_b = 22.87A_{645} - 4.67A_{663} \tag{3.24}$$

该公式是依据叶绿素 a、b 在 633 nm、645 nm 的吸光系数，通过解二元联立方程得到。式中 A_{663}、A_{645} 分别为提取液在 1 cm 样品池内，对波长 663 nm、645 nm 光的吸光度。

本方法为绝对测量法，分光光度计的波长误差与单色光带宽应分别小于 1 nm 与 2 nm。

2. 紫外-可见吸收光谱法在蛋白质定量分析中的应用 紫外可见光谱法在蛋白质定量分

析中有重要意义。除经典的凯氏定氮法外，很多蛋白质定量方法是利用 UV-VIS 光谱方法，常用的是下列几种：

(1)酚试剂法测定蛋白质含量　其原理是根据酚试剂(用于测定酚，其成分为磷钼酸与磷钨酸的混合液，即 $Na_2WO_4+NaMoO_4+H_3PO_4$)与蛋白质中的芳香族氨基酸(色氨酸、酪氨酸)产生显色反应，反应液在可见区的吸光度与蛋白质含量成正比。分析波长的选用与样品浓度有关：低浓度时可用 750 nm，高浓度时可用 500 nm 的作用光。

(2)双缩脲法测定蛋白质含量　其原理是蛋白质分子中的肽键在碱性溶液中能与二价铜离子形成紫蓝色的络合物。分析光的波长可选用 550 nm。

(3)紫外吸收光谱测定蛋白质含量　原理是蛋白质分子中的色氨酸和酪氨酸在 280 nm 处有较强的吸收，因此可在该波长处测定蛋白质的含量。此外还可用样品在 215 nm 与 225 nm 吸光度之差来测定蛋白质溶液的浓度。

(4)染料结合法测定蛋白质的含量　属于间接测定法，已在前面介绍。所用染料，如橙黄 G(orange G)、酸性橙 12(acid orange 12)溶液。

3. 氨基酸的吸收光谱测定　蛋白质水解产生氨基酸，氨基酸中的游离氨基能与水合茚三酮反应，产生蓝紫色化合物，其吸光度和氨基酸的含量成正比，因此可用吸收光谱法，在 580 nm处测定反应物的吸光度，根据吸光度确定样品中全氨基酸的含量。此外，应用一些特殊的反应可测定某些氨基酸的含量，如选用合适的化学试剂掩蔽蛋白质中一种或两种碱基，使其不参与染料反应，就可通过染料结合量的测定，计算出剩余两种或一种碱性氨基酸的含量了。

4. 紫外-可见吸收光谱分析在测定 DNA 中的应用　DNA 的定量分析在生物工程和分子生物学中有重要的意义。DNA 分子在紫外区有吸收，纯的 DNA 在 280 nm、260 nm、230 nm 的吸光度之比大体上等于 0.515 : 1 : 0.450，因此根据该吸光度比，可以检查 DNA 溶液的纯度。

DNA 分子由四种核苷酸(腺嘌呤 A、胸腺嘧啶 T、鸟嘌呤 G、胞嘧啶 C)，通过 A-T 与 G-C 之间的氢键，组成著名的双螺旋结构；因此 DNA 分子中各核苷酸的含量为：$[A]+[G]=[T]+[C]$。利用二阶导数可以测定完整 DNA 分子中的胸腺嘧啶。此外因为 DNA 分子溶液随着温度上升，达到一定温度后双螺旋结构逐渐解链(或称"溶化"melting)，使吸光度逐渐上升。DNA 溶液的吸光度随温度的变化曲线呈"S"形，曲线中间变化率最大点的温度值称为"T_m"值。因为 DNA 分子中 A-T 与 G-C 的结合能不同，因此分子中(G+C)%与 T_m 值之间有一定的关系；通过紫外光谱来测定 DNA 溶液在温度上升过程中的吸收值变化，可算得该 DNA 的"T_m"值，再通过一定的公式可推算出其(G+C)%。

3.4.3 其他应用

UV-VIS 吸收光谱还与许多其他仪器分析技术结合应用，例如，薄层色谱与电泳谱常与 UV-VIS 光谱分析结合，对组分进行定量分析。现代流动注射分析仪最重要的检测器是配有流动样品池的紫外可见分光光度计；现代高压液相色谱(HPLC)与毛细管色谱最基本的检测器之一是配有微量流动样品池的紫外检测器，有关问题参见第 11 章。此外 UV-VIS 光谱还被广泛应用于许多专用仪器中，如一些生物和土壤的养分测定仪。

农业和生物学样品的特点是结构成分复杂、并处于生命活动之中，待分析组分往往属于多组分复杂系统中、动态变化的微量成分。常规的农业和生物学样品分析常需先通过分离，将待测组分从复杂样品中分离后再分析测定。现代 UV-VIS 分析中的多组分样品分析、微量组分分析与动态分析等技术可用于农业与生物样品分析中。

多组分样品的常规分析需要在多个波长点测定样品的吸光度，建立多元联立方程组，通过求解方程组，计算各组分的含量[如式(3.23)、式(3.24)是二元方程的解]，因此，预先需要知道样品中各组分的光谱特征。现代多组分分析可以应用化学计量学方法，先测定已知样品的光谱，计算机通过对这些光谱的“学习”，运用各种数学计算方法，建立样品光谱特征与组分含量间的关系，利用这些关系，即可由样品的光谱特征确定组分的含量。现代 UV-VIS 分光光度计常带有这些数学方法的软件，有关问题参见第 12 章。

前面所讨论的各种分析方法都属于静态分析方法，即待测样品的组分和结构不随时间而变化或变化非常慢。测定样品的结构、组成和状态随时间变化的规律称为动态分析。现代 UV-VIS 光谱被广泛用于动态分析。根据样品的变化速度，动态分析可分为三类：

1. *慢变化过程的分析*　变化速度很慢，需要数分钟以上的时间才能测出变化的过程，例如酶与底物作用的变化过程。这类过程可以用对样品连续、重复扫描的方式，记录样品的光谱随时间变化的特征。一般现代分光光度计都具有快速重复扫描的功能。

2. *快变化过程的分析*　时间分辨率约需要 10^{-2} s 才能测出变化的过程可称为快变化过程，如测定色谱分析过程中连续变化的分离柱流出物。快变化可以用具有二极管阵列检测器或摄像多通道检测器的分光光度计来测定。某些普通检测器的分光光度计，能将旋转镜每转一次时，检测器所记录的光强信号单独分析；因为一般旋转镜的旋转速度约每秒数十次。因此能记录指定波长的、时间分辨率达 10^{-2} s 的样品光谱特征变化。

3. *瞬态过程的分析*　某些变化过程特别快、需要时间分辨率达到 10^{-6}s 以上，才能记录的变化过程，例如光合作用的原初过程，需要用瞬态时间分辨光谱，目前的瞬态时间分辨率已达到 10^{-13}s 左右，用于生物学等方面某些原初过程等研究。

3.5　光谱校正与多组分分析

本章前面的讨论都属于只有单一组分样品的光谱定性、定量分析，即在分析应用的光谱区内只有一种待测组分对光谱有响应；因为在此谱区内光谱唯一决定于待测成分，吸光度与待测量是一元的线性关系，分析技术比较简单。本节讨论具有多种组分样品的分析，即在分析应用的光谱区内有多种待测组分或其他因素对光谱有响应；因为在此谱区内光谱决定于多种待测成分与背景，吸光度与待测量是多元的关系，分析技术比较复杂。多组分分析有两类方法：一类方法是应用光谱信息处理的技术消除影响待测量光谱特征的因素，称为光谱校正，例如下面要讨论的差谱技术、导数光谱技术以及提高信噪比的有关技术；另一种是建立几个波长的吸光度与几个待测量组分之间的多元关系，由此同时测定几个组分的含量，例如下面要讨论的双波长或多波长法以及建立多个波长吸光度与多个待测量浓度的多元联立方程。

3.5.1　差谱技术

稳定的而且已知的系统背景可用相减的方法，将其从混合谱中除去，这种相减的技术在光谱分析中就是差谱技术。光谱分析中利用双光束光路可作两个样品的差异光谱，即显示两个样品间光谱上的差异。作差异光谱时，把该两样品分别放入双光束光路的参比道和样品道，此时仪器显示的透过率读数不再是原来的 $T=I/I_0$，而实为 $T_{差}$。

$$T_{差}=\frac{I_{样2}}{I_{样1}}=\frac{I_{样2}/I_0}{I_{样1}/I_0} \tag{3.25}$$

式中：$I_{样1}$、$I_{样2}$分别为通过样品 1、样品 2 的单色光强度；I_0 为通过样品前的单色光强度。由此得到：

$$T_{差}=\frac{I_{样2}}{I_{样1}} \tag{3.26}$$

两边取对数：

$$-\lg T_{差}=(-\lg T_{样2})-(-\lg T_{样1})$$
$$A_{差}=A_{样2}-A_{样1}$$

由上式可见，两样品中凡是吸光度相同处，$A_{差}$ 均等于零，不同的部分 $A_{差}=A_{样2}-A_{样1}$。

因此，差异光谱可选出样品 1 与样品 2 之间的差别。

利用差异光谱的原理，如果样品中除了待测成分以外，还有其他的背景吸收（例如，由溶剂引起的），对这样的样品只要把背景成分放入参比道，样品放入样品道，所得的光谱就是已经扣除背景的样品中待测成分的光谱。

计算机差谱技术是对存储的图谱进行数据处理的一种计算机软件功能，就是对存储的两张谱图进行差减，以达到溶剂、基体的扣除，以及多组分光谱的分离等。计算机差谱技术与获得谱图的方法无关，若谱图的信息能送入计算机内，在光栅光谱中或是在傅立叶变换光谱仪中都可利用计算机差谱技术。目前，在有专用计算机的红外光谱仪中，一般都配有能进行差谱的计算机软件功能。

计算机差谱技术还具有如下一些特点：①由于差谱前后使用同一个吸收池，因而可以消除吸收池特性对差谱的影响；②由于对差谱前的光谱采用累加平均数据处理技术，对计算机差谱后所得的差谱图采用平滑处理和纵坐标扩展，因而得到的差谱图是十分清晰的光谱图；③通过逐级差谱程序可对多组分混合谱图进行谱图分离；④由于各种原因而出现的本底峰，可通过本底扣除程序予以消除；⑤在混合物样品中，在一定条件下，可同时获得已知组分的定量和未知组分的差谱。

3.5.2　导数光谱

按照信号处理的理论，任一种信号可以通过傅立叶级数展开，用一系列不同频率分量的余弦波的叠加来逼近；各频率分量的强度按频率的分布，即为原信号的频谱。导数光谱可消除或降低信号中的低频分量。在光谱分析中，一般的光谱以吸光度 A 或透过率 T 为纵坐标，以波数 σ 或波长 λ 为横坐标。若以吸光度对波数的导数 $\mathrm{d}A/\mathrm{d}\sigma$（或 $\mathrm{d}A/\mathrm{d}\lambda$）为纵坐标，以波数（或波长）为横坐标所记录的光谱图，称为导数光谱，又称为微分光谱。纵坐标也可以是二阶或更高阶导数，如图 3-12 所示。

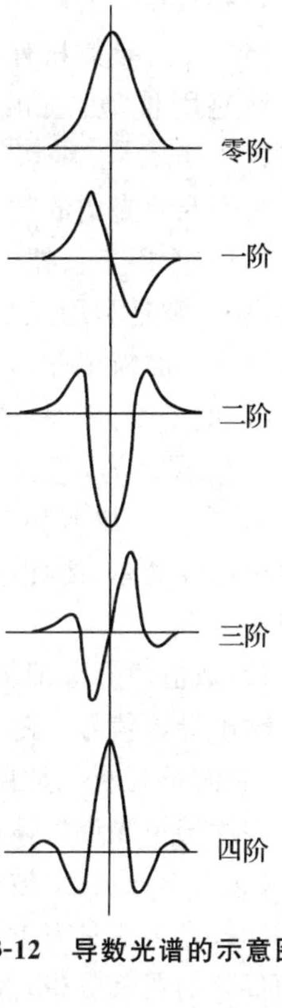

图 3-12　导数光谱的示意图

导数光谱具有以下波形特征：①在基本光谱的极大处，其相应的奇阶导数（阶数 $n=1、3、5\cdots$）光谱通过零点；在基本光谱的两拐点处，奇阶导数光谱各为极大和极小。这有助于我们对基本光谱峰值的精密确定和鉴别是否有“肩”存在。②偶阶导数（$n=2、4、6\cdots$）光谱具有和基本光谱较类似的形状，基本光谱的峰值对应于偶阶导数光谱的极值(极小和极大随导数阶数交替出现),基本光谱的拐点在偶阶导数光谱通过零点处。随着导数阶数的增加,谱带变锐,带宽变窄,这有助于谱带的分辨。③导数谱带的极值数随导数阶数的增加而增加,即极值数=导数阶数+1。这也可定性地解释导数光谱的分辨效应随导数阶数的增加而得到改善。

导数光谱可消除背景的影响,若吸光度 A 包括待测组分的吸光度 A_S 与背景的吸光度 A_B。

$$A = A_S + A_B = A_S + A_{B0} + A_{B1} + A_{B2} \tag{3.27}$$

式中:A_S 为波数 σ 的函数 $A_S = f(\sigma)$,A_{B0} 为背景中与波数无关组分的吸光度:$A_{B0} = a$;A_{B1} 为背景中与波数呈线性关系组分的吸光度:$A_{B1} = b\sigma$;A_{B2} 为背景中与波数的平方成正比组分的吸光度:$A_{B2} = c\sigma^2$。

$$A = f(\sigma) + a + b\sigma + c\sigma^2 \tag{3.28}$$

$$\mathrm{d}^2A/\mathrm{d}\sigma^2 = 2C + f''(\sigma)$$

这是因为幂函数每求一次导数幂下降一次,且常数项等于零而被消除,因此,A 的二阶导数除了恒定的 $2C$ 以外,背景吸收的影响可以消除。因此,导数光谱主要消除背景中的低频分量,并用来分开叠加在主吸收带上的一些弱吸收带,适于微量的组分分析。另外,两个能级相邻的振动产生的宽频带,用导数光谱可以将它们分开,如图 3-13 所示。

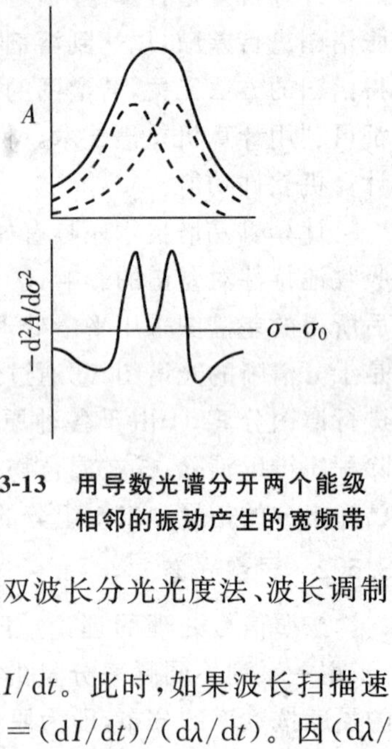

图 3-13　用导数光谱分开两个能级相邻的振动产生的宽频带

如果信号中有噪声,则导数光谱在求导数时把噪声放大,因此,高阶导数只有在仪器很稳定,噪声很小的情况下才有实际应用价值,或预先经过降低噪声的处理后再求导数谱。

获得导数光谱的技术通常可分为两大类:一类是使用电子学方法,作用于仪器的输出信号,如电子微分、数值微分等方式;另一类是利用光学方法,作用于仪器光学部分中的光束,如双波长分光光度法、波长调制技术等。下面简单介绍几种常用方法:

(1)电子微分　将仪器的输出信号(I)对时间(t)微分得到 $\mathrm{d}I/\mathrm{d}t$。此时,如果波长扫描速度($\mathrm{d}\lambda/\mathrm{d}t$)保持为常数,即可得到输出信号对波长的导数:$\mathrm{d}I/\mathrm{d}\lambda = (\mathrm{d}I/\mathrm{d}t)/(\mathrm{d}\lambda/\mathrm{d}t)$。因($\mathrm{d}\lambda/\mathrm{d}t$)$=C$(常数),故 $\mathrm{d}I/\mathrm{d}\lambda = (1/C)(\mathrm{d}I/\mathrm{d}t)$。用简单的 RC 微分电路可实现此目的。电子微分装置相对比较简单、便宜,可用于各种扫描分光光度计,适于液体样品的双光束紫外—可见光度的测量。

(2)数值微分　即将以数值形式表达的谱线数据用计算机进行原始数据的微分数值处理,然后输出导数信号。随着计算机的广泛使用,此技术已经获得迅速发展。

(3)波长调制　是目前广泛应用于获得导数光谱的技术,最常见的是正弦调制。波长调制技术多用于单光束气体分析,它对克服光源漂移所引起的低频噪声具有较大的优越性。

(4)光学方法(双波长分光光度法)获得一阶导数(见后)。

导数光谱法具有下述优点:①能检出两个或两个以上的重叠吸收带;②能分辨在强吸收曲线"肩部"的弱吸收带;③能精密确定单一吸收峰的位置;④能消除基线(背景)低频分量的影

响；⑤能进行定量测定。总之，对于提高分析性能、改善方法选择性等十分有效。因此，这种使用导数输出的分析方法已得到迅速发展，应用日益广泛。

3.5.3 双波长法和多波长法

单光束或双光束分光光度计的共同点是测量的光都是某一种波长的单色光，并令其分别通过样品和参比，检测器直接检测的是该单色光通过样品与参比后的强度 I 与 I_0。需要测量的是某波长的单色光对样品中某待测成分(不是样品中各混合组分的全体)的透过率，进而可求出待测组分对该单色光的吸光度。显然测定方法要求作为参比的溶液除了没有样品中的待测组分外，其他方面均与样品溶液相同。在很多情况下这样的参比是难以得到的，如直接测量叶片中的叶绿素含量、测定血液中血红素含量时，很难找到除待测成分以外只有样品中背景的物质作为参比。这类复杂样品在某些情况下可用双波长测量法进行分析。

双波长分光光度法是 20 世纪 50 年代初期提出的一种新型的分光光度法，其主要特点是可以进行双组分同时测定而无需解联立方程组，可方便地校正背景吸收及吸收曲线重叠的干扰，适于浑浊液的分析和进行导数光谱研究。这些特点是单波长分光光度法所不具备的。

图 3-14 所示为双波长分光测定法的原理图。光源发射出的连续光谱，分别通过两个单色器后，得到波长为 λ_1 和 λ_2 的两束单色光，由于斩光器的作用，这两束单色光交替地通过同一待测样品(在双光束测定方式中，同一波长的两束光分别通过参比和待测样品池)。

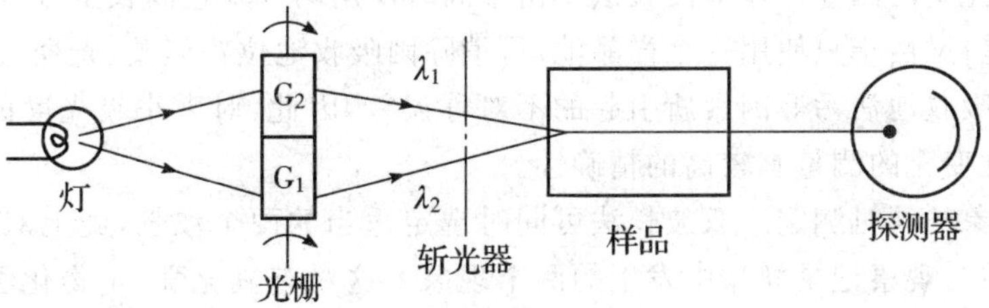

图 3-14 双波长法原理图

检测器直接检测的是 λ_1 与 λ_2 单色光通过样品(各混合组分的全体)后的强度 I_1、I_2 若以 λ_1 作为参比波长对应于双光束测定的透过率 $T=I/I_0$，以及吸光度 $A=-\lg(I/I_0)$，在双波长测量中是表观透过率 $T'=I_2/I_1$，以及表观吸光度 $A'=\lg(I_1/I_2)=-\lg(I_2/I_1)$。

如果样品溶液对 λ_1、λ_2 的吸光度分别为 A_1、A_2。只要预先把 λ_1、λ_2 这两束光的强度(I_{01}，I_{02})校正成一致($I_{01}=I_{02}=I_0$)，则仪器测量的表观吸光度：

$$A'=-\lg\frac{I_2}{I_1}=-\lg\frac{I_2/I_0}{I_1/I_0}=-\left(\lg\frac{I_2}{I_0}-\lg\frac{I_1}{I_0}\right)=A_2-A_1=\Delta A \tag{3.29}$$

由此可见，双波长测量的表观吸光度 A' 等于样品对两种波长单色光的吸光度之差 $\Delta A=A_2-A_1$。如果样品中除了待测组分外，还有其他的背景(用 B 表示)，则：

$$A'=\Delta A=A_2-A_1=(A_2^B+A_2^S)-(A_1^B+A_1^S) \tag{3.30}$$

式中：A_1^S、A_1^B 分别为样品中待测组分 S 与背景 B 对 λ_1 单色光的吸光度；A_2^S、A_2^B 分别为样品中待测组分 S 与背景 B 对 λ_2 单色光的吸光度。

如果适当选择波长，使背景对 λ_1 和 λ_2 的吸收相同，即 $A_1^B=A_2^B$，则式(3.30)可写为：

$$\Delta A=A_2^S-A_1^S$$

即双波长分光光度计的测量值($A'=\Delta A=A_2-A_1$)不受上述这种背景的影响。

如果待测组分 S 对 λ_1、λ_2 单色光的吸收均满足吸收定律，则：

$$\Delta A=A_2^S-A_1^S=\varepsilon_2^S cb-\varepsilon_1^S cb=(\varepsilon_2^S-\varepsilon_1^S)cb \tag{3.31}$$

式中：ε_2^S、ε_1^S 分别为待测组分对 λ_1 与 λ_2 的摩尔吸光系数；c 为待测组分在样品液中浓度。

双波长法比单波长法有其优越性，主要表现在：

(1)浑浊溶液的测定　当用单波长双光束法测定不同浊度的浑浊溶液时，浊度增加了吸收曲线的背景，因此无法进行精确的定量测定(只有当样品溶液与参比溶液的浑浊度相同才能测定，但浑浊度是不易控制的，特别是在一些样品溶液中例如生物细胞液、生物组织液，就无法找到参比溶液)。当用双波长法测定浑浊的或悬浊的样品时，如果选用两个波长 λ_1、λ_2 较接近，则浑浊物质引起的吸光度基本上相等。从前面的推导可看出，不同浊度所引起的背景吸收即基线的变化几乎完全被消除，从而得到精确的吸收光谱。

(2)混合组分溶液的直接定量测定　如果多种组分共存于样品溶液中，例如样品溶液包含组分 A 及 B，我们可选择波长 λ_1 及 λ_2 使 B 在该两波长处有相同的吸光度，则双波长法所测量的两个波长的吸光度差值 ΔA 可消除组分 B 的干扰，直接测得组分 A 的含量。

(3)微小吸光度的测量　在双波长法中由于同时使用两个单色波长工作，可减少杂散光背景所引起的误差；又由于只使用一个样品池，可消除因吸收池位置偏差、光径长度偏差、参比溶液配制的偏差、吸收池沾污等因素所引起的不对称误差，因此，对微小吸光度的测量及浑浊样品的微小吸光度变化的测量有较高的精确性。

(4)两种现象的同时测定　双波长法可同时选定适当的两个波长，配上双笔记录仪，就可在同一条件下同时观察记录样品中发生的两个现象。这对有机化学、生物化学反应过程的研究特别有用。

(5)微分吸收光谱的测定　当两个波长保持一定的差值 $\Delta\lambda$ 并同时扫描时，可得到微分吸收光谱(一阶导数光谱)。

在吸收光谱法中，不但可以用单波长法、双波长法进行测定，还可以用三波长法进行测定。后者更能消除浑浊或其他干扰成分的影响，而且准确度比双波长法更高。

三波长吸光光度法测定原理如图 3-15 所示。在任一吸收曲线上，可以任意选择三个波长 λ_1、λ_2 和 λ_3 处测定吸光度。根据三角形 $\lambda_3N\lambda_2$ 和三角形 $\lambda_3P\lambda_1$ 相似，三角形 PNM 和三角形 $P\lambda_3R$ 相似，可以推导出所测得的 A_1、A_2 和 A_3 具有下列函数关系：

$$\Delta A=A_2-(\lambda_2N+NM)A_2-\frac{mA_1+nA_3}{m+n}=\left(\varepsilon_{\lambda_2}-\frac{m\varepsilon_{\lambda_1}+n\varepsilon_{\lambda_3}}{m+n}\right)cb \tag{3.32}$$

式中：m 为波长 λ_2 和 λ_3 的差值；n 为波长 λ_1 和 λ_2 的差值；ε_{λ_1}、ε_{λ_2} 和 ε_{λ_3} 分别为待测物质在三个波长处的摩尔吸光系数；c 为待测物的浓度；b 为光程。

由上式可见，ΔA 值与待测物的浓度成正比，这是用三波长法定量测定的理论基础。从图 3-15 中可见，如果所选择的三波长处相应的吸收光谱上的三点在一条直线上，则测得的 ΔA

值为零。因此,当干扰成分产生的吸收光谱为一条直线(如浑浊所产生的干扰)时(图 3-16),则在任选的三波长测定,测得的 ΔA 值与干扰物的浓度无关。

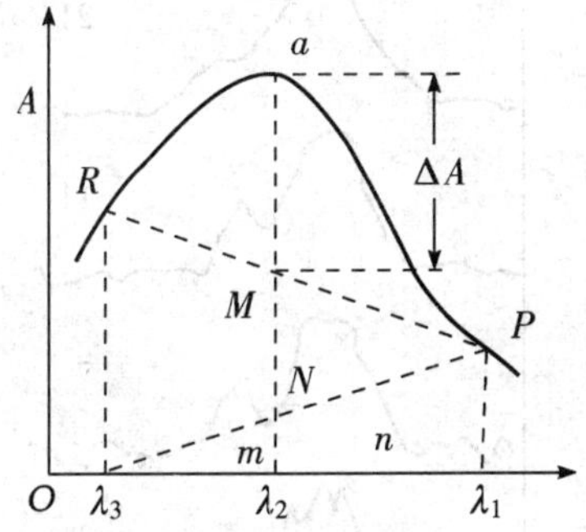

图 3-15　三波长法的原理

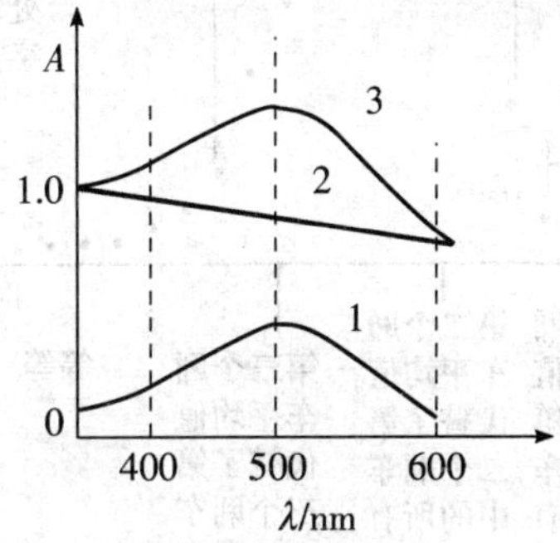

图 3-16　三波长光度法消除浑浊产生的干扰

1. 待测成分　2. 浑浊　3. 1+2

3.5.4　提高信噪比的软件技术

随着内置有微计算机仪器的广泛应用,增强了软件技术提高 S/N 的重要性。原先由硬件完成的滤波、线性化、稀释等操作,现在已由内置于仪器的微机组件中的软件来完成。软件操作提供了灵活性和多样性的优点。例如:各种软件滤波可由计算机算法来改变,而同样的工作则可能需要更改硬件滤波器。然而,当计算机不能以满意的速度完成所需的功能时,更改硬件则是必须的。

软件信号处理功能所需的最少硬件为:模拟信号状态电路和模-数转换器件及微机芯片。模拟信号的取样及模数转换的速度必须足够快,以提供模拟信号足够的分辨率,从而保证信息的最少丢失。虽然分辨率随着取样速度而增加,但分辨率的上限由计算机的速度和可用于数据存储的内存所决定。信号中包含的每个频率分量都需要幅度和频率两个参数。准确取样的最小频率称为"Nyquist 频率"。如果取样频率低于最小频率,则哪个频率对应给定的幅度是不清楚的。如果取样频率超过最小频率很多,不但没有提供更多的信息,同时噪声还可能增加,因为快的取样速度引起了大的频率带宽。应该避免取样速度与固有噪声和已知的环境噪声的泛频相同。

一旦数据成为数字形式,一系列的软件增强技术可用来增加 S/N。虽然这些软件技术被广泛使用,但在应用他们时应给予注意。分析者应清楚每种技术的优点及潜在的问题,诸如取样不足,过度平滑,应用此技术到一系列数据点时所需的时间等。

(1)厢车式平均　这个软件技术功能与前面讨论的硬件厢车式积分器相同。在此方法中,由一个点来代替一组描述慢变化模拟信号相邻空间数字数据点的平均值(见图 3-17)。因为此方法非常适合模拟信号随时间缓慢变化场合的应用,所以厢车式平均经常被用来实时分析(在采集数据的同时实施平均)。在此操作模式中,一组(一个厢车)数据点可在另一组点到达之前进行采集和平均。S/N 的增强可由下式计算:

$$S/N=\sqrt{n}\cdot(S/N)_0 \tag{3.33}$$

式中:$(S/N)_0$ 为未经处理数据的信噪比;n 为每个厢车中要平均的点数。增加 n 对 S/N 和信号分辨率的作用示于图 3-18 中。

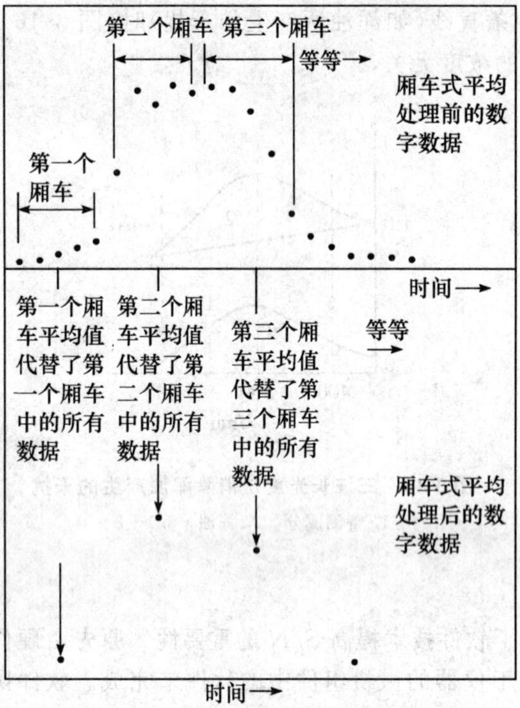

图 3-17 厢车式平均处理前后的数字化数据

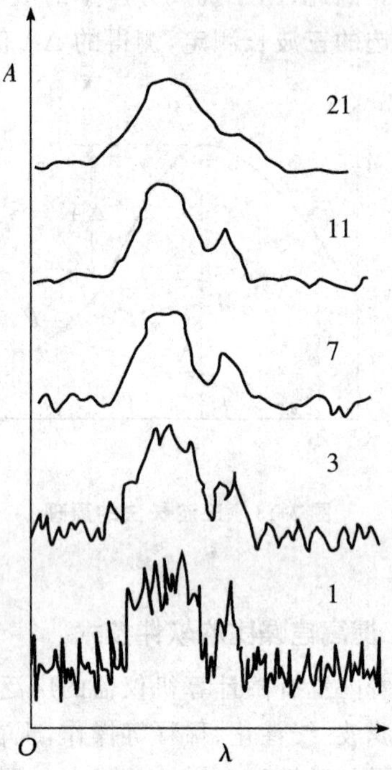

图 3-18 厢车式平均用于模拟噪声光谱的效果

厢车中的点数标于每条线的右侧

厢车式平均的缺点是图谱的分辨率降低了。解决此问题的方法是适当提高采样的频率。

当短的延迟能精确控制，和所用仪器的取样足够快时，厢车式平均也可用于变化非常快的信号，例如在纳秒时间量级的快速激光光谱中。

(2)整体平均(多次测量取平均) 此技术是同一现象的 n 次重复测量结果相加，其和数除以 n 以得到平均的扫描，它可应用于快速变化的信号，如果每次测量用同样的方式记录，包含在测量中的数据将相干相加，而随机噪声将平均化。S/N 的增强正比于扫描次数 n 的平方根[见图 3-19 与式(3.33)]。

计算机实施的整体平均已经在仪器技术中广泛用于从背景噪声中提取小信号，如 C^{13} 核磁共振谱。此技术的主要约束是获得在 S/N 显著增强时所需的时间问题。

(3)平滑(加权数字滤波)，在数字滤波中，计算平均值时，每个数据点对平均值都提供相等的贡献。若对数据点指定不同的权重作为它们相应于中心点位置的函数，则可获得较理想的滤波。可调整的滤波参数包括：数学平滑函数、在移动平均中的点数及它们相对于中心点的位置、数据由平滑函数处理的次数等。虽然，此信号增强技术在滤波算法的选择中提供了有利的灵活性，但信号被歪曲的可能性也很大。通常，在所有数据采集完后应用加权数字滤波方法。加权数字滤波 S/N 的改善正比于窗口中点数的平方根，见图 3-20 和式(3.33)。

至此，将所讨论的三种软件信号增强技术结合，可产生比任何单一技术更有用的算法。例如：应用 8 点厢车式平均，9 次扫描整体平均，7 点平滑滤波结合，将给出 S/N 增强 22.4 倍。要获得同样的结果，将需要多于 500 次的整体平均扫描。

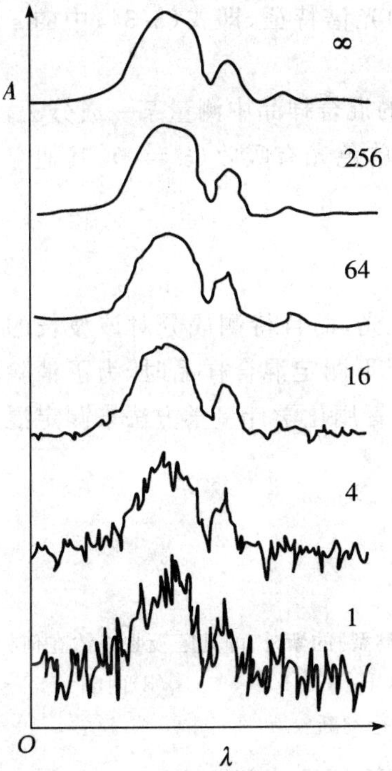

图 3-19 整体平均用于模拟噪声光谱的效果

信号平均的次数标于每条线的右侧

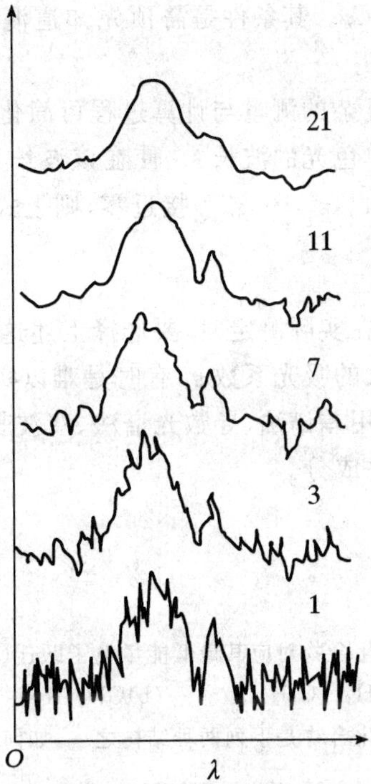

图 3-20 移动平均平滑用于模拟噪声光谱的效果

平滑函数中包含的点数标于每条线的右侧

3.5.5 经典多组分分析

随着现代分析仪器的高度自动化，从分析样品中获取大量测量数据越来越容易，而分析和整理如此大量数据，迅速且尽可能多地从中提取有用信息，相对来说就显得越来越困难；另一方面，对分析的要求越来越高，分析的体系也越来越复杂。因此，必须研究受多种影响的复杂体系，并要对多因素变量进行测量和对多元数据进行分析。

对待分析样品(复杂体系)，其光谱可由计算机进行采集，所得到的光谱图可以文件的形式储存于计算机的软、硬盘或光盘中。对采集到计算机磁盘中的复杂样品图谱数据，可用多元信息处理技术从中提取信息。

设混合样品 mix 由独立的 n 个成分 $\alpha_1,\alpha_2,\cdots,\alpha_n$ 所组成，若吸收定律成立，则对于波长为 λ 的单色光的吸光度为：

$$A_\lambda^{\mathrm{mix}}=A_\lambda^{\alpha 1}+A_\lambda^{\alpha 2}+\cdots+A_\lambda^{\alpha n}$$

若要对其中 n 个成分分别定量分析，而又不能把样品中 n 个成分分离后分别测定，则需对混合样品用波长为 λ_1、λ_2、…、λ_n，共 n 个单色光，进行 n 次测定，以建立 n 元联立方程组(设光程 $L=1$)：

$$\begin{aligned}A_1^{\mathrm{mix}}&=\varepsilon_1^1C_1+\varepsilon_1^2C_2+\cdots+\varepsilon_1^nC_n\\A_2^{\mathrm{mix}}&=\varepsilon_2^1C_1+\varepsilon_2^2C_2+\cdots+\varepsilon_2^nC_n\\&\vdots\\A_n^{\mathrm{mix}}&=\varepsilon_n^1C_1+\varepsilon_n^2C_2+\cdots+\varepsilon_n^nC_n\end{aligned}\tag{3.34}$$

式中：A 与 ε 的下标为波长号，上标为样品中的组分号，C 的下标为组分号。解上方程可得到

$C_1, C_2, \cdots, C_n$。其条件是需预先知道混合样品中各组分的光谱特征,即式(3.34)中的 ε 值为已知。

上述复杂的测量与计算过程可简化,为了在 n 个成分的混合样品中测量某一成分 α_n,可以适当选择单色光的波长 λ_n,使在该波长下只有组分 n 对该单色光有吸收($\varepsilon_n^n \neq 0$),其他组分均无吸收,即 $\varepsilon_n^1, \varepsilon_n^2, \cdots, \varepsilon_n^{n-1}$ 接近零,则上式可简化为:

$$A_n^{\text{mix}} = \varepsilon_n^n C_n \tag{3.35}$$

当然,在实际测定时,要选择上述这样一个波长的单色光,而且待测成分对该波长的单色光又有较大的吸光系数 ε_n^n 有时是难以实现的。在这种情况下测定混合样品时,为了消除背景的干扰,可用差谱法、导数光谱法、双波长分光光度法等,或者用化学计量学方法来测定混合样品中的多种成分。

习　题

1. 下列化合物对应其最低能量电子跃迁(需要能量最小的跃迁类型)的紫外-可见区吸收峰约在何处?
(a)$CH_3—CH_3$　　(b)CH_3OH　　(c)$(CH_3)_2N—CH_2—CH_3$　　(d)丙酮

2. 某一化合物是下列两种结构之一,如何利用紫外-可见光谱进行判断?

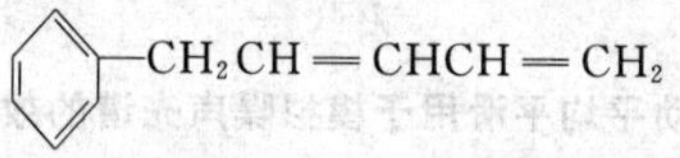

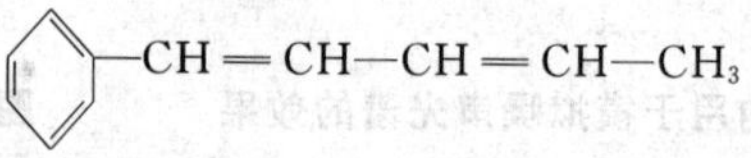

3. 写出描述紫外-可见分光光度计性能的参数?它们与仪器结构的关系是什么?对分析测定有何影响?

4. 简述紫外-可见光分光光度计作定量分析时,应当如何校正仪器?如何设定分析条件?它们对分析测定有何影响?

5. 某玻璃棱镜分光光度计的成像物镜焦距为 160 mm,狭缝宽度为 0.4 mm,光路的设计符合最小偏转角条件,试按本书表 3-4 中平均角色散率数据,计算其在红区与蓝区的单色光带宽,若叶绿素的丙酮溶液在红区吸收峰带宽约 18 nm,计算能否在这类分光光度计上,用公式(3.21)与公式(3.22)正确测定叶绿素的浓度?

6. 某分光光度计的色散元件是 600 线/mm 的光栅,若成像物镜的焦距为 250 mm,试计算如何设置该计的狭缝宽度,才能用公式(3.21)与公式(3.22)正确测定叶绿素的浓度?

7. 若仪器读数误差 ΔT 为0.004 0,试样的 T、A 为:(a) $T=0.204\%$;(b) $A=0.195$;(c) $A=0.280$;(d) $T=94.4\%$,试计算定量分析的浓度相对误差。

8. 浓度为 7.50×10^{-5} mol/L 的 $KMnO_4$ 溶液,用光程为 1.50 cm 样品池在 525 nm 处测得其吸光度为 0.658。(a)根据上述数据计算 $KMnO_4$ 溶液的摩尔吸光系数 ε,并说明 ε 的单位。(b)计算当 $KMnO_4$ 浓度用 mg/L 表示时在此波长的吸光系数,并指出其单位。(c)计算用光程为 1.00 cm 吸收池进行测定时,上述溶液在 525 nm 处的透光率。

9. 若分析一系列含镉浓度在 $0.5\times10^{-4}\sim1.0\times10^{-4}$ mol/L 的络合物,其摩尔吸光系数 ε 为 2.0×10^4,如果光谱仪器只备有 1.00 cm 的吸收池,并已知仪器的读数误差 ΔT 为 0.004,此 ΔT 与 T 无关。

计算:(a)吸光度与透光率可能落在什么范围内?

(b)计算测定 0.50×10^{-4} mol/L 或 1.5×10^{-4} mol/L 的样品时,由仪器读数误差可能引起的浓度相对误差。

(c)将(b)中样品稀释5倍后再作(b)的计算。

(d)若用 0.45×10^{-4} mol/L 溶液的透光率标定仪器的满度(100%)读数后,再作(a)和(b)计算。

10. 某化合物在某波长处摩尔吸光系数 $\varepsilon=1\times10^4$,现有浓度 $c_1=1\times10^{-4}$ mol/L 及 $c_2=5\times10^{-4}$ mol/L 两个样品,所用分光光度计读数误差 $\Delta T=0.005$,用上述波长测定,试计算下表内容,并讨论改变光程与扩大标尺(提高仪器灵敏度)对降低误差的作用。

l	1 cm		0.2 cm		1 cm	
α	×1		×1		×10	
c	c_1	c_2	c_1	c_2	c_1	c_2
A						
T						
$\Delta c/c$						

表中：l：样品池光程；α：扩大标尺倍数；c：样品浓度(mol/L)；

T、A：透光率、吸光度(扩大标尺后指表观值)；$\Delta c/c$：浓度相对误差。

4 原子吸收光谱法

4.1 概述

原子吸收光谱法(atomic absorption spectrometry)又称原子吸收分光光度法，简称原子吸收法(AAS)。

原子吸收光谱法利用的信息是气态基态原子对紫外可见区电磁波的吸收，主要用于定量分析。与第3章分子吸收光谱法比较，它们分析的信号同在紫外可见区，定量分析都是基于吸收定律。不同的是，第一，原子光谱带宽很窄，测量时要求作用光的带宽很小，常用锐线光源。第二，测定是基于对基态原子的吸收，仪器需有原子化系统；同时在原子化过程中会有一系列干扰，需要消除和抑制。第三，原子吸收法分析对象主要是物质的原子，除少数如C、O等非金属元素尚不能测定外，可用原子吸收法进行直接或间接测定的元素达70多种。

本章的第4.2节基本原理中，将主要讨论原子的光谱理论、基态原子数目与总原子数目的关系、原子的谱线宽度及影响谱线宽度的因素、吸光度与浓度的关系等；第4.3节仪器部分将主要讨论锐线光源和原子化系统；第4.4、4.5节分析部分将主要讨论干扰的消除和测试条件的选择。

4.2 原子吸收光谱法的基本原理

4.2.1 原子光谱理论

由原子产生的光谱有：基于原子外层电子跃迁而建立的原子吸收、原子发射、原子荧光三种；基于原子内层电子跃迁的X荧光；基于原子核与γ射线的相互作用而建立的莫斯鲍尔谱等，本书主要讨论常用的由原子外层电子产生的三种光谱的某些特性与应用。因此，下面只对原子的外层电子的能级及其跃迁而产生的光谱作进一步介绍。我们先从比较简单的外层只有一个电子的单电子原子开始讨论，然后再进一步讨论双电子原子和多电子原子。

1. 单电子原子的能级项和能级图　外层只有一个电子的单电子原子主要是氢原子和碱金属原子。

我们知道，对于单电子原子，在没有外电场和外磁场时，其外层电子的能量由三个量子数来决定：主量子数n，角量子数l和自旋量子数s，其中：

主量子数n：它决定体系的主要能量，同电子离原子核之间的距离有关。其值可以是1，2，3，…的任意正整数。n值越大，离核越远，能量也就越高。根据n值的不同，可以把核外电子分为许多层次，习惯上把$n=1,2,3,4,\cdots$各层相应地称为$K,L,M,N,\cdots$层，离核最近的是K层($n=1$)。

角量子数l：它决定体系的轨道运动角动量，也就是电子云的形状，它可取0到$(n-1)$间的整数值。通常把$l=0,1,2,3,4,\cdots$相应地用符号$s,p,d,f,g,\cdots$来表示。在n相同的同一电子层中，l不同时，电子能量也不同，其相应的能量高低顺序一般为：$s<p<d<f\cdots$。

自旋量子数 s：它决定电子自旋角动量。对于某一电子，s 值为 1/2。

如果考虑轨道角动量和自旋角动量之间的相互偶合作用，还必须引进内量子数 J，它决定原子的总轨道角动量和总自旋角动量相互偶合作用的总角动量。内量子数 J 为总角量子数 L 和总自旋量子数 S 的矢量和：$J=L+S$。其中，总角量子数 L 的数值为各外层价电子角量子数的矢量和：$L=\sum l$；总自旋量子数 S 是各外层电子的自旋量子数的矢量和：$S=\sum s$；J 取值为 $|L+S|,|L+S-1|,|L+S-2|\cdots|L-S|$，当 $L<S$ 时，J 取 $(2L+1)$ 个值，当 $L\geqslant S$ 时，J 取 $(2S+1)$ 个值。

对于单电子原子，总轨道角量子数 $L=\sum l=l$，总自旋量子数 $S=\sum s=s=1/2$。当 $l<s$，即 $l=0,s=1/2$ 时，J 有 $(2l+1)=1$，即一个值，为 1/2；当 $l\geqslant s$ 时，J 有 $(2s+1)=2$，即两个值，为 $l+1/2$ 和 $l-1/2$。例如，$l=1,J=3/2,1/2$；$l=2,J=5/2,3/2$；等等。

原子的能级通常用符号 $n^{(2S+1)}L_J$ 来表示。在此，每组不同的 $n^{(2s+1)}L_J$ 值代表一个不同的能级，我们暂且把 $n^{(2S+1)}L_J$ 称为能级项。在能级项中：

(1)n 是指外层电子的主量子数。

(2)L 是外层电子的总轨道角量子数，$L=0,1,2,3,4,\cdots$ 通常分别用大写字母 $S,P,D,F,G,\cdots$ 来表示。

(3)S 是外层电子的总自旋量子数，$(2S+1)$ 是表示谱线多重性的符号。$(2S+1)$ 之所以被称为谱线多重性是因为在 $L\geqslant S$ 时，由于 L,S 偶合作用，可产生 $(2S+1)$ 个 J 值，这时能级项在相同 n,L,S 时，由于 J 的不同，使能量值微有不同，即形成能级的精细结构，在光谱中形成 $(2S+1)$ 条距离很近的谱线，这样的谱线叫做多重线，如单电子原子，$(2S+1)=2$ 称为双重线，这就是把 $(2S+1)$ 称为多重性的原因。(但是，当 $L<S$ 时，有 $(2L+1)$ 个 J 值，但 $(2S+1)$ 仍叫多重性，所以多重性并不一定代表谱线精细结构的多重线的数目)

(4)J 为内量子数，$(2J+1)$ 称为状态的统计权重，它是指电子在外磁场作用下，每一能级可能被分裂成的子能级数目，它决定了多重线中各谱线强度比。

由于各量子数都是量子化的，所以原子的能级也是量子化的，每个能级项相当于一个能级，某原子的所有能级项的集合就相当于该原子的能级结构(某原子的能级结构应该包括该原子的所有能级项以及每一能级项的能量值，在此，每一能级项的能量值我们不作定量讨论)。为了知道某原子的能级结构，首先要得到该原子的所有能级项，这实际上是可以做到的。例如钠原子，其外层为一个电子，基态为 3S，它可能的能级项见表 4-1。

表 4-1 钠原子光谱中可能的能级项

nL	S	P	D	F	G	$\cdots$
3	$3^2S_{1/2}$	$3^2P_{3/2,1/2}$	$3^2D_{5/2,3/2}$			
4	$4^2S_{1/2}$	$4^2P_{3/2,1/2}$	$4^2D_{5/2,3/2}$	$4^2F_{7/2,5/2}$		
5	$5^2S_{1/2}$	$5^2P_{3/2,1/2}$	$5^2D_{5/2,3/2}$	$5^2F_{7/2,5/2}$	$5^2G_{9/2,7/2}$	
⋮	⋮	⋮	⋮	⋮	⋮	⋮
n	$n^2S_{1/2}$	$n^2P_{3/2,1/2}$	$n^2D_{5/2,3/2}$	$n^2F_{7/2,5/2}$	$n^2G_{9/2,7/2}$	

知道能级结构，那么能级结构与光谱之间有何关系？我们知道谱线是由两能级之间跃迁产生的，但根据量子力学原理，电子的跃迁不能在任意两个能级间进行，必须遵循一定的“选择定则”，这些定则是：

(1)主量子数的变化，Δn 为整数，包括 0。

(2)总角量子数的变化，$\Delta L=\pm 1$。

(3)内量子数的变化，$\Delta J=0,\pm 1$，但当 $J=0$ 时，$\Delta J=0$ 的跃迁是不允许的。

(4)总自旋量子数的变化，$\Delta S=0$，即不同多重性状态之间的跃迁是禁戒的。

这样知道能级结构和跃迁选择定则就可得某原子的光谱(对于一个完整的光谱，除了要确定谱线的位置，还应确定其强度和谱线轮廓，强度和谱线轮廓问题将在以后给予讨论)。原子的光谱线常用能级图来表示，图 4-1 为钠的能级图，能级图的纵坐标表示能量，单位用电子伏特 eV 或 cm^{-1} 表示。实际存在的能级用横线表示，能级之间的距离从下至上逐渐减小，顶端附近是密集的横线，表示各激发态，最下面一条横线表示基态，各个纵行以不同的能级项表示，两能级之间用一条斜线连接，说明这两能级之间的跃迁是允许的，斜线上的数字就是这两能级之间跃迁产生的谱线的波长，单位用 Å(埃)(1Å$=10^{-10}$ m)表示。

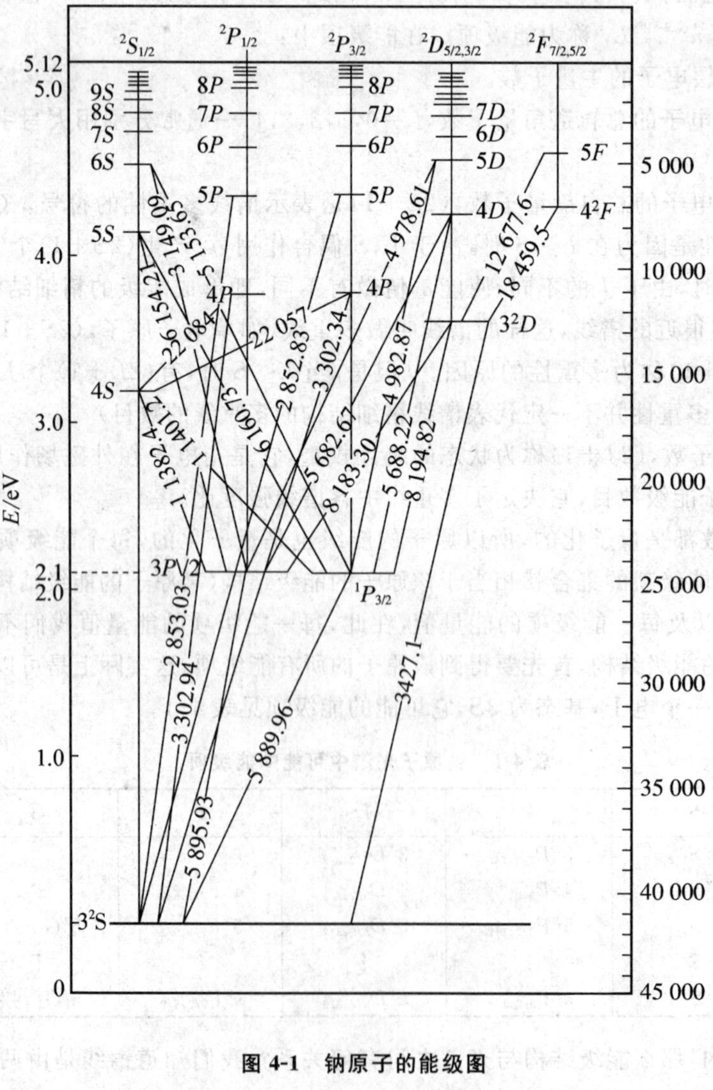

图 4-1　钠原子的能级图

2. 双电子原子的能级项和能级图　外层只有两个电子的原子主要是碱土金属原子。

对于两个外层电子的原子，其能级项同样用主量子数(n)、总角量子数(L)、总自旋量子数(S)以及内量子数(J)来描述，用符号 $n^{(2S+1)}L_J$ 来表示。其中：

主量子数意义同上。

$$L=|l_1+l_2|,|l_1+l_2-1|,\cdots,|l_1-l_2|$$

总角量子数 L 的数值为各外层价电子角量子数的矢量和：$L=\sum l$。对于只有两个外层电子的原子其加和规则即 L 取值从两个角量子数 l_1 与 l_2 之和到它们之差，间隔为 1。例如，镁原子，若两个外层电子态分别为 $3P$，$3D$，则 $l_1=1$，$l_2=2$，$L=1,2,3$(用 P，D，F 表示)。

总自旋量子数 S 是各外层电子的自旋量子数的矢量和：$S=\sum s_i$，对于有两个外层电子的原子，$s_1=s_2=1/2$，所以 $S=\sum s_i$，其数值取 0，1。

内量子数 J 为总角量子数 L 及总自旋量子数 S 的矢量和：$J=L+S$，J 值可以是整数或分数：

$$J=|L+S|,|L+S-1|,|L+S-2|,\cdots,|L-S|$$

若 $L\geqslant S$，则其数值从 $J=L+S$ 到 $L-S$，共($2S+1$)个，若 $L<S$，则其数值从 $J=S+L$ 到 $S-L$，共($2L+1$)个，例如，对于镁原子的 $3P3D$ 两外层电子，总自旋量子数 S 为 0，1，总角量子数 L 为 3，2，1，所以当 $S=0$ 时，而 $L=3,2,1$ 时，内量子数分别为 $J=3$，$J=2$，$J=1$；当 $S=1$ 时，而 $L=3,2,1$ 时，内量子数分别为 $J=4,3,2$；$J=3,2,1$；$J=2,1,0$。

同单电子原子一样($2S+1$)还是表示多重性。对于双电子原子谱线将是单重性($S=0$)和三重性($S=1$)。

同样我们可以列出双电子原子的各个能级项，并根据能级项和跃迁选择定则(同单电子一样)可得到能级图。图 4-2 即为镁原子的能级图。

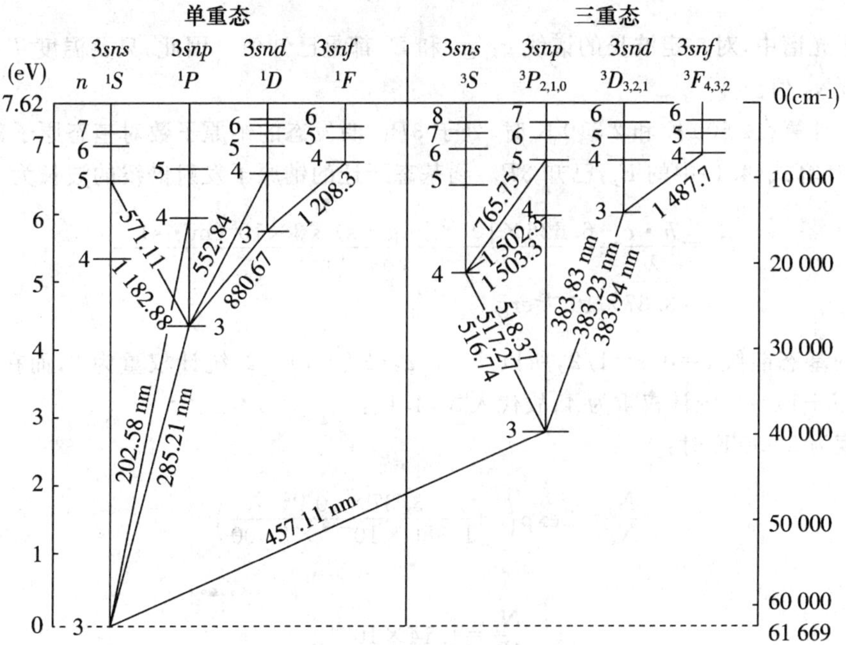

图 4-2 镁原子的能级图

3. *多电子原子的能级项和能级图*　对于多电子原子，能级项同样用 $n^{(2S+1)}L_J$ 来表示。

若某原子外层有 $N(>2)$ 个电子，量子数分别为 $l_1, s_1; l_2, s_2; \cdots l_N, s_N$。能级项的求法是，先任取两个电子，求出它们叠加后的角量子数 L' 和自旋量子数 S'，再把求得的每一种 L'、S' 组合作为一个电子分别与第三个电子叠加，叠加的方法与双电子叠加一样，依照此法继续进行下去就可求得多电子原子的总角量子数 L 的各个值和总自旋量子数 S 的各个值，从而可得多电子原子的能级项。

对于多电子原子，谱线的多重性和跃迁选择定则同样适用，从而也可得到多原子的能级图。

4.2.2 基态与激发态原子的分配关系

原子吸收光谱分析既然是测定基态原子对谱线吸收的强弱程度，所以了解待测元素的基态原子数目与原子总数之间有什么关系，是原子吸收光谱分析中的重要问题之一。

在一定的温度下，物质激发态的原子数与基态的原子数有一定的比值，并且服从波茨曼分布定律：

$$\frac{N_j}{N_0}=\frac{g_j}{g_0}\exp\left(-\frac{E_j-E_0}{kT}\right)$$

式中：N_0、N_j 分别为基态和激发态原子数；g_0、g_j 分别为基态和激发态统计权重，其值为 $(2J+1)$；J 为内量子数；E_0、E_j 分别为基态和激发态原子的能量；k 为波茨曼常数（$1.38\times10^{-16}\ \mathrm{erg}\cdot\mathrm{K}^{-1}$）；$T$ 为绝对温度。

对共振线来说，电子是从基态跃迁至第一激发态，因此可得：

$$\frac{N_j}{N_0}=\frac{g_j}{g_0}\exp\left(-\frac{E_j}{kT}\right)=\frac{g_j}{g_0}\exp\left(-\frac{h\nu}{kT}\right) \tag{4.1}$$

在原子光谱中，对一定波长的谱线 g_j/g_0 和 E_j 都是已知值。因此，只要温度 T 确定后，就可求得 N_j/N_0 值。

【例】 计算在2 500 K 和 2 510 K 时，处于 $3P_{3/2}$ 激发态的钠原子数对基态原子数之比。

解：为计算式(4.1)中的 E_j，已知 $3P_{3/2}$ 到基态跃迁的钠原子发射谱线的波长为 589.0 nm

$$E_j=\frac{h\cdot c}{\lambda}=\frac{6.626\times10^{-27}(\mathrm{erg}\cdot\mathrm{s})\times3\times10^{8}(\mathrm{m}\cdot\mathrm{s})^{-1}}{589.0\ \mathrm{nm}}$$
$$=3.37\times10^{-12}\ \mathrm{erg}$$

在钠原子的基态能级 $l=0, s=1/2$，所以 $J=1/2$，$(2J+1)=2$，统计权重为 2；而在 $3P_{3/2}$ 能级 $J=3/2$，$(2J+1)=4$，统计权重为 4；故代入式(4.1)：

当温度为 2 500 K 时：

$$\frac{N_j}{N_0}=2\exp\left(-\frac{3.37\times10^{-12}}{1.380\times10^{-16}\times2\,500}\right)$$

得：

$$\frac{N_j}{N_0}=1.14\times10^{-4}$$

而当温度为 2 510 K 时，同样可得：

$$\frac{N_j}{N_0}=1.79\times10^{-4}$$

上例说明，第一，在一般火焰温度下钠原子大多处于基态，温度对处于基态的原子数目的影响比例很小；第二，温度变化 10 K，引起激发态原子数 4%的增加，即温度对处于激发态的原子数目比例影响很大，所以在依据激发态粒子数进行分析的原子发射光谱分析中对温度的稳定性要求很高。

表 4-2 为几种常见原子在不同激发温度下，计算得到 N_j/N_0 值。

表 4-2　几种原子共振线的 N_j/N_0 值

元素	共振线/nm	g_j/g_0	激发能/eV	N_j/N_0			
				2 000 K	2 500 K	3 000 K	4 000 K
Cs	852.11	2	1.455	4.31×10^{-4}	2.33×10^{-3}	7.19×10^{-3}	2.98×10^{-2}
K	766.49	2	1.617	1.68×10^{-4}	1.10×10^{-3}	3.84×10^{-3}	
Na	589.00	2	2.104	0.99×10^{-5}	1.14×10^{-4}	5.83×10^{-4}	4.44×10^{-3}
Ba	553.56	3	2.289	6.83×10^{-4}	3.19×10^{-5}	5.19×10^{-4}	
Ca	422.67	3	2.932	1.22×10^{-7}	3.67×10^{-6}	3.55×10^{-5}	6.03×10^{-4}
Fe	371.99	—	3.382	2.29×10^{-9}	1.04×10^{-7}	1.31×10^{-6}	
Ag	328.07	2	3.778	6.03×10^{-10}	4.84×10^{-8}	8.99×10^{-7}	
Cu	324.75	2	3.817	4.82×10^{-10}	4.04×10^{-8}	6.65×10^{-7}	
Mg	285.21	3	4.346	3.35×10^{-11}	5.20×10^{-8}	1.50×10^{-7}	
Zn	213.86	3	5.795	7.45×10^{-15}	6.22×10^{-11}	5.50×10^{-10}	1.48×10^{-7}

从式(4.1)及表 4-2 都可以看出，在火焰原子化过程中，产生激发态原子的原子数，决定于火焰温度和原子的激发能。温度愈高，N_j/N_0 值愈大；同一温度，激发能愈低，共振线波长愈长，N_j/N_0 值也愈大。在通常的分析条件下，火焰的温度一般低于3 000 K，大多数元素的共振线波长都小于 600 nm，因此，对大多数原子来说，N_j/N_0 值都很小(<1%)。即火焰中的激发态原子数远小于基态原子数。N_j 与 N_0 相比，N_j 可以忽略不计，可以认为基态原子数代表了吸收辐射中的原子总数。

应当指出，上面只考虑了热平衡状态，此外，火焰中的自由电子和紫外线等其他因素也能引起原子激发，因此激发原子在理论上比热平衡状态时要多。但总的来说，这些因素的影响还是比较小的，仍然可以把基态原子数看成是原子总数。

4.2.3　原子吸收线的宽度和原子吸收的测量

原子谱线的宽度在原子光谱分析中非常重要。谱线宽度越窄，信息的品质越好，谱线重叠的干扰被降低，分析结果更加准确可靠；同时，原子谱线的宽窄直接影响原子光谱仪器的设计。因此，我们先研究影响谱线变宽的因素。

引起原子谱线变宽的因素很多，归纳起来大约有 8 种：自然变宽、多普勒变宽、洛伦茨变宽、荷尔特马克变宽、斯达克效应变宽、塞曼效应变宽、超精细结构效应变宽、自吸效应变宽，而在原子光谱分析中引起谱带变宽的主要因素是多普勒变宽和洛伦茨变宽，下面我们就简单介绍这两种。

1. 多普勒(Doppler)变宽　这是由于原子无规则的热运动产生的。当样品中的基态原子向光源方向运动时，由于多普勒效应将使基态原子吸收较短的波长。相反，当原子离开光源方向运动时，将吸收较长的波长。这样，由于原子的无规则运动就使吸收谱线变宽。

当处于热力学平衡状态时，谱线的多普勒变宽可用下式表示：

$$\Delta\lambda_D = 2\lambda_0\left(\frac{2RT\ln 2}{Mc^2}\right)^{1/2} \tag{4.2}$$

式中：$\Delta\lambda_D$ 为多普勒宽度；R 为气体常数；c 为光速；T 为吸收介质的绝对温度；M 为原子量。代入各常数的数值后得：

$$\Delta\lambda_D = 7.16\times10^{-7}\lambda_0\left(\frac{T}{M}\right)^{1/2} \tag{4.3}$$

2. 劳伦茨(Lorrentz)变宽　原子间或原子同其他粒子的碰撞使原子的基态能级稍有变化，因而吸收谱线变宽。变宽的程度随气体压力的增加而增大，因此又称压力变宽，劳伦茨变宽同很多因素有关：

$$\Delta\lambda_L = 3.50\times10^{-9}\lambda_0\sigma^2P\left[\frac{1}{T}\left(\frac{1}{M}+\frac{1}{M'}\right)\right]^{1/2}$$

式中：P 为气体压力；M 为原子量；M'为气体分子量；T 为绝对温度；σ 为原子和分子间碰撞的有效截面。

表 4-3 列出了某些元素的共振线在常压下的多普勒宽度和劳伦茨宽度。从这些数值可以看出，在 2 000～3 000 K 之间多普勒宽度和劳伦茨宽度有相同的数量级，都在 0.001～0.01 nm 范围内。

表 4-3　多普勒和劳伦茨带宽(10^{-4} nm)

元素	波长/nm	T=2 000 K		T=2 500 K		T=3 000 K	
		$\Delta\lambda_D$	$\Delta\lambda_L$	$\Delta\lambda_D$	$\Delta\lambda_L$	$\Delta\lambda_D$	$\Delta\lambda_L$
Na	589.00	39	32	44	29	48	24
Ca	422.67	21	15	24	13	26	12
Fe	371.99	16	13	18	11	19	10
Co	352.69	13	16	15	14	16	13
Ag	338.29	10	15	11	13	13	12
Cu	324.75	13	9	14	8	16	7
Mg	285.21	18	—	21	—	23	—
Pb	283.31	6.3	—	7	—	8	—
Zn	213.86	8.5	—	9.5	—	10	—

原子吸收谱线的带宽仅 0.001～0.01 nm，由于理论上和技术上的局限，原子吸收光谱法一直未能成功应用。直到 1955 年，澳大利亚物理学家沃尔什(A. Walsh)提出：在温度不太高的条件下，峰值吸收(吸收谱线中心波长的吸收系数)同被测原子浓度呈线性关系，因此可用中心波长的吸收系数测量进行原子吸收光谱分析。并且，在实验上也解决了峰值吸收的测量问题。

如何测量峰值吸收？我们可以设想用一个锐线光源(见第 4.3.1 节)代替连续光源获得

光谱分析的作用光，它所发射的谱线和原子吸收谱线的中心波长一致，都在 λ_0 处（见图 4-3）。锐线光源发射线的带宽 $\Delta\lambda'$ 要比吸收线的带宽 $\Delta\lambda$ 小得多。在此条件下，我们可以认为在发射线带宽 $\Delta\lambda'$ 的范围内原子吸收系数为常数，并正比于中心波长 λ_0 处的吸光系数 K_0。这样我们就可以根据第二章的比尔定律来进行分析测试。

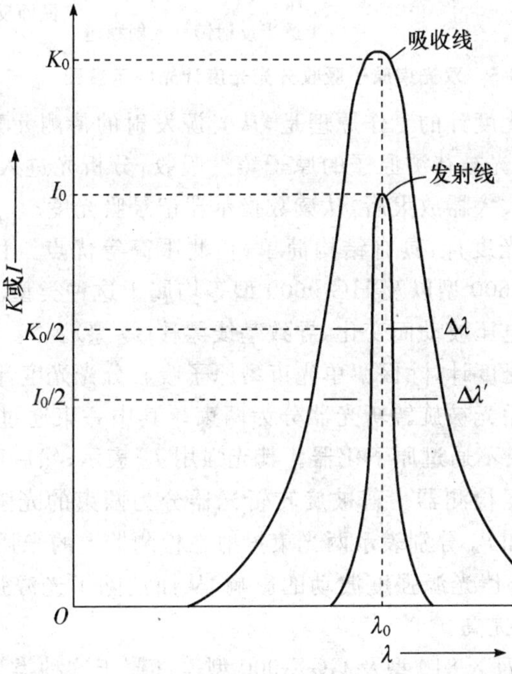

图 4-3 火焰中的吸收线同空心阴极灯的发射线比较

4.3 原子吸收分光光度计

在原子吸收光谱分析中所用的仪器，常称作原子吸收分光光度计。其结构与第 3 章中的紫外可见吸收分光光度计类似，由光源、样品室、分光系统及检测记录系统组成。但原子吸收分光光度计要求光源产生的作用光带宽小于 1×10^{-3} nm，常用锐线光源；样品室能使被测样品原子化的原子化系统；分光系统的作用只是选出分析线，同时减少背景干扰。原子吸收分光光度计根据结构不同可分成单光束和双光束两种类型。它们的基本光路示意图见图 4-4 与图 4-5。

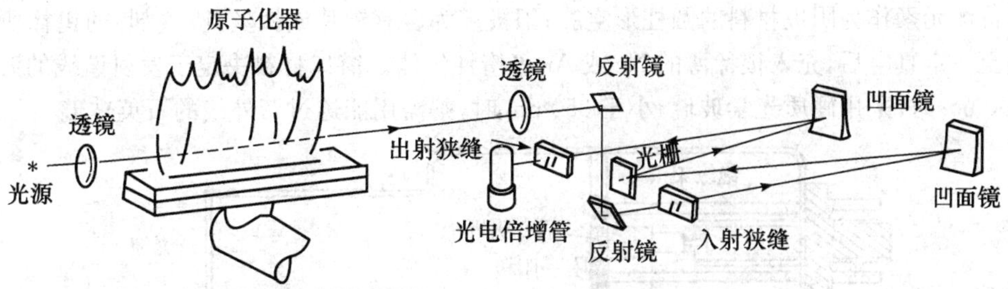

图 4-4 单光束原子吸收分光光度计光路示意图

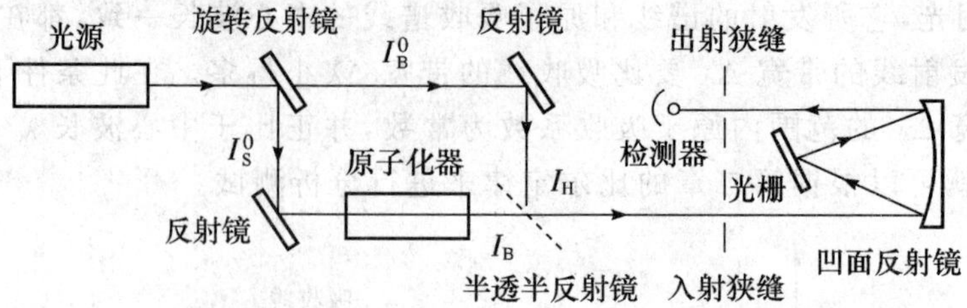

图 4-5 双光束原子吸收分光光度计光路示意图

单光束型原子吸收分光光度计的工作原理是，从光源发射的待测元素的共振线通过原子化器中的基态原子，部分作用光被待测原子的原子蒸气吸收，分析光进入单色器，再照射到检测器上，产生交流电讯号，经放大器放大后，从读数指示器记录吸光度。

单光束型原子吸收分光光度计，具有结构简单，检测限高等优点。目前国内应用较多的 370 MC 型、AA-2630 型、AA 600 型以及 HG 9600 型等均属于这种类型。单光束型仪器的主要缺点是光源强度易受电源电压波动而变化，导致基线漂移(零漂)。

双光束型原子吸收分光光度计，除保留单光束型原子吸收分光光度计某些基本结构外，主要不同点在于光源辐射的作用光被旋转斩光器分为两束。其中一束通过原子化器，即通过样品。其光强用 I_S^0 表示；另一束不通过原子化器。其光强用 I_B^0 表示；然后用半透半反射镜将两光束交替通过单色器而投射至检测器。若被旋转斩光器分为两束的光强度相同，即 $I_S^0=I_B^0$，则得到透光率 $T=I_S/I_B$，I_S 和 I_B 分别表示两光束投射在检测器上的光强(实际上 $I_B^0=I_B$)，如图 4-7 所示。由于参比光束补偿光源强度波动的影响，从而消除了光源强度不稳所引起的漂移，使测量准确度进一步得到提高。

国产产品 TAS 990 型、WFX-810 型及 GGX-900 型等都属于这种类型。双光束型原子吸收分光光度计的测定精密度和准确度都高于单光束型，但它仍不能消除原子化的不稳定和背景吸收的影响。

4.3.1 光源

光源的作用是产生原子吸收需要的作用光。按原子吸收光度法的要求，光源发射的谱线应该是带宽比吸收线更窄的锐线，其强度要高而且稳定。现用于原子吸收分光光度计的光源有空心阴极灯、高频无极放电灯和连续光源；而激光光源如半导体二极管激光器和可调谐激光器尚未得到应用，但将是非常有前途的光源。目前，原子吸收分析中最常用的光源是空心阴极灯，性能最好的光源是连续光源，下面我们就介绍这两种光源。

1. 空心阴极灯　空心阴极灯实际上是一种低压辉光放电管。其结构如图 4-6 所示。它是一个内含待测元素作为阴极材料的圆柱形空腔；阳极多为含有钽片或钛丝(吸气剂)的钨棒所组成。管内抽至一定真空后，充入很稀薄的 Ne 或 Ar 等惰性气体。窗口材料决定于发射谱线的波长，在大于 350 nm 时，采用硬质光学玻璃，小于 350 nm 时，则需用能透过紫外线的石英玻璃。

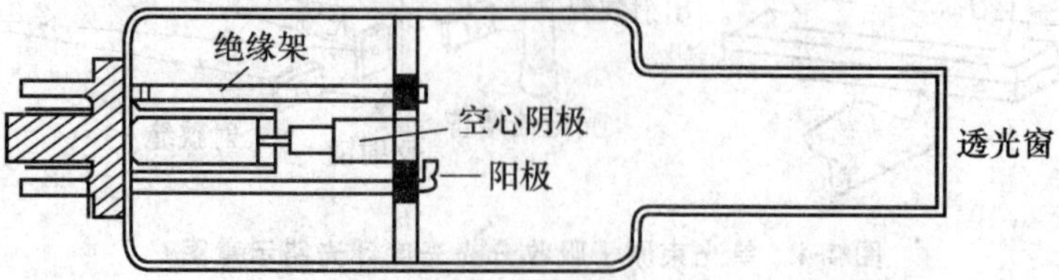

图 4-6 空心阴极灯结构示意图

空心阴极灯的作用机理是:在高压电场作用下,电子由阴极高速射向阳极,在此过程中,电子与惰性气体碰撞,并使其电离。产生的正离子在电场作用下被加速,造成对阴极表面的猛烈轰击,使阴极表面的原子被"溅射"出来,接着又受到这些离子和电子的撞击而被激发到激发态,但很快又从激发态返回到基态,并同时辐射出该元素的共振线作为分析的作用光(实际上也杂有灯内气体和阴极中杂质的非吸收谱线)。

显然,用不同的待测元素作阴极材料,可制成相应元素的空心阴极灯。这种只能发射一种元素的特征谱线的单一元素空心阴极灯,是目前应用最广的。对于一灯多用的多元素灯,它的辐射强度较弱,在实际应用上受到一定的限制。

采用空心阴极灯作为光源需要消除来自试样及背景的干扰。试样中被测元素的原子受热或吸收光源的辐射能以后。本身被激发并发射出与吸收谱缘相同波长的特征辐射,这将干扰吸收的测量。此外火焰气体中的其他组分如水分、燃气、助燃气,以及由于火焰中复杂的化学反应所生成的CO、CH、$C_2^{\cdot}$、O_2、CN和OH等分子及游离基在火焰的高温激发下也能发射线状或带状光谱。例如,乙炔分子在300～500 nm谱区有较强的带状特征辐射,它们都将叠加在分析光上而进入单色器。背景发射产生的是直流信号。要消除它对原子吸收测量的影响可以采取如下办法:利用光源供电方式调制的方法,采用方波、矩形波或短脉冲供电。检测系统采用交流放大器,相敏检波,则可将背景发射的直流讯号滤掉。

2. 连续光源　原子吸收仪器使用的连续光源,不同于紫外可见分光光度计或其他光谱仪器中使用的光源。对连续光源的要求很高:除具有一般传统原子吸收分光光度计的优点外,还需要特别的高强度和特殊的光谱范围。连续光源的波长范围一般可以覆盖200～1 500 nm,原子吸收分光光度计对连续光源的要求是:在每个波长处,与空心阴极灯有相同的光辐射强度和稳定性。但是,如果要求在每个波长处,连续光源与空心阴极灯有相同的光强度,那么连续光源的光辐射强度就必须要比空心阴极灯高很多。

原子吸收分光光度计使用的连续光源,一般采用大功率、高强度的脉冲氙灯,如Hieftji等人曾对300 W高压短弧氙灯的光谱辐射功率和信噪比特性进行了测量,得到了满意的结果。并且,要求高压短弧氙灯的发光点要小(能量集中)。德国Jena公司2004年底推出的ContrAA连续光源原子吸收分光光度计,其连续光源采用特制的高聚焦短弧氙灯,外形长10 cm,功率为300 W,温度为1 000 K,采用冷水降温。它的微发光点为0.2 mm,电弧长度小于1 mm,能量是一般氙灯的几百倍,并且各波长的能量几乎相同,使用寿命1 000 h。

短弧氙灯的构造如图4-7所示,由阴极、阳极、玻壳和灯头组成。阳极工作温度高,选用耐高温金属纯钨。阴极材料采用铈钨、钍钨合金,在小功率灯中使用钡钨阴极效果更好,因为后者功函数低,可使用较低的电源电压,而且发射更稳定,没有放射性。玻壳使用耐高温的石英玻璃,做成椭球形,由于壳内充高压氙气,壳壁要厚而均匀,以保证足够的机械强度。

相比金属蒸气放电,惰性气体激发电位高,放电电弧温度高。对于高压或超高压氙气放电,氙原子被激发到更高能级并大量电离,产生很高的自由电子与正离子浓度,因此复合发光与电子减速发光大大增强,形成很强的连续光谱叠加少量线光谱,如图4-8所示。

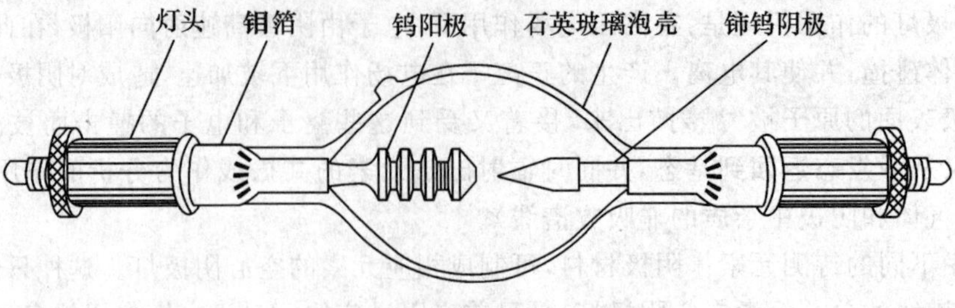

图 4-7　短弧氙灯结构示意图

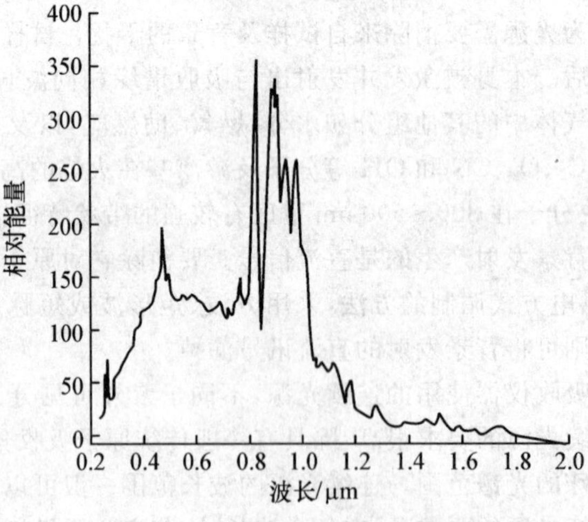

图 4-8　短弧氙灯辐射光谱分布

使用了连续光源的原子吸收分光光度计的主要特点是：

①可扣除所有干扰的背景，提高了分析结果的准确性。

②分析一个样品，可测完所有元素，效率高。

③寻找波长仅需 1 s，分析一个元素最多 3 s。

④精度大大提高，检出限平均提高五倍，稳定性好。

⑤可同时测分子吸收，CCD 检测器可同时检测大量信息。

⑥能量强于空心阴极灯，且没有自吸，灵敏度不受影响。

4.3.2　原子化系统

原子化系统是原子吸收分光光度计中十分重要的组成部分。原子化系统的主要作用是使试样中被测元素形成比率高而又十分稳定的基态原子。利用火焰使试样原子化的方法称为火焰原子化法；利用电加热手段（石墨炉等）实现原子化的方法称为无火焰原子化法，此外还有利用氧化还原反应的共价氢化物原子化器。

1. *火焰原子化装置*　火焰原子化装置中，有将试液直接喷到火焰中去的全消耗型；也有先将试液雾化后，再喷入火焰中去的预混合型。后者的原子化效率较高，故绝大多数仪器的火焰原子化装置采用预混合型，全消耗型只作为配件供应。

预混合型火焰原子化装置常包括喷雾器、雾化室和燃烧器三个部分。

(1)喷雾器和雾化室　喷雾器和雾化室组成雾化器装置，是原子吸收分光光度计的重要部件之一。对雾化器的要求是雾化效率要高、喷雾量适中、雾滴细微均匀且重现性好。常用的是气动同心型雾化器(图 4-9)。这里利用压缩空气(或其他载气)将试样溶液雾化的装置。当一定压力的空气高速从气体导管喷出时,在吸液毛细管尖端产生一个负压,致使试液经毛细管被提吸上去。试液在高速气流的切向应力作用下很快形成雾珠,并进一步形成更微细的气溶胶粒子。撞液球的作用是通过对气流的压力、流速和方向的改变,更有利于雾珠的细微化。

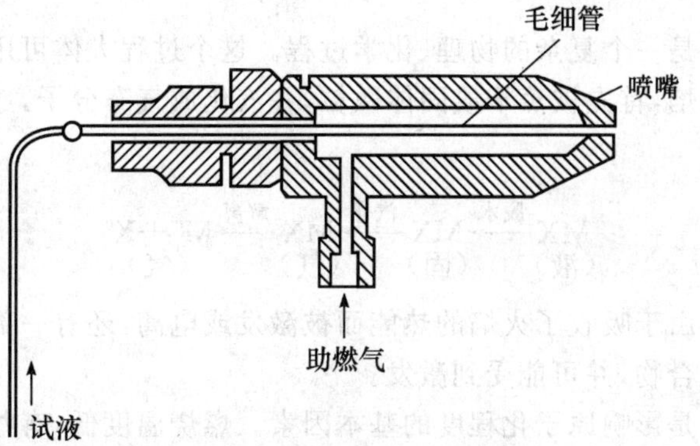

图 4-9 喷雾器结构示意图

试液雾化后进入雾化室,与燃气在室内充分混合。经混合后的细雾滴进入燃烧器,其中较大的雾滴凝结后,从下端废液管排出(图 4-10)。

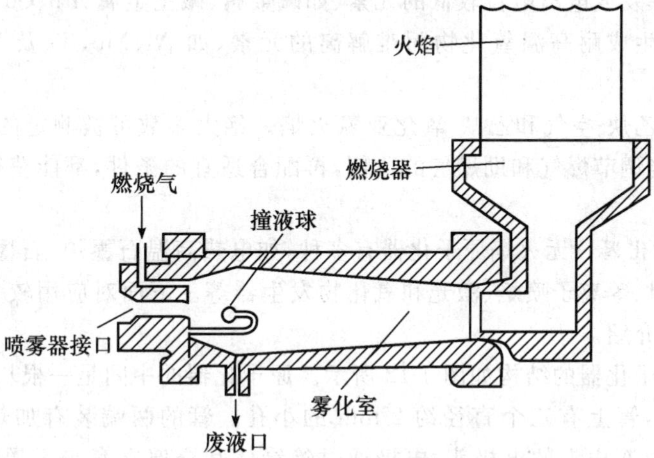

图 4-10 预混合雾化室结构示意图

(2)燃烧器 试液的细微雾滴与燃气在雾化室充分预混合以后,进入燃烧器点燃。燃烧器所用灯头,有“孔型”和“长缝型”两种。为了加长吸收光程,一般多采用长缝型燃烧器(图 4-11)。

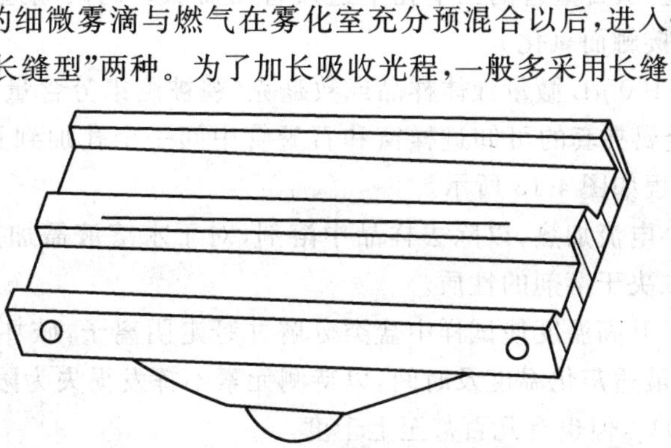

图 4-11 长缝型燃烧器结构示意图

这种燃烧器多为不锈钢制成，具有“山”字形的横断面，中间为一长缝。缝的长度标准型为100 mm和50 mm。燃烧器既可以作上、下调节，也可以作转动调节，使空心阴极发出的共振光束能准确地通过光焰原子化层。

(3)原子化　试液气溶胶和燃烧气体在燃烧器的上方进行燃烧，这是试样原子化过程的重要一步。

试样原子化过程，是一个复杂的物理、化学过程。这个过程大体可用式(4.4)表示：试液经雾化后，气溶胶进入火焰，首先被蒸干成固体微粒，并汽化成气态分子，然后再解离成基态原子(用 M^0 表示)。

$$\underset{(液)}{MX} \xrightarrow{脱水} \underset{(固)}{MX} \xrightarrow{汽化} \underset{(气)}{MX} \xrightarrow{解离} \underset{(气)}{M^0 + X^0} \tag{4.4}$$

一部分基态原子，由于吸收了火焰的热能而被激发或电离，还有一部分在火焰中形成氧化物、氢氧化物或其他化合物，并可能受到激发。

火焰温度的高低，是影响原子化程度的基本因素。燃烧温度低，有些金属元素原子化不完全；温度太高不仅会增加噪声，而且也会增加电离，对碱、碱土金属元素更不可忽视，从而有碍于测定。因此，对于不同的被测元素，应当使用不同的火焰温度，这是原子吸收分析中一个十分重要的测定条件。

一般来说，易挥发或电离电位较低的元素(如碱金属、碱土金属、Pb、Cd、Zn、Sn 等)应使用低温火焰。与氧易生成耐高温氧化物而难解离的元素(如 Al、Mo、Ti 及 W 等)应使用高温火焰。

常用的火焰为乙炔-空气和乙炔-氧化亚氮火焰。绝大多数可被测定的元素，采用以上两种类型的火焰，适当调节燃气和助燃气的比例，再配合适宜的条件，都能获得较理想的原子化蒸气。

2. 无火焰原子化器　无火焰原子化器有多种，如电热高温石墨炉、石墨坩埚、高频感应加热炉、空心阴极溅射、等离子喷焰、激光和氧化物发生器等。下面对应用较多的电热高温石墨炉原子化器作简要介绍。

高温石墨炉原子化器的结构如图4-12所示。原子化器的中间是一根长30～60 mm，外径6～9 mm的石墨管，管上有三个直径约2 mm的小孔。管的两端装有加热石墨管的能施加10～25 V，400～600 A电源的电极头，电极通过绝缘体和金属夹套与石墨管之间通入Ar或 N_2 等惰性气体，气体就从石墨管的三个孔中进入管内而从管的两端逸出，以免石墨管及管内试样在高温下与空气接触而氧化。

在测定时，取1～100 μL微量液体样品或数毫克(视被测组分含量而定，有时可少至20～40 μg)固体样品，从金属夹套的可卸进样窗和石墨管中间一个孔加到石墨管中。接通电源并程序控制升温。其过程如图4-13所示。

(1)干燥　先用小电流加热，以除去样品中溶剂，对于水溶液需加热至100℃以上除去水分，溶液的干燥时间取决于溶剂的性质。

(2)灰化(分解)　升高温度使试样中盐类分解并赶走阴离子，破坏有机物，除去易挥发基体或其他干扰元素。最适灰化温度及时间，以待测元素不挥发损失为限，由基体性质决定。一般灰化温度100～180℃，但也有几百甚至上千度。

(3)高温原子化　在高温下以盐类或氧化物存在的试样元素挥发并解离为基态原子。

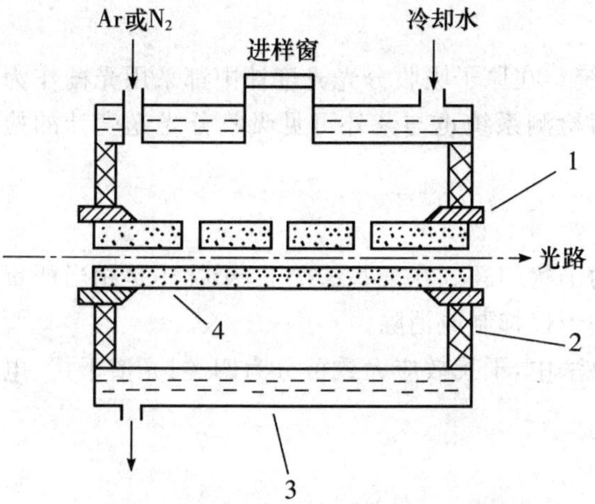

图 4-12 石墨炉原子化器

1.电极头 2.绝缘体 3.金属夹套 4.石墨管

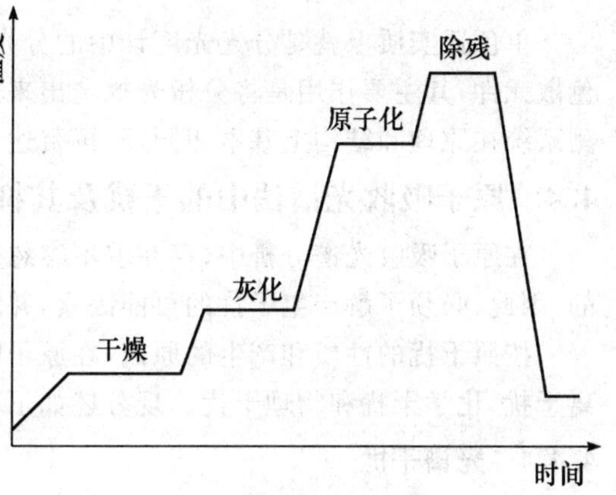

图 4-13 石墨炉程序升温示意图

(4)高温除残(净化) 当试样中的待测元素信号被记录以后,还需升温至大于3 000℃数秒钟,以除去石墨管中残留物质,消除其记忆效应,以便下一个试样测定。

对于一些极易挥发元素的测定时,往往不采用以上程序升温的办法,而用连续升温的办法。

高温石墨炉原子化法的主要优点如下:它的原子化效率比火焰法高几百倍,原子蒸气在原子化器的停留时间约 1 s 或更长,因此其绝对灵敏度很高,达 10^{-12} g,有些元素高达10^{-14} g,比火焰法高几个数量级,它的温度可以通过调节电流大小来控制(最高温度可达3 000℃),因此它没有火焰引起的噪声。并有良好的选择性。即对于能在低温蒸发的干扰元素,先调至适当温度而将它分馏除去,然后升温至待测元素原子化温度,并使温度不过高,从而使待测元素的激发、电离和其他化学反应的干扰降低到最低限度;由于采用惰性气体除氧技术和石墨管本身提供大量碳使样品处于强还原气氛中,因此特别适于测定易形成氧化物的元素。此外,液体、固体样品都可以直接测定,而且取样量很少,液体试样一般为 1～100 μL,固体试样可少至 20～40 μg。

高温石墨炉原子化法的主要缺点如下:分析结果的精密度比火焰法差,通常其相对标准偏差为 5%～10%;由于试样基体蒸发和石墨管本身氧化都会产生分子吸收光谱干扰,石墨管管壁在高温下也会辐射连续光谱,因此背景干扰较为严重,一般都要进行背景校正;此外,要求低电压大电流的电源、水冷却、惰性气体 Ar 或高纯 N_2 等设备,操作不如火焰法简便快速;进样位置不同时会影响重现性;对难熔元素,石墨管经一定次数使用后记忆效应加剧等。

3.共价氢化物原子化装置 有些元素如砷、硒、碲、铅、锡和锑等,在强还原剂的作用下能与氢结合生成共价氢化合物。它们具有挥发性强,易加热分解的特点。利用此特点可将待测液中的上述元素用硼氢化钠使之还原形成挥发性的氢化物,用氩气或氢气带出并引入至燃烧器的氩-氢火焰中进行原子化,可大大提高上述元素分析的灵敏度。此外还可将氢化物由氩气或氢气带入至特制的石英管原子化器中,管外绕电阻丝加热,或是用燃烧器火焰加热,或是在石英管内把氢载气点燃使氢化物分解,在管内产生自由原子。由于它在管内的扩散速度较快,故灵敏度可达 10^{-11} g/mL。现已有很多精密的原子吸收分光光度计附有氢化物发生器的装置。

4.3.3 单色器与检测系统

单色器实质上就是分光光度计中的分光系统。在原子吸收分光光度计中都采用光栅作为色散元件,其主要作用是将分析光挑选出来。而检测系统也与紫外可见吸收分光光度计的检测系统在原理和结构上基本相同,不再赘述。

4.4 原子吸收光谱法中的干扰及其抑制

在原子吸收光谱分析中,存在着不容忽视的干扰问题。在某些情况下,干扰还是相当严重的,因此,必须了解产生干扰的可能因素,并设法予以抑制或消除。

按照干扰的性质和产生的原因,在原子吸收法中,干扰效应大致可分为四类:光谱干扰、电离干扰、化学干扰和物理干扰。现分述如下。

4.4.1 光谱干扰

光谱干扰是指与光谱发射和吸收有关的干扰效应。它的光谱干扰有以下四种情况:

1. *非共振线的干扰* 在测定的共振线波长附近,有单色器不能分离的被测元素的其他光谱线。这种情况常见于多谱线元素(如铁、钴、镍等)。例如,镍的分析线(232 nm)附近还有多条镍的光谱线(如 231.6 nm 等),这些谱线也能被镍所吸收,但由于吸收系数不同且一般都比共振线吸收系数低,结果导致测定灵敏度下降及标准工作曲线的弯曲。一般可用减少狭缝的办法来改善或消除这种干扰(图 4-14)。

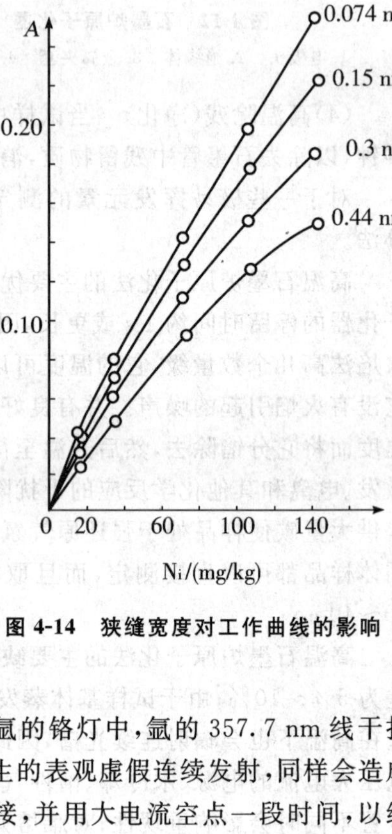

图 4-14 狭缝宽度对工作曲线的影响

2. *空心阴极灯的发射干扰* 空心阴极灯内材料杂质较多,发射的非待测元素谱线不能为单色器所分开,结果也会导致测定灵敏度下降或标准工作曲线的弯曲。例如,铅灯中痕量铜发射的 216.5 nm、217.8 nm 谱线不能分开时,将会干扰待测元素铅 217.0 nm 的正常吸收。如果使用纯度较高的单元素灯,可避免这类干扰。

充入灯内气体的发射谱线,有时也产生干扰。如充有氩的铬灯中,氩的 357.7 nm 线干扰铬的 357.9 nm 谱线。灯中杂质气体或阴极上氧化物所产生的表观虚假连续发射,同样会造成灵敏度下降和标准曲线弯曲。遇到这种情况,可将灯极反接,并用大电流空点一段时间,以纯化灯内气体。如果情况不能改善,应考虑再换新灯。

3. *分子光谱吸收干扰* 分子吸收现象存在于原子吸收中,是一种特殊的光谱干扰。如前所述,在火焰原子化过程中,由于其中存在某些基态分子,其吸收光谱带重叠在待测元素共振线上,引起吸收值的增加,通常将这种不是待测元素引起的吸收称为分子吸收,有时也称为背景吸收。例如在空气-乙炔火焰中测定钡时,CaOH 分子吸收产生干扰,就是上述背景吸收的一个典型例子。此外,在溶液中盐或酸的浓度较高时,也存在这种干扰。

消除这种背景吸收的一种办法,是利用氘灯作背景校正器。其基本原理是:因元素的原子吸收线带宽很小(约 0.001 nm),那么在使用氘作连续光源时,其带宽一般大于 0.2 nm,这时待测元素的线吸收，相对于总作用光强度可以忽略不计（不大于 0.5%）。这时用氘灯作光源所测得的吸收值，可作为背景吸收值，这是合理的。因此背景吸收的校正可以这样进行：先用空心阴极灯测定分析线的线吸收和背景吸收的总吸收度 A_T，然后改用氘灯作光源，在上述相同条件下，测得的吸收值作为背景吸收度 A_B，两次测定之差值 $A_T - A_B$，即是被测元素吸收线的真实吸收度。

消除背景的另一种方法是利用塞曼效应。1898 年塞曼（Zeeman）发现，当把产生光谱的光源置于磁场强度为几千高斯的磁场内时，在磁场作用下，光源辐射的每一条谱线分裂成几条偏振化的分线，这种现象称为塞曼效应。塞曼效应是由于在磁场作用下，原子的能级发生进一步分裂而引起的。当在石墨原子化器上加上与光束方向垂直的磁场时，在正常塞曼分裂时，在磁场中的原子其吸收线一般分裂为 π 和 $\sigma^{\pm}$ 三条分线，π 分线的偏振方向与磁场平行，波长不变；σ^{+}、σ^{-} 的偏振方向与磁场垂直，波长分别向长波和短波方向偏移（图 4-15）。

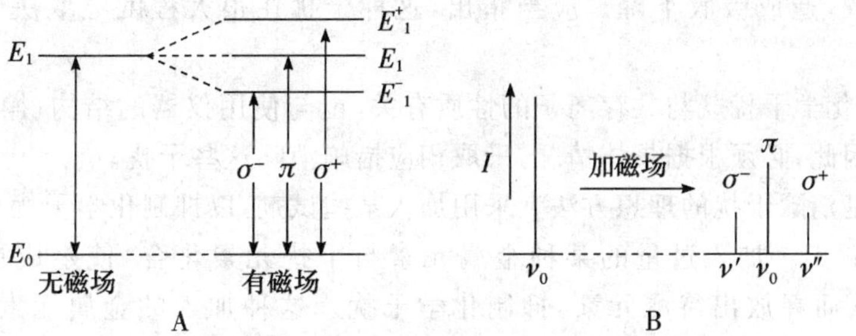

图 4-15 塞曼效应示意图

利用塞曼效应校正背景的方法是：当光源辐射的作用光（为自然光）通过原子化器时，由于在原子化器中加有与作用光方向垂直的磁场，这时原子仅 π 分线对作用光有吸收，$\sigma^{\pm}$ 分线因与作用光波长位置不同而无吸收，即原子只吸收偏振与磁场平行部分的作用光；而对于背景，在平行和垂直偏振方向均有吸收，且吸收大小基本一样；这样，在平行方向的吸收为：$A_{/\!/} = A^{S}_{/\!/} + A^{B}_{/\!/}$，其中 $A_{/\!/}$、$A^{S}_{/\!/}$ 和 $A^{B}_{/\!/}$ 分别为在平行方向的总吸收值、样品吸收值和背景吸收值；在垂直方向的吸收为：$A_{\perp} = A^{S}_{\perp} + A^{B}_{\perp}$，$A_{\perp}$、$A^{S}_{\perp}$ 和 $A^{B}_{\perp}$ 分别为在垂直方向的总吸收值、样品吸收值和背景吸收值；两式相减得 $A_{/\!/} - A_{\perp} = A^{S}_{/\!/}$，即相减后背景项被消去。在仪器上，我们可以用检偏器把平行方向和垂直方向的分析光分开，分别测定吸收值再相减；从而扣除背景。

4. 光的散射　在原子化过程中产生的固体微粒，通过光路时对光产生散射，被散射的光偏离光路，不为检测器所检测，产生表观的虚假吸收，使测得的吸光度值偏高，其效果就好像有一分子吸收叠加到被测定的原子吸收信号上一样。对于这种由于光散射引起的虚假吸收的消除可用与消除分子光谱吸收干扰一样的方法。

4.4.2 电离干扰

基态原子在火焰中失去一个或几个电子后形成离子，生成的离子不产生吸收。因此，电离的结果，使基态原子数减少，引起吸收强度的减弱。这种电离干扰，对于电离电位≤6 eV 的元素尤为显著，且火焰温度愈高，干扰愈严重。

原子在火焰中的电离平衡可以表示为：

$$M = M^{+} + e$$

式中：M 和 M^+ 分别为平衡时待测元素的原子和离子，e 为自由电子。

为了抑制待测元素本身的电离，可以加入大量的易电离的其他元素（消电离剂）。这是由于易电离元素电离产生的大量电子使待测元素的电离平衡向中性原子方向移动，从而使待测元素的电离受到抑制。例如，在测定钾时常加入一定浓度的钠盐或铯盐溶液，可以提高测定的灵敏度。

4.4.3 化学干扰

化学干扰是原子吸收法中经常遇到的主要干扰。产生化学干扰的机理比较复杂，但主要原因是待测元素不能全部从它的化合物中解离出来，或已解离的原子与其他组分形成难离解的碳化物、氧化物，从而使参与吸收的基态原子数减少。一种典型的情况是待测元素与共存元素化合生成难解离的化合物。例如，在盐酸介质中测定钙、镁时，若共存磷酸根，则在较高的火焰温度下，将形成磷酸盐或焦磷酸盐，这些盐类具有高熔点、难挥发、难解离的特点，影响钙、镁基态原子的形成，造成吸收下降。应当指出，这种干扰在很大程度上取决于火焰的温度和组成。

由此看出，化学干扰既与共存离子的性质有关，也与使用仪器的结构、操作条件的不同有密切的关系。因此，必须根据具体情况，采取相应措施消除这些干扰。

抑制干扰是消除干扰的理想方法。采用加入某些试剂，以抑制化学干扰是最常用的方法。

1. 加入释放剂　加入过量的某种金属元素与干扰元素化合，使生成更稳定或更难挥发的化合物，从而释放出待测元素，抑制化学干扰。这种加入的金属元素即为释放剂，例如，磷酸根存在对钙的测定有严重干扰，当加入氯化镧（$LaCl_3$）后，干扰就被消除。这是因为：

$$2CaCl_2 + 3H_3PO_4 = Ca_2P_2O_7 + 4HCl + H_2O + \Delta H\ (\mathrm{I})$$

$$CaCl_2 + H_3PO_4 + LaCl_3 = LaPO_4 + 3HCl + CaCl_2 + \Delta H'\ (\mathrm{II})$$

由于 $\Delta H' > \Delta H$，所以反应按（Ⅱ）方程式进行。于是避免了钙与磷酸根的结合。

又如测定镁时，加入 $SrCl_2$ 就可抑制 Al 和 Si 的干扰等。

目前，采用加入释放剂以消除化学干扰的办法应用最为广泛。

2. 加入络合剂（保护剂）　加入这类试剂以后，能使待测元素不与干扰元素化合生成难挥发的化合物，从而消除了干扰。例如，添加络合剂 EDTA 可防止磷酸对钙的干扰。这是因为钙转化为 EDTA-Ca 络合物，它在火焰中更易于原子化，于是消除了磷酸盐的干扰。同样，加入 8-羟基喹啉可消除铝对镁、铵的干扰；加入氟化物，使 Ti、Zr、Hf、Ta 等转变为含氟化合物，这些含氧氟化物比氧化物更有效地原子化，从而提高了这些元素的测定灵敏度。络合剂——特别是有机络合剂的加入，对消除化学干扰是很有效的。原因是有机物在火焰中易于破坏，使与有机络合剂结合的金属元素能更有效地原子化。

3. 加入缓冲剂　实践证明，某些共存的干扰元素，当达到一定量时，其干扰影响趋于稳定。因此，在试样和标准溶液中都加入超过缓冲量（干扰不再变化的最低量）的干扰元素，就可达到消除干扰的目的。例如，在用氧化亚氮-乙炔火焰测定钛时，铝的存在将使钛的吸收增强。此时，可在试样和标准溶液中均加入 200 μg/mL 以上的铝，则干扰趋于稳定，从而消除铝的干扰。

当化学干扰情况复杂，用上述方法不能满意地解决时，可采用预先化学分离的方法（如萃取、离子交换、沉淀等)来除去干扰元素。此外,也可以用标准加入法来控制化学干扰,这是一种简便而有效的方法。

4.4.4 物理干扰

试样在转移、蒸发过程中,由于溶质或溶剂的特性(如黏度、表面张力等)以及雾化气体的压力等的变化,使喷雾效率或者待测元素进入火焰的速度发生改变而引起的干扰,即为物理干扰。例如,溶液中盐或酸的浓度大时,喷雾效率下降,影响进入火焰中待测元素的原子数量,因而影响吸光度的测定。

消除物理干扰的有效方法之一是配制与待测试样具有相似组成的标准溶液,适当稀释试液也可以减少这种干扰。

4.5 定量分析方法

4.5.1 分析方法

原子吸收分析法的定量基础是比尔定律。即在一定条件下和被测元素在一定浓度范围内,吸光度与被测元素的浓度呈线性关系。根据这个关系,原子吸收的定量分析方法可采用:标准曲线法、比较法、标准加入法和内标法。

1. 标准曲线法 先配制某一元素的标准贮备液,然后稀释成标准工作液,按测定方法的操作步骤配制标准系列,并测定其吸光度,以吸光度对浓度绘制标准曲线;同时测定样品的吸光度,在标准曲线上可得待测元素的含量,见第3章定量分析部分所述。

2. 标准加入法 为了消除溶液基体及其他组分对分析的干扰,可以用标准加入法。将已知的不同浓度的几个标准溶液加入到几个相同量的试液中,然后在相同条件下,分别测定吸光度 A,并绘制 A-c 工作曲线。将所绘制的直线外推,延长线在横坐标上的截距所表示的浓度(绝对值),就是待测液的浓度。

【例】 将1.000 g含镁样品制成100 mL溶液,分别吸取10 mL于4个100 mL容量瓶中,然后在每个瓶中分别加入0 μg、10 μg、20 μg、30 μg镁;定容后,分别测得它们的吸光度为0.199、0.305、0.445、0.583。按标准加入法,绘得图4-16,外推至横坐标相交处为15 μg镁。所以,样品中镁的百分含量为:

$$\frac{\frac{15\times100}{10}}{10^6}\times100\%=0.015\%$$

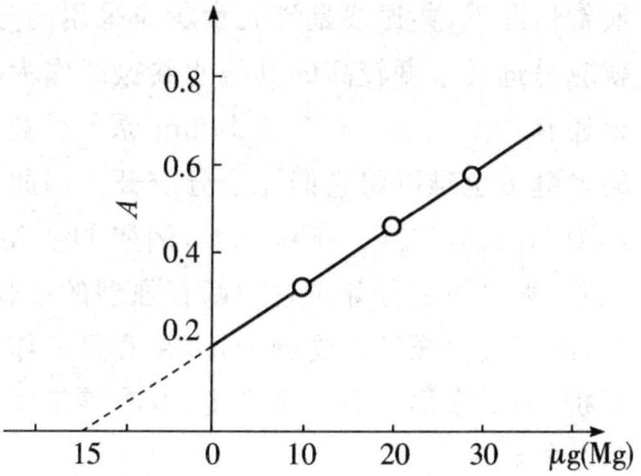

图 4-16 标准加入法

这种加入标准溶液的外推法,由于每个待测液都含有相同的试样,可以消除试样中的干扰成分,能得到精密度较高的结果。运用这种方法必须注意保证在整个测定范围内有良好的线性。为此,最少应采用4个点(包括不加标准液的试液本身)来作外推曲线,并使加入标准物质的最低含量与被测元素在同一数量级或更低。过高的加入量,容易落入标准曲线的弯曲范围,过低的加入量,则使外推结果的误差较大。

3. 内标法 这种方法是在标准溶液和试液中分别加入一定量的内标元素,当然试样中不应存在内标元素,内标元素中也不应存在试样。首先测得标准溶液中待测元素和内标元素的吸光度,并求出其比值,用此比值对标准溶液中待测元素的浓度作标准曲线。然后,在相同的条件下,根据测量的试液中待测元素和内标元素二者吸光度的比值,从标准曲线上求得试样中待测元素的浓度。

使用内标法,能够消除溶液黏度、表面张力、样品的雾化率以及火焰温度等因素的影响,因而能得到高精度的测量结果。不过,此法只在双波道(或多波道)的原子吸收分光光度计上测定,在单波道仪器上无法使用。另外,本法所选的内标元素要求在基体内和在火焰中所表现的物理性质、化学性质与待测元素相同或相近,而且,试样中不应有这种元素存在。

4.5.2 测定条件的选择

原子吸收光光谱分析的灵敏度与准确度,在很大程度上取决取所使用仪器的操作条件。因此,实际分析时,必须严格地选择和控制仪器的各项操作参数。

由于所用仪器的种类繁多,具体分析的项目和要求又各不相同,很难对各项仪器操作参数作出明确的规定。对于各种资料上介绍的操作条件,绝不应生搬硬套,而应通过自己的试验来确定各项操作条件的最佳值。所以,下面仅介绍选择操作条件的一般原则。

1. 空心阴极灯的灯电流　提高灯电流有利于谱线的发射强度,但谱线宽度随之增大,同时,过高的灯电流容易损坏灯管,降低使用寿命。但是,如果发射强度太弱,谱线变宽虽小,在测定时还必须放宽狭缝和提高光电倍增管及放大器的电压,这样噪声相对地也增强。所以选择灯电流必须同时注意兼顾这两方面。原则上,在保证稳定和获得足够的测量光强条件下,应尽量选用较低的灯电流。

每一种元素的空心阴极灯,都标有使用灯电流的范围,可据此进行选择。

2. 分析线的选择　前面已经说明,每一种元素除共振线以外,还有一定数量的非共振线。通常情况下,共振线是该元素所应采用的分析线,如果共振线附近存在着其他光谱线的干扰,就应另选灵敏度较高的其他非共振线作为分析线。例如,232.0 nm 是 Ni 的共振线,但它的附近还有 231.98 nm 和 232.14 nm 原子线及 231.6 nm 的 Ni 离子线,这几条线靠得很近,在很小的狭缝下也难以将它们完全分辨开。因此,在实际操作中,常选用吸收系数稍低的 341.48 nm 作为 Ni 的分析线。某些元素,例如 Hg、As、Se 等的共振线位于远紫外区,如果以此作为辐射光源,则火焰组分等对它们都有强烈的吸收,因而,这些元素的共振线也不宜选作分析线。此外,即使共振线没有受到干扰,在实际工作中,也未必都要选用共振线。例如,对高浓度试样的分析,为了取得合适的吸光度,以改善工作曲线的线性范围,也可以选取灵敏度较低的谱线作为分析线。

总之,虽然各种空心阴极灯上都标有该元素的灵敏分析谱线的波长,但是选取适宜的分析线,还应根据具体情况由实验来决定。检验的办法可以先了解被测元素的空心阴极灯能发射出可供选择的几条谱线,然后在相同条件下,以适当浓度的被测元素金属盐溶液喷入火焰,观察在这些谱线下的吸收情况。最后,根据检验结果,选择不受干扰或干扰最小而吸光度适中的谱线作为分析线。对于痕量元素的测定,一般选择最强的吸收线作为分析线是最适宜的。

表 4-4 列出若干元素常用的分析线,供选用参考,其他元素的谱线波长,可以从手册中查阅。

表 4-4 某些元素的常用分析线

元素	谱线波长/nm	元素	谱线波长/nm	元素	谱线波长/nm
Ag	328.07、338.29	Cr	357.87、359.35	Mo	313.26、317.04
Al	309.27、308.22	Cu	324.75、327.40	Na	589.00、330.30
Au	242.80、267.60	Fe	248.33、352.29	Ni	232.00、341.48
B	249.68、249.77	Hg	253.65	Pb	216.70、283.31
Ba	553.55、455.40	K	766.49、769.90	Sn	224.61、286.33
Bi	223.06、222.83	Li	670.78、323.26	Sr	460.73、407.77
Ca	422.67、239.86	Mg	285.21、279.55	W	255.14、294.74
Cd	228.80、326.11	Mn	279.48、403.68	Zn	213.36、307.59

3. 原子化条件的选择

(1)火焰类型的选择和火焰高度的调节　火焰温度能影响化合物原子化的能力。目前最常使用的空气-乙炔为混合燃烧气体的最高温度可达2 500℃，如果改变二者的混合比例，将形成不同类型的火焰。一般来说，当助燃气大于燃料气的化学计算量，所形成的火焰称为贫燃性火焰，自由原子在贫燃火焰中与氧再化合的速度较快；若燃料气大于助燃气的化学计算量，则形成富燃性火焰，富燃火焰中氧的分压较低，自由原子再化合速度较慢。通常后者比前者的温度低。待测元素如系不易氧化的 Ag、Cu、Ni、Co、Pd 等和碱土金属，可以使用燃助比小于 1∶6 的贫燃火焰。对一些较易形成难溶氧化物的元素如 Mo、Cr、稀土元素等，就应使用燃助比大于 1∶3 的富燃火焰。

日常分析工作中，对大多数元素可采用燃助比为 1∶4 左右的空气-乙炔火焰。这种火焰稳定，温度较高，背景干扰少，噪声低。

元素在不同的火焰高度其原子蒸气浓度是不均匀的。因此，在测定时必须调节燃烧器的高度，使光束通过所需要的火焰层，让作用光从自由原子浓度最大的区域通过，获得较高的灵敏度。在通常的分析条件下，使用空气-乙炔火焰，一般是光束离燃烧器顶部 5～15 mm 处为大部分元素适用的火焰高度，该高度原子化较完全，干扰少，对紫外线吸收不太强，且灵敏度高。

(2)石墨炉原子化条件　在石墨炉原子化法中，合理选择干燥、灰化、原子化及除残温度与时间是十分重要的。干燥应在稍低于溶剂沸点的温度下进行，以防止试液飞溅。灰化的目的是除去基体和其他组分，在保证不损失被测元素下尽可能使用较高的灰化温度。原子化温度一般选用达到最大吸收信号的最低温度作为原子化温度。原子化时间的选择应以保证完全原子化为准。在原子化阶段停止通气，以延长自由原子在石墨炉内的停留时间。除残的目的是为了消除残留物生产的记忆效应，除残温度应高于原子化温度。

4. 狭缝宽度　前面已经指出过，原子吸收分析中选择狭缝的原则是在不减少吸光度的条件下，尽可能使用较宽的狭缝。这是因为对一种元素来说，原子吸收线数目较少，谱线重叠的几率是很小的。在实际操作中，可以用下面的办法确定应选用的合适的狭缝宽度。将试液喷入火焰中，从小到大依次调节狭缝宽度，分别测定在不同狭缝时的吸光度。当狭缝增大到一定程度，开始有其他谱线出现在光通带内，吸光度就立即开始减小。所以，能够不引起吸光度减小的最大狭缝宽度，就是应当选用的最合适的狭缝宽度。

使用较宽的狭缝，可以增加光强，对检测器就可用小的增益而降低噪声，从而提高了信噪比和改善检出限。

5. 其他　除以上测定条件的选定之外，对单位时间内试液的吸收量（提升量）也应作合适的调整。必要时应做出记录，以备考察。

习　题

1. 原子吸收分光光度分析的基本原理是什么？它与分子分光光度分析法有什么异同点？

2. 在原子吸收光谱分析中，为什么要采用锐线光源？怎样获得锐线光源？

3. 简要说明原子吸收分光光度计各个部分的作用？

4. 原子吸收光谱分析中的干扰是怎样产生的？如何判明干扰的性质？简述消除各种干扰的方法，并说明之所以能消除干扰的原因。

5. 应当如何选择实验工作的最佳条件？

6. 若已知钠在 2 500 K，火焰中 $E_j=2.10$ eV，试求当统计权重 $g_0=2$，$g_j=6$ 时，钠的 N_j/N_0 是多少（设 $E_0=0$）？

7. 测定某含 Ca^{2+} 的未知试液，配得两个含 Ca^{2+} 标准液分别为 20 μg/mL、16 μg/mL，在 WFD-Y 原子吸收分光光度计上测得它们的吸光度分别为：0.660、0.570；而未知试液的吸光度为 0.650，试求未知液中 Ca^{2+} 的浓度。

8. 应用标准加入法，测定试液中 Zn^{2+} 的浓度（$c_{未}$），得以下数据，求 Zn^{2+} 的浓度。

序　号	0	1	2	3
试液体积/mL	10	10	10	10
10 mg/kg Zn 标准液体积/mL	0	1	2	3
稀释体积/mL	100	100	100	100
吸光度/A	0.075	0.120	0.170	0.220

5 发射光谱法

发射光谱法(emission spectroscopy)可分为原子发射光谱法(atomic emission spectroscopy)及分子发射光谱法(molecular emission spectroscopy)。原子发射光谱法利用的信息是激发态原子或离子返回基态时发射的电磁波;分子发射光谱法利用的信息是激发态分子发射的电磁波,两者的信号主要都在紫外可见区。与原子吸收光谱法比较,原子发射光谱法利用了原子光谱的全部信息特点,即其信息品质好,而且信息量多(原子吸收光谱法只利用了极少量的信息),所以特别适合作定性分析且同时可分析几种甚至几十种元素。但因利用的信息是激发态粒子产生,激发态粒子非常活跃,使其发射强度受很多因素影响,从而影响在定量分析中的应用。与分子吸收光谱法相比,分子发射光谱法因利用的信息是激发态分子本身的发射,所以信号是在暗背景下进行测量,这样就可以通过测量技术的改进而提高其灵敏度。

本章第 5.1 节将讲述发射光谱法的基本原理、仪器结构及分析方法。在第 5.2 节的分子发射光谱法[荧光光谱法(fluorescence spectroscopy)]中主要讲荧光的产生,影响荧光强度的因素和荧光的测量。

5.1 原子发射光谱法

5.1.1 基本原理

1. *原子发射光谱的产生* 由图 4-1 可知,处于激发态电子跃迁回到基态时,同时辐射一定能量,因此就得到一条波长与辐射能量相对应的发射谱线;由激发态直接跃迁到基态所发射的谱线称为共振线,由最低激发态跃迁到基态发射的谱线称为第一共振线,第一共振线通常是最强的谱线。电子从高能量激发态并不都是直接回到基态,也可以回到为光谱选择定则所允许的各个较低的能量状态,从而发射出各种波长的谱线。所以,每种元素都有许多条发射谱线,例如结构最简单的氢原子,在紫外可见区现在已发现的谱线有 54 条,对于结构比较复杂的原子,例如 Fe、W 等元素,已知它们的谱线有 5 000 多条。

2. *谱线强度* 设单位时间内能级 E_i、E_j 间跃迁所产生的谱线强度以 I_{ij} 表示,则:

$$I_{ij}=N_iA_{ij}h\nu_{ij} \tag{5.1}$$

式中:N_i 为单位体积内处于高能级 E_i 的原子数,A_{ij} 为 E_i、E_j 两能级间的跃迁几率,h 为普朗克常数,ν_{ij} 为发射谱线的频率。

当原子是处于热力学平衡状态下,分配在各激发态和基态的原子数目 N_i 和 N_0 应遵守波茨曼分布定律,见式(4.1)。

将式(4.1)代入式(5.1)可得:

$$I_{ij}=\frac{g_i}{g_0}A_{ij}h\nu_{ij}N_0\mathrm{e}^{(-E_i/kT)} \tag{5.2}$$

由式(5.2)中可看出，谱线强度与下列因素有关：

(1)激发态能级 E_i　谱线强度与激发态能级的能量是负指数关系，激发能级愈高，其能量愈大，谱线强度就愈小。这是由于随着激发态能级的增高，处于该激发态的原子数迅速减少，实践证明，绝大多数激发态能量较低的谱线都是比较强的，激发能量最低的谱线往往是最强线。

(2)激发温度 T　温度既影响原子的激发过程，又影响原子的电离过程，谱线强度与温度之间的关系比较复杂。温度开始升高时，气体中的各种粒子、电子等运动速度加快，增强了非弹性碰撞，原子被激发的程度增加，故谱线强度增强。但超过某一温度之后，电离度增加，原子谱线强度渐渐降低，离子谱线强度继续增强。原子谱线强度随温度的升高，先是增强，到达极大值后又逐渐下降。图 5-1 为谱线强度和温度的关系，图中元素符号后的Ⅰ、Ⅱ分别表示原子态和一价离子，如 CaⅠ和 CaⅡ分别表示钙原子和钙一价离子。

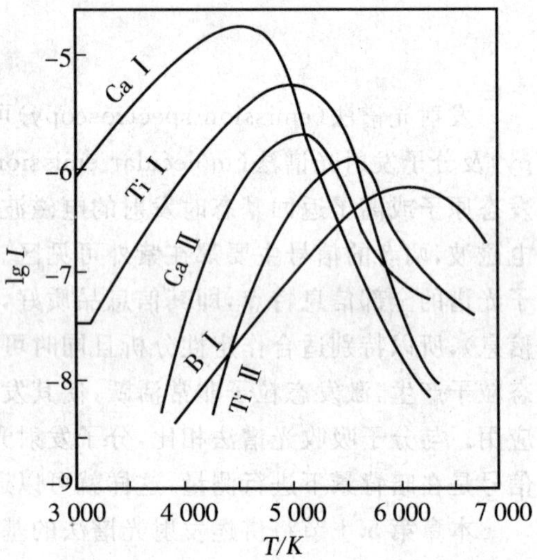

图 5-1　谱线强度和温度的关系

(3)基态原子数 N_0　谱线强度与基态原子数成正比，但 N_0 是由元素的浓度决定的，在一定条件下，$N_0 \propto c$。因此，谱线强度与元素的浓度应有一定的关系，光谱定量分析就是根据这一原则而建立起来的。

以上讨论均限于谱线的绝对强度问题，但在实际工作中，准确测定谱线的绝对强度是很困难的，所以在光谱定量分析中，常采用谱线的相对强度。所谓相对强度就是在一定条件下检测器测得的值。

元素谱线的相对强度 I 与该元素在样品中的浓度 c 的关系可用沙义伯-罗马金经验公式表示：

$$I = ac^b \tag{5.3}$$

式中：a 为与样品的蒸发、激发过程及样品的组分等有关的参数；b 为与谱线的自吸收有关的参数。高浓度时，$b \to 0$，此时谱线强度与样品浓度无关；低浓度时，无自吸收存在，$b=1$，谱线强度与浓度成正比；一般浓度时，I 与 c 的关系较复杂，b 不是常数，但 $b<1$。发射光谱就是利用此经验公式来进行定量分析的。

5.1.2　原子发射光谱仪

1. 仪器结构　发射光谱仪是进行原子发射光谱分析的仪器，图 5-2 为发射光谱仪的方框图。仪器由三部分组成，激发光源是原子发射光谱分析信号产生部分，是原子发射光谱仪的心脏；色散系统相当于信号分离器，把大量混在一起的发射谱线分离开来；检测记录系统起信号转换和记录的作用。原子发射光谱分析的过程就是：激发光源将待分析样品融熔蒸发使解离为气态原子，并使气态原子激发从而使样品发射光谱，即产生信号；这些信号经色散系统后，将按波长的大小顺序分离展开成线光谱；最后检测记录这些线光谱，并根据所得光谱的特征波长与谱线强度进行定性定量分析。

色散系统与紫外可见分光光度计的单色器类似，在此就不再重复。下面将主要讲述激发光源和检测记录系统。

2. *激发光源* 激发光源具有使试样蒸发、解离、原子化和激发跃迁发射谱线的作用，激发光源对分析的检出限、精密度和准确度有很大影响。目前常用的激发光源有直流电弧、交流电弧、电火花和电感偶合离子体四种。其他尚有火焰、低气压放电管、空心阴极灯、直流等离子体喷焰等激发光源。

(1)火焰光源 化学火焰是最早被采用，最简单的激发光源，至今仍被广泛用于碱金属、碱土金属等激发电位较低的元素的分析中。常用的火焰有乙炔-空气、丙烷-空气、乙炔-氧气和乙炔-氧化亚氮等。利用火焰作为激发光源的光谱分析称为火焰光度法(flame emission spectroscopy)，它所用的仪器同原子吸收分光光度计相似，把原子吸收分光光度计中的光源部分除去，用其火焰原子化器作为火焰光度计的激发光源即是。

用火焰作激发光源，必须首先将试液雾化并与燃气混合后燃烧。谱线强度同试验的雾化程度、燃料种类、喷雾速度、燃烧方式以及溶剂等因素有关，在实际操作中必须严格控制这些条件。

(2)直流电弧 直流电弧的基本电路如图 5-3 所示，电源一般为可控硅整流器，常用高频电压引燃直流电弧。

图 5-2 发射光谱仪方框图

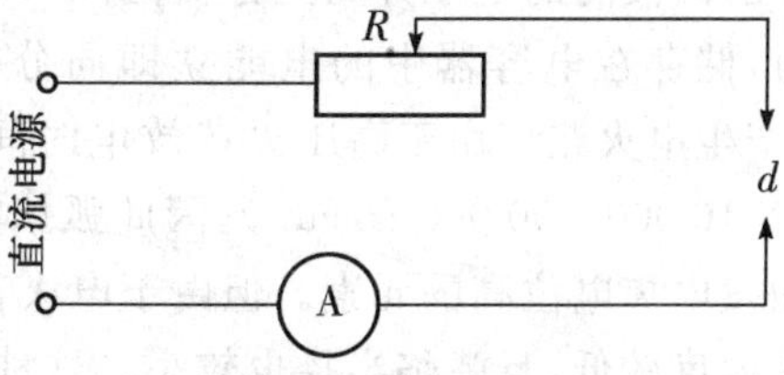

图 5-3 直流电弧线路

R—电阻 *d*—分析间隙 A—电流表

直流电弧工作时，阴极释放出来的电子不断轰击阳极，使其表面上出现一个炽热的斑点，这个斑点称为阳极斑，阳极斑的温度较高，有利于试样的蒸发，因此，一般均将试样置于阳极碳棒孔穴中。在直流电弧中，弧焰温度取决于弧隙中气体的电离电位，一般为 4 000～7 000 K，这个温度尚难以激发电离电位高的元素；电极头的温度较弧焰温度低，且与电流大小有关，一般阳极可达 4 000 K，阴极则在 3 000 K 以下。直流电弧的最大优点是电极头温度高(与其他激发光源比较)，蒸发能力强，缺点是放电不稳定，且弧层较厚，自吸现象严重，故不宜于高含量定量分析，但可很好地应用于矿石等的定性、半定量及痕量元素的定量分析。

(3)交流电弧 将普通的 220 V 交流电直接连接在两个电极间是不可能形成弧焰的，这是由于电极间没有导电的电子和离子的缘故，为了维持电极间有导电的电子和离子，可以采用高频高压引火装置。此时，借助高频高压电流，不断地“击穿”电极间的气体，造成电离，维持导电。在这种情况下，低频低压交流电就能不断地流过，维持电弧的燃烧。这种高频高压引火、低频低压燃弧的装置，就是普通的交流电弧，其电路如图 5-4 所示。

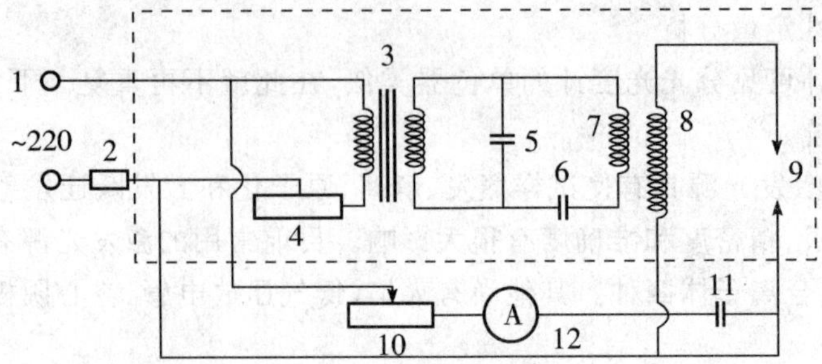

图 5-4　交流电弧发生器线路图

交流电弧是介于直流电弧与电火花之间的一种光源，与直流电弧相比，交流电弧的电极头温度稍低一些，但由于有控制放电装置，故电弧较为稳定，这种电源常用于金属、合金中低含量元素的定量分析。

(4)电火花　高压电火花通常使用 1×10^4 V 以上的高压交流电，通过间隙放电，产生电火花，其线路如图 5-5 所示，电源电压经过可调电阻 R 后进入升压变压器 T 的初线圈，使次级线圈上产生 1×10^4 V 以上的高压电，并向电容器充电。当电容器两极间的电压升高到分析间隙 G 的击穿电压时，储存在电容器中的电能立即向分析间隙放电，产生电火花。由于高压火花放电时间极短，故在这一瞬间内通过分析隙的电流密度很大(高达10 000～50 000 A/cm^2)，因此弧焰瞬间温度很高(高达 10 000 K 以上)，故激发能量大，可激发电离电位高的元素。但由于电火花是以间隙方式进行工作的，平均电流并不高，所以电极头温度较低，且弧焰半径也较小。这种光源主要用于易熔金属合金试样的分析及高含量元素的定量分析。

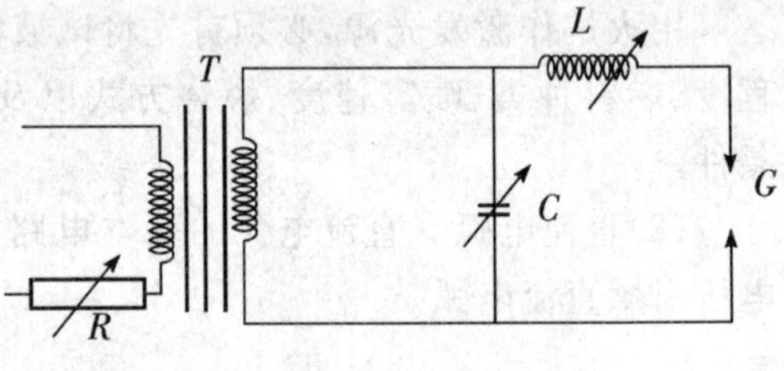

图 5-5　高压火花线路

(5)电感偶合等离子体光源　它是目前发射光谱法中广泛应用的新型光源，一般由三部分组成：高频发生器、等离子炬管和雾化器，如图 5-6 所示。

等离子炬管是一个三层同心石英玻璃管，外层通入冷却气，中层气流起维持等离子体的作用，内层以载气输入试样气溶胶，试样多为溶液。

当高频发生器与围绕在等离子炬管外的负载铜管线圈(以水冷却)接通时，高频电流流过线圈，并在炬管的轴线方向上形成一个高频磁场。此时，若向炬管内通入气体，并用一感应线圈产生电火花引燃，则气体触发产生电离粒子。当这些带电粒子达到足够大的导电率时，就会产生一股垂直于管轴方向的环形涡电流，这股几百安培的感应电流瞬间就将气体加热到近万度的高温，并在管口形成一个火炬状的稳定的等离子体，试样由内管喷射到等离子体中进行蒸发和激发。

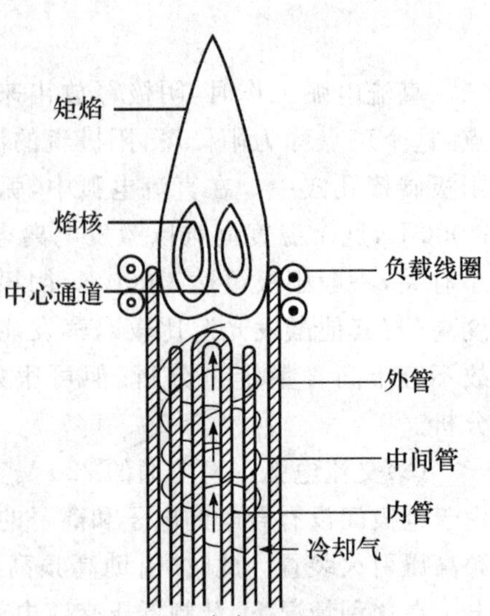

图 5-6　电感偶合等离子体光源示意图

由于高频电流的趋肤效应使得等离子炬形成一个环状的通道，高频电流在等离子炬的周围通过，而中间形成一个电学上被屏蔽的通道，因而在输入试样气溶胶时不会引起等离子体的阻抗有很大的变化，所以这种光源具有较高的稳定性。

电感偶合等离子体具有高温、环状通道、惰性气氛、自吸现象小等特点。因而具有基体效应小、检出限低、线性范围宽等优点，是分析液体试样的最佳激发光源。目前，此激发光源可用于测定周期表中绝大多数元素（70 多种），检出限可达 $10^{-4}\sim10^{-3}$ μg/mL 级，精密度在 1%左右，并可对百分之几十的高含量元素进行测定。

四种常用激发光源性能的比较见表 5-1。

表 5-1 四种常用光源性能的比较

特性指标	电极头温度	弧焰温度	弧层温度	稳定性	主要用途
直流电弧	较高	4 000～7 000 K	最宽	差	定性、半定量矿石中微量元素的定量分析
交流电弧	中	4 000～7 000 K	次宽	中等	金属、合金低含量元素定量分析
电火花	较低	4 000～7 000 K	较窄	较好	高含量，难电离元素；低熔点金属合金分析
电感偶合等离子体		6 000～8 000 K	很窄	好	可用于绝大多数元素的测量，检出限低，精密度高

3. 检测器　在原子发射光谱法中，常用的检测方法有光电检测器和全谱型固体检测器。

(1)光电检测法　谱线的强度通过光电转换，把光信号转换为电信号，检测电信号就可确定谱线强度。常采用光电倍增管作为光电转换元件。光电倍增管的结构与性能以及电信号如何测量已在第 3 章分光光度计中讲述过，这里就不赘述了。

由于样品的蒸发、激发、谱线的发射、自吸收等过程，瞬间起伏很大，因此谱线强度不是恒定不变的，而是随时间起伏波动的。测量得到的瞬时谱线强度 I 不能准确地表示元素的含量，如果对谱线强度进行统计平均处理，将一定时间内的谱线强度积分，则可消除涨落起伏的干扰。在光电检测法中，需要一个积分装置，例如用积分电容来求平均值就是常用的方法。

图 5-7 为光电直读光谱仪的示意图。样品被光源激发后，所发射的光谱经过入射狭缝到凹面光栅，分光后的各单色光被聚焦在焦面上。焦面后放置若干个出射狭缝，各个狭缝对应各波长的谱线被引出并分别投射到光电倍增管上，将光信号转换为电信号，由积分电容储存。当曝光终止时，由测量系统逐个测量积分电容上的电压，从电压值可确定含量。

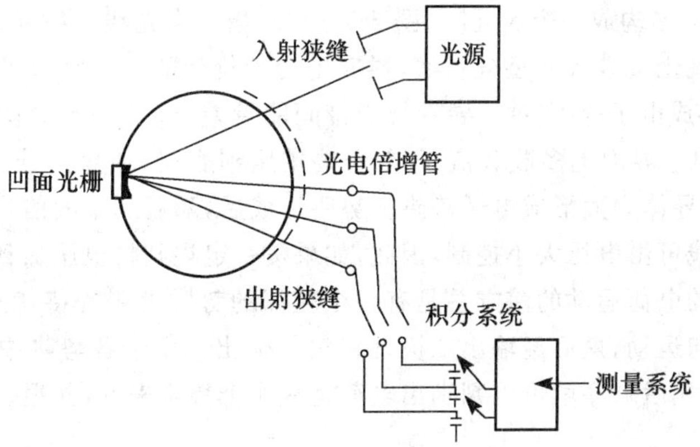

图 5-7 光电直读光谱仪示意图

(2)全谱型固体检测器　全谱型检测器有 PDA 检测器、CID 检测器和 CCD 检测器，而目前最常用的是 CCD 检测器，下面我们介绍 CCD 检测器。

电荷偶合器件 CCD(charge-coupled device)是一种新型固体多道光学检测器件，它是在大规模硅集成电路工艺基础上研制而成的模拟集成电路芯片。由于其输入面空域上逐点紧密排布着对光信号敏感的像元，因此它对光信号的积分与感光板的情形颇相似。但是，它可以借助必要的光学和电路系统，将光谱信息进行光电转换、储存和传输，在其输出端产生波长-强度二维信号，信号经放大和计算机处理后在末端显示器上同步显示出人眼可见的图谱，无需感光板那样的冲洗和测量黑度的过程。目前这类检测器已经在光谱分析的许多领域获得了应用。

在原子发射光谱中采用 CCD 的主要优点是，这类检测器的同时多谱线检测能力和借助计算机系统快速处理光谱信息的能力，可极大地提高发射光谱分析的速度。如采用这一检测器设计的全谱直读等离子体发射光谱仪，可在 1 min 内完成样品中多达 70 种元素的测定；此外，它的动态响应范围和灵敏度均有可能达到甚至超过光电倍增管，加之其性能稳定，体积小，比光电倍增管更结实耐用，因此在发射光谱中有广泛的应用前景。

CCD 的基本结构如图 5-8 所示。它由 3 部分组成：①输入部分，包括一个输入二极管和一个输入栅，其作用是将信号电荷引入到 CCD 的第一个转移栅下的势阱中；②主体部分，即信号电荷转移部分，实际上是一串紧密排布的 MOS 电容器，其作用是储存和转移信号电荷；③输出部分，包括一个输出二极管和一个输出栅，其作用是将 CCD 最后一个转移栅下势阱中的信号电荷引出，并检出电荷所运输的信息。

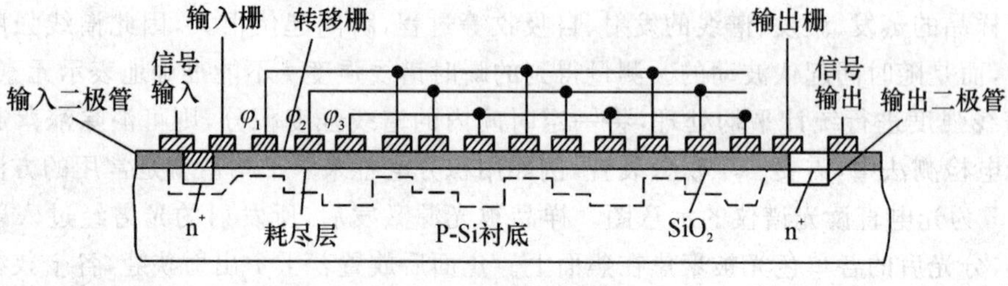

图 5-8　CCD 结构示意图

CCD 的工作过程如图 5-9 所示，CCD 由许多紧密排布的 MOS 电容器组成，因其对光敏感，故每个 MOS 电容器构成一个像元[见图 5-9(a)]。当一束光线投射在任一电容器上时，光子穿过透明电极及氧化层进入 P 型硅衬底，衬底中处于价带的电子吸收光子的能量而跃入导带[见图 5-9(b)]，形成电子-空穴对。导带与价带间能量差 E_g 称为半导体的禁带宽度。在一定外加电压下，Si-SiO_2 界面上多数载流子-空穴被排斥到底层，在界面处感生负电荷，中间则形成耗尽层，而在半导体表面形成电子势阱。势阱形成后，随后到来的信号电子就存贮在势阱中。由于势阱的深浅可由电压大小控制，因此，如果按一定规则将电压加到 CCD 各电极上，使存贮在任一势阱中的电荷运动的前方总是有一个较深的势阱处于等待状态，存贮的电荷就沿势阱从浅到深做定向运动，最后经输出二极管将信号输出。由于各势阱中存贮的电荷依次流出，因此根据输出的先后顺序就可以判别出电荷是从哪个势阱来的，并根据输出电荷量可知该像元的受光强弱。

CCD 的性能通常用像元灵敏度或量子效率、光谱响应范围以及读出信噪比等参数衡量。

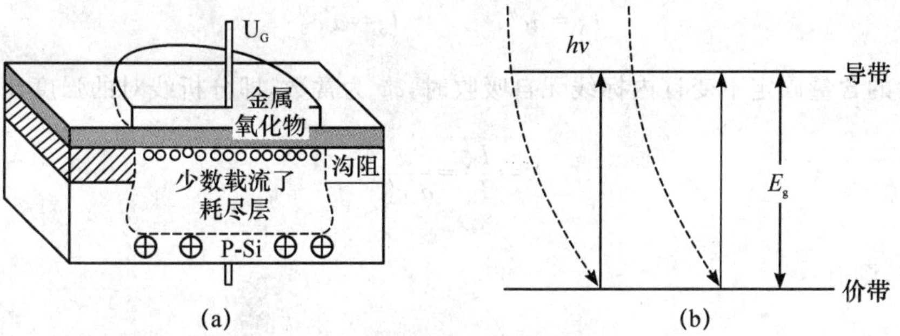

图 5-9 CCD 工作过程示意图

(a)MOS 电容器工作原理　　(b)电子能带跃迁过程

像元灵敏度或量子效率指收集到的电荷数和照射的光子数的比值。在一定光强下，收集到的电荷数越多，灵敏度越高。CCD 的光谱响应范围与衬底材料有关，不同衬底材料具有不同的 E_g 值。当其用于光谱检测时，只有能量大于 E_g 的光子才能产生光谱响应，因此使用时应根据所检测的光谱范围选择合适的 CCD。由于信号电荷在 CCD 内的存贮和转移与外界隔离，因此从原理上讲，CCD 是一个低噪声的器件，适于微弱光信号的检测。

目前光谱检测所用的 CCD 多为面阵型，集成度有 100 像元×108 像元，320 像元×320 像元，512 像元×320 像元，604 像元×588 像元，1 024 像元×1 024 像元等多种，减小像元尺寸并增大器件面积可有效提高光谱分辨率和响应范围。

5.1.3 定性定量分析方法

1. *光谱定性分析*　元素的原子结构不同，它们激发时所产生的光谱也各不相同，这是光谱定性分析的根据。

在进行光谱定性分析时，对于被检定的元素，并不要求也不可能找出它的所有谱线，一般只要找出它的一根或几根不受干扰的谱线即可确定该元素的存在。

2. *定量分析*　光谱定量分析是以光谱中分析谱线的强度为基础，谱线强度 I 与试样中被测元素浓度 c 之间的关系如式(5.3)所示，两边取对数可得到：

$$\lg I = b\lg c + \lg a \tag{5.4}$$

此公式为光谱定量分析的基本关系式。$\lg I$ 与 $\lg c$ 的关系在一定的浓度范围内为一直线；浓度高时，b 不是常数，$\lg I$-$\lg c$ 曲线偏离直线向下弯曲。

由于试样的蒸发，激发条件以及试样组成等的变化，可使参数 a 和 b 发生改变，并直接影响谱线的强度。这种变化往往很难绝对避免，所以在实际光谱分析中，很少直接采用式(5.4)进行分析测量，而是采用相对方法，这种相对方法称为内标法。

用内标法进行定量分析时，在被测元素中选一条谱线作为分析线，在内标元素(加入固定含量的另一种元素)的谱线中选一条谱线作为内标线。分析线与内标线构成分析线对，在测定过器中，蒸发与激发条件的不稳定及其他干扰会引起分析线与内标线的谱线强度的变化，两者的变化大小近似相同；所以，两者的强度比没有改变或改变很小，两者的变化在相除中相互抵消了。

如果分别以 A、S 表示分析线和内标线，则：

$$I_A = ac^b; \qquad I_S = a'c_S^{b'}$$

当内标元素的含量固定不变且内标线无自吸收时，$c_S^{b'}$ 为常数，即分析线对的强度比为：

$$R = \frac{I_A}{I_S} = \frac{a}{a'c_S^{b'}}c^b$$

令 $K = \frac{a}{a'c_S^{b'}}$，则有：

$$R = Kc^b \tag{5.5}$$

在一定浓度范围内，K、b 与浓度 c 无关，取对数则有：

$$\lg R = b\lg c + \lg K \tag{5.6}$$

此即内标法的基本公式。以 $\lg R$ 对 $\lg c$ 所作的曲线，得相应的工作曲线。只要测出谱线相对强度的对数，便可由相应的工作曲线上求出试样中待测元素的含量。

在内标法中，内标元素及分析对的选择，一般应符合下列要求：

(1)内标元素的含量必须固定，且原来样品中不含内标元素。分析线和内标线的自吸收现象要小，分析线与内标线附近的背景应尽量小。

(2)内标元素与分析元素应具有相近的沸点和化学性质，以减少试样蒸发条件变化的影响。

(3)分析线对应具有十分相近的激发电位和电离电位，以减小激发条件变化的影响。

(4)分析对的波长、强度及宽度也应尽量接近。

定量分析方法主要有工作曲线法及标准加入法，可参阅前面章节，不再赘述。

5.2 荧光光谱法(fluorescence spectroscopy)

5.2.1 荧光光谱法的基本原理

1. 分子退激发过程　在第 2 章我们讨论了物质对紫外和可见区电磁辐射的吸收。分子吸收了这一谱区的辐射后，它的电子能级跃迁至激发态，然后以热能形式将这一部分能量释放出来，本身又恢复到基态。如果吸收辐射后处于电子激发态的分子以发射辐射的方式释放能量，其发射的波长可以同分子所吸收的波长相同，也可以不同，这一现象我们称它为光致发光。最常见的两种光致发光现象是荧光和磷光。

处于激发态的分子可以通过几种不同的途径回到基态，如图 5-10 所示，其中以速度最快的途径占优势。因此，如果荧光过程比其他退激发过程的速度更快，就可以观察到荧光现象。相反，如果一个非荧光过程具有更快速度的话，荧光将消失，或强度很弱。基本的退激发过程(或称去活化过程)有以下几种：

(1)振动弛豫　在电子激发过程中，分子将可被激发到任一振动能级。然而在溶液中，分子之间碰撞机会很大，溶质分子将过剩的振动能量传递给溶剂分子过程的速度极快，在 $10^{-13} \sim 10^{-11}$ s 的时间之内通过非辐射的跃迁而到达同一激发电子能态的最低振动能级上。这一过程我们称为振动弛豫。振动弛豫发生在同一电子激发态上，见图 5-10。

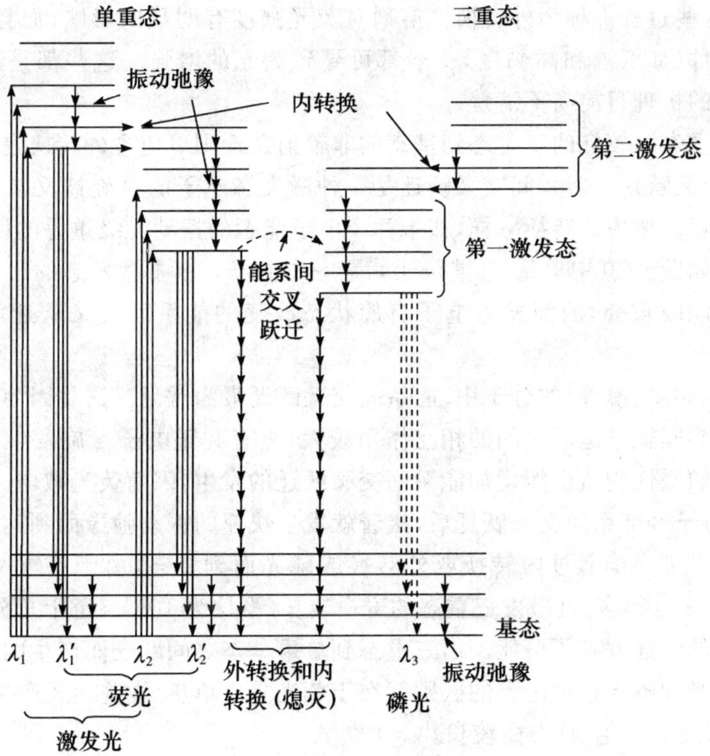

图 5-10　荧光体系的能级图

由于振动弛豫效率很高，溶液的荧光（当它存在时）总是从激发态（或第一激发态）的最低振动能级开始跃迁，因此荧光光谱和吸收光谱并不一致，荧光光谱的峰值要比吸收光谱的峰值波长大一些，即产生红移，这种红移也叫斯托克斯偏移。

（2）荧光发射　当分子处于单重激发态的最低振动能级时，有几种情况可能发生。其中之一是它发射一个光量子后回到基态。这一过程称为荧光发射。

单重激发态的平均寿命在 $10^{-9}\sim10^{-7}$ s，而荧光的寿命也在同一数量级上。如果没有其他过程同荧光相竞争，那么所有激发态分子都将以发射荧光的方式回到基态。

（3）内部转换　可能同荧光相竞争的过程之一是激发态分子通过分子内过程将激发能转变为热能而回到基态。这种退激发过程称为内部转换。人们对这类过程的机理尚没有很确切地了解，但显然，由于只有少数化合物有荧光，所以这些过程往往是非常有效的。

内部转换过程的速度很大程度上决定于过程所包含的能态之间的相对能量差。单重激发态与基态之间的能量差较大，内部转换过程的效率很低，而在两个不同单重激发态或两个不同三重激发态振动能级重叠的地方，两激发态的位能是一样的，这时很容易导致内部转换的发生。通过重叠的振动能级发生内转换的几率通常要比由高激发态发荧光而失去能量的几率大得多。因此，由 λ_1 吸收引起的激发常常在 λ'_1 波长以外的 λ'_2 波长处产生荧光。在这里，激发分子由较高电子态经一系列振动弛豫，一次内转换后再经一系列振动弛豫回到了较低电子激发态的最低振动能态。在这种情况下，不管引起激发的波长是 λ_1 还是 λ_2，荧光的波长则都是 λ'_2。

（4）外转换　激发电子态的退激发过程往往包含激发分子与溶剂或其他溶质间的相互作

用和能量转换，这些过程都称为外转换。溶剂对荧光强度有明显的影响；而且，那些可使粒子间碰撞减少的条件（如低温和高黏度）一般都可导致荧光的增强。这些都是存在外转换的证据。外转换过程的机理目前尚不清楚。

由较低的单重态及较低的三重态到基态的非辐射跃迁则可包含外转换也可包含内转换。

(5)能系间交叉跃迁　能系间交叉跃迁是一种激发态电子的自旋被反转而使分子的多重性发生变化的过程。像内部转换一样，如果两个电子能态的振动能级重叠的话，就会使这一跃迁的几率增大。如图 5-10 中单重-三重跃迁就是一个例子。单重激发态的最低振动能级同三重态的较高振动能级重叠，因而发生电子自旋状态改变的能系间交叉跃迁就有了较大的可能性。

含有重原子（如碘、溴等）的分子中，能系间交叉跃迁最为常见。这是因为在高原子序数的原子中电子的自旋同轨道运动之间的相互作用较大，更有利于电子自旋发生改变。在溶液中存在如氧分子等顺磁性物质也能增加能系间交叉跃迁的发生，因而荧光减弱。

(6)磷光　分子经能系间交叉跃迁后，接着就发生快速的振动弛豫而到达三重态的最低振动能级上。这时可进一步通过内转换或外转换或磷光而到基态，由于三重-单重跃迁要比单重-单重跃迁的几率低得多，且激发三重态的寿命较长（平均为 10^{-3} s 至十几分钟，甚至更长），因而发射光量子的跃迁就有了可能。由三重态到单重基态之间跃迁而产生的发光现象称为磷光。由此可见荧光和磷光在理论上的区别就在于荧光是由单重-单重跃迁产生的，而磷光则由三重-单重之间跃迁而产生，且寿命较长。

从三重-单重之间跃迁也有非辐射跃迁如内转换和外转换的竞争，所以磷光很弱，因此一般试样要在液氮冷冻下才能观察到磷光现象，近来室温磷光也有很多报道。

2. *影响荧光的因素*　分子结构和化学环境对于确定某物质是否会发射荧光以及其发射的强度都有影响，在荧光发射中我们常用荧光量子产额（或荧光量子效率）来表示发射荧光的效率，荧光量子产额 ϕ_f 定义为：

$$\phi_f = \frac{\text{发射荧光光子数}}{\text{吸收的光子数}} \tag{5.7}$$

对于高荧光分子，比如荧光素，其量子产额在某些情况下将接近于 1，而无明显荧光的物质则其量子产额将接近于零。

从对图 5-10 的考察和我们对退激发过程的讨论，显然可以看出，一个化合物的荧光量子产额必定由那些使激发单重状态退激的过程——荧光、能系间交叉跃迁、外转换、内转换等的相对速率所决定。我们可用下列方程表示：

$$\phi_f = \frac{K_f}{K_f + K_i + K_{e0} + K_{i0}} \tag{5.8}$$

式中的各个 K 值是上面所列举的各过程的速率常数。

式(5.8)可对影响荧光强度的许多结构环境因子作定性的解释。很显然，那些可能使 K_f 值升高而使其他 K 值降低的变量都可使荧光增强。一般来说，K_f 主要取决于分子结构，受分子所处环境的影响很微小，K_i 也取决于分子结构，但在一定程度受分子所处环境的影响；K_{e0} 和 K_{i0} 主要取决于分子所处环境，与分子结构的关系不大。下面将简要讨论一下其中某些因素对荧光强度的影响。

(1)荧光与分子结构关系　分子能产生荧光，首先要求分子结构能吸收紫外或可见辐射。通常，分子吸收辐射的能力愈强，则产生的荧光也愈强。能强烈发射荧光的分子是一些具有共轭双键，尤其是具有刚性、平面和多环结构的分子。分子的共轭平面越大，π电子共轭度越大，分子的荧光效率也将越高。

取代基对发射荧光有显著影响，这些影响常常同它们对吸收光谱的影响有关，通常有以下一些规律：①给电子基团常常使荧光增强。因为它们使最低激发单重态与基态之间的跃迁几率增大。作用特别显著的基因是—NH_2 和—OH。②同π电子体系相互作用小的取代基如—SO_3H 和烷基等，对荧光只有很小影响。③将一个高原子序数的原子引入到π电子体系中去，常常会使荧光减弱。如碘苯的荧光相对强度为零。④吸电子基因如—COOH、—NO_2、—N═N—及卤素会减弱甚至熄灭荧光。

表 5-2 表明取代基对苯的荧光影响。苯环上的取代能使最大吸收波长发生位移，并使荧光强度也发生相应的改变。此外，取代也往往会影响荧光效率。

表 5-2　取代基对苯的荧光的影响

化合物	分子式	荧光波长/nm	荧光的相对强度
苯	C_6H_6	270～310	10
甲苯	$C_6H_5CH_3$	270～320	17
丙基苯	$C_6H_5C_3H_7$	270～320	17
氟代苯	C_6H_5F	270～320	10
氯代苯	C_6H_5Cl	275～345	7
溴代苯	C_6H_5Br	290～380	5
碘代苯	C_6H_5I	—	0
苯酚	C_6H_5OH	285～365	18
酚离子	$C_6H_5O^-$	310～400	10
苯甲醚	$C_6H_5OCH_3$	285～345	20
苯胺	$C_6H_5NH_2$	310～405	20
苯胺离子	$C_6H_5NH_3^+$	—	0
苯甲酸	C_6H_5COOH	310～390	3
苯基氰	C_6H_5CN	280～360	20
硝基苯	$C_6H_5NO_2$	—	0

具有刚性平面结构的分子有利于荧光。这可以比较荧光素(图 5-11)和酚酞(图 5-12)的结构来说明。

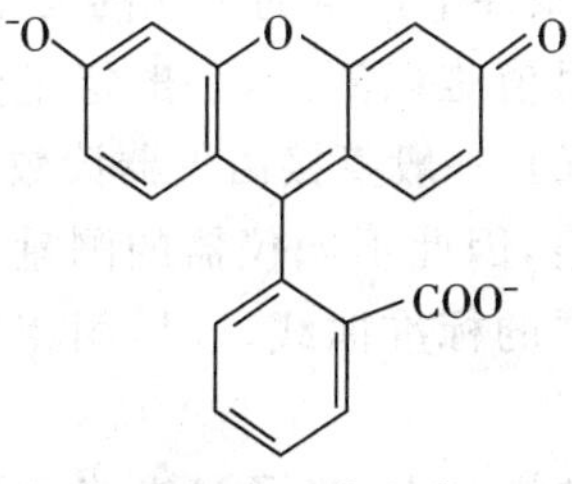

图 5-11　荧光素

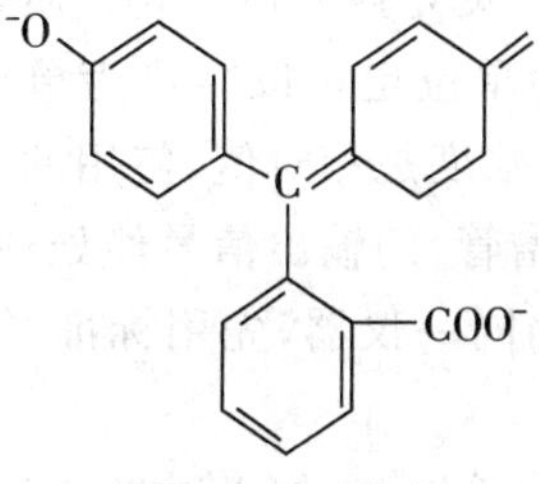

图 5-12　酚酞

尽管这两种化合物的结构十分相似，荧光素在溶液中有很强的荧光，但是酚酞没有，主要由于荧光素的分子具有刚性结构。增加分子的刚性可以减少分子的振动，这就减少了能系间交叉跃迁到三重态和碰撞退激的可能性。

又如芴(图 5-13)和联苯(图 5-14)在同样条件下的荧光量子产额分别为 1.0 和 0.2。芴上的亚甲基增强了分子刚性,结果使它们在荧光性质上发生显著差别。

分子缺乏刚性可使内转换的速度增大。结果增加了非辐射退发过程的可能性。非刚性分子的一部分相对于分子的其他部分可作低频率的振动,这种振动无疑将造成某些能量损失。

(2)温度和溶剂效应　在多数分子的量子产额随温度增加而减少,因为在升高温度时所增加的碰撞频率使经外转换而退激的几率增加了。溶剂黏度的减少也可因同样的原因而使外转换增加并导致同样的结果。

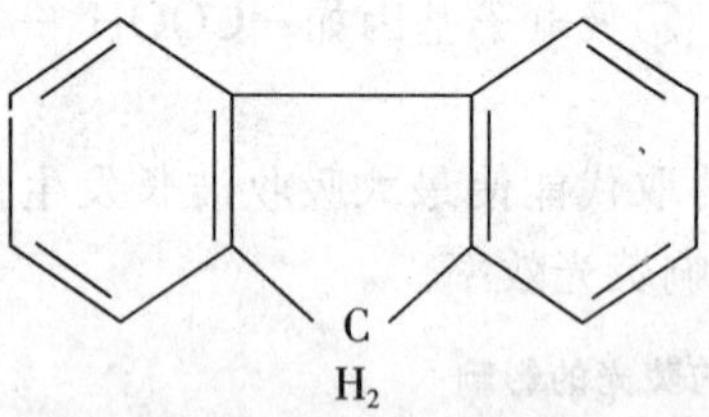

图 5-13　芴

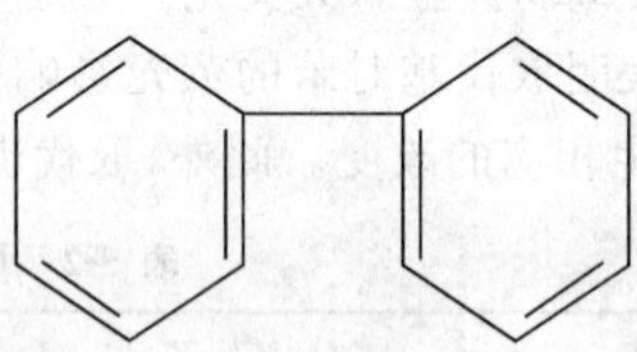

图 5-14　联二苯

化合物的荧光可被含有重原子的溶剂所减弱;四溴化碳和碘乙烷就是例子。这些效应与将这些成为引入荧光化合物时所产生的效应是类似的,因为轨道的自旋相互作用使三重态形成速率增加(即使能系间交叉跃迁几率增加)而使相应的荧光减弱。

(3)pH 对荧光的影响　带有酸性或碱性环状取代基的芳香化合物的荧光一般都与 pH 有关。对于化合物的电离和非电离形式荧光波长和发射强度却有差别。表 5-2 中苯酚和苯酚离子、苯胺和苯胺离子的数据说明了这种效应。

显然可知,以荧光为基础的分析操作对 pH 应加以严格控制。

(4)溶解氧的影响　溶解氧的存在往往可使荧光溶液的发射强度降低。这种影响可能是由于荧光物质的光化学诱导氧化所至。然而更常见的是发生荧光熄灭现象,这是由于氧分子的顺磁性,这种顺磁性所促进激发分子发生能系间交叉跃迁而变成三重态。其他顺磁性物质也可使荧光熄灭。

3. 荧光光谱法的基本参数　荧光产生的过程比较复杂,描述荧光的参数也比较多,这些参数可以带来分子结构各个方面的信息。荧光的主要参数有荧光激发光谱,荧光发射光谱以及荧光强度。前者常用于定性分析,后者用于定量分析。此外还有荧光的量子产额、荧光寿命、荧光偏振等参数。这些参数测定比较困难,本书只介绍前面三个参数。

(1)荧光强度　荧光强度指荧光物质在一定激发条件下产生的荧光的大小,荧光强度理论上可以光量子数为单位也可以能量为单位,但其绝对值难以测定,一般定量分析中也不需测定。通常所指荧光强度是相对值,使用的单位是任意的,一般直接由仪器读数即仪器线性检测器(通常是光电倍增管)的输出信号经处理后的显示值,因此不同仪器的测量值不能比较。定量分析时只能使用同一仪器,先用标准样品作出仪器的标准曲线,以后用相同条件测定未知样品。

设光强为 I_0 波长为 λ_{EX} 的入射光照到浓度为 c 的样品上,光通过吸光系数为 k,光程为 b 的样品后,根据比尔定律可知,透过的光强 I 为:

$$I = I_0 10^{-kbc}$$

被样品吸收了光强 I_a 为：

$$I_a = I_0 - I = I_0(1-10^{-kbc}) \tag{5.9}$$

从式(5.9)可得荧光强度 I_f 为：

$$I_f = \phi_f \cdot I_a = \phi_f I_0(1-10^{-kbc}) \tag{5.10}$$

上式的指数项可展成级数：

$$I_f = \phi_f \cdot \left[2.3kbc - \frac{(-2.3kbc)^2}{2!} - \frac{(-2.3kbc)^3}{3!} - \cdots\right]$$

对于很稀的溶液，入射到样品溶液上被吸收的激发光不到2%时，也就是 $kbc=A<0.05$ 时，上式括号中后面几项同第一项相比可忽略不计，则上式简化为：

$$I_f = 2.3\phi_f \cdot kbc \cdot I_0 \tag{5.11}$$

当激发光的强度 I_0 一定，并且浓度 c 很小时：

$$I_f = Kc \tag{5.12}$$

K 为常数，即在一定条件下荧光强度同荧光物质的浓度成正比。符合这一直线关系的荧光物质的最大浓度将是：c 最大约为 0.05/kb。当浓度较浓，使吸光度超过 0.05 时，荧光强度与浓度的线性关系将发生偏离。图 5-15 是萘的荧光强度同浓度以及温度的关系曲线，也是一般荧光物质荧光强度同浓度之间关系的典型校正曲线。

在高浓度时使这一线性关系发生负偏离的另外两个因素是自熄灭和自吸收。自熄灭是由于荧光分子之间以及荧光分子同溶剂分子之间的碰撞，引起了非辐射的能量转换所造成的。自熄灭现象随着浓度的增大而增大。自吸收发生在荧光发射波长与其吸收峰重叠的情况下，当荧光通过溶液时便被吸收一部分。

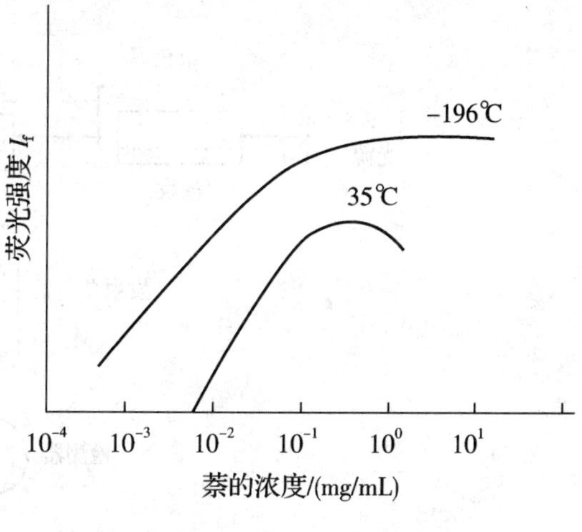

图 5-15 萘的荧光强度同浓度及温度关系曲线

(2)荧光激发光谱和荧光发射光谱 用强度相同，波长 λ_{EX} 不同的激发光照射某一物质时，在某一固定发射波长 λ_{EM} 处的荧光强度 I_f 是不相同，I_f 随 λ_{EX} 变化的光谱即荧光激发光谱。激发光谱表明不同波长 λ_{EX} 的激发光所产生的荧光的相对效率。激发光谱测定的方法是：固定发射光的波长（一般用发射荧光的峰值位置）检测荧光强度 I_f，然后用激发光单色器，对激发光的波长 λ_{EX} 扫描，即可得 $I_f-\lambda_{EX}$ 的激发光谱。为了得到真实的激发光谱必须对仪器进行校正。

用一定强度的某一适当波长的激发光照荧光物质，所发射的荧光在发射波长 λ_{EM} 不同时其强度 I_f 也不同，I_f 随 λ_{EM} 变化的光谱称作荧光发射光谱，也称为荧光光谱。测定荧光发射光谱时，只要使激发光单色器的波长及狭缝等固定在某适当的条件，然后让发射光单色器对发射荧光的波长进行扫描，可得到荧光发射光谱图。为了到真实的荧光发射光谱，也必须对仪器进行校正。

5.2.2 荧光测量仪器

荧光测量仪器主要分为荧光计与荧光分光光度计，荧光计是指激发光和发射光的波长为固定(可通过调换滤光片改变波长，但不能进行波长扫描)的一些荧光测量仪器。荧光分光光度计有两类，第一类采用适当滤光片限制激发光波长而用光栅或棱镜单色器分离荧光发射光谱，即只能对发射光谱进行扫描，而不能对激发光谱进行扫描。第二类是真正的荧光分光光计，它带有两个单色器，既可对发射光谱进行扫描也可对激发光谱进行扫描。

1. 结构　荧光计和荧光分光光度计仅在细节与光度计和分光光度计有所不同，在此我们只需对这些差别加以讨论。

图 5-16 实线为荧光分光光度计框图，虚线为一般分光光度计框图，画在一起便于比较。

(1)光源　在大多数情况下，需要有一个比在吸收光谱测量中所用的钨灯或氢灯更强的光源。激发光波长固定的荧光计可用非连续光源，如汞弧灯在 254 nm、365 nm、398 nm、436 nm、546 nm、579 nm、690 nm、734 nm 产生强烈的线光谱，配合适当的滤光片可选取其中某一谱线作为激发光。对于荧光分光光度计则可采用紫外可见波段连续的光源。通用性较好的荧光分光光计大多采用氙灯；这种灯在紫外可见区可提供很强的光。氙灯属于气体放电光源，与一般气体放电光源一样，稳定性较差，所以对电压的稳定性要求较高。

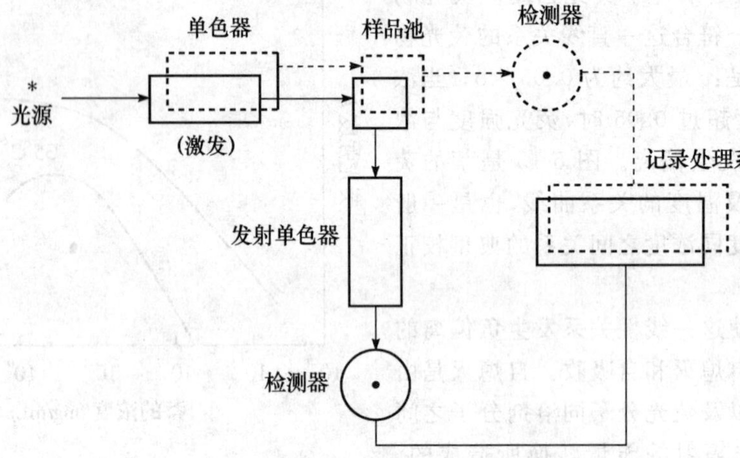

图 5-16　荧光分光光度计框图

(2)单色器　一般光度计和分光光度计是以透光率的测量为基础，因此只要一个单色器及检测器对着入射光的方向；而荧光计和荧光分光光度计是检测荧光信号，需避开激发光的直接照射，因此检测器与入射的激发光应有一定的角度，通常为直角。由于激发光与发射荧光的波长是不一样的，所以它有两个单色器。

在荧光计中一般使用干涉滤光片和吸收滤光片作为单色元件。

在荧光分光光度计中，为了能分别测定激发光谱和发射光谱，需两个可独立进行波长扫描的单色器，一般用两个光栅单色器。

(3)样品池　与一般分光光度计不同，检测器是在与激发光成直角或锐角方向进行测量，所以样品池必须四面透明，清洗与握执样品池时应注意任何一面均不能污染，一般应执样品池的上端。此外，某些石英本身可能发出少量荧光，必须避免使用这种石英样品池。

(4)检测器　通常荧光的发射都比较弱，为了提高检测灵敏度，要求检测器的灵敏度比较高，通常都是光电倍增管。

2. 仪器的设计

(1)荧光计　荧光计和光度计一样，有单光束的也有双光束的，双光束仪器有许多优点，大多数市售仪器都采用这种设计。

图 5-17 是简单的双光束荧光计示意图。由汞灯发射的光束经滤光片除去可见光，而让紫外辐射通过，然后光束的一部分通过一减光板，使所有波长的强度都减弱 99%；为了使参比光束的辐射强度与弱的荧光光束处于同一个数量级，使参比光束进行这样一个衰减是必要的，衰减了的光束然后被反射到参比光电池表面上，光电池安装在一个可旋转的平台上。调节光电池的角度，被光电池表面所吸收的光束的大小以及电流输出就可被调到一个适宜的水平上。

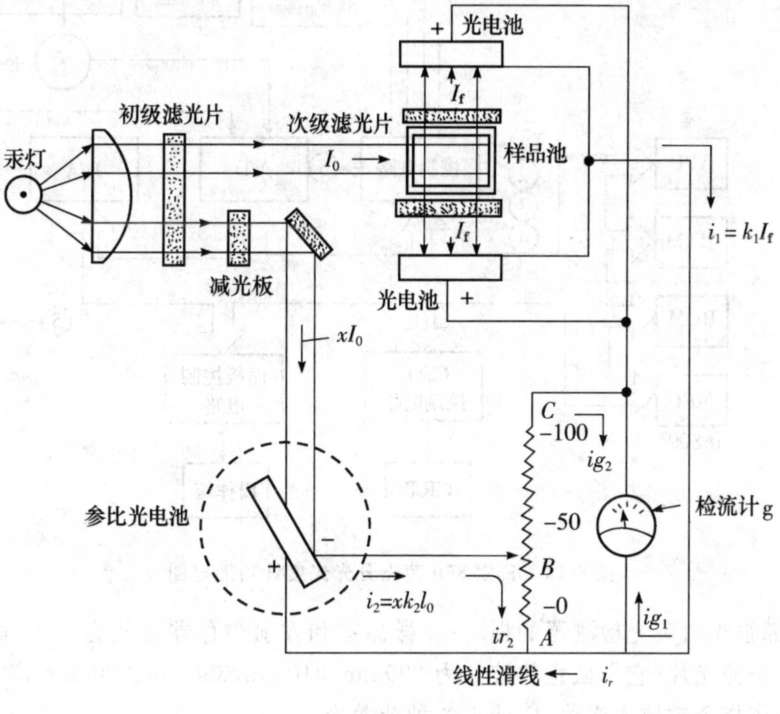

图 5-17　双光束荧光计(lumetron 402-EF 型荧光计)

未经偏转的光束射到样品池上，在样品池两侧与激发光束垂直方向上装有一对测量光电池；荧光辐射则通过一些滤光片以除去被散射的紫外辐射并让可见光通过，使用两个并联的光电池，是为了提高仪器对弱荧光辐射的灵敏度。

用一个带有灵敏检流计或指零检测器的电桥电路比较这一对光电池的输出和参比光电池的输出，就可测得荧光强度，从而进一步可求得样品浓度。

(2)荧光分光光度计　图 5-18 为日立 850 荧光分光光度计的功能框图。

在仪器刚开机的初始化阶段，反光镜插入光路，用于自动校正的汞灯谱线进入激发单色器，部分谱线经纤维束(图上未画出来)进入发射单色器，根据汞灯的线光谱对波长准确度和带宽进行校正。从氙灯光源发出的光经激发光单色器后被分束板分成两束，一束进入监测检测器；另一束射到样品池经发射单色器后进入荧光检测器，对两个检测器测得的值进行适当处理后可得荧光强度。此外，在样品室和激发单色器之间有一个挡光板，在打开样品室时插入光

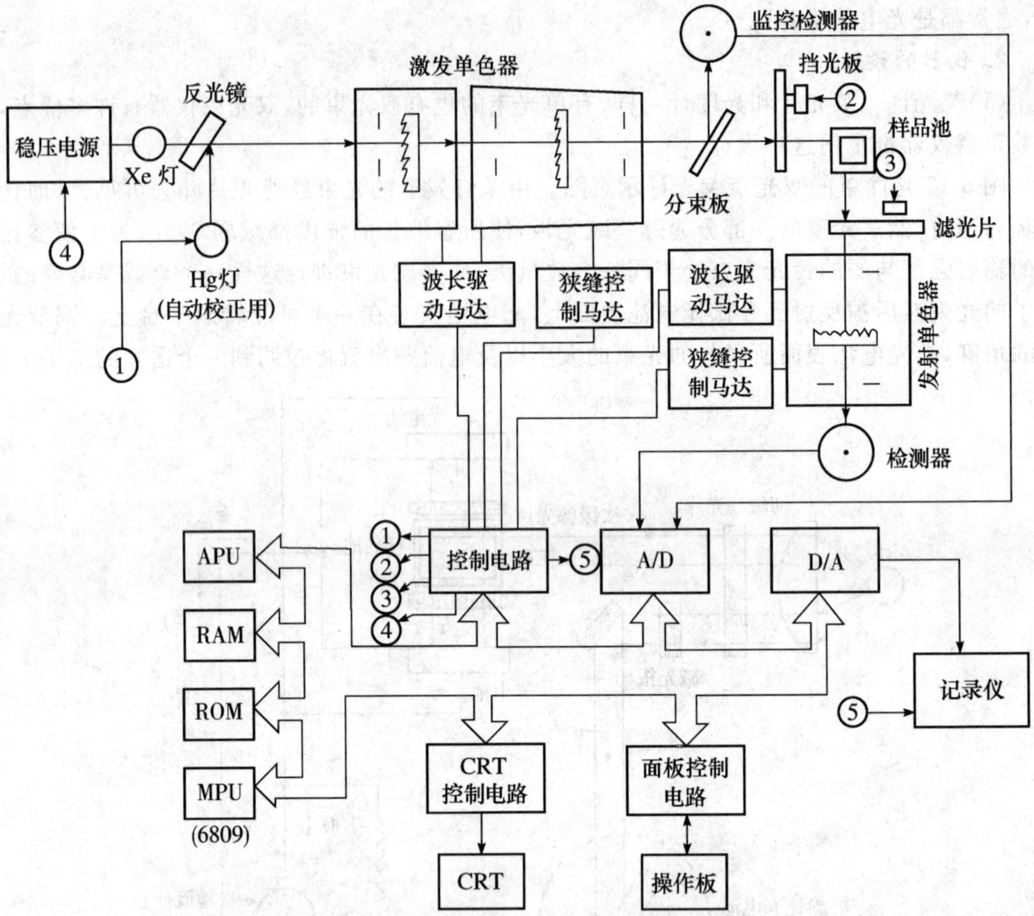

图 5-18　日立 850 荧光分光光度计功能框图

路，以避免外部强光对荧光检测器的损害；在样品室和发射单色器之间有一个滤光片转台，共安装了五片截止滤光片(它们截止的波长为 290 nm、310 nm、350 nm、390 nm、430 nm)，这些滤光片可根据操作指令被放入光路，以滤去各种杂散光。

所有的驱动部分如波长驱动马达、狭缝控制马达、滤光片转台马达、反光镜插入和挡光板转动驱动器等的控制都是由连接到总线的控制电路根据操作指令而自动进行的。

另外，从监测检测器和荧光检测器输出的信号经过 A/D 转换传送到总线。APU、RAM、ROM 和 MPU(6809)作为仪器的电脑连接到总线。由电脑处理的数据通过一个D/A转换器送到记录仪。记录控制信号被单独提供，而且 CRT 控制电路也被连接到总线，它可以提供 CRT 必要的信号，操作面板也通过面板控制电路被连接到总线上。

在日立 850 荧光分光光度计上可以进行很多数据处理功能，如对光谱校正以得到真实光谱，通过对多次测得的噪声值平均，从而提高信噪比，可以重复在同一段记录纸上扫描，此外还可作差光谱、导数光谱、偏振光谱、积分光谱、直接定量分析等。

5.2.3　荧光分析方法

荧光定量方法是一种很有用的方法，可用于定量测定无机物和有机物，尤其在生物化学和药物方面有广泛的应用，荧光的最大优点是灵敏度高，它测定的下限通常比分光光度法低 2～

4 个数量级，在 0.001～0.1 mg/L 之间，荧光法的选择性也比分光光度法好。

荧光分光光度法作为定量分析主要可分为两类，即荧光直接测定法与荧光间接测定法。前者是根据样品在一定条件下本身发射的荧光强度来确定样品的含量。后者是指某些样品本身不发荧光或荧光很弱，这时可利用某些能产生较强荧光的物质作为探测剂，使样品与探测剂进行反应，形成能发出较强荧光的化合（络合）物，再对其作荧光测定。这种方法也称为“荧光探针”法或“荧光探剂”法。作为荧光探测剂常常是一些荧光染料。

此外还有一种定量分析方法称为荧光熄灭法，它是利用某一物质对荧光物质有熄灭作用来测定该物质。一般来说，荧光熄灭法比直接荧光测定法更为灵敏，且具有更高的选择性。

荧光定量分析的常用方法是标准曲线法。

习 题

1. 发射光谱法有哪些分类方法？每种方法的内容是什么？
2. 发射光谱仪与吸收分光光度计有哪些相同与不同之处？
3. 内标法为什么可以消除一定的误差和干扰？
4. 影响发射光谱谱线强度的主要因素有哪些？
5. 发射光谱的定量分析方法有哪些？如何进行？
6. 分子的退激发有哪些途径？各途径退激发的快慢如何？
7. 荧光激发光谱与发射光谱如何测量？为什么说直接测量得到的光谱是表观光谱？
8. 影响荧光强度的因素主要有哪些？
9. 荧光分光光度计与第 3 章所讲的分光光度计有何不同？

6 红外吸收光谱分析

6.1 概述

红外吸收光谱分析所(infrared,IR)依据的信息主要是分子内部原子间的相对振动(简称分子振动),以及分子转动的特征信息;负载这些分析信息的信号是红外光,其波长区间为0.8～1 000 μm(波数为12 500～10 cm^{-1},光子能量范围为 1.55×10^{-3}～1.24×10^{-3} eV)。这个谱区比紫外、可见谱区宽得多,因此作为分析信号用于分析,可以容纳的信息量也比紫外、可见区丰富得多。

分子振动、转动的特征决定于分子的原子组成、空间分布及化学键的特性等分子特征。多原子分振动类型多,而且振动的频率特征受分子内外微环境的影响大,因此红外谱区包含了极为丰富的分子结构与组成的信息。此外,振动光谱的谱带较窄、特征性强,使红外吸收光谱尤其适合作有机物的结构分析,是现代结构分析四大谱之一。

红外光谱分析所需样品少,分析速度快,不破坏样品,但一般有机物对红外区的吸收比UV区弱得多,吸收峰比较尖锐,对仪器的波长准确度与单色性要求高。

根据仪器技术与应用上的差别,习惯上可把红外光谱区分为三区:近红外谱区:0.8～2.5 μm(12 500～4 000 cm^{-1}),中红外谱区:2.5～25 μm(4 000～400 cm^{-1})与远红外区:25～1 000 μm(400～10 cm^{-1})。中红外区是物质结构分析用得最多的谱区,这是因为绝大多数有机和无机物的振动能态跃迁的基频吸收都在此谱区内。本书着重讨论中红外谱区的吸收光谱法。

远红外谱区光子的能量较低,物质对远红外区吸收主要是能级间距小的一些振动和气体分子纯转动能态的跃迁。能级间距小的一些振动主要包括两种:折合质量大的与键的力常数小的一些键振动。折合质量大的键振动主要是某些重原子之间的伸缩振动、弯曲振动,如无机物与配位化合物等。力常数小的一些键振动主要是分子间的相互作用如氢键振动、晶格振动,此外还有分子内部的一些低频振动。选择这一谱区的光源与检测器比中红外区困难,目前远红外谱区光谱学的研究尚不如中红外区深入,应用也不如中红外区广泛。

分子对近红外区的吸收主要由某些能量较低的电子跃迁所产生的,也包含某些含氢原子的基团(如 C—H,N—H,O—H)振动能态跃迁的倍频与合频吸收(见后)。利用这一谱区的光谱,结合计算机的数据处理,可以用来直接分析测定谷物等样品中蛋白质、脂肪、水分、淀粉以至氨基酸的含量,这种技术近十几年来有很大的发展。

6.2 红外光谱分析原理

6.2.1 双原子分子的振动与振动光谱

第 2 章已经讨论了用经典电磁理论来解释分子产生红外光谱的过程,以双原子分子为例,分子中两个原子由键力连在一起,可用一个弹簧振子来模拟。按虎克定律可解得两个原子间振动的固有机械频率 ν_m(cm、g、s 制)为：

$$\nu_m=(1/2\pi)\sqrt{K/\mu}\quad(\text{Hz})$$

式中：K 为分子内两原子之间的键力，双原子分子的折合质量 $\mu=(m_1^{-1}+m_2^{-1})^{-1}$，式中 m_1、m_2 分别为双原子分子中两原子的质量。

若双原子分子振动时，电偶极发生变化，则可把分子作为电振子，其电场振动固有频率为：

$$\nu=\nu_m=(1/2\pi)\sqrt{K/\mu}\tag{6.1}$$

若 K 取单位为 10^{-7} N/nm(N 为力的单位牛顿)，μ 取原子量单位，则式(6.1)可改写为：

$$\nu=1\,037\sqrt{K/\mu}\quad(\text{cm}^{-1})\tag{6.2}$$

吸收的光子能量 $E=h\nu$，以普朗克常数 $h=4.14\cdot10^{-15}$ eV·s 代入得：

$$E=0.16\sqrt{K/\mu}\quad(\text{eV})\tag{6.2'}$$

按照经典电磁理论可知，这样的分子可因共振而吸收频率相同的电磁波，也可发射相同频率的电磁波。因为一般有机分子 K 值的范围为 4～18(10^{-7} N/nm)，μ 的数量级为 10^0 原子量单位，按式(6.2)算得分子振动吸收的电磁波在中红外谱区。

按量子理论的解释，双原子分子振动的能级公式是：

$$E_V=(V+1/2)h\nu$$

以式(6.2′)代入得：

$$E_V=0.16(V+1/2)\sqrt{K/\mu}\quad(\text{eV})\tag{6.3}$$

式中：V 为双原子分子的振动量子数；ν 即式(6.1)、式(6.2)中的分子振动频率。由公式(6.3)可见，分子振动能级的结构是包含有相同能量间隔为 $h\nu$ 的一系列值；因为分子振动能态跃迁的选择定则是 $\Delta V=\pm1$，即只能在两个相邻的能级之间发生跃迁(参见图2-5)、吸收或发射能量为 $h\nu=0.16\sqrt{K/\mu}$(eV)的光子。这个结论与经典电磁理论所得的结果一致。

6.2.2 多原子分子的振动和振动光谱

多原子分子由多个原子通过化学键结合在一起，其振动情况比双原子分子复杂得多。首先多原子分子振动类型比双原子分子多：双原子分子只有伸缩振动(振动的方向与键的方向一致)，而三原子以上的多原子分子，不但有伸缩振动，而且有弯曲振动(振动的方向与键的方向相垂直)。例如三个原子组成的亚甲基(═CH_2)就可能有六种振动方式。(见图6-1，图中分别用 τ_s、τ_{as}、ρ、δ、ω、τ 表示，→、←表示振动方向，＋、－分别表示相对纸面向内与向外振动)

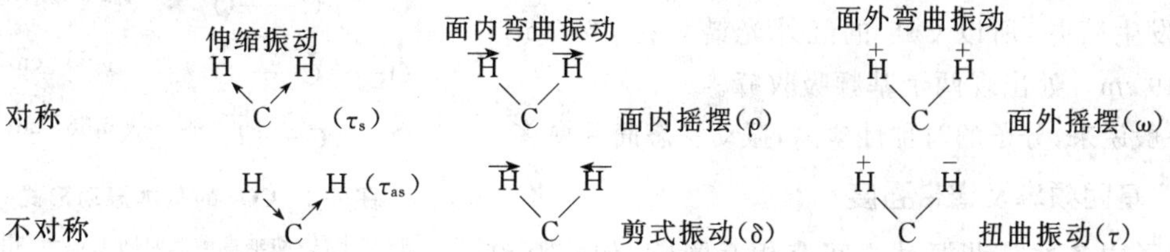

图 6-1　亚甲基的六种基本振动

其次，多原子分子内部的原子之间有相互影响，这种分子微环境的影响，可能使键强度 K 值发生变化，从而特征吸收的频率发生变化，使红外光谱更加复杂，但增强了红外光谱作为结构分析的能力。

此外，多原子分子中的任一原子一般同时进行两种以上的振动，如同时进行伸缩振动和弯曲振动。因此多原子分子有可能发生合频吸收和差频吸收；前者指分子吸收一个光子，同时使分子中某原子的两种振动类型分别向其高能态跃迁，吸收光子的能量值等于对应的两种能级间距之和；后者指分子吸收一个光子使两种振动类型中有一个向高能态跃迁；另一个向低能态跃迁，对应的两种能级间距的差值等于吸收光子的能量值。

多原子分子跃迁的选择定则容许能量间隔较远的某两个能级之间发生跃迁，吸收或发射能量为 $h\nu$ 的两倍或几倍的光子，即分子吸收光的频率等于基本振动特征频率 ν 的两倍或几倍，这种吸收称为倍频吸收。有机分子的合频吸收和倍频吸收强度低，谱带宽，主要在近红外谱区；差频吸收主要在远红外谱区；结构分析中有实际意义的是强度较高、有特征性的基频谱带。基频谱带是指红外光谱中由振动基态（振动量子数 $\nu=0$）跃迁到第一振动激发态（$\Delta\nu=1$）所产生的吸收光谱带。有机分子的基频谱带主要分布在中红外谱区。

6.2.3 简正振动

多原子分子中原子之间的振动状态相当复杂，但任一复杂振动状态都可以分解为若干种基本振动。多原子分子的基本振动称为简正（normal）振动，分子的实际振动是各种简正振动的叠加，也称为简正振动的线性组合。因为空间任一粒子（原子）的位移或速度均可由一个三维坐标的三个方向上适当的位移或者速度组合而成，也就是说在空间每个粒子有三个自由度，因此 N 个原子组成的分子有 $3N$ 个自由度，相当于 $3N$ 种基本振动。其中有三个自由度是分子作为一个整体的平移运动，还有三个是转动的自由度（对非线性分子）；这六种运动不受化学键的约束，与物质的红外吸收没有关系。由此可知，非线性分子在化学键力作用下的振动有 $(3N-6)$ 个自由度，与红外光谱吸收有关的简正振动有 $(3N-6)$ 种。对于线性分子因为围绕分子轴的转动没有意义，因此在化学键力作用下的振动有 $(3N-5)$ 个自由度，与红外光谱吸收有关的简正振动有 $(3N-5)$ 种。

有机分子有多种简正振动方式，每种简正振动对应一种基频谱带，因此其红外光谱中基频谱带数应等于简正振动数，即应有 $(3N-6)$ 个或 $(3N-5)$ 个基频吸收谱带。但简正振动中某些振动不伴随电偶极变化，没有相应的红外谱带；此外分子的对称性又会使某些简正振动具有相同频率，所以在复杂分子的红外光谱中，基频的谱带数目总小于简正振动数，例如，线型对称的 CO_2 分子，其基本振动有 $3N-5=3\times3-5=4$ 个。这四个振动如图 6-2 所示。

图 6-2 中，ν_1 不伴随电偶极变化，无红外光谱吸收（这个吸收出现在拉曼光谱中），ν_3 和 ν_4 振动频率相同，发生简并，所以 CO_2 的红外光谱只在 667 cm^{-1} 和 2 349 cm^{-1} 处出现两个基频吸收峰。

一般说来，分子的对称性愈高，振动状态简并愈多。

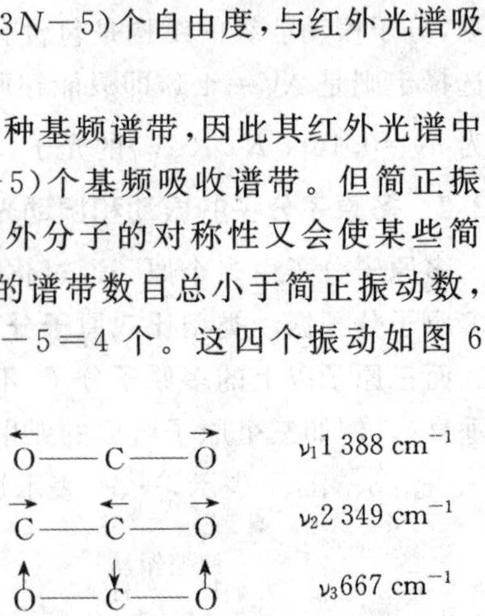

图 6-2　CO_2 的基本振动形式

图中"+"振动垂直于纸面向上，"−"相反

6.2.4 基团频率及谱带强度

分子中各种简谐振动之间有相互影响，但实际红

外光谱分析可发现化合物中的某些基团的吸收频率比较稳定，受分子中其他部分振动的影响较小，该特定基团的这种吸收频率就称为基团频率。这说明在分子的许多简正振动中，这些基团的振动方式与分子其他振动方式关系不大，可视为与分子其他部分的振动关系较小的孤立振动。基团频率主要有下列几类：折合质量较小的基团，主要是含氢原子的基团，如 OH、NH、CH 的伸缩振动；这些基团的振幅大，振动频率受其他基团影响较小，属于基团频率。此外，C≡C，C＝C，C＝O 等三键与双键的力常数很大，也可视为孤立振动。上述两类基团频率都处于中红外区的高频部分，分析中最常见的基团频率主要在1 500～4 000 cm^{-1}区内。在红外光谱中称该区为特征区。

主要基团频率的频率范围可以作出估算。因为各种键的伸缩振动 K 值有一定的范围：以 10^{-7} N/nm 为单位，则单键 $K\approx3\sim8$；双键 $K\approx8\sim12$；三键：$K\approx12\sim18$。按 K 值范围、再结合键的特征，就可估算出一些基团的振动频率。例如，O、N、C 与 S、P、Si 的电负性依次下降，它们与 H 原子所成基团的键强度也依次下降，这些基团伸缩振动 K 值可取 7.5、6.5、5.5 与 4、3.5、3。按这些 K 值与 μ 值可算得这些基团的理论特征吸收频率，见表 6-1，表中还列出了这些基团，在实际分子中的特征吸收区及在本教材中所列的有关图谱。

表 6-1　几种基团伸缩振动频率的理论计算值与实际值

基团伸缩振动频率计算值	实际分子中的吸收带/cm^{-1}	特征吸收区与光谱参考图
$\sigma_{O-H}=1\,307\sqrt{7.5/1}=3\,539\ cm^{-1}$	3 650～3 550	图 6-3 中⑥、图 6-9
$\sigma_{N-H}=1\,307\sqrt{6.5/1}=3\,332\ cm^{-1}$	3 500～3 300	图 6-3 中⑤、图 6-8
$\sigma_{C-H}=1\,307\sqrt{5.5/1}=3\,065\ cm^{-1}$	3 330～2 700	图 6-3 中①、图 6-4 至图 6-11
$\sigma_{S-H}=1\,307\sqrt{4/1}=2\,600\ cm^{-1}$	2 600～2 550	图 6-3 中⑬
$\sigma_{P-H}=1\,307\sqrt{3.5/1}=2\,445\ cm^{-1}$	2 450～2 270	图 6-3 中⑭
$\sigma_{Si-H}=1\,307\sqrt{3/1}=2\,264\ cm^{-1}$	2 250～2 100	图 6-3 中⑮
$\sigma_{C\equiv C}=1\,307\sqrt{16/6}=2\,134\ cm^{-1}$	2 260～2 100	图 6-3 中③
$\sigma_{C=O}=1\,307\sqrt{12/6.85}=1\,729\ cm^{-1}$	1 715 左右	图 6-3 中⑦～⑩、图 6-10
$\sigma_{C=C}=1\,307\sqrt{10/6}=1\,687\ cm^{-1}$	1 667～1 640	图 6-3 中②、图 6-5
$\sigma_{C-O}=1\,307\sqrt{5/6.85}=1\,116\ cm^{-1}$	1 260～1 000	图 6-3 中⑥

红外吸收光谱中谱带的吸收强度决定于对应的分子振动时电偶极振动的振幅。

6.2.5　分子的结构对振动的影响

因为有机分子的原子之间存在多种的相互影响，从而对其振动的频率产生影响。这种影响可分成两类：一类是力的相互作用，一类是电荷的相互作用。

力的相互作用主要是振动的偶合、键应力与分子缔合等作用的影响。

1. 振动的偶合(vibrational coupling)　若一个分子中两个基团的位置靠得较近，其振动的频率相同，并有相同的对称性，则该两基团可能发生振动的偶合，在原有振动频率对应谱带的两侧各产生一条高频和低频的新谱带，原有频率对应的谱带消失。如 CO_2 分子中有两个 C＝O 双键共用一个碳原子，其原有振动频率为1 700 cm^{-1}左右，在 CO_2 分子中由于振动偶合，产生1 388 cm^{-1}和2 349 cm^{-1}两条新谱带，原有谱带消失。H_2O 分子中两个 O—H 基共用一个氧原子，由于振动的偶合，原有3 700 cm^{-1}附近的 OH 谱带分裂成3 650 cm^{-1}和3 760 cm^{-1}两条谱带。

振动的偶合也可能发生在伸缩振动和弯曲振动之间，如—COOH 中 C—O 键与 O—H 键共用一个氧原子，C—O 键的伸缩振动和 O—H 键的弯曲振动的频率都在1 300 cm^{-1}附近。由于振动的偶合，原有1 300 cm^{-1}谱带分裂成1 420 cm^{-1}和1 250 cm^{-1}两条谱带。这是羧基的特征吸收区。见图 6-3 中的⑦。

振动偶合还可发生基频和倍频振动之间，这就是 Fermi 共振；如—CHO 基中 C—H 弯曲振动的二倍频和 C—H 伸缩振动发生振动偶合，在2 700 cm^{-1}和2 800 cm^{-1}附近产生两条吸收谱带。这是醛基的特征吸收区。见图 6-3 中的⑧。

2. 键的应力(strain force)　有机分子中键的应力能影响振动的频率，如自由 C 原子上的羰基(C═O)振动频率为1 715 cm^{-1}，五碳环和四碳环上的羰基由于应力的作用，其伸缩振动频率分别为1 745 cm^{-1}和1 784 cm^{-1}。

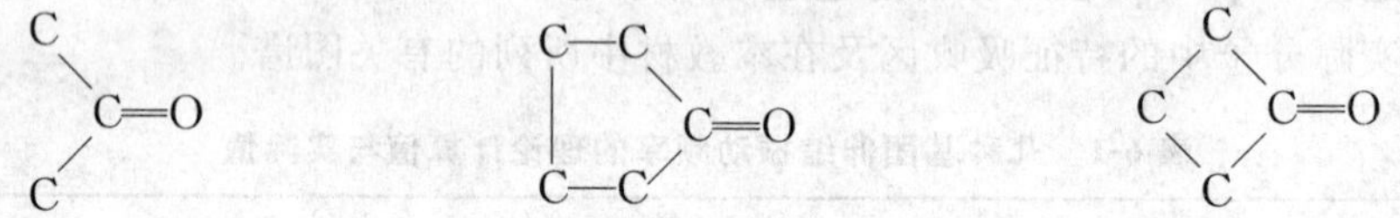

1 715 cm^{-1}　　1 745 cm^{-1}　　1 784 cm^{-1}

又如单键 C 原子上 C—H 的伸缩振动，为2 800～2 900 cm^{-1}，而 C═C 和苯环上碳原子的 C—H 伸缩振动为 3 000～3 100 cm^{-1}，C≡C 上 C—H 伸缩振动频率为3 300 cm^{-1}，见图 6-3 中的②～④以及图 6-5 至图 6-7。

3. 缔合作用　基团通过氢键的缔合作用，使分子变大，从而使振动的频率下降。液态或固态醇类物质3 500 cm^{-1}的 OH 吸收峰展宽就是这个原因，见图 6-3 中的⑥。

结构因素对分子振动的另一类作用是通过电磁的相互作用。因为羰基的特征吸收受分子微环境的影响较大，下面主要以该基团为例进行讨论。羰基属于双键，分子内凡是使双键性增加的微环境因素，都会增加羰基的吸收频率：

4. 诱导效应(inductive effect)　C═O 是极性双键，由于氧原子极性大，该键电偶极较大，影响了双键的强度；若该键的碳原子附近有电负性较强的原子，由于静电的作用诱导电荷，使碳氧间电偶极变小，即极性变小，增加了双键性，双键的强度增强，键的力常数 K 变大，振动频率 ν 增大，如：

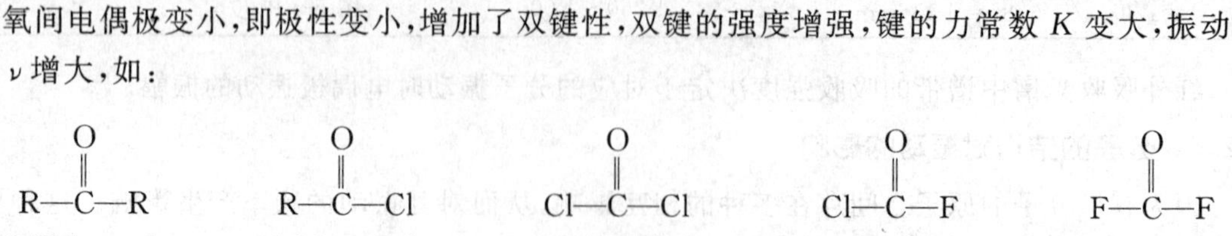

1 715 cm^{-1}　　1 780 cm^{-1}　　1 827 cm^{-1}　　1 876 cm^{-1}　　1 942 cm^{-1}

上列五种分子自左至右，随碳原子附近原子的电负性增强，分子的振动频率逐渐增大。

5. 中介效应(medial effect)　若 C═O 双键附近有带孤对电子的原子，这些原子竞争邻近双键的电子云，使 C═O 双键性变弱，键的强度下降，K 值变小，振动频率下降。实际分子中诱导效应和中介效应是同时存在的。根据两种效应中哪种占优势而决定振动频率是如何变化的。如 O、S 原子，外层电子结构相同，都有两对弧对电子，但氧原子电负性大于硫原子电负性。C═O 基团附近有这两种原子时对羰基影响不同，如：

若 C ═O 中碳原子附近有一个氧原子，形成酯即 $R—\overset{\overset{\large O}{\|}}{C}—OR$ ，由于氧原子的诱导效应大于中介效应，C ═O 的振动频率增加至1 750～1 735 cm^{-1}以上，见图 6-3 中的⑩。

若 C ═O 中碳原子附近有一个硫原子，成为硫酯即 $R—\overset{\overset{\large O}{\|}}{C}—SR$ ，由于硫原子的中介效应比诱导效应更明显，所以使硫酯类物质中 C ═O 的伸缩振动频率下降至1 690 cm^{-1}。

又若两个酸分子脱水形成酸酐—C—O—C—，这个基团只有诱导效应，没有中介效应，因此 C ═O 的伸缩振动频率上升到1 800 cm^{-1}附近，见图 6-4 中⑪。

6. 共轭作用　双键发生共轭后，共轭键能略有下降，使共轭双键的振动频率略有下降例：>C═C< 的频率为1 690 cm^{-1}，苯环是共轭的双键，振动频率下降为1 650～1 450 cm^{-1}。

6.3　有机物红外吸收光谱的解析

6.3.1　有机物红外吸收光谱

化合物的红外吸收光谱包含了丰富的分子结构、组成信息。对于简单的双原子分子，其结构与红外光谱的关系可由计算得到，但对复杂分子只能作某些估算，结合经验规律来确定。下面将简要地介绍一些基础知识，并作为例子，解析一些常见的简单有机化合物的红外吸收光谱。

红外光谱图一般以百分透过率为纵坐标，波长（μm）或波数（cm^{-1}）为横坐标。400～4 000 cm^{-1}中红外区域的红外光谱图常划分为特征区和指纹区两个部分。

特征区指的是4 000～1 500 cm^{-1}的范围。通常把能表示分子特征的、代表某基团存在、并有较高强度的吸收峰称为分子的特征吸收峰，有机分子常见的基团频率在本区。依据基团频率的类型还可以进一步把特征区再分为三区：

（1）X—H 伸缩振动区：4 000～2 300 cm^{-1}，O—H、N—H、C—H、S—H、P—H 等均在此区有特征。一般不饱和烃的 ν_{C-H}高于3 000 cm^{-1}，饱和烃的 ν_{C-H}低于3 000 cm^{-1}。

（2）三键与聚集双键伸缩振动区为2 300～2 000 cm^{-1}，C≡N、C≡C，C ═C ═C、N ═C ═O等均在此区有特征谱带。

（3）双键伸缩振动区为2 000～1 500 cm^{-1}，C ═C、C ═O 等均在此区有特征吸收带。

指纹区指的是1 500～400 cm^{-1}范围的分子红外吸收带。除基团频率外，分子中其他类型的振动：如键的骨架振动，因折合质量较大，K 值较小，振动的频率较低；弯曲振动因为受到键的约束作用小，相应的 K 值也小，振动的频率也较低，它们的吸收谱带大多在本谱区内。本区域振动类型复杂且重叠，谱带位置变动很大，特征性较差，它受分子结构的影响十分敏感，任何细致的结构差别都会引起光谱明显改变；如同人的指纹一样，很少有两个化合物指纹区的吸收峰完全相同。指纹区常用来分析分子中有关基团所处的环境，或比较化合物的同一性和鉴定同分异构体。指纹区也可分为三区：

（1）1 500～1 300 cm^{-1}，C—H 的剪式振动、面外弯曲振动吸收在此区；

（2）1 300～900 cm^{-1}，大多数单键伸缩振动与骨架振动以及某些含氢基团的弯曲振动在此区，分子的结构信息十分丰富；

（3）900～400 cm^{-1}，C—H 的面内弯曲振动与苯环上氢原子的面外弯曲振动吸收在此区，是判断链的长短与苯环被取代状况的重要区域。

部分基团重要红外特征吸收谱带的分布见示意图 6-3。

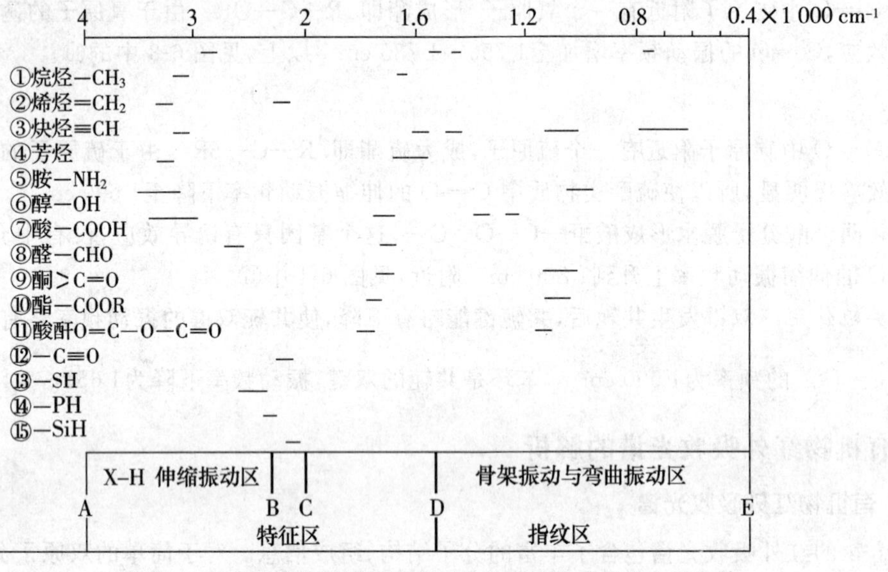

图 6-3　有机分子基团某些重要红外特征吸收谱带分布示意图

B～C——三键与聚集双键伸缩振动区；C～D——双键伸缩振动区

图 6-3 的横坐标是波数，图中的横线代表相应基团在中红外区特征吸收的波数位置。有关红外图谱解析的书籍有更详细的重要基团频率图，可作为红外结构分析的参考。

一般有机分子大体上是在一定的骨架上“褂”了一些基团所构成，下面通过研究几种分子的红外光谱，了解有机分子最基本的骨架与基团(官能团)的红外光谱特征：

1. 烷烃的红外光谱　红外光谱中烷烃分子的谱比较简单。烷烃分子中只有 C—C、C—H 两种键。C—C 键在振动时，电偶极变化很小，因此振动吸收强度很弱，在红外图谱解析中意义不大。烷烃分子中 C—H 有两种伸缩振动和四种弯曲振动，如图 6-4 所示。

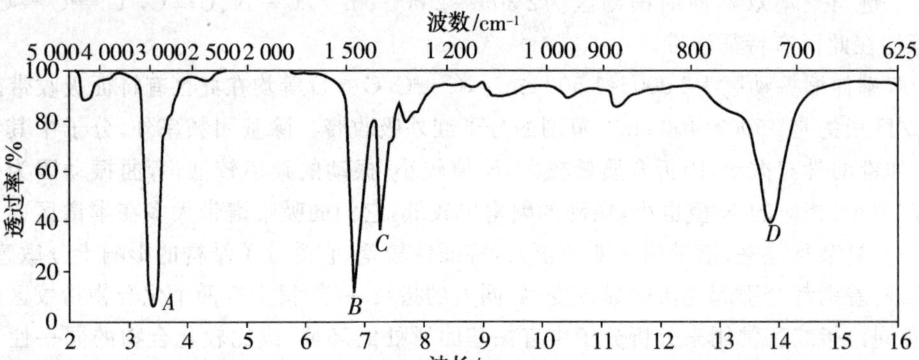

图 6-4　十二烷的中红外光谱图

图 6-4 中的 A、B、C、D 分别是：2 850～2 950 cm^{-1} 的 C—H 伸缩振动吸收区、1 450 cm^{-1} 附近的 CH_2 剪式振动吸收区、1 380 cm^{-1} 是 CH_2 面外弯曲振动的吸收区、720～780 cm^{-1} 附近的 CH_2 面内摇摆振动吸收区；从 D 区可以推测碳链的长度，随着键长增加向低频率方向移动。

对于—$(CH_2)_n$—结构，当 $n=1$、2、3 与 $\geqslant 4$ 时。吸收频率分别为 785～770 cm^{-1}、743～734 cm^{-1}、729～726 cm^{-1}、724～722 cm^{-1}。烷烃的上述四个吸收区在其他烃类的分子中都可看到。

2. 烯烃的红外光谱　烯烃和烷烃相比，主要增加了下述几种振动类型：

(1)双键碳上 C—H 伸缩振动，在3 000～3 100 cm^{-1}之间；

(2)双键中的 C═C 伸缩振动在1 650 cm^{-1}附近；

(3)双键碳上的 C—H 面外弯曲振动在 900～1 000 cm^{-1}附近。

图 6-5 是癸烯的红外光谱图：图中 *A*、*B*、*C*、*D* 四个吸收带与图 6-4 中的 *A*、*B*、*C*、*D* 相对应，又增加了烯烃的三个特征吸收带，这就是3 049 cm^{-1}的双键 C—H 伸缩振动、1 645 cm^{-1}的 C═C 伸缩振动和 986 cm^{-1}、907 cm^{-1}双键碳上的 C—H 弯曲振动(图 6-5 中的 *E*、*F*、*G*)。

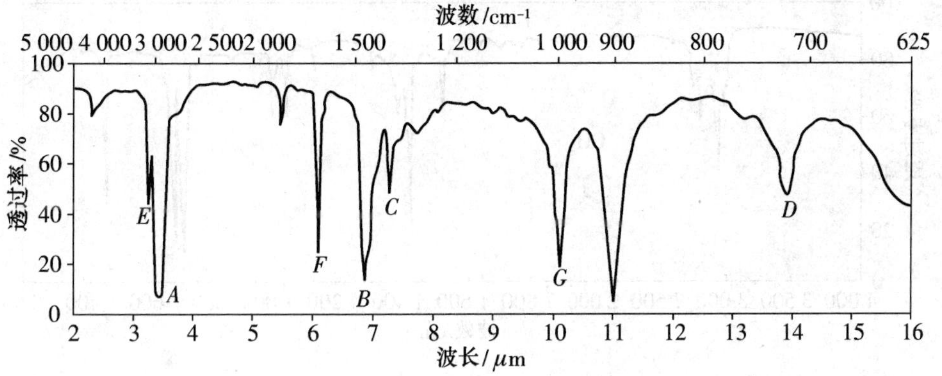

图 6-5　癸烯的红外光谱图

3. 炔烃的红外光谱　炔烃和烯烃相似，比烷烃分子增加了叁键碳上的≡C—H 伸缩振动(3 200 cm^{-1}附近)，与 C≡C 伸缩振动(2 200 cm^{-1}附近)。

4. 苯环的红外光谱　苯及其同系物是环烃中最重要的一类物质。图 6-6 是苯分子的红外光谱图。

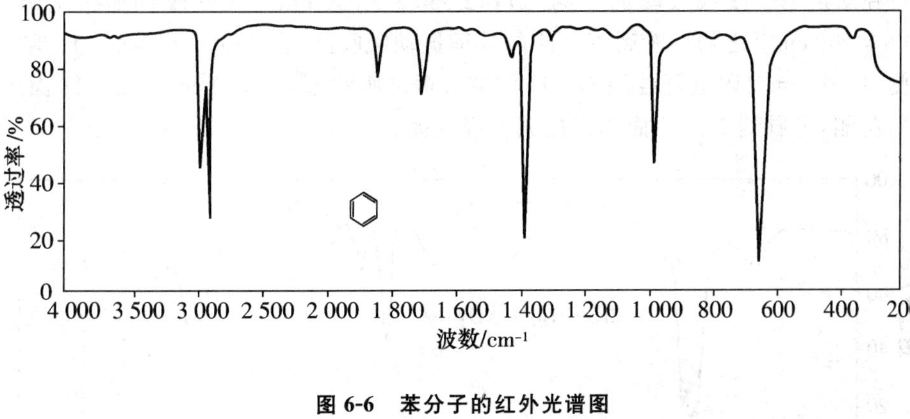

图 6-6　苯分子的红外光谱图

图 6-6 中3 000～3 100 cm^{-1}的吸收区是苯环上 C—H 的伸缩振动区；1 450～1 550 cm^{-1}为苯环的伸缩振动吸收区；1 050 cm^{-1}是苯环上的 C—H 在苯环面内的弯曲振动吸收区；670 cm^{-1}左右是苯环上 C—H 在苯环面外的弯曲振动吸收区。

当苯环上的氢被取代后，取代的情况可从指纹区得到信息，见表 6-2。

表 6-2　几种取代苯的面外弯曲振动吸收

取代苯	650～850 cm^{-1} 区的 IR 吸收峰位/cm^{-1}
苯	670
1-甲基苯	690～710,730～770
1,2-二甲基苯	735～770
1,3-二甲基苯	690～710,750～810
1,4-二甲基苯	810～833

甲苯为单取代，面外弯曲振动吸收区分裂成 690～710 cm^{-1} 与 730～770 cm^{-1} 两个吸收带，见图 6-7。

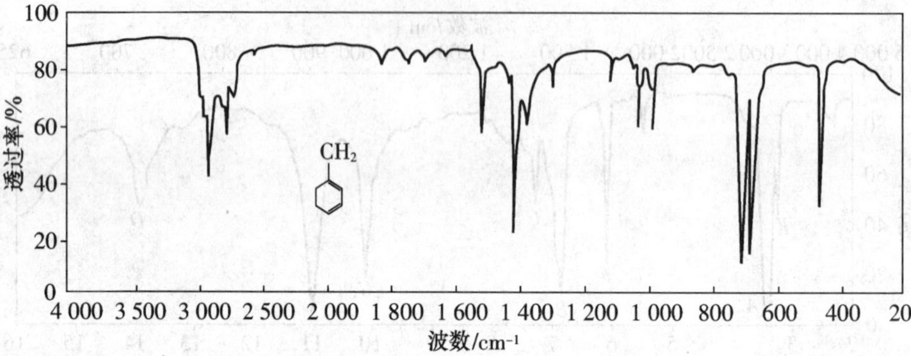

图 6-7　甲苯的红外光谱

5. 胺类的红外光谱　胺类有机物与烃类相比，增加了 N—H 的伸缩振动和弯曲振动。氮是第 7 号元素，比第 6 号碳元素的电负性大，N—H 的强度较 C—H 键略强，其键的力常数 K 值也比 C—H 的大；—NH_2 与＞CH_2 相似，也具有伸缩振动和两种面外弯曲振动。但其振动频率比相应的 C—H 为高。图 6-8 是辛胺的红外光谱图。

从图 6-8 可见，辛胺的红外光谱中包含了烷烃的各主要吸收带，但增加了 N—H 的吸收峰，其峰位在对应 C—H 吸收峰的左侧：如在 2 850～2 950 cm^{-1}（C—H 伸缩振动吸收）的左侧，3 300～3 400 cm^{-1} 之间可看到 N—H 的伸缩振动吸收区；在 1 460 cm^{-1}（C—H 剪式振动吸收）的左侧，1 600 cm^{-1} 附近可看到 N—H 的剪式振动吸收区；在 720 cm^{-1}（C—H 面内摇摆振动吸收）的左侧，可看到 N—H 面内摇摆振动吸收区。

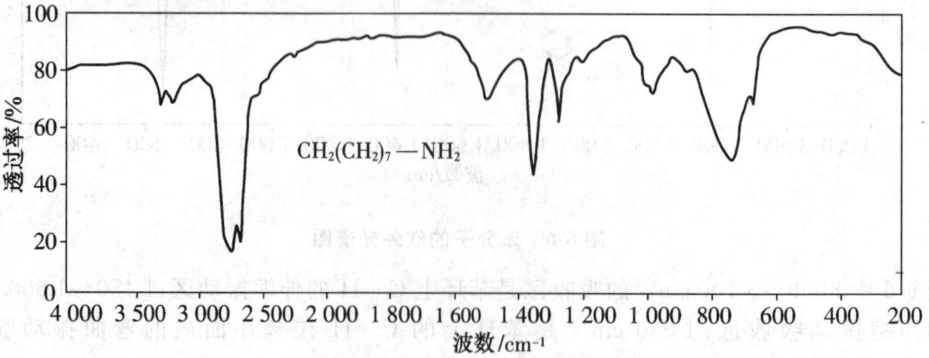

图 6-8　辛胺的红外光谱图

6. 醇类的红外光谱　醇类有机物与烃类相比，增加了 O—H 的伸缩振动和弯曲振动。氧是第 8 号元素，比第 6，第 7 号元素碳、氮的电负性都大，O—H 的键强度较 C—H 和 N—H 都高，其键力常数 K 值较 C—H 与 N—H 的都大，因此吸收区的频率也较大。图 6-9 是气态（可不考虑分子间的缔合）乙醇分子的红外光谱。

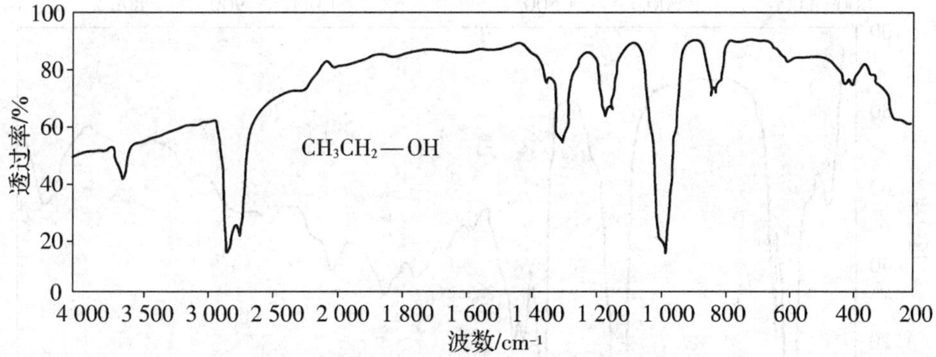

图 6-9　气态乙醇分子的红外光谱

从 6-9 图中可见 O—H 伸缩振动的吸收峰在 3 600 cm^{-1} 左右，比 C—H、N—H 的伸缩振动都高；因为气态分子可忽略缔合，因此谱峰的宽度没有明显展宽。1 000～1 100 cm^{-1} 的吸收峰是 C—O 的伸缩振动吸收峰。

醇、酚类的液态样品因通过氢键易产生分子间缔合，缔合的结果，振动频率下降，又因样品内分子缔合的程度不同，使 3 500 cm^{-1} 附近 O—H 的伸缩振动谱区明显展宽。

7. 其他含氧有机物的红外光谱　在有机物中，氧除可能存在于醇类分子中，还可存在于酮类、醛类、羧酸类及酯类的分子中。其中醛类有机物由于 Fermi 共振，在 2 700～2 800 cm^{-1} 区形成特有的 C—H 伸缩振动吸收区（见图 6-10）。酮类有机物在 C═O 特征吸收区 1 700 cm^{-1} 有吸收。酯类有机物，因为诱导效应和中介效应共同作用的结果，C═O 的吸收移至 1 740 cm^{-1} 左右。而羧酸由于 C—O 伸缩振动和二聚体 O—H 面内弯曲振动的偶合，在 1 420～1 250 cm^{-1} 区形成特征吸收。

6.3.2　有机物红外吸收光谱的解析

红外图谱解析是指分析并确定样品红外谱区吸收带的归属，以便由谱图确定分子结构。解析红外光谱的一般步骤是：①首先确定样品的纯度或通过色谱等分离手段将样品提纯；并用化学方法了解样品的化学组成，最好能确定其化学式，并尽可能了解样品的物理化学性质，如溶解性、沸点等。②如果样品的化学式已知，可计算其不饱和度，即分子中含双键数目 n。

$$n=n_4+1-[(n_1-n_3)/2] \tag{6.4}$$

式中 n_4、n_1、n_3 分别为分子中四价、一价、三价的原子数目。苯环是闭合的环状结构，应算为含四个双键，叁键相当两个双键。③根据样品红外光谱的特征区，大致确定样品分子中含什么基团及其基本骨架。④根据红外光谱的指纹区进一步确定骨架上被取代的情况及基团的位置，从而大体可推测样品分子的类型。⑤把样品的物理化学性质和上述推测的结果相比是否吻合，若结构还不能确定，则需用其他分析手段对样品作进一步分析。通常为了确定一种有机物的结构，常需运用结构分析的四大谱，即除红外光谱以外，还有质谱、核磁共振的 ^{13}C 谱和 ^1H

谱。这四大谱的相互补充,一般就可确定有机物的结构。

【例 1】 某有机物的化学式为 $C_6H_{12}O$,其沸点为 130℃,其 0.025 mm 样品池的红外光谱见图 6-10,试确定其结构。

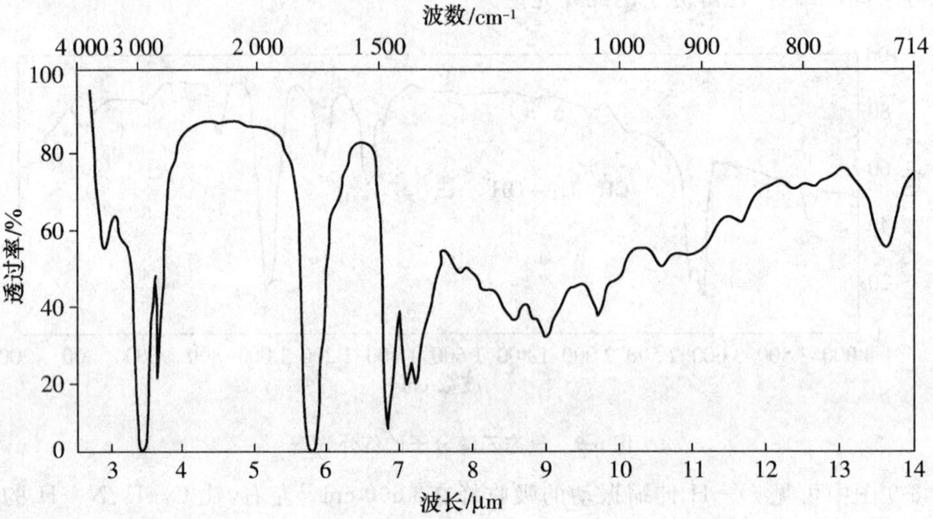

图 6-10 例 1 的光谱图

首先计算该物质的不饱和度:6+1−12/2=1,由此可见该物质分子中只有一个双键。由红外光谱图可见,在3 000 cm^{-1} 以下有强吸收区。结合考虑化学式,可见该物是具有脂链结构。1 720 cm^{-1} 的强吸收区说明该物中含有羰基,2 800 cm^{-1} 的吸收区说明该物是醛而不是酮。3 450 cm^{-1} 的弱吸收说明物质中有 N—H 或 O—H 的伸缩振动。因为分子中无 N 原子,所以该物中可能含羟基。由化学式可知该物分子中只有 1 个氧原子,不可能同时存在羰基和羟基,从整个图谱的考虑,该物质是一个醛,3 450 cm^{-1} 的弱羟基峰可能是醛类样品中混杂的水分子。为了确定脂肪链的结构,可分析 720~740 cm^{-1} 处的 C—H 面内摇摆振动吸收,红外图谱中 730 cm^{-1} 的吸收说明分子中含有较长的链,因此可能是一种直链脂肪醛。这与样品的 130℃的沸点是相吻合的。

【例 2】 某有机物是一种无色液体,沸点 190℃。0.01 mm 样品池的红外光谱,见图 6-11。

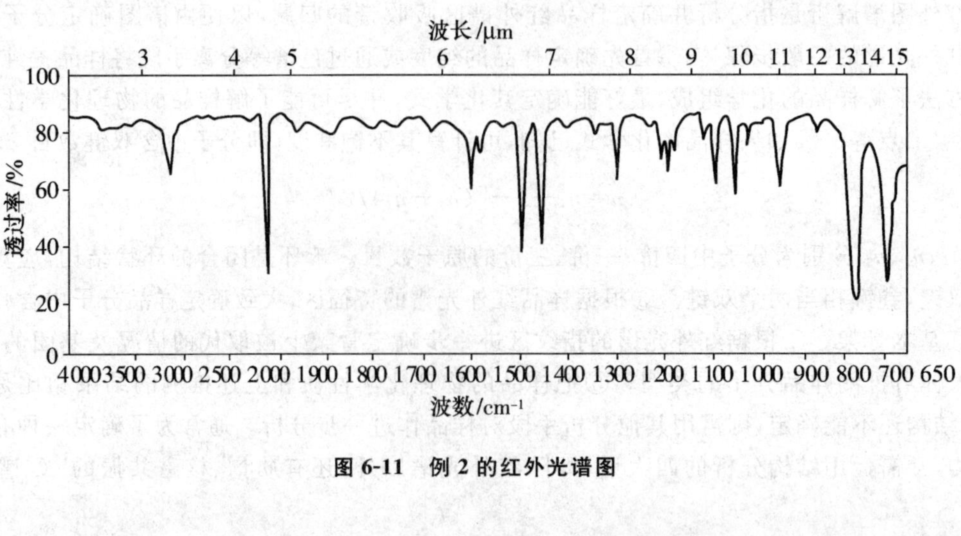

图 6-11 例 2 的红外光谱图

本例中没给出样品的化学式，从图谱中3 100 cm^{-1}的强吸收，以及1 450～1 600 cm^{-1}间的吸收峰，说明样品中含有苯环。2 250 cm^{-1}的尖锐吸收峰，可能是—C≡C—或—C≡N。但因为没有3 200～3 300 cm^{-1}叁键碳上 C—H 伸缩振动的特征吸收，因此该物不含≡CH，其结构式可能是苯腈 $C_6H_5C{\equiv}N$ 或 $C_6H_5C{\equiv}C—C_6H_5$。该有机物沸点为 190℃，因此其结构是前者不是后者。

6.4 红外分光光度计

6.4.1 色散型红外分光光度计

红外分光光度计分为色散型和傅立叶变换型两类。色散型红外分光光度计和紫外可见分光光度计相似，也是以棱镜或光栅作为色散元件。但紫外可见分光光度计光路排列的次序通常是光源-单色器-样品-检测器……这样的排列使样品只受到相对功率较低的单色作用光的照射，以免发生光化学反应；而红外分光光度计的排列通常是光源-样品室-单色器-检测器。这是因为任何物体只要不在绝对零度，都会产生红外辐射，若被检测器检测，就成为分析的背景信号；红外分光光度计若按紫外可见分光光度计排列，则样品自身产生的红外辐射直接被检测，造成很强的分析背景，影响测定。

红外分光光度计主要组件是：

1. 光源　红外光谱仪常用光源见表 6-3。

表 6-3　红外光谱仪常用光源

名　称	适用的波数范围/cm^{-1}
W 灯	10 000～5 000
Nernst 灯	5 000～400
硅碳棒	5 000～400
Ni-Cr 螺丝管	5 000～400
汞弧灯	＜400

2. 透光材料　红外分光光度计所有的透光材料（包括样品池的窗片、棱镜与透镜的材料、作密封用的窗片等），都应能透过红外光，此外还应考虑材料的机械强度，及其对热、光、化学物质的稳定性等。常用的红外光学材料见表 6-4。

表 6-4　红外光区常用光学材料的性能

材　料	分子式	使用范围/cm^{-1}	折光率	其他理化性质
氯化钠	NaCl	＞4 000～625	1.50	溶于水、硬、易加工
溴化钾	KBr	＞4 000～300	1.54	易溶于水、比 NaCl 软、易加工
氟化钙	CaF_2	＞4 000～1 000	1.42	耐水、溶于铵盐、硬
氟化钡	BaF_2	＞4 000～750	1.46	同 CaF_2
碘化铯	CsI	＞4 000～180	1.75	易溶于水、软
硫化锌	多晶 ZnS	＞4 000～700	2.26	耐水
氯化银	AgCl	＞4 000～450	2.01	耐水、软、怕光、易与金属反应、溶于酸和 NH_4Cl 溶液
KRS-5	TIBr/TlI	＞4 000～250	2.41	耐水、有毒、溶于碱、不溶于酸
石英	SiO_2	＞4 000～2 850	145	耐水、硬
聚乙烯(高密度)		625～10		远红外区用、耐水、不耐某些溶剂

3. 红外检测器　在红外分光光度计工作的谱区内对红外辐射有响应，并能将红外辐射转变为某种可测物理量（如电位差、电阻、电容等）的器件都可作为红外检测器。常见的检测器为：①热电偶：属于热检测器。热检测器使用的波数范围广，寿命较长，缺点是响应速度慢，色散型的中红外光谱仪常采用此种类型的检测器。②高莱池（golay cell）：属气动式检测器。高莱池灵敏度较高，工作范围较宽，时间常数较小，但工作寿命一般不如热电偶；主要也是用于色散型的中红外光谱仪。③其他检测器：近些年出现了一些灵敏度高的、主要是半导体红外检测器，这些检测器常用于 FT 光谱仪，也有用于高性能色散型红外光谱仪。

4. 其他组件　红外分光光度计的色散元件与紫外分光光度计一样，也是棱镜或光栅。但棱镜所用的材料必须是透红外光材料（表 6-4）。因为红外光的波长较长，因此红外分光光度计所用光栅的刻痕之间的距离较大，常用的光栅每毫米的刻痕约为数 10 条到 200 条。

红外分光光度计常用凹面反射镜作为准直镜和成像物镜，这样可避免用较贵重的透红外材料制成的红外透镜。红外分光光度计的狭缝与紫外分光光度计的狭缝无明显差别。红外分光光度计信号处理和结果显示系统与其他谱区的光谱仪类似。

色散型红外光谱仪存在一些由工作原理造成的、难以克服的缺点。主要是：通过狭缝取得单色光的色散型光谱仪，每一个时刻只能得到分析光中一种波长成分的信息，属于信息的单通道传输。为了得到一个全光谱需逐个波长进行扫描，而且扫描速度受到机械响应速度慢的影响。要提高单色器对波长的分辨本领就必须减小狭缝的宽度，单色光输出的能量与狭缝宽度的平方成正比见式（3.11），因此提高分辨本领就会大大减小输出的能量，从而降低信噪比，使光谱仪产生的光谱图质量变差。色散型分光光度计波长标度需要有外部标准（波长已知的线光源或窄带滤光片）来校正。而校正后的仪器又可能因温度的变化、振动等原因发生变化，因此波长的校正需经常进行。此外色散型分光光度计为了进行波长扫描、控制狭缝宽度、信号调制和解调都需有电机等运动器件控制，这就造成色散型光谱仪结构复杂、噪声较大、容易磨损。

6.4.2 傅立叶变换红外分光光度计

傅立叶变换（Fourier transform）光谱仪简称 FT 光谱仪，它从根本上改变了色散型光谱仪的结构模式，克服了传统的色散型红外光谱仪的一些主要缺点：FT 光谱仪没有狭缝结构，光通量大，信号能量强，信噪比高；FT 光谱仪的分析光通过迈克尔孙干涉仪产生干涉图，每个时刻都可得到分析光中全部波长成分的信息，因此属于信息的多通道传输。FT 光谱仪扫描速度快，机械结构简单，以激光波长作为 FT 光谱仪波长的内部标准，因此在仪器的波长精度、扫描重复性等方面都优于色散型光谱仪。FT 光谱仪的工作直接依靠计算机控制，由于近十余年计算机性能价格比越来越高，因此 FT 光谱的成本越来越低，功能越来越强。

傅立叶变换红外分光光度计的基本组成包括五部分：

①分析光发生系统，包括光源，样品等用以产生负载了样品信息的分析光。②迈克尔孙干涉仪产生空间（时间）域中表达的分析光，即干涉光（干涉图）。③检测器检测干涉光。④采样系统：通过模数转换器（D/A）把干涉光数字化，并把数据采入（读入）计算机。⑤计算机系统与显示器：把数字化了的干涉光，经过 FT 数字变换与数模转换（A/D），成为频率域中表达的样品光谱，并在显示器中显示，见图 6-12。

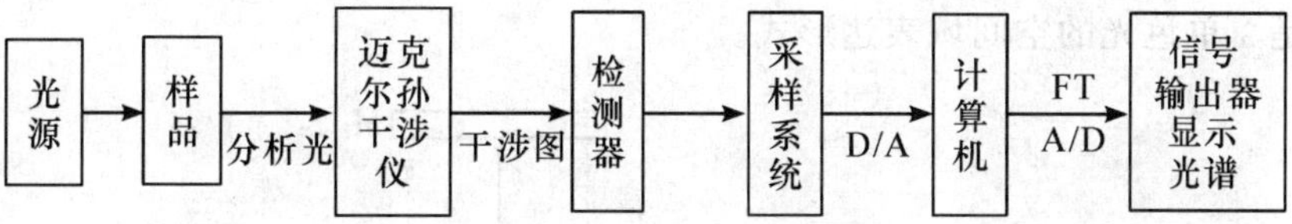

图 6-12 FT 光谱仪结构原理框图

图中：干涉图为分析光的空间域表达，是指在干涉仪中分析光强度随光程差的变化；光谱为分析光的频率域表达；D/A、A/D、FT：参见正文说明。

与色散型红外分光光度计不同，实际的 FT 光谱仪中样品直接放置于检测器前，这是因为：①迈克尔孙干涉仪需要较好的平行光；②所检测的是干涉仪所产生的干涉光，样品自身产生的红外辐射对分析的影响相对较小。

1. *检测器* FT 光谱仪的扫描速度快，所用检测器见表 6-5。

表 6-5 FT-IR 中使用的检测器

名 称	类 型	工作温度/K	适用波长范围/μm	响应时间/μs
硫酸三甘肽(TGS)	热电型	295	2～50	1
汞镉碲(MCT)	光电导型	77	0.8～40	1
硒化铅(PbSe)	光电导型	195	1～5	2
锑化铟(InSb)	光伏型	77	1～5.5	1

FT 光谱仪的检测器有两种频率响应特征：一是所检测光的频率（见表 6-5 适用波长范围）；另一是被干涉仪调制成信号的频率（干涉光强度变化的频率），即表 6-5 中的响应时间；后者决定了 FT 光谱仪的扫描速度。

2. *迈克尔孙干涉仪* 光在频率域中的表达可通过普通光谱仪得到；而光在空间域中的表达可通过迈克尔孙干涉仪得到（实际是分析光包含的不同频率成分的干涉强度在空间分布的干涉图，并不是电场强度在空间的分布）。图 6-13 是迈克尔孙干涉仪原理图。

图 6-13 中光源 S 产生的光经反射镜 R 成为平行光，BS 为光的分束器。入射平行光按 45°角射到 BS 后，有 1/2 强度的光被反射（图 6-13 中的 a），另外 1/2 强度的光透过 BS（图 6-13 中的 b）。图中 M_F 为固定反射镜，M_m 为可移动反射镜，A、B、O、C、D 分别为移动反射镜的五个位置。a 光被 M_F 反射后又透过 BS，形成 a'；b 光被 M_m 反射后又被 BS 反射形成 b'，$(a'+b')$ 光被反射镜 R′反射后由检测器 D 检测。由于 a' 光和 b' 光都是从 S 光源产生的，因此它们是相干光；相干的结果是增强还是减弱，决定于 M_m 的位置。图的左下方为检测器检测到的信号：a'、b' 光相干后的强度 $P(x)$ 随光程差 x 的变化，称为干涉图。干涉图的横坐标是光程差 x，纵坐标是检测器检测的干涉光强度 $P(x)$。

若光源产生的光是波长为 λ 的单色光，当 M_m 在 O 的位置，M_m、M_F 对于 BS 为对称时，a' 与 b' 两种光所经过的光程相同，光程差为 0，因此在于涉图上相干后的强度为极大。当动镜的位置移动 $1/4\lambda$ 的距离，使动镜达到 B 或 C 点（$OB=OC=1/4\lambda$）时，a'、b' 两相干光的光程差为 $1/2\lambda$，因此干涉后的强度为极小；若动镜位置继续移动到 A 或 D，$OA=OD=1/2\lambda$ 时，a' 与 b' 两相干光的光程差为 λ，此时干涉后的强度又达到极大。随着动镜的移动，则检测器可检测到信号 $P(x)$ 随光程差 x（等于动镜移动距离的 2 倍）变化的正弦波：

$$P(x)=A\cos 2\pi(x/\lambda) \tag{6.5}$$

式中：A 为振幅，图 6-13 左下方的余弦波与图 2-3 中的 A 相同，是 λ 单色光通过干涉仪产生的干涉图，它是 λ 单色光的空间域表达形式。

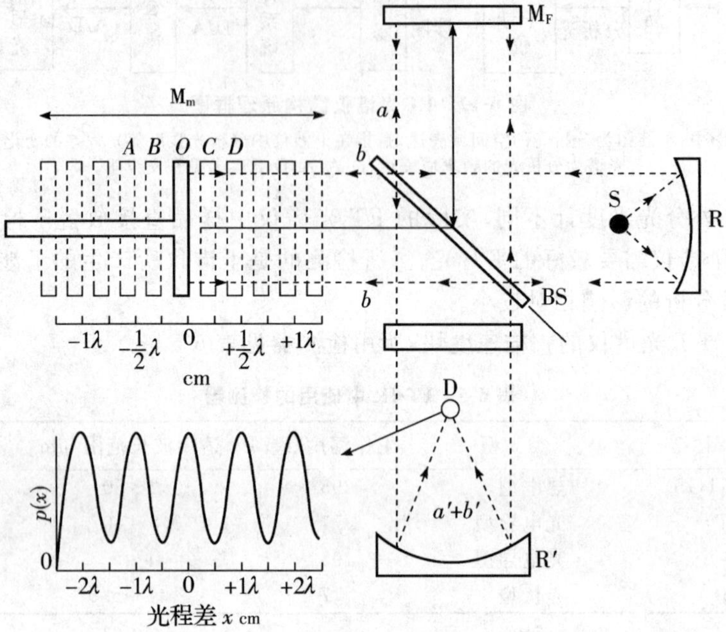

图 6-13 迈克尔孙干涉仪工作原理图

若光源产生的光包含波数为 σ_1、σ_2 的两种成分；则迈克尔孙干涉仪产生的干涉图（光的空间域表达形式）见图 2-3 中的 B 及式(2.5′)。

若光源产生的光是包含波数为 σ_1、σ_2、…、σ_n 共 n 种成分的光，则迈克尔孙干涉仪产生的干涉图（光的空间域表达形式）见图 2-3 中的 C 及式(2.5)。

傅立叶变换光谱仪通过迈克尔孙干涉仪直接得到的是光的空间域表达形式，即光的干涉图。为了把光的干涉图转变成人们习惯的频率域表达式即光谱图，需进行傅立叶反变换，在 FT 光谱仪中由计算机通过 FT 数字变换来完成的。FT 光谱仪先把干涉图数字化后存入计算机，然后对已经数字化的干涉图进行傅立叶变换，实际上是进行一系列的积分：为了得到频率域表达的光谱图，须把光谱分割成若干个波数点，按式(2.5″)算得各波数 σ 处光的强度 $P(\sigma)$ 等于干涉图中 $P(x)$ 对光程差 x 的积分：

$$P(\sigma) = \int_{x=0}^{+\infty} P(x)\cos 2\pi\sigma x\,\mathrm{d}x \tag{6.6}$$

计算机积分实际上是作数值积分，即把干涉图分解成，n 个点，然后由计算机作下述加法处理来代替积分：

$$P(\sigma) = \sum_{i=1}^{n} P(x_i)\cos 2\pi\sigma x_i \tag{6.7}$$

式中 $P(x_i)$ 是当光程差等于 x_i 时检测器实际测得的干涉光总强度。把各波数 σ 处光的强度 $P(\sigma)$，按波数大小的次序排列，就得到样品光谱。

3. 采样系统　把某一光程差 x 时的相干强度 $P(x)$ 读入计算机，称为计算机对干涉仪数据的采样。FT 光谱仪为了得到准确的结果，必须严格地按光程差（或动镜移动距离）一定间距进行采样。采样的起点、采样点的密度、动镜移动的速度等参数，对 FT 光谱仪的性能都有一定影响。现代的 FT 光谱仪，采样点是用 He、Ne 激光（波数为15 798 cm^{-1}的严格的单色光）通过迈克尔孙干涉仪后产生的干涉图（为严格的正弦曲线）作为采样点的依据。

6.5 红外吸收光谱的测量技术与应用

6.5.1 红外吸收光谱的测量技术

红外吸收光谱分析应首先对所用仪器进行校正，并选择适当的测定参数，制备好样品才能进行。

1. 红外光谱仪的校正　色散型红外光谱仪的校正包括波数精度与分辨率的校正、光度计的校正、能量的检查，以及检查仪器的噪声，基线的平坦度等。其中波数校正最为重要。校正的方法通常采用外部标准法，即选择一个已知吸收或发射光谱的样品。普通的校正可用 1～2 μm 厚的聚苯乙烯薄膜。聚苯乙烯的光谱比较稳定，其制备也很方便。图 6-14 是聚苯乙烯光谱。表 6-6 是聚苯乙烯用于检查分光光度计波数精度的几个特征波数点。

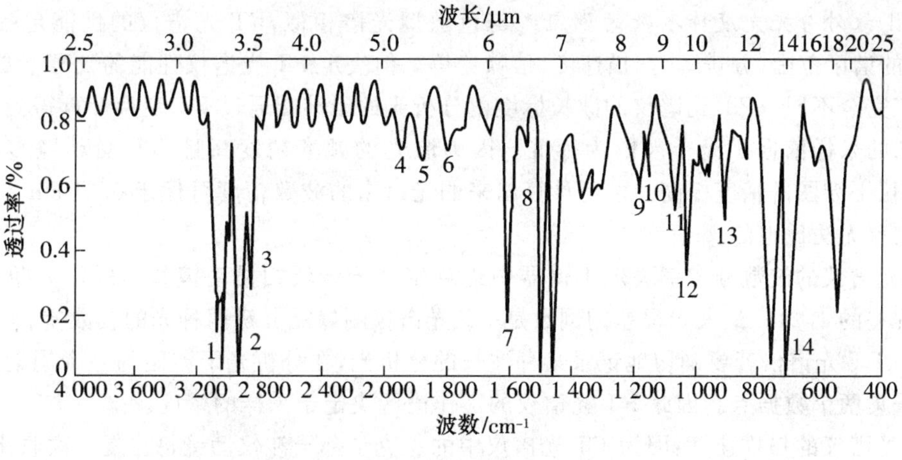

图 6-14　聚苯乙烯薄膜的红外光谱

较好的红外分光光度计应能把聚苯乙烯在3 000 cm^{-1}附近的谱带分开为 7 个吸收峰。精确的校正必须用气体光谱，如 NH_3 气与低压的 CO。

表 6-6　聚苯乙烯特征峰的波数

峰号	波长/μm 空气	波数/cm^{-1}真空	峰号	波长/μm 空气	波数/cm^{-1}真空
1	3.302 6	3 027.1	8	6.315 0	1 583.1
2	3.419 0	2 924.0	9	8.462 2	1 181.4
3	3.507 0	2 850.7	10	8.660 9	1 154.3
4	5.142 6	1 944.0	11	9.351 1	1 069.1
5	5.343 3	1 871.0	12	9.725 0	1 028.0
6	5.549 1	1 801.6	13	11.026	906.7
7	6.242 8	1 601.4	14	14.304	698.9

2. 色散型红外分光光度计参数的选择　色散型红外分光光度计可选择的参数有：狭缝宽度、放大器增益、光谱仪的响应速度（响应时间）与扫描速度等。其中狭缝宽度不但影响单色光

的带宽(单色光带宽与狭缝宽度成正比),而且影响单色光的能量(单色光能量与狭缝宽度的平方成正比,见公式 3.11),单色光带宽若降低为原来的 1/2,则能量输出减少成原来的 1/4。

红外分光光度计常用光源的强度与检测器的灵敏度较低,因此信号的能量输出是红外吸收光谱分析的一个限制因素。为了得到足够的能量输出,许多红外分光光度计的放大器增益是可调的,以便当分析测量要求窄带的单色光,而能量不够时,可以改变放大器的增益,来保持信号输出的强度。提高放大器增益必然会导致噪声的增加;为了增大信噪比,可改变仪器的响应时间(或时间常数)。所谓响应时间是指输入信号发生变化时,分光光度计达到稳定输出所需时间。信噪比和响应时间的平方根成正比,即为了把信噪比提高到原来的 2 倍,响应间应增加到原来的 4 倍。

响应时间过慢使记录仪记录信号的速度跟不上输入信号的变化,造成记录的信号失真,如样品峰展宽、谱峰的位置改变,这些误差称为跟踪误差。为了减少和避免跟踪误差,必须降低扫描速度。红外吸收光谱分析时若要在保持图谱信噪比的条件下把分辨率提高 1 倍,需把狭缝宽度降为 1/2,同时,把放大器增益提高 4 倍,响应时间与扫描时间增加到原来的 16 倍。

3. FT 红外分光光度计参数的设定　与色散型光谱相似,FT 光谱仪的性能包括波长精度,工作的谱区范围、分辨率、扫描速度、信噪比等。但决定 FT 光谱仪性能的仪器参数与色散型光谱仪完全不同。FT 光谱仪的波长标度由分析光的干涉图通过 FT 变换计算得到,分析光的干涉图的采样依据激光干涉图为标准。因为激光的频率精度高且不易受环境影响,因此 FT 光谱仪干涉图的精度极高。由此计算出来的光谱图的波数精度可优于 0.01 cm^{-1},这是色散型光谱仪无法比拟的。

FT 光谱仪的波数分辨率决定于仪器中迈克尔孙干涉仪扫描动镜移动的最大距离(也就是大光程差的 1/2)。最大光程差的倒数是 FT 光谱仪刚好能分辨两种光的波数差。

因为 FT 光谱仪若要确切地记录某种波长的分析光,在分析光干涉图的一个周期范围内,至少要采集两个数据点。因此 FT 光谱仪的工作谱区决定于采样的密度。

FT 光谱仪的扫描速度:因为 FT 光谱仪中的迈克尔孙干涉仪动镜每往复一次收集一个干涉图,经 FT 变换可得一个光谱图,所以 FT 光谱仪的波长扫描速度取决于动镜移动的速度和最大距离。动镜移动的最大距离已于前面讨论,而动镜移动速度 v 决定了分析光被调制频率:

$$\nu_m = 2\sigma v \tag{6.8}$$

式中:ν_m 是 σ 波数的分析光被调制成的信号频率。因为每种检测器有一定的频率响应范围,磁盘存储数据也有一定的频率限制。这些因素限制了动镜移动的速度。

4. 红外吸收光谱法样品的制备　红外吸收光谱的样品可以是气态、液态或固态。

气态样品做红外吸收光谱要用具有 KBr 或 NaCl 等透红外的材料为窗片的气体样品池。气体的内部压力会使吸收峰增宽,因此做高分辨图谱时应保持样品在低压条件下(如 1~2 torr)进行测量。这就要求气体池有优良的密封性。气体样品制备要用真空装置先把空气抽尽后再引入气体样品。

液体样品做红外吸收光谱时要用透红外材料的液体样品池。如果液体池的窗片是 KBr 或 NaCl 等可溶性盐,必须注意样品中绝不能含有水,否则将使窗片损坏而且水的强吸收会干扰测定。如果液体样品是非挥发性的,又不需进行定量分析,则可将样品涂抹在盐片上进行测定。

固体样品做红外吸收光谱时可以将样品溶解于适当的溶剂中。溶解样品的溶剂应当仔细选择，在所研究的谱区内溶剂对红外光的吸收应当尽可能小，样品在溶剂内应有较大溶解度，样品与溶剂间不发生化学反应。样品溶于溶剂后可以按液体样品用液体池进行测定，也可制成薄膜后用薄膜法测定。例如，为了测定聚苯乙烯，可将其溶在苯中，制成聚苯乙烯的苯溶液，该溶液涂于玻片上待溶剂挥发后制成聚苯乙烯薄膜即可测定。

直接测定固体样品的常用方法是石蜡油研磨法与 KBr 压片法。石蜡油研磨法是将数毫克样品放于玛瑙研钵中研细到直径为 2.5 μm 以下，然后加一滴石蜡油，继续研磨，使样品均匀地分布在石蜡油中，呈糊状。测定光谱时只要将此糊状物加在两片盐板中间作样品，并用等厚度的石蜡油为参比即可。这种方法的优点是样品制备比较简单，光谱质量也比较好，但液层的厚度不易控制，不适合作定量分析。KBr 压片法是制备固体样品应用最多的方法，一般用 300 mg 左右的 KBr(光谱纯)与 1～3 mg 固体样品混合在玛瑙研钵中研磨，研细的样品在模具中用每平方厘米数吨或更高的压力压成透明的薄片，即可测定(测定时用纯 KBr 的压片作参比)。因为 KBr 对 400～4 000 cm^{-1} 的红外光吸收很少，因此用这种方法可以扫描中红外谱区全波段的光谱。KBr 压片法也可作定量分析。

6.5.2 红外光谱分析的应用

红外光谱主要用于结构分析，已于上一节讨论；此外，也可依据比耳定律用于定量分析，但与紫外定量分析相比，一般物质在红外谱区的摩尔吸光系数比紫外可见区小 1～2 个数量级，因此检测微量样品的能力不如紫外可见光谱。此外因为中红外吸收光谱的谱带通常比较窄，作精确的定量分析时，红外单色光的带宽应小于 1～2 cm^{-1}；为了改善信噪比，必须加大仪器的时间常数，降低扫描速度。

为了适应不同领域应用的需要，红外光谱分析技术近来有了极大的发展：分析谱区由中红外发展到近红外、远红外谱区；而且发展了多种特殊的分析技术，如红外显微镜微区分析、高压红外光谱分析、高温及低温红外光谱分析、动态红外光谱分析、偏振红外光谱分析、红外光声光谱、红外光谱与色谱联用技术，以及红外反射光谱、衰减全反射光谱、漫反射光谱，发射光谱等，有关技术的原理及应用参见专著，下面介绍在农业与生物学研究中有重要意义的近红外慢反射光谱分析。

6.5.3 衰减全反射光谱分析及其应用

传统红外光谱分析的制样技术比较麻烦，现代红外光谱分析技术可以应用衰减全反射光谱(attenuated total reflectance spectra，简称 ATRS)分析液态样品，粉末样品可以应用漫反射光谱(diffuse reflectance spectra，简称 DRS)分析，其中 DRS 在近红外光谱分析应用较多，而中红外光谱分析中 ATRS 应用较多，本节讨论 ATRS 分析及其应用。

如图 6-15 中，介质 1 与介质 2 两种介质相交，当光束以入射角 θ_1 的方向，由介质 1 射入介面时，一部分光在介面发生反射，另一部分光以折射角 θ_2 进入介质 2 ，若介质 1、2 的折射率分别为 n_1、n_2，则依据折射定律得：$\sin\theta_1/\sin\theta_2 = n_2/n_1$，见图 6-15。

通常将介质 1、2 中折射率较大的介质称为光密介质，较小的介质称为光疏介质，若 $n_1 > n_2$，即光由光密介质进入光疏介质时，折射角 θ_2 大于入射角 θ_1；折射角 $\theta_2 = 90°$ 时的入射角称为临界角，用 θ_c表示，见图 6-16。

当入射角大于临界角 θ_c时折射光就不能深入介质 2 ，入射光束全部或大部被反射；按照反射定律，反射角 α_2 等于入射角 $\alpha_1(\theta_1)$，此种现象称为全反射(图 6-17)。

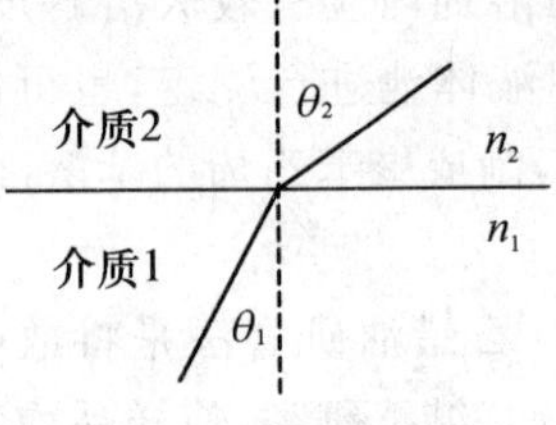

图 6-15　光束由介质 1 进入介质 2 发生折射

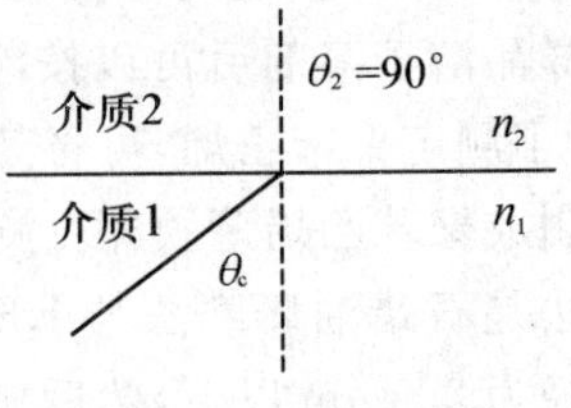

图 6-16　光束的折射角 $\theta_2=90°$ 时的入射角

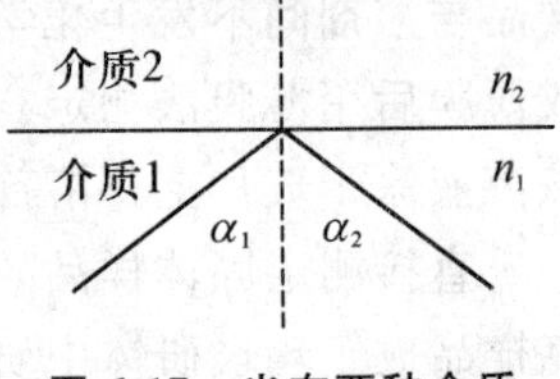

图 6-17　光在两种介质的介面上发生全反射

由图可见光在两种介质的介面上发生全反射的条件有两个，即：入射光必须是由光密介质进入光疏介质以及光的入射角 α_1 大于临界角 θ_c。

发生全反射时部分光束会进入介质 2 一段较小的距离后才被反射回来。若介质 2 对入射光有吸收，则进入介质 2 的光束因为被介质 2 吸收而衰减，称为衰减全反射。衰减全反射可以应用于红外吸收光谱分析。在实际分析中应用 ATR 附件来实现 ATR 分析，见图 6-18。

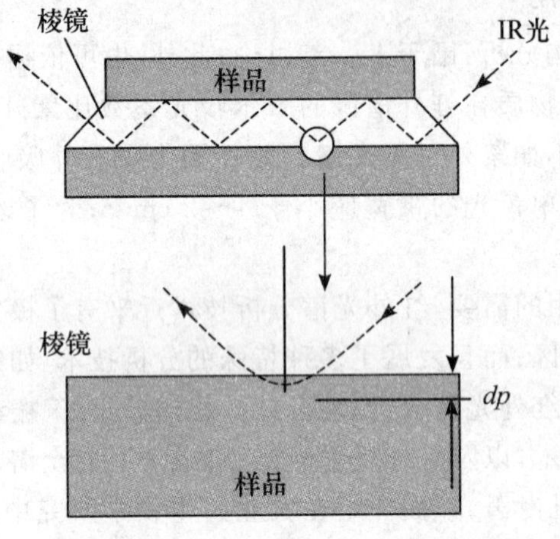

图 6-18　衰减全反射(ATR)分析原理图

因为产生全反射的条件必须是由光密介质进入光疏介质射，由图 6-18 可见：为了实现 ATR 分析，必须把分析光 IR 导入作为光密介质的四面体 ATR 棱镜(prism)；液态待测样(sample)在 ATR 棱镜的两侧，二者构成反射介面。分析光 IR 在 ATR 棱镜的顶端，以垂直镜面方向射入棱镜内，在反射介面发生全反射，每次发生全反射时入射光进入样品的深度为 dp，同时待测样对分析光产生吸收，于是从 ATR 棱镜的另一端出射的分析光形成待测样的吸收光谱，可以应用于定性分析与定量分析。图 6-18 中共发生七次全反射，以此增加分析光的光程，现代一些快速 ATR 分析的附件可以只需要一次全反射即可进行分析。

因为大多数有机物的折射率(n_2)小于 1.5 ，依据发生全反射的条件 $n_1>n_2$，ATR 棱镜的折射率(n_1)应当大于 1.5 。实际常用 ATR 棱镜的材料是 KRS-5 晶体、硅晶体或锗晶体等，它们的折射率(n_1)分别为 2.38 、3.40 与 4.01。

6.6　近红外光谱分析的信息来源

近红外光谱是介于中红外光与可见光之间的一个谱区，其波数范围 13 000(或 12 500)～

4 000 cm^{-1}，相当波长范围 770(或 800)～2 500 nm。该谱区的信息极为丰富，运用的信号复杂，应用领域广泛；其分析技术与前两个谱区有某些类似，但技术更为困难，必须借助化学计量学多元分析的方法。该技术特别在农业食品等复杂样品的分析中发展前景良好。

6.6.1　分子振动的倍频与合频

分子振动除了按照固有频率进行的基本振动以外，还有合频振动与倍频振动。合频振动是指：伸缩振动、弯曲振动等两种(或几种)不同振动复合在一起的振动，其振动频率理论上为两种振动频率之和。倍频振动是指以基频频率的整数倍进行的振动，其振动频率理论上为基频频率的整数倍。按照量子理论，基频振动与相邻能级之间的跃迁相对应；倍频振动与非相邻能级之间的跃迁相对应，其能级的间隔可以是 1 或 2，…，与其对应的是 2 或 3，…倍频振动。图 6-19 是—CH_2OH 基团的几种基频、倍频、合频振动的示意及其频率估算，括号中为实际近红外光谱中相应吸收带的位置。

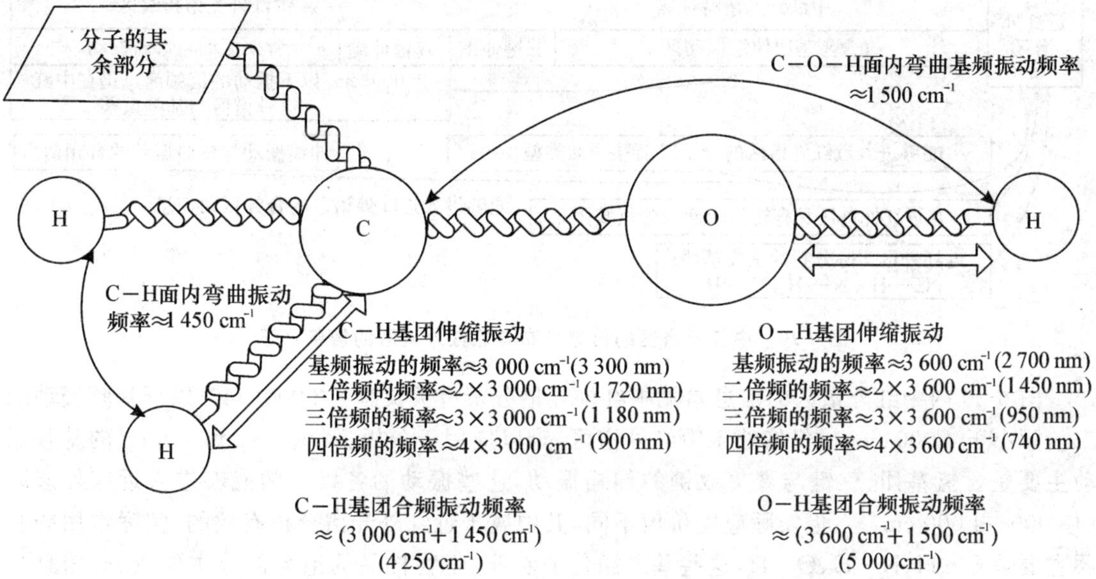

图 6-19　—CH_2OH 基团几种振动的示意及其频率估算

表 6-7 列出了含氢基团(C—H 、N—H 、O—H 、H_2O)的一些振动频率约值。

表 6-7　主要含氢基团合频与各级倍频吸收带的实际频率约值

振动类型	频率/cm^{-1}				波长/nm				谱区
	C—H	N—H	O—H	H_2O	C—H	N—H	O—H	H_2O	
伸缩基频	3 000	3 300	3 600		3 300	3 000	2 700		中红外
剪式弯曲	1 450	1 550	1 500		6 700	6 452	6 250		中红外
合频	4 250	4 650	5 000	5 155	2 350	2 150	2 000	1 940	长波近红外
二倍频	5 800	6 670	6 700	6 940	1 720	1 500	1 450	1 440	中波近红外
三倍频	8 480	9 520	10 500	10 420	1 180	1 050	950	960	中波与短波
四倍频	11 100	12 500	13 500	13 300	900	800	740	750	短波近红外
五倍频	13 300				750				短波近红外

比较图 6-19 与表 6-7 可见：含氢基团的倍频与合频振动的实际值比理论计算值略小，如：

C—H合频振动的实际值约为4 250 cm^{-1}，比理论计算值(3 000+1 450=)4 450(cm^{-1})略小，二倍频的实际值5 800 cm^{-1}，同样略小于理论计算值(2×3 000=)6 000(cm^{-1})。

6.6.2 近红外光谱化学信息的来源

中红外与近红外光谱分别可以承载有机分子基频与倍频、合频振动的化学信息，见图6-20。

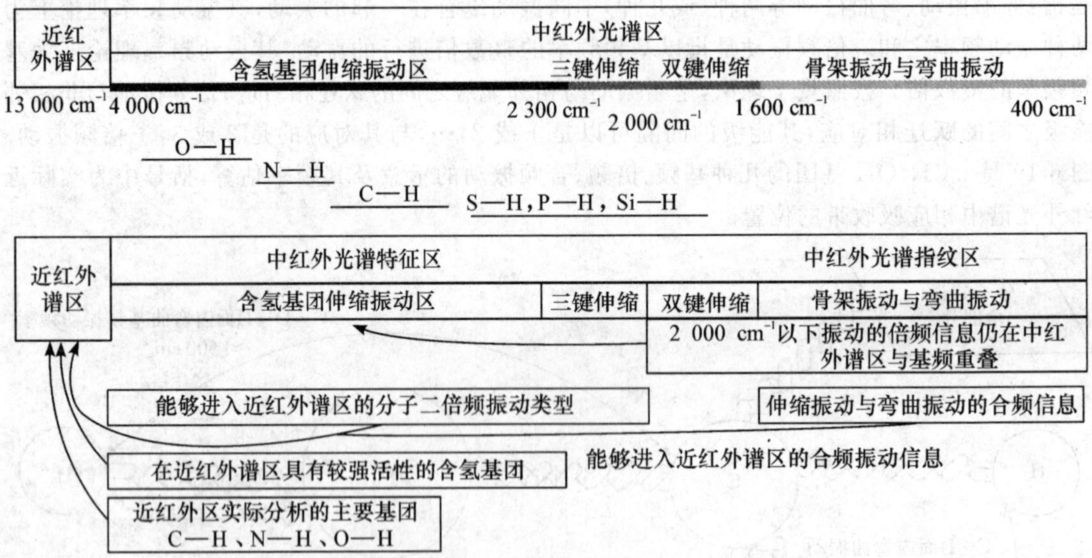

图6-20 中红外谱区的信息分布与近红外谱区的信息来源

图6-20内中红外谱区的信息参见中红外光谱分析有关文献。2 000 cm^{-1}以下基频振动的二倍频小于4 000 cm^{-1}，仍然处于中红外谱区，难以应用于分析。4 000～2 000 cm^{-1}的基频振动主要是含氢基团、三键与聚集双键的伸缩振动，这些振动的各级倍频能够进入近红外谱区(13 000～4 000 cm^{-1})，但实际应用价值不同，其中属于近红外光谱分析有效的、实际常用的基团主要是C—H、N—H、O—H，这些基团涵盖了农业、生物样品的绝大部分主要成分，信息量丰富；该谱区被物质的吸收低，透入深，适合做无损分析。

近红外谱区可以分为短波、中波、长波三个谱区，其化学信息主要是含氢基团(C—H、N—H、O—H)的合频与各级倍频振动信息，参见图6-21与表6-7。

由图6-21可见近红外谱区主要承载的信息是C—H、N—H、O—H合频与倍频的信息；其中：

长波近红外谱区2 500～1 600(或1 800)nm主要承载的是这些基团合频的信息；

中波近红外谱区1 600(或1 800)～1 100 nm主要承载的是二倍频与C—H三倍频的信息；

短波近红外谱区(1 100～700 nm)主要承载的是三、四、五倍频，即高倍频的信息。

显然，凡是与图6-21列出的结构有关的组分与性质，都可能运用近红外光谱进行分析。C—H、N—H、O—H基团是农业与生物类样品主要活性成分的组成基团，由此可以了解近红外分析的结构范围。图6-22是实际测定的一些农业与生物样品近红外漫反射光谱。

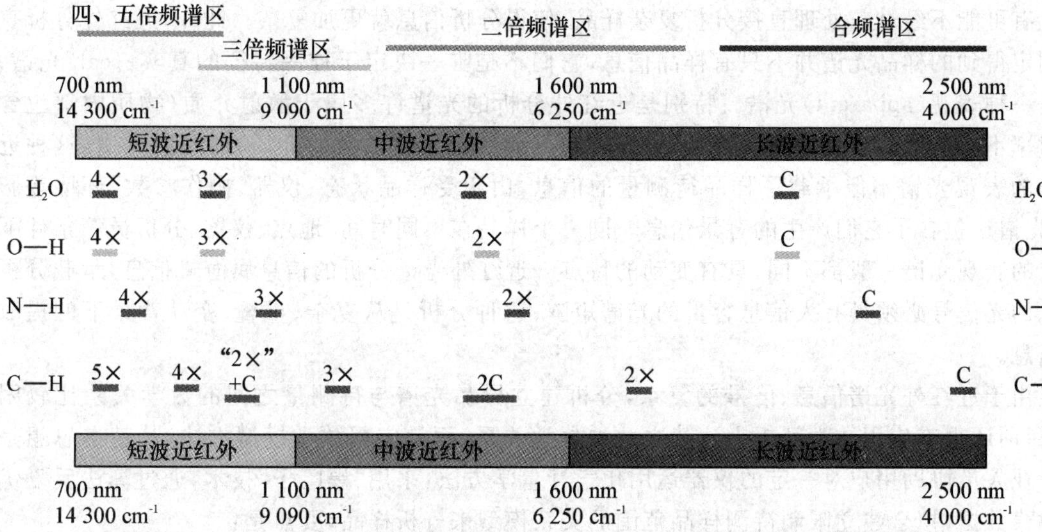

图中：2×、3×、4×、5×分别为主要含氢基团(C—H、N—H、O—H)的二、三、四、五倍频
C为合频，2C为合频的二倍频，“2×”+C为合频与二倍频的合频

图 6-21　近红外谱区主要含氢基团(C—H、N—H、O—H)的信息分布示意图

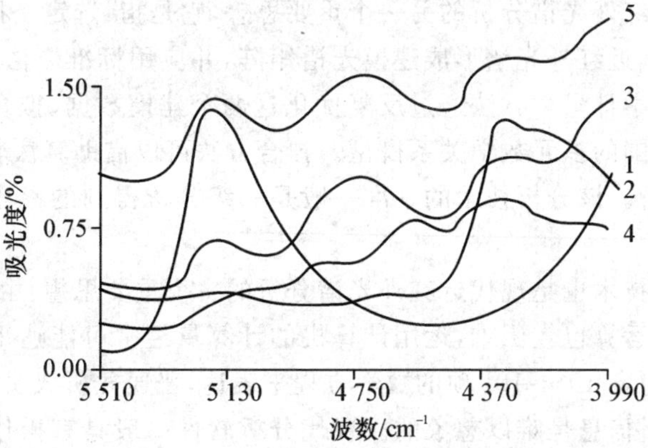

图 6-22　一些农业与生物样品的近红外漫反射光谱

1. 以硫酸钡为背景水的近红外漫反射光谱，可见在 5 200 cm^{-1}附近水中 OH 的合频吸收带；
2. 以硫酸钡为背景花生油的近红外漫反射光谱，可见在 4 300 cm^{-1}附近 CH 的合频吸收带；
3. 以硫酸钡为背景淀粉的近红外漫反射光谱，在 5 170 cm^{-1}附近是 OH 的合频吸收带；
4. 以硫酸钡为背景牛血清蛋白的近红外漫反射光谱，在 4 600 cm^{-1}附近是 NH 合频吸收带；
5. 谷子粉的近红外漫反射光谱，谷子粉中包含了水、油分、淀粉与蛋白质。

由图 6-22 可见其光谱在上述各个组分对应的谱区都有吸收带，由于光谱包含了这些组分的信息，应用近红外光谱可以对谷物样品中的这些组分进行分析。

6.7　近红外光谱分析技术的基本思想与技术实施

近红外光谱分析属于复杂分析，完成复杂分析需要运用多种方法，通过一系列步骤，这些方法步骤有相互联系或互为因果，因此进行复杂分析必须有一个总体思路或称为分析的基本思想，为了实现分析思想要有一套技术方案。

6.7.1　近红外光谱分析技术的基本思想

近红外光谱分析依据的信息量约比常规分析高几个数量级，应用于鉴别分子的能力很强，因此有可能不经过前处理直接分析复杂样品，使得分析信息就更加复杂。此外，近红外分析直接测定得到的样品光谱并不只有样品信息，它们不是唯一决定于样品特征的真实(real)光谱，而是一种表观(apparent)光谱。特别是近红外分析的光谱许多属于散射介质(物质内部包含折射率不同的几相成分，光在其中通过时方向可能变化发生散射的介质)的漫射光谱，这种近红外的表观光谱不但承载了样品待测量的信息，由于受样品状态、仪器、操作参数、环境等影响，光谱还包含了它们产生的背景信息。同一个样品在不同时间、地点、仪器、分析员等条件下测定的表观光谱一般都不同，具有变动的特点。近红外光谱分析的信息属海量信息，承载分析信息的光信号必须具有大信息容量的光谱矩阵；这种分析是从复杂、重叠、变动背景下的提取弱信息。

由于近红外光谱信息、信号的复杂，分析建立样品光谱与待测量之间的数学关系比较困难，目前还很难应用数学解析方法建立此种数学关系，而是应用数学模型方法，其基本思想是由专业人员协助用户对一定的仪器运用化学计量学方法，采用“黑匣子”技术，通过算法反复优化建模数据，拟合建立限制待测样品范围的关系模型来分析样品，要点是：

(1)限制范围的关系模型：即建立只能在规定的限制范围下分析待测样品的相对关系模型，从而避免了用数学解析建立数学关系难以解决的困难。这种模型在规定的范围内，待测样品表现光谱的变动不会明显影响分析结果，这是近红外光谱分析最重要的思想。

(2)拟合建模是近红外光谱分析的另一个重要思想，它是指：选定一批有代表性的样品，在一定条件范围下测定其近红外光谱形成建模光谱矩阵，并应用标准方法测定其待测量形成参比值矩阵；然后运用化学计量学方法通过反复优化这两个建模数据、拟合二者关系，并将它们关联起来，建立限制范围的多元数学关系模型。拟合方法可以借助算法软件的帮助完成，从而避免了复杂的数学解析。该分析技术的基准一般是一级分析得到的参比值，因此近红外分析通常属于二级分析。

(3)应用“黑匣子”技术也是现代近红外光谱分析的一个重要思想：由于近红外光谱的信息复杂，反复优化建模的运算也较困难，运用计算机的计算量经常可能达千万次量级，建立的关系模型经常需要应用包含 $10^2 \sim 10^4$ 项的数学方程来表达，普通分析人员应用化学计量学方法处理近红外光谱的海量信息是难以想象的。现代分析软件一般具有操作向导功能，分析人员即使并不详细了解其算法原理，也可以在软件提供的参数以及相应的提示下完成分析，这种技术属于“黑匣子”技术(“黑匣子”是指信息处理系统中的功能模块，对于应用人员，其内部的工作原理与过程可以不需要详细了解，比作为黑色的匣子)。运用“黑匣子”技术使化学计量学复杂算法以及软件的开发由专业人员完成；应用人员只需在软件帮助下要将样品的光谱与待测量特征数据输入给“黑匣子”，其数据处理模块就可以执行对各种建模数据的优化、建立关系模型、对模型与分析结果的验证等，直至输出分析结果。如此多的数据优化处理，有时还需要分析人员的介入，只有依靠算法软件，应用“黑匣子”才有可能实现。

虽然近红外光谱分析技术的信息、信号以及光谱与待测量之间的关系都相当复杂，但按照上述分析思想，依靠算法软件“黑匣子”的帮助，近红外分析的应用人员可以按照一定的程式，运用由仪器供应商协助开发的模型，通过固定的操作步骤来完成分析，使近红外分析成为一种相对比较容易掌握的“大众”技术，它对于将该技术向各领域推广起了重要作用。

6.7.2 近红外光谱分析技术的实施

实施近红外光谱分析技术方案的流程一般可分为下列七个实际操作步骤：

(1)选择足够多的且有代表性样品组成校正集或称建模样品集,“代表性”样品是指代表一定范围的样品,它决定了所建立模型可以适配的样品范围;

(2)通过现行标准方法测定校正样品的组成或性质,测定值称为参比值或化学值,组成参比值矩阵 **C**;若应用于定性分析,则需要测定样品分类的等级,也可用 **C** 表示。

(3)测定校正样品的近红外光谱,组成光谱矩阵 **A**;

(4)通过光谱预处理后,运用算法关联光谱与待测量之间关系,反复优化拟合建立限制范围的定量或定性数学模型 **A**～**C**;

(5)用验证集样品对所建模型是否适合分析待测样品进行验证,如果不适合则需要返回修正与优化模型;通过反复的验证与优化,直至模型与样品相适配;

(6)应用与待测样品相适配的模型分析待测样光谱 **A′**,得到分析结果 **C′**,并验证分析结果的可靠性;

(7)若模型未达要求或需应用于另一台仪器,则模型需要反复优化、更新、传递或转移。

上述分析的七个实际操作步骤包含在分析信息传递三个基础环节中:样品信息的采集、信息的关联与信息的提取。实际分析过程在信息采集前还需要有一些采集的准备,见图 6-23。

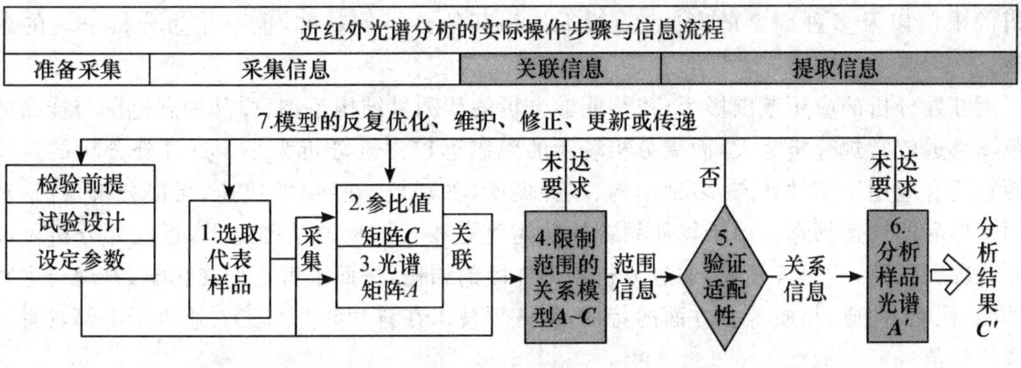

图 6-23　近红外光谱分析的实际操作步骤与信息传递的流程框图

图中:灰色背景是近红外光谱分析测量系统“黑匣子”内部功能;**A**、**C** 分别为样品的光谱特征与待测量特征;方形框为流程的节点或操作,菱形框为判断操作;1-7:为七个实际操作步骤

近红外分析的七个实际操作步骤可以分为信息的采集、关联与提取三个基本环节:

第一个环节采集信息:操作步骤 1～3 属于信息采集;按照近红外光谱分析运用“限制范围的关系模型”的基本思想,近红外分析当然需要采集两方面相应的信息,即:范围信息与关系信息。近红外光谱分析选择代表性样品并在一定条件下测量这些样品的近红外光谱以建立光谱矩阵;同时测定它们的参比值以建立参比值矩阵,这些都是为了采集这两方面信息;如:表观光谱矩阵 **A** 的“待测量光谱特征”以及参比值矩阵 **C** 的“参比值分析性能特征” 它们是近红外分析需要关联的两个方面,按分析中起的作用它们是关系模型中的关系信息。此外,表观光谱矩阵 **A** 的“光谱测量的环境参数范围”与参比值矩阵 **C** 的 “建模集的样品类型范围”与“建模集的参比值分布范围”等它们分别决定了定性分析与定量分析的范围,按分析中起的作用它们是关系模型中的范围信息。

第二个环节关联信息:操作步骤 4 是通过信息关联,建立光谱与待测量之间的数学关系。样品近红外光谱是一种表观光谱,必然包含大量背景信息,在关联信息之前需要对各种建模信息进行背景校正,并有大量参数需要反复优化。建模数据中包含的范围信息限制了模型应用的范围，它决定了所建模型的稳定性；关系信息决定了模型建立的关系是否准确，它决定了所建模型的准确性，详见后。建立优秀的数学关系模型是准确分析样品的关键。

第三个环节提取信息：操作步骤 5～6 是应用建立的数学关系提取样品信息，获取需要的分析结果；提取信息分为两部分工作：应用模型的范围信息来验证模型与待测样是否适配，与应用适配模型的关系信息对待测光谱进行计算以取得分析结果。步骤 7 是在建模过程需要反复优化建模数据或某些情况下为了将模型转移到其他仪器应用时需要重复前几个步骤。

近红外分析的信息采集前需要进行一些准备工作，包括检验进行近红外分析的前提是否具备，即：检验待测量的信息与近红外谱区能够承载的信息范围是否相符合。此外，开始实施分析前需要进行试验设计，包括如何选定分析的基准、设定扫描光谱与建模的参数等。

6.7.3 近红外光谱分析的应用特征

近红外光谱分析的信息量丰富，对待测量的鉴别能力较强，可以有效应用于定性分析，也可以不经过前处理直接无损分析复杂物；但近红外光谱的摩尔吸光系数约比中红外谱区低一个或几个数量级，适合于常量分析，一般难以进行微量分析。该分析技术由于准确度受到一级分析的限制以及多种因素的影响，一般不作为其他分析的基准，也不作为分析争端的最终仲裁。

近红外分析的应用范围极为广泛：能够分析的待测量结构范围、样品物态范围与样品的纵深范围都远较常规分析为大，而受分析场所的限制远较常规分析为小。近红外分析的这些特点使它适合应用于多种物态、多种结构、多种场所（如现场、在线）的快速、无损分析，特别适合应用于样品的快速筛选。由于物质系统的功能建立在其结构的基础之上，近红外分析可以在农业、食品、医药，石化等领域，通过分析各类样品的结构，进而了解它们在化学、物理与生物学的功能、性能、性质、品质等多方面的特征，使该项技术在科学研究与工农业生产中都具有重要的应用价值。

习　题

1. $CHCl_3$ 分子中 C—H 键的伸缩振动频率为3 030 cm^{-1}，C—Cl 的伸缩振动频率为 758 cm^{-1}试估算：

   (1)$CDCl_3$ 分子中 C—D 的伸缩振动频率为多少？

   (2)$CHBr_3$ 分子中 C—Br 伸缩振动的频率为多少？

2. 试估算有机分子中下列含氢基团伸缩振动的特征频率：

   (1)醇类有机物中羟基的伸缩振动频率，设 O—H 键的力常数 $K=7.5\times10^{-7}$ N/nm；

   (2)胺类有机物中胺基的伸缩振动频率，设 N—H 键的力常数 $K=6.5\times10^{-7}$ N/nm；

   (3)有机分子中 C—H 键的伸缩振动频率，设 C—H 键的力常数 $K=5.5\times10^{-7}$ N/nm。

3. 有机分子中 C—H 键的微环境影响其键的力常数，从而使特征吸收频率有一定的离散，试依据下列四种有机分子 C—H 键的特征频率，计算其力常数 K：

   (1)≡C—H 伸缩振动的特征频率为3 300 cm^{-1}；

   (2)苯环上 C—H 伸缩振动的特征频率为3 030 cm^{-1}；

   (3)烷烃中 C—H 伸缩振动的特征频率为2 900 cm^{-1}；

   (4)醛基中 C═H 伸缩振动的特征频率为2 750 cm^{-1}。

4. $CH_2═CH_2$ 的下列简正振动方式中哪些振动方式具有红外活性？

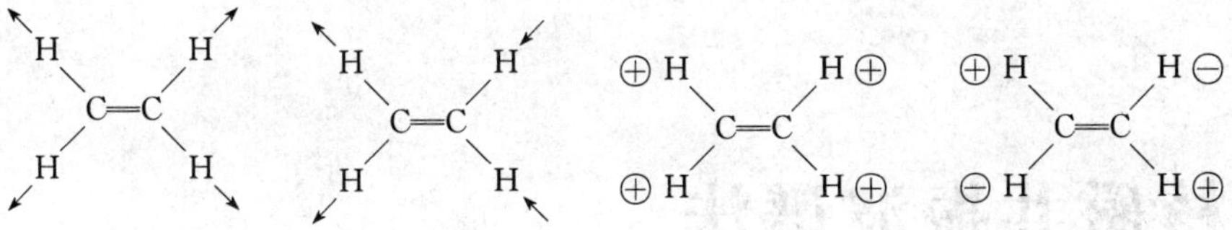

5. 某有机物的化学式为 C_7H_6O，其红外光谱如下（见图 6-24），试确定其结构，并在红外光谱中指出至少四个峰的结构来源。

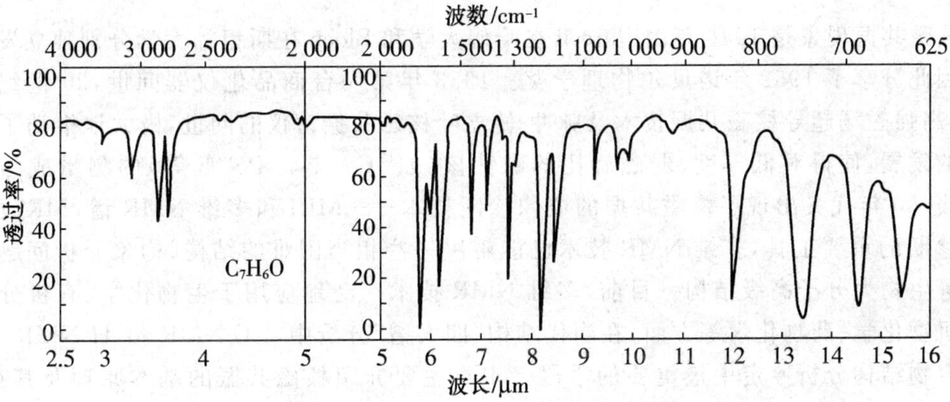

图 6-24　某有机物化学式为 C_7H_6O 的红外光谱

7 核磁共振波谱法

核磁共振现象是1946年由Purcell在哈佛大学和Bloch在斯坦福大学分别独立发现的，他们因此分享了1952年诺贝尔物理学奖。1953年第一台商品化仪器问世，20世纪70年代末，高强磁场超导核磁共振技术及脉冲-傅立叶核磁共振谱仪的问世，极大地推动了NMR技术的发展，使得对低丰度、弱磁旋比的磁性核（如^{13}C、^{15}N、^{31}P、^{19}F等）的测量成为可能。20世纪80年代又出现了核磁共振的成像诊断技术——MRI和多维NMR谱，MRI已成为医学诊断的重要工具，多维NMR技术已能解决一些相当困难的结构、构象分析问题，如蛋白质等生物大分子高级结构。目前，多维NMR技术广泛地应用于生物化学、有机分析、天然有机物化学、药物化学等方面，在当代结构"四大谱"分析中，^{13}C-NMR和^{1}H-NMR成为有机化合物结构分析鉴定中最重要的手段。本章主要介绍核磁共振的基本原理及其在有机结构分析中的应用。

7.1 基本原理

核磁共振波谱（nuclear magnetic resonance spectroscopy，简称NMR）分析是利用磁性核在外磁场作用下的核自旋能级间跃迁的原理来研究有机物结构与组成的一种化学物理分析方法。核磁共振是指原子核在磁场中对电磁波产生共振吸收的一种现象（连续谱仪）。对特定的原子核，在一定强度的外磁场中，共振吸收的电磁波频率与原子核在分子中的微环境有关；共振吸收的强度与产生核磁共振原子核的数目有关。因此由样品分子中某种核的NMR谱可得到有关该分子的结构与含量的信息。NMR分析时，当原子核所在位置磁场的磁感应强度约1特斯拉（1 T）时，对电磁波共振吸收的频率在无线电波谱区，因此NMR分析时装载信息的信号是无线电波。NMR现象可用量子物理解释。

7.1.1 核自旋与核磁矩

本节讨论的原子核是指没有电子云包围的裸核。原子核是由中子和质子组成的，具有电荷与质量，核的自旋具有磁矩μ与动量矩P（角动量）。对于一定的原子核，两者之比γ（称为磁旋比）是一定的，γ是原子核的特性参数，即有：

$$\gamma=\mu/P \tag{7.1}$$

可推导出原子核磁旋比的公式：

$$\gamma=(e/2Mc)g=g\beta/(h/2\pi) \tag{7.2}$$

式中：e为质子电荷；M为质子质量；c为光速；g决定于原子核的种类，称为朗德因子，β为核磁子，是核磁矩的单位；h为普朗克常数；$\beta=5.05\times10^{-27}$(J/T)。

某些原子核的γ，g值见表7-1，表中同时列出原子核的其他磁特性：在外磁场方向核自旋产生的最大磁矩μ(Z，max)（单位为β）与核自旋角动量量子数I。g值目前还无法计算得到，

只能通过测量 $\mu(Z,\max)$ 来间接计算，关系式为：

$$\mu(Z,\max)=g\cdot\beta\cdot I \tag{7.3}$$

即(以 β 为单位)：

$$g=\mu(Z,\max)/I \tag{7.3'}$$

表 7-1 某些原子核的磁特性

	* $\mu(Z,\max)$	I	g	$\gamma\times10^7/(T\cdot s)^{-1}$	自然丰度/%
^1H	2.79	1/2	5.58	26.75	99.98
^{13}C	0.702	1/2	1.402	6.73	1.11
^{14}N	0.404	1	0.404	1.93	99.6
^{15}N	−0.283	1/2	−0.566	−2.71	0.365
^{17}O	−1.893	5/2	−0.75	−3.63	3.7×10^{-2}
^{19}F	2.627	1/2	5.25	25.16	100
^{31}P	1.13	1/2	2.26	10.83	100
^{11}B	2.688	3/2	1.79	8.75	81.17

* 以 β 为单位。

由量子力学知道核自旋角动量是量子化的，核自旋角动量 P(矢量)的大小为：

$$|P|=\sqrt{I\cdot(I+1)}\cdot h/2\pi \tag{7.4}$$

式中 I 为原子核的自旋量子数，它决定于原子核中的质子数和中子数，如表 7-2 所示。

表 7-2 不同原子的核自旋量子数

		原子中的质子数	
		奇数	偶数
原子中的中子数	奇数	$I=1,2,\cdots$	$I=1/2,3/2,\cdots$
	偶数	$I=1/2,3/2,\cdots$	$I=0$

核自旋角动量的方向也是量子化的，当原子核处于外磁场中绕外磁场运动时，空间的取向只能取一些特定的方向(称为原子核自旋的空间量子化)，角动量在磁场 B_0 方向上(Z 轴)的角动量的分量(投影)$P(Z)$ 由下式规定的一些特定值，即：

$$P(Z)=m\cdot h/2\pi \tag{7.5}$$

式中：m 为原子核的自旋磁量子数，m 取值为 $I,(I-1),\cdots,-I$，所以 m 共可取 $2I+1$ 个值，即自旋角动量共有 $2I+1$ 个空间取向，如图 7-1 所示，分别为 $I=1/2$、1、2 的核的角动量空间量子化。

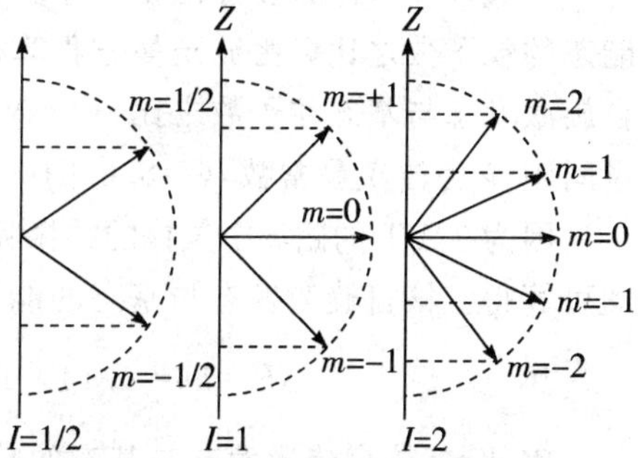

图 7-1 外场中核自旋的空间量子化

磁性原子核(自旋量子数不等于 0)自旋时产生磁矩 μ 由式(7.1)决定，磁矩大小为：

$$|\mu|=\gamma|P|=\gamma\sqrt{I(I+1)}h/2\pi \tag{7.6}$$

在磁场中取向也是特定的，磁矩在外磁场方向的分量由下式表达：

$$\begin{aligned}\mu(Z)&=P(Z)\cdot\gamma\\&=m\cdot(h/2\pi)\cdot\gamma\end{aligned} \tag{7.7}$$

实际上自旋角动量和自旋磁矩都是矢量，一般 μ 与 P 同向(个别核 γ 为负值)。

7.1.2 核磁能级与核磁共振现象

具有磁矩 μ 的自旋核在磁场 B_0 中所具有的能量等于 $-\mu\cdot B_0$(矢量点积)，因此，原子核在磁场中核磁矩取向的量子化导致能级的分裂(塞曼效应)，即原子核在磁场中核磁能级裂分为 $2I+1$ 个：

$$E(m)=-\mu(Z)\cdot B_0=-m\cdot(h/2\pi)\cdot\gamma\cdot B_0 \tag{7.8}$$

式(7.8)就是在 B_0 磁场中自旋核的能级公式，该式说明对磁场中某特定的核，其核磁能级可取 $2I+1$ 个间距相同的能量值。

由量子理论知道原子核不同核磁能级间跃迁的选择定则是：

$$\Delta m=\pm 1$$

跃迁引起的能量的变化等于：

$$\Delta E=h/2\pi\cdot\gamma\cdot B_0 \tag{7.9}$$

当外界用能量为 $\Delta E=h\cdot\gamma\cdot B_0/2\pi$ 的电磁波照射原子核时，核会吸收电磁波的能量使其由自旋低能态跃迁到高能态，而产生核磁共振现象，该电磁波的频率 ν 为：

$$\nu=\gamma\cdot B_0/2\pi \tag{7.10}$$

通过仪器可检测到原子核在能级跃迁的过程中吸收电磁波能量的信号，可以证明的是式(7.10)的频率值也是共振原子核绕 B_0 运动的频率。

7.1.3 饱和与弛豫

由式(7.8)可知，在外磁场中原子核核磁能级会发生裂分，处于低能态的粒子数和处于高能态的粒子数之比可由波茨曼方程算得。例如，在 1 T 的磁场中，当温度 T 为 300 K 时，氢核自旋激发态与基态粒子数之比 $N^*/N_0=\exp-(\Delta E/kT)$。$\Delta E$ 为氢核自旋激发态与基态的能量间距；k 为波茨曼常数，$k=8.6\times10^{-5}$ eV/K。

因为在 1 T 的磁场中氢核的共振吸收频率 ν 为 $26.75\times10^{7}\times1/(2\times3.14)=42.5$ (MHz)，由此可算得氢核自旋激发态与基态的能量间距：

$$\Delta E=h\nu=4.14\times10^{-15}\times4.25\times10^{7}=1.76\times10^{-7}(\text{eV})$$

因此，氢核自旋激发态与基态的粒子数之比为：

$$N^*/N_0=\exp(-0.68\times10^{-5})=0.999\,993$$

说明在室温下，在 1 T 的磁场中，核磁能级的基态和激发态的粒子数十分接近，因为只有比激发态净多出的基态粒子对于 NMR 吸收有效(净吸收)，因此核磁共振吸收时，有效的原子核数大约只占原子总数的百万分之几，这是核磁共振分析灵敏度比较低的原因。当产生核磁共振现象后，可检测到 NMR 信号，但这个信号很快就减弱，直至 0，这是因为多出的百万分之几的低能态吸收能量跃迁到高能态，而高能态核又来不及释放能量回到低能态，使高能态核越来越多，直至两种自旋态核数目相等，净吸收为 0，即出现吸收饱和现象。这种现象在 UV 或 IR 中是不会出现的，这是因为在 UV、IR 中，其低能态粒子数目远多于高能态数目，且高能态粒子释放能量回到低能态的过程非常快。因此有必要研究原子核如何以非辐射方式从高能态回到低能态的过程，自旋核从高能态回到低能态的过程称弛豫。在核磁测量中，常用弛豫时间 T(s)来表示弛豫过程的长短，弛豫的机理很多，主要有下面两种：

1. *自旋-自旋弛豫（横向弛豫 T_2）* 自旋-自旋弛豫是指一个高能态核的能量被转移到邻近的一个低能态核上，自身回到低能态的过程，实际上是邻近核的自旋交换（能量交换），与共振吸收无关。固体、液体中核位置固定 T_2 较小，气体中 T_2 较大(约 1 s)。

2. *自旋-晶格弛豫（纵向弛豫 T_1）* 自旋-晶格弛豫是指高能态核把能量转移给周围的粒子中（变为平动、转动或振动能）而回到低能态。如固体样品转移给晶格（晶格能），液体样品转移给溶剂或周围分子。T_1 的范围为 10^{-2}～100 s，固体 T_1 大，而气体 T_1 很小（与分子运动快慢有关）。

弛豫时间虽有 T_1、T_2 之分，但对每个核来说，它在高能态所停留的平均时间只取决于 T_1、T_2 中的较小者（两个过程竞争）。液体样品的弛豫时间约 1 s。由于液体 T 较大，由测不准关系知，谱线较窄，通常可小于 1 Hz，分辨率高。但随溶液黏度增加，分辨率下降，因此测试样品时尽量配成溶液，以提高谱图的分辨率。

T_1、T_2 的大小受很多因素的影响，研究它可得到极丰富的结构信息，如分子的大小、缔合、内旋转、分子链的柔顺性、分子的对称性、分子运动的快慢、有无空间位阻等，广泛应用于高分子、生物大分子的结构及性能的研究。

7.2 核磁共振波谱仪

核磁共振谱仪的种类和型号很多，按扫描方式分有连续波扫描（CW-NMR）和脉冲傅立叶变换谱仪（PFT-NMR），按仪器测定条件可分为窄孔谱仪（用于测定高分辨液体谱）和宽孔谱仪（测定固体或液体），但更常用^{1}H 核的中心工作频率来划分，有 60 MHz、100 MHz、200 MHz、400 MHz、600 MHz、750 MHz 等型号仪器。其中 200 MHz 以上为超导磁体的 PFT-NMR。

7.2.1 基本结构

NMR 谱仪基本是由磁体、探头、谱仪三大部分构成的，如图 7-2 所示。

磁体一般有永久磁铁、电磁铁、超导磁体三种，其优缺点见表 7-3。

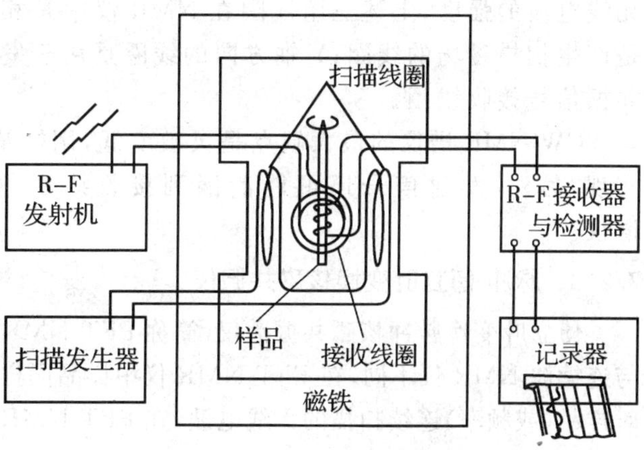

图 7-2 核磁共振谱仪原理图

表 7-3 三种磁体的特点

种类	使用的最大 $B_0(\max)/T$	优点	缺点
永久磁铁	2.3	B_0 稳定耗电小	环境温度要求高(35±0.002)℃
电磁铁	2.5	对温度不敏感 B_0 达稳定快	耗电，水冷却
超导磁体	17.6	灵敏度高	运行费高

核磁共振谱仪要求磁体的磁场高度均匀，否则会大大降低分辨率。因此，NMR 谱仪采用以下三种办法来保证分辨率：①锁场控制(反馈补偿 B_0 漂移)；②匀场线圈(调节局部磁场)；③旋转样品管(平均化磁场的不均匀性)。

探头包括发射线圈、接收线圈、样品管套(涡轮旋转)、前置放大器等基本部分，是 NMR 谱仪的心脏部件。常见的探头还有单核(如 ^{13}C、^{1}H)、双核、多核之分。

谱仪包括有射频发生器和信号放大显示装置等部分(包括计算机系统、绘图仪等)。

7.2.2 连续波 NMR 谱仪

核的进动频率由式(7.10)给出：

$$\nu=\gamma B_0/2\pi$$

为产生核磁共振，可采用固定电磁波频率，连续改变磁感强度的方式(扫场方式)；也可固定磁感强度，连续改变电磁波的频率的方式(扫频方式)。为了检测样品中存在哪些进动频率，需要在进行扫描的同时，检测样品对该无线电波的吸收强度，得到样品对于无线电波的吸收强度与磁感强度(或无线电波频率)间的关系曲线，这就是样品的 NMR 谱。NMR 仪的基本结构与吸收光谱仪有类似之处，即它们都需要有电磁波的辐射源与检测器，只是因为核运动的频率在无线电波谱区，NMR 谱仪需要的电磁波辐射源为无线电波发生器。NMR 仪产生和检测电磁波都利用无线电技术，需要用特定的线圈来实现。由于不同化学环境引起的共振磁场(或频率)差异非常小(约 10^{-5})，因此扫描常用直流导电线圈产生一个可调的微小磁场。核磁共振谱仪需有三组线圈，分别用于产生扫描磁场(helmholtz 线圈)、辐射共振无线电波(发射频率在一定范围内连续可调)及检测样品吸收无线电波的强度，上述三组线圈在 NMR 仪中是相互垂直的，见图 7-2。X 轴方向的线圈是产生扫描磁场的线圈；Y 轴方向的线圈是用于发射无线电波的；Z 轴方向的线圈是核磁共振信号接收线圈。

CW-NMR 谱仪的最大缺点是灵敏度低，用样量较多，对低丰度、弱磁性核的测量无法实现，另外，发射信号还可能泄漏到接收线圈，要解决这些问题必须采用 PFT-NMR 谱仪。

7.2.3 脉冲-傅立叶变换核磁共振仪

傅立叶变换脉冲核磁共振谱仪(简称 PFT-NMR)是近 20 年来出现的高灵敏度 NMR 仪。与连续波 NMR 仪不同，在 PFT-NMR 仪中样品同样置于强磁场中，但代替连续波 NMR 仪中对样品(或频率)连续扫描的无线电波，在 PFT-NMR 仪中是强度大而持续时间短的无线电脉冲波。周期性脉冲的作用与 FT-IR 中迈克尔孙干涉仪的作用相似，在脉冲过程中使不同共振频率的核同时产生跃迁，从而产生一时间域光谱。

根据傅立叶变换的原理知道，脉冲波相当于一系列正弦波分量(称为谐波)叠加出来，因此选择适当频率(接近 ν_0)的脉冲波、调节脉冲宽度(约 10 μs)与两个脉冲之间的间距,可使脉冲的谐波分布包括整个 NMR 共振区,这样的脉冲就相当于多通道的无线电发射机,在其发射的各种射频分量的作用下,样品中所观测的各频率的进动核可同时被激发为高能态,当脉冲停止后各种核都以各自的进动频率弛豫回低能态,产生相应的核磁共振信号,检测到的信号是各种频率信号的叠加,这种信号称为自由感应衰减信号(free induction decay signal,简称 FID),FID 是时间域信号,它包含样品中各种核的共振频率的信号,将 FID 时间域信号转变为频率域信号(NMR 谱)的过程是由计算机通过傅立叶变换来完成,这与 FT-IR 中迈克尔孙干涉图转换为以波数为横坐标的红外谱图相似。傅立叶变换脉冲核磁共振仪的结构框图见图 7-3。

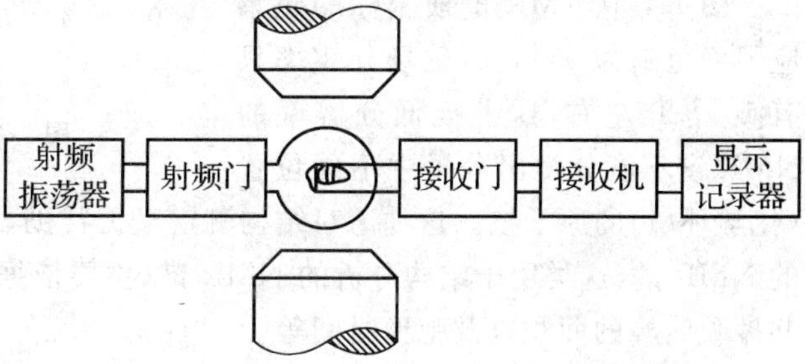

图 7-3 脉冲-傅立叶变换核磁共振仪结构框图

PFT-NMR 仪每发射一次无线电脉冲波就相当于连续波的 NMR 仪的一次扫描测量,因此 PFT-NMR 仪的扫描时间短,对于一个样品可以多次施加脉冲,得到多个 FID 信号,通过多次累加,可大大改善信噪比,使检测限降低两个数量级或更多,且节约大量时间。PFT-NMR 仪出现,使得某些低丰度原子核(如 ^{13}C、^{15}N 等生物分子中极重要的元素)的 NMR 谱能够测定;通过采用不同的脉冲序列,可以进行多维 NMR 技术的测量,使 NMR 技术在结构鉴定中具有决定性的作用;另外分时方式使发射能量泄漏到接收机的问题得到解决。

7.2.4 制样技术与试剂

一般测量应配制溶液,且样品溶液应有较低的黏度,以保证谱峰的分辨率。

样品用量视测量对象有所差异,测 ^{1}H 谱一般为 1~2 mg,测 ^{13}C 谱用量则更多,有些 NMR 技术需用量 100 mg 以上。常用溶剂为氘代溶剂,以便不产生干扰信号,且氘核又可作谱仪锁场之用,对低、中极性样品,一般用 $CDCl_3$ 作溶剂,极性大的样品可用 CD_3COCD_3 或 D_2O。由于氘代率约为 99.5%,故仍有少量氢未氘代,分析时应注意排除残留峰,各残余溶剂峰的化学位移,见表 7-4。

表 7-4 常用溶剂及残余溶剂峰

溶剂	氘代氯仿	氘代丙酮	氘代苯	氘代吡啶	重 水	四氯化碳
残留峰 δ	7.27	2.05	7.3	8.0	4.80	无

内标(基准物)一般为 $Si(CH_3)_4$(TMS),若有些溶剂 TMS 的溶解度较差,可采用 DSS [$(CH_3)_3SiCH_2CH_2CH_2SO_3Na$, $\delta=0.03$]作内标或用毛细管封装 TMS,再插入样品管中解决,选用 TMS 作内标,其优点是沸点低(27℃),易从样品中除去,便于样品回收,且能满足 ^{1}H、^{13}C 测定的要求。

7.3 NMR 谱的信息

图 7-4 是某玻璃容器中水中的各种核的分辨率极低的 NMR 谱。

由图 7-4 可见，该核磁共振谱只能分辨不同类型原子的核磁共振吸收，当 NMR 仪发射的无线电波的频率为 5 MHz，不同的原子核（g 不同）为了产生 NMR 吸收，所需的磁场强度 $B_0=2\pi\nu/\gamma$，由于 γ 的不同而不同。这些原子核对 5 MHz 的无线电波产生共振吸收所需磁场强度可在图中横坐标读出。

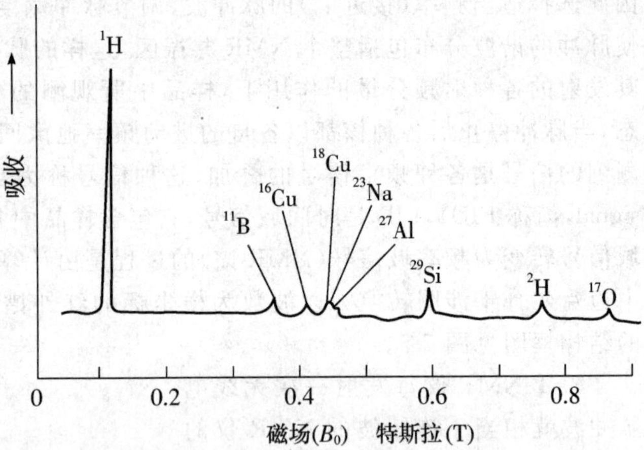

图 7-4　水的极低分辨率各种核 NMR 谱

图 7-4 中 NMR 谱横坐标的磁感应强度范围为 0～1 T，磁场分辨率只有 10^{-2} T 左右，这种极低分辨率的 NMR 谱不能分辨出分子中不同位置（化学环境）的原子核。这种谱对结构测定毫无帮助，实际用于化学结构分析的是较高分辨率的 NMR 谱，这类用于结构分析的 NMR 谱，主要依据的信息是化学位移、自旋偶合常数、核磁共振吸收峰的面积以及弛豫时间等。

7.3.1　化学位移

若把^{1}H-NMR 谱的分辨率提高到 10^{-6} 左右，就可把分子中不同微环境中 H 原子的 NMR 吸收峰分开。图 7-5 中(a)是乙醇分子 H 核的中等分辨率 NMR 谱，其横坐标的频率范围不到 1 000 Hz，分辨率约10 Hz；(b)是乙醇分子 H 核的高分辨率 NMR 谱，其分辨率约 1 Hz。

由图 7-5 中(a)可见，乙醇分子的^{1}H-NMR 谱包括峰面积比为3∶2∶1的三个 NMR 吸收峰，它们分别是分子中 CH_3、CH_2、OH 三种基团中的氢核的共振吸收，由于各基团自所处的微环境不同，NMR 共振频率也就不同（相对位移），这种由于化学结构的原因，使核磁共振吸收的频率（或磁场）发生的位移称化学位移。式(7.10)核磁共振的频率公式中的 B_0，并不是指外磁场的磁感应强度，而是指被研究的原子核实际所受到的磁感应强度 B，即是指分子中原子核所在位置微环境的磁感应强度。由于各种化学结构的原因，使原子核所在位置微环境的磁感应强度 B 不等于外磁场强度 B_0。影响分子中的原子核实际所受磁感应强度的因素主要有下列两种：处于原子中的核受到原子核外电子对外磁场的屏蔽作用，以及处于分子中的原子核受到分子化学结构等因素的影响。

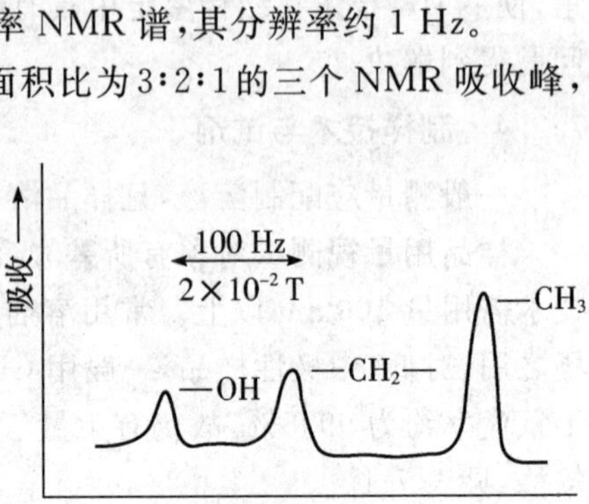

(a)低分辨率

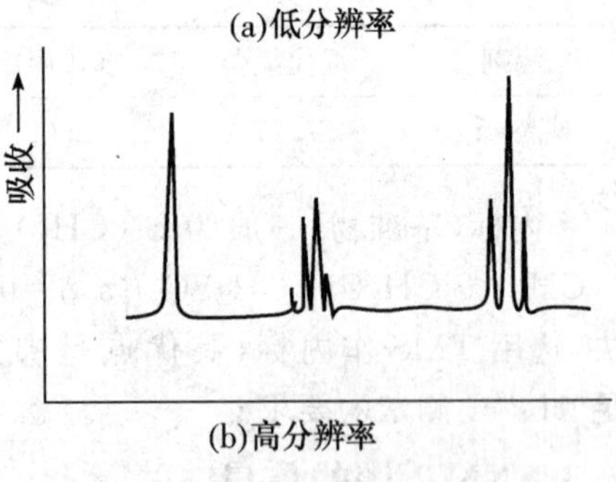

(b)高分辨率

图 7-5　乙醇分子中氢核的低分辨率与高分辨率 NMR 谱

1. *原子中的核*　自然界原子核不是裸露的，原子核外有轨道电子，轨道电子绕核运动，产生感应磁场 B'，见图 7-6。轨道电子产生的感应磁场 B' 在原子核的位置与外磁场 B_0 方向相反，因此原子核所受到的磁感应强度 B 小于外磁场强度 B_0，即核外电子对原子核有屏蔽效应。

2. 分子中的核　分子中的原子核除了受核外电子的屏蔽外，其外层电子（价键电子）还受化学结构的影响，同种原子在分子中的位置不同，即其化学环境不同（电子云形状不同），其原子核受屏蔽的程度也不同。例如被研究的原子核附近有电负性原子，可使原子核外电子云偏向邻近的电负性原子，从而使该核受到的核外电子的屏蔽减弱，这种作用称为去屏蔽效应。去屏蔽效应使分子中的原子核产生 NMR 吸收所需要的磁感应强度比原子状态所需的磁感应强度小，在场扫描氢核核磁共振谱中，理论氢原子裸核（质子）产生 NMR 吸收所需磁感应强度较低（称低场），在 NMR 谱的左侧；孤立氢原子中氢核产生 NMR 特征吸收所需磁感应强度较高（高场），在 NMR 谱的右侧，如图 7-7 所示。

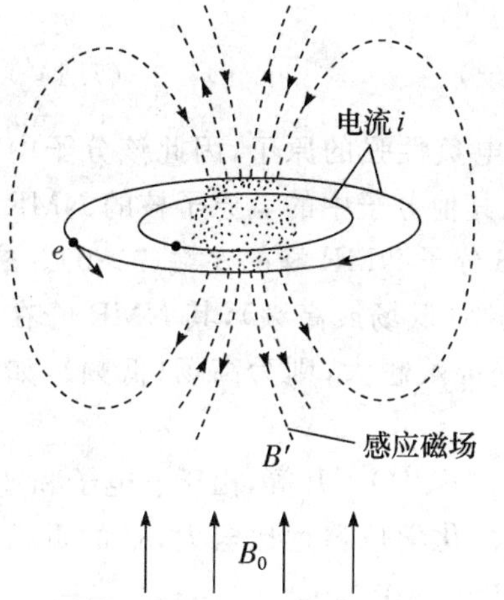

图 7-6　原子核外电子对外磁场的屏蔽作用

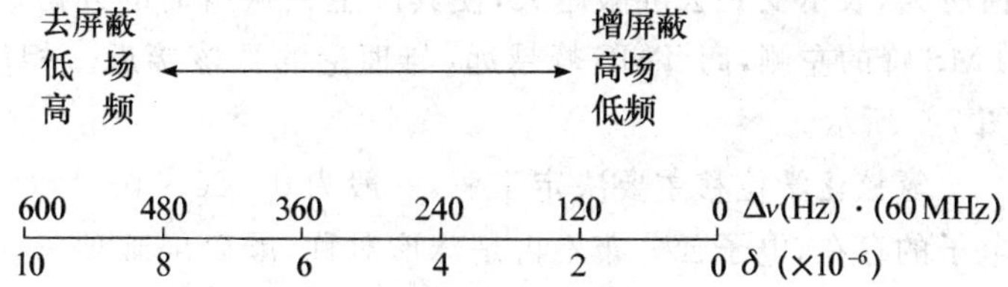

图 7-7　^{1}H-NMR 化学位移坐标

表示化学位移的量有绝对量与相对量两种形式。屏蔽磁场 B' 与外磁场的磁感应强度 B_0 成正比，因此：

$$B' = B_0 \times \sigma$$

比例常数 σ 称为屏蔽常数，其值决定于被研究原子核种类及其在分子中的化学环境，即决定于分子的性质，可用下式表示：

$$\sigma = \sigma_d + \sigma_p + \sigma_m + \sigma_s \tag{7.11}$$

其中 σ_d 为抗磁屏蔽项，与 s 电子云形状有关；σ_p 为顺磁屏蔽项（非顺磁屏蔽），与 p，d 电子云有关，若有 p，d 电子则此项远大于 σ_d，上述两项称核的近程屏蔽，σ_m 为相邻基团磁各向异性的影响，σ_s 为溶剂效应的影响。一般 σ_d，σ_p 项远大于其他项。对于 ^{1}H，由于只有 s 电子，故 σ_d 影响是主要的，对其他核（如 ^{13}C）则 σ_p 影响是主要的，由此知道原子核实际受到的磁感应强度 B 小于外磁场的磁感应强度 B_0，即：

$$B = B_0 - B' = B_0(1-\sigma) \tag{7.12}$$

式(7.12)中 $B_0\sigma$ 是化学位移的磁感应强度绝对量，由此可推测实际的核磁共振频率为：

$$\nu = \gamma B/2\pi = \gamma B_0(1-\sigma)/2\pi \tag{7.13}$$

式中 $\gamma B\sigma/2\pi$ 是以频率为单位的化学位移绝对量。

化学位移的绝对值通常很小，当外场强度 B_0 为 1.41 T 时，一般分子中氢核受到的屏蔽磁场强度 σB_0 为$(2.5\sim10)\times10^{-6}$ T，而且化学位移绝对值因不同仪器使用的磁场强度 B_0 的不同而不同，因此化学位移通常用不受仪器影响的相对值表示，此相对化学位移用 δ 表示，定义为：

$$\delta=[B_{标准}-B_{样品}]/B_{标准}\times10^6(\times10^{-6})$$
$$\delta=[\nu_{样品}-\nu_{标准}]/\nu_{标准}\times10^6(\times10^{-6}) \tag{7.14}$$

由于 $B_{(TMS)}\approx B_0$，$\nu_{(TMS)}\approx\nu_0$，常用标准物为 TMS，TMS 的化学位移 $\delta=0$，以 TMS 为标准的 NMR 化学位移 δ 值(单位$\times10^{-6}$)为：

$$\delta=[B_{(TMS)}-B_{样品}]/B_0\times10^6(\times10^{-6})$$
$$\delta=[\nu_{样品}-\nu_{(TMS)}]/\nu_0\times10^6(\times10^{-6}) \tag{7.14'}$$

在以 TMS 为标准的 NMR 谱中，因为 TMS 分子中没有电负性强的原子，因此该分子中的氢原子核受到 Si 原子核外电子强屏蔽，TMS 吸收峰一般比其他分子中的氢原子核的 NMR 峰更偏向于右侧。一般分子中的氢原子核 NMR 吸收在 TMS 分子 NMR 峰的左端($\delta>0$)。δ 值越大，表示受到去屏蔽越大，使其产生共振所需的外磁场越小(低场或高频)，其 NMR 峰在 TMS 峰的左侧，离 TMS 峰越远，与理论的裸核接近。相反受屏蔽越大，则为高场(低频)，如图 7-7 所示。

氢核化学位移主要决定于 σ_d，一般为 $0\sim20\times10^{-6}$，对 ^{13}C、^{19}F、^{17}O、^{31}P 等，由于 p 电子和 d 电子的存在，电子云分布不再是球形对称，顺磁屏蔽项 σ_p 很大，化学位移远比氢大，σ_d 的贡献一般为 100×10^{-6}以下，σ_p 则可超过几百乘以 10^{-6}，如 ^{13}C 为 220×10^{-6}。

7.3.2 自旋偶合(自旋裂分)

若把氢核 NMR 谱的分辨率进一步提高到 10^{-7}，则可以发现，原来的中等分辨率 NMR 谱中的一些吸收峰进一步裂分成多重峰。如图 7-5 所示(b)中乙醇分子中的 CH_3 峰被分裂为三重峰，CH_2 峰被分裂为四重峰，产生谱线裂分的原因是核磁矩之间的相互作用的结果，这种作用称自旋-自旋偶合(用 J 表示)，分裂所产生的谱线间距与核磁矩的偶合强弱有关。

自旋偶合的现象可用量子理论结合经典理论解释，下面以 $^1H—^1H$ 间偶合为例来说明，如前所述，由于核自旋磁矩的空间量子化，在外磁场中的氢原子核的取向有两种：一种是自旋产生的磁矩大体顺着外磁场方向，用"↑"表示；另一种是大体反着外磁场方向，用"↓"表示。两种取向的几率几乎相同，在磁场中不同的取向的核，通过偶合对邻近的同种核产生不同的影响。如乙醇分子中的亚甲基 CH_2 可自由旋转，因此两个 H 原子与 CH_3 中的 H 的偶合相同，这两个 H 在外磁场中有四种可能的取向($2^2=4$)，每种可能取向的几率为 1/4，即大约 1/4 CH_2 基团中的两个氢原子的磁矩是↓↓，大约 2/4 CH_2 基团中的两个氢原子核的磁矩是↓↑或↑↓，大约有 1/4 CH_2 基团中的两个氢原子的磁矩是↑↑，CH_2 中氢核的这四种可能取向对邻近的 CH_3 所附加的局部磁场分别为 $+2B''$、0、$-2B''$，"+"表示 CH_2 的磁矩与 B_0 相同，"−"表示 CH_2 的磁矩与 B_0 相反。附加磁场使邻近 CH_3 中的氢核的核磁能级分裂为三种，其相应跃迁产生的谱线变为三条，且这三条谱线的强度之比1:2:1，见图 7-5(b)。类推可知：裂分数及裂分强度比满足二项展开式，如表 7-5 所示。

表 7-5 多重峰相对强度

相邻碳上 H 数	峰数($n+1$)	相对强度比(二项式系数)
0	1	1
1	2	1∶1
2	3	1∶2∶1
3	4	1∶3∶3∶1
4	5	1∶4∶6∶4∶1

即如果某氢核相邻的 C 原子上有 n 个状态相同(化学等价)的 H 核,此核的吸收峰将被裂分为 $n+1$ 个,通常称 $n+1$ 规则。此规则只用于氢核和其他自旋量子数 $I=1/2$ 的核。自旋量子数为 I 的核,其多重峰数为 $2nI+1$,自旋偶合的结果造成 NMR 谱峰的分裂。准确地说,自旋偶合是通过成键电子链传递的,而不是通过空间传递的,J 的大小只决定于分子的本性,与仪器的工作频率(或 B_0)无关。氢核间的偶合常数可按偶合传递的化学键多少分为 ^2J(同碳偶合),^3J(邻碳偶合),^4J 及 ^5J(长程偶合)。偶合常数 J 随氢核环境不同和偶合作用的远近而不同,一般 ^3J 以上的偶合很小(接近 0)。

自旋核间的偶合是普遍存在的,除了以上介绍的同种核间的偶合外,还有异核间的偶合,如 ^1H—^{13}C 核间以及 ^1H、^{13}C 核与其他磁性核如 ^{14}N、^{19}F、^{31}P 等的偶合在 NMR 测量时也经常遇到,必须注意。NMR 用于结构分析时,利用自旋-自旋裂分可鉴定分子中的基团连接顺序及空间构象,在 ^{13}C-NMR 中可确定碳的级数和 C—C 连接顺序,通过研究远程偶合关系甚至可确定中间隔一个杂原子(C—X—C)间基团的连接(如 LSPD 技术)。

7.3.3 峰面积

^1H-NMR 谱中每组峰的强度可用该峰的积分面积来表示,面积大小与该峰的 H 核数成正比,各峰的面积比等于各峰的 H 数比,通过对各峰的面积测量可确定各峰的 H 数,如图 7-5 中(乙醇分子),按 δ 顺序(从大到小)三个峰面积比为1∶2∶3,这个关系可作为 NMR 定量分析的基础。但是在其他核的测量中,由于 NOE(nuclear overhauser effect)效应,使峰强度与核数间的关系不再成严格线性。

7.3.4 弛豫时间

弛豫时间与核在分子中的微环境有关,弛豫时间的测量有助于谱线归属的确定,也用来研究分子的大小,与溶剂的缔合分子内旋转,分子的各向异性,在生物大分子研究中应用广泛。纵向弛豫时间 T_1 的测量用反转-恢复法(inversion recovery),横向弛豫时间 T_2 的测量用自旋-回波法(spin echo)。

7.4 核磁共振氢谱(^1H-NMR)

7.4.1 常见含氢基团的化学位移及影响因素

对氢核而言,σ_d 起决定性作用,因此,影响其 s 电子云分布的因素都将影响其化学位移,常见的影响因素有:

1. 取代基团的电负性　由于存在着电负性基团,使得 C—H 键上 H 的 s 电子云向碳上转移,氢核的屏蔽减弱,化学位移加大。图 7-5(b)中,乙醇分子中 CH_2 基团中 H 原子受到电负性强的氧原子的影响,产生了去屏蔽效应,因此化学位移高达 3.9×10^{-6}。随着氢原子与电负性原子距离的增加，化学位移减少，因此，在乙醇分子中各种氢原子化学位移的次序是 OH>CH_2>CH_3。一般随取代基电负性加强，化学位移变大。如卤代烃 CH_3X，当 X 分别为 I(2.16×10^{-6})，Br(2.68×10^{-6})，Cl(3.05×10^{-6})，F(4.26×10^{-6})时，其化学位移顺序增加。

2. *碳杂化轨道* 碳有 sp^3、sp^2、sp 杂化轨道，按顺序其 s 成分增加，当它们与氢结合时，氢上的 s 电子云向碳转移的越多，对相连的氢原子有去屏蔽作用，化学位移加大。如甲基的化学位移约 0.9×10^{-6}，而乙烯的化学位移则为 5.25×10^{-6}。

3. *磁各向异性* 屏蔽除了受电负性影响外，分子中某些电子取向所产生的局部感应磁场 B' 也叠加在外磁场 B_0 上。当 B' 与 B_0 同向时，相当于去屏蔽效应，使化学位移增加。反之，当 B' 与 B_0 反向时，则相当于增屏蔽效应，使化学位移减少。

如图 7-8 所示，苯环上的 π 电子环流所产生的感应磁场 B'，因为在苯环中 H 原子处在感应磁场与外磁场同方向的位置，使该处微环境的磁感应强度得以增强，产生去屏蔽效应，使苯的化学位移达到 7.3×10^{-6}。不仅是苯，所有的芳香体系($4n+2$)都有强烈的环电流效应，如十八轮烯中，环外(去屏蔽区)的 H 的化学位移高达 9.28×10^{-6}，而环内的 H 处于高屏蔽区，其 δ 为 -2.99×10^{-6}。

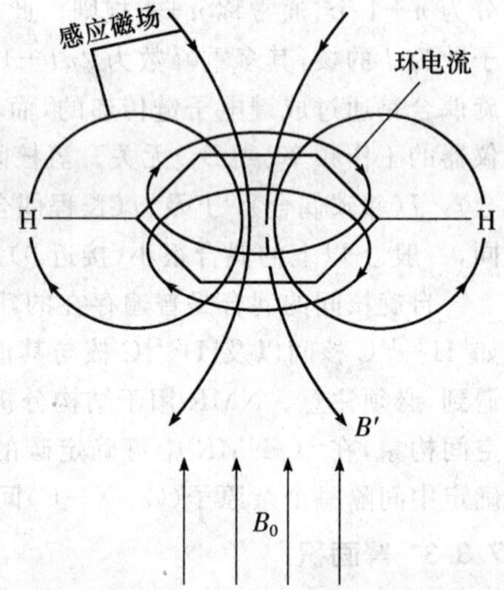

图 7-8 芳香体系中环电流的影响

图 7-9(a)中，乙烯分子中的电子云产生的感应磁场在氢原子位置与外磁场方向相同，因此有较大的去屏蔽效应，使化学位移增加到 5.25×10^{-6}，与此类似结构的醛基的氢的化学位移可达到 9.5×10^{-6}。图 7-9(b)中为乙炔分子，它的电子云产生的感生磁场在氢原子位置与外界磁感应强度方向相反，因此使屏蔽增加，化学位移减小至 1.80×10^{-6}，其化学位移远小于应有值。

4. *溶剂效应* 不同的溶剂有不同的导磁率，使样品分子所受的磁场强度不同，因此溶剂对溶质分子有不同的影响，使其化学位移不同。如当用氘代氯仿作溶剂时，加入少量的氘代苯，利用苯的磁各向异性，可使一些原来相互重叠的峰组分开。

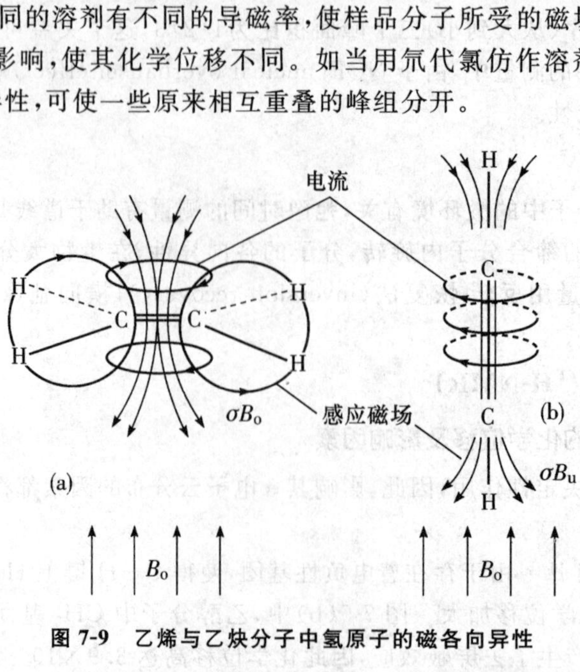

图 7-9 乙烯与乙炔分子中氢原子的磁各向异性

5. 氢键 无论是分子内还是分子间的氢键都使氢核受到去屏蔽作用，分子内氢键化学位移甚至大于10×10^{-6}，如羧酸的 COOH 为12×10^{-6}，分子内氢键的酚中 OH 的化学位移可达$10.5\sim16\times10^{-6}$，烯醇为$15\sim19\times10^{-6}$，如$CH_3(C=O)CH=C(CH_3)OH$中 OH 的化学位移为15.4×10^{-6}。

图 7-10 绘出了主要基团中 H-NMR 谱的化学位移。

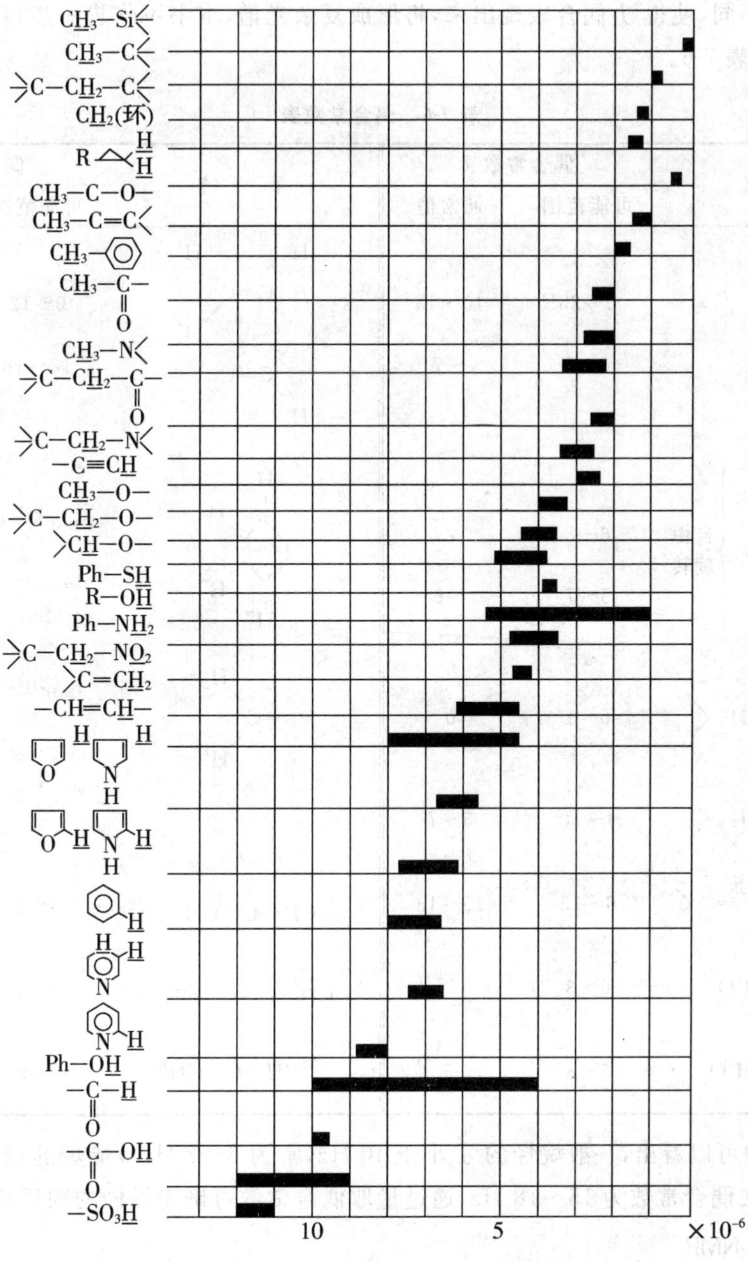

图 7-10 一些主要含氢基团的化学位移值

7.4.2 偶合常数

自旋偶合是始终存在的，但是化学位移相同的核间的偶合不表现出来，只有化学位移不同的核(化学不等价核)间的偶合才能表现出来，形成峰的裂分。偶合常数 J 随氢核环境不同和偶合作用的远近而不同，^{1}H-NMR 主要讨论^3J 偶合，其值范围一般不超过 20 Hz。^2J 偶合一般不表现出来，但在端烯 C$=$CH$_2$($J=2$ Hz)，手性碳相连的 CH$_2$ 或固定环上的 CH$_2$，由于两个氢的化学位移不同，使得^2J 偶合表现出来，将形成复杂光谱，本书不作进一步讨论。常见基团的偶合常数，见表 7-6。

表 7-6 偶合常数表

系统	偶合常数 J		系统	偶合常数 J	
	可能范围	通常值		可能范围	通常值
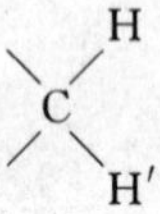	0～25	10～15	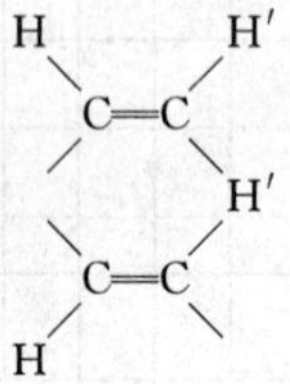	0～12	7～10
	0～8	～7		12～18	14～16
>CH—CH'< ; CH$_3$—CH'$_2$— ; (CH$_3$)$_2$CH'— (自由旋转)	6～8	～7	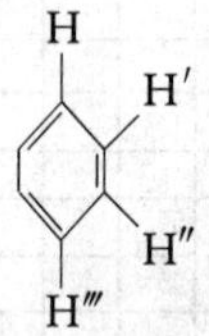	$J_{H,H'}$ 6～10	8
	5～7	～6		$J_{H,H''}$ 0～3	2
>CH—C—CH'<	0～1	0	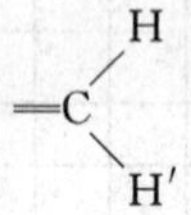	$J_{H,H'''}$ 0～1	1
				0～35	2
>C=CH—CH'<	4～10	5～7			
>C=CH—CH'=C<	6～13	10～13	—CH=C—CH'<	0～3	0.5～2
>CH—CH'O	0～3	2	>CH—C=C—CH'<	0～2	1
C=CH—CH'O	5～8	7	>CH—C≡CH'	2～3	2.5

从表 7-5 中可以看出，一般烷烃的^3J 小于 10 Hz(常为 6～7 Hz)，烯烃的顺式偶合常数为 10～12 Hz，反式偶合常数为 15～18 Hz，通过量取偶合常数可确定烯烃的顺反异构。

7.4.3 一级^{1}H-NMR

依据样品 NMR 谱的化学位移、自旋偶合造成的谱峰分裂和 NMR 谱的积分面积就可以解析许多简单的 NMR 谱。NMR 谱中的一级谱是较简单的 NMR 谱。产生一级谱的条件是①相互偶合的化学位移的两种氢核，其化学位移绝对值之差 $\Delta\nu$ 远大于偶合常数 J，一般要求

$\Delta\nu/J \geqslant 6$；②所有的化学等价核对其他核的偶合常数一样。例如，1.41 T 磁场（60 MHz）中，乙醇分子甲基中与亚甲基中氢核的化学位移之差为 146 Hz，其偶合常数为 7 Hz，故乙醇的 NMR 谱为一级谱。化学位移的绝对值随外磁场增加而增加。如 2.35 T 磁场（100 MHz）中，乙醇分子中甲基与亚甲基氢的化学位移之差增加为 243 Hz，而偶合常数与磁感应强度无关，所以是否一级谱不仅与分子结构有关，还与所用仪器的 B_0 有关。

一级 ^{1}H-NMR 谱有以下几个特征：

(1)相邻非等价氢核之间相互偶合产生的多重峰，裂分满足 $n+1$ 规则。

(2)如果相邻碳上有两状态不同（化学位移不同，偶合常数不同）的氢核，氢数各为 N_1、N_2，偶合常数各为 J_1、J_2，则峰总分裂数为 $(N_1+1)(N_2+1)$，形成复杂的精细结构。如图 7-11 中，乙醇位置的 CH_2 基团被相邻的 CH_3 和 OH 裂分成八重峰[2×4，见图(b)]，粗看为六重峰。

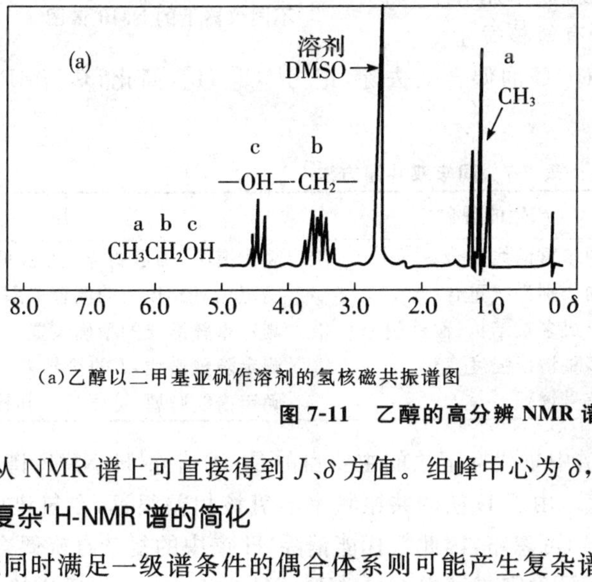

(a)乙醇以二甲基亚砜作溶剂的氢核磁共振谱图

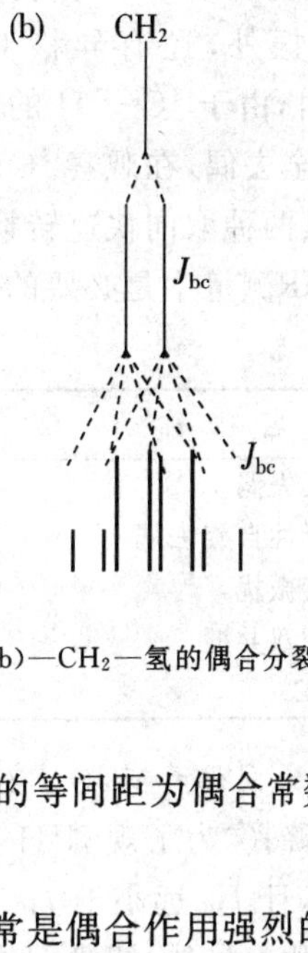

(b)—CH_2—氢的偶合分裂

图 7-11 乙醇的高分辨 NMR 谱

(3)从 NMR 谱上可直接得到 J、δ 方值。组峰中心为 δ，峰组中的等间距为偶合常数 J。

7.4.4 复杂 ^{1}H-NMR 谱的简化

不能同时满足一级谱条件的偶合体系则可能产生复杂谱线，通常是偶合作用强烈的体系，此时谱线裂分数比 $(n+1)$ 多；另外，多重谱线的重叠简并也将形成复杂谱线，对它进行解释比较困难，有时可用一些办法使谱图简化，如加大 $B_0(\nu_0)$ 使 $\Delta\nu/J \geqslant 6$ 的关系满足，氘同位素代换、采用去偶技术（双共振技术）和使用位移试剂等。

1. *加大 B_0* 当用高场仪器时，样品中偶合核的 $\Delta\nu/J$ 增大，可能把复杂光谱变为一级光谱（$\Delta\nu/J \geqslant 6$）。如图 7-12 所示，在 60 MHz 仪器中测得中间 CH_2 的吸收峰为复杂谱，随着 B_0 的增加，到用 220 MHz 仪器测得的谱图为简单谱图（满足 $n+1$ 规则）。

2. *双共振技术* 所谓双共振技术是指当用一个射频（B_1）观测一个核共振的同时，用另一个射频（B_2）来激发与观测核有偶合（或其他）作用的核，两种核的偶合减弱，从而使观测的谱线数目和强度发生变化。

双共振技术是 NMR 中常用的一种技术，是测定核间的偶合关系，确定各峰的归属，找出隐藏信号及确定偶合常数的符号等方面的有效手段。双共振有同核，异核双共振之分，常见的双共振方法及作用，见表 7-7。本节主要介绍自旋去偶。

自旋去偶是一种使谱线数目减少的测量方法。如图 7-13 所示为乙醇分子的自旋去偶结果，当扫描 CH_3 的同时，用 B_2 辐射 CH_2 核（记为 IRR3.90），测得 CH_3 为单峰，见图 7-13(b)，这因为辐射场 B_2 使得 CH_2 中核的取向不定（两种自旋态快速交换），使其对 CH_3 的偶合观察不到，从而使谱线简化，同样用 B_2 照射 CH_3，CH_2 也成单峰，见图 7-13(c)，这说明 CH_3 与 CH_2 确实存在偶合关系，这在复杂的偶合体系中是非常有意义的。另外还会发现照射 3.90 时的 CH_3 峰面积有所增加，这是 NOE 效应的结果。自旋去偶除上述介绍的同核双共振外，还有异核双共振，如测量 ^{13}C-NMR 时，由于 $^{13}C—^{1}H$ 的偶合很强，需采用异核自旋全去偶，在观察 ^{13}C 时，使所有氢核发生共振（其两种取向快速转换），^{1}H 对 ^{13}C 的偶合被去除，记为 $^{13}C[^{1}H]$，简化 ^{13}C-NMR 谱，这在 ^{13}C-NMR测量中是必要的。

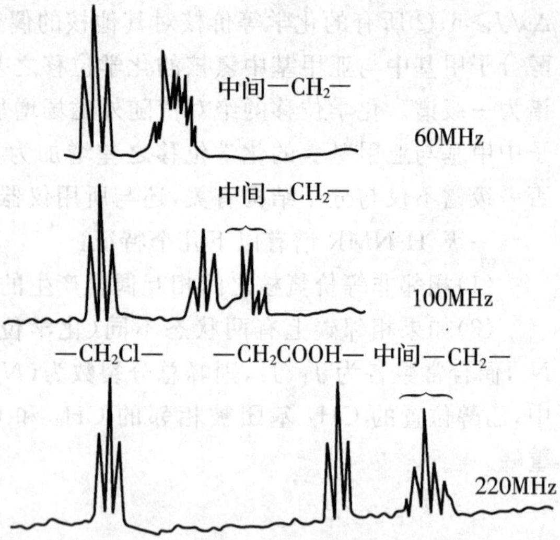

图 7-12　ClCH₂CH₂CH₂COOH 在不同仪器下的 NMR 谱图

表 7-7　同核双共振方法

名　称	产生的现象	应　用
自旋去偶	观测核的多重谱线重合	简化谱图，确定偶合关系及峰归属
选择性自旋去偶	观测核的个别谱线重合	确定一对异核间的偶合关系
自旋微扰	观测核形成多重结构（额外裂分）	测定重叠谱线的精确位置
核间双共振	观测核多重谱线强度变化	测定隐藏谱线，J 的符号等
NOE	观测核信号增强	确定谱线归属，分子构型和构象

3. 氘同位素交换　在 NMR 谱中氘代标记法的主要目的是：①清除 ^{1}H-NMR 谱中不想观测的谱峰；②为了观测 ^{3}H-NMR 谱。由于 D 核的共振频率与氢核相差很远，在氢谱中无 D 的信号峰，且 J_{HD} 远小于 J_{HH}（约 1/6），可忽略，因此氘代能消除 ^{1}H 谱中的复杂自旋偶合作用，使谱图简化。另外，活泼 H 的氘代还可确定氢谱中 OH，NH，SH 的存在（氘代后谱峰消失），这在氢谱分析中经常使用，在生物大分子（蛋白质）结构分析中可用此技术确定氨基酸的残基、研究主链的"摆动"结构。如图 7-14 中正丁醇经重水交换后，4.40×10^{-6}（OH）峰消失，证明活泼 H 的存在，且它与邻近的 CH_2 的偶合裂分消失，使谱图得到简化。

4. 位移试剂简化 NMR 谱　位移试剂可以使分子的 NMR 谱中各峰的化学位移间距变大，使 NMR 谱的解析变得更加容易。位移试剂的作用是与样品分子中具有孤对电子的原子产生配位键。分子中具孤对电子的 O、N 等杂原子都是电负性较大的，这些原子对分子中其他氢核有较大的去屏蔽作用，使其他氢核产生不同的化学位移。而且离开孤对电子越近的氢核受影响越大，化学位移变化就大；离得远的氢核影响小，化学位移变化就小，于是不同氢核之间化学位移差距增大，使 NMR 谱的解析容易进行。常见的位移试剂是镧系元素如 Eu（铕）和 Pr（镨）的 β-二酮螯合物，简称 $Eu(DPM)_3$ 或 $Pr(DPM)_3$。位移试剂使 NMR 谱简化的例子见图 7-15。6-甲基喹啉分子环上 3，5，7 位置的 H 的化学位移相近，加入 $Eu(DPM)_3$ 后谱线分开，

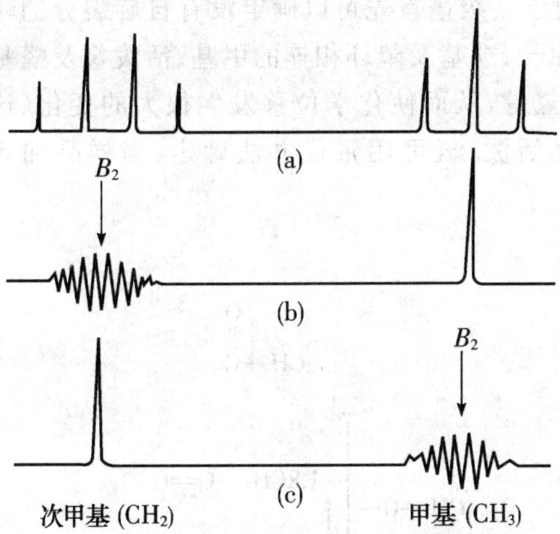

图 7-13　乙醇分子的自旋去偶氢谱

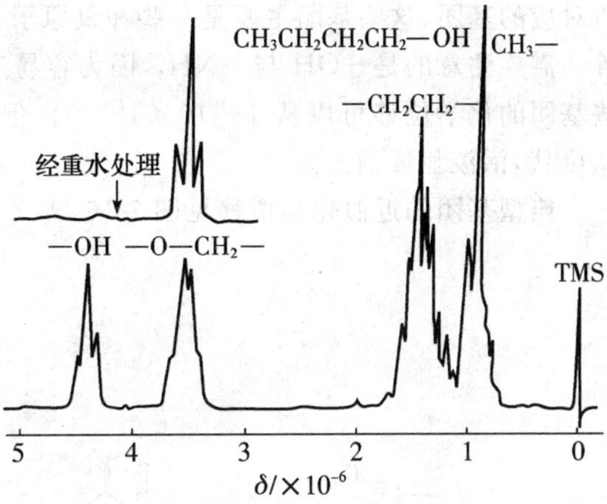

图 7-14　正丁醇与重水产交换前后的氢谱(60 MHz,25%CCl_4)

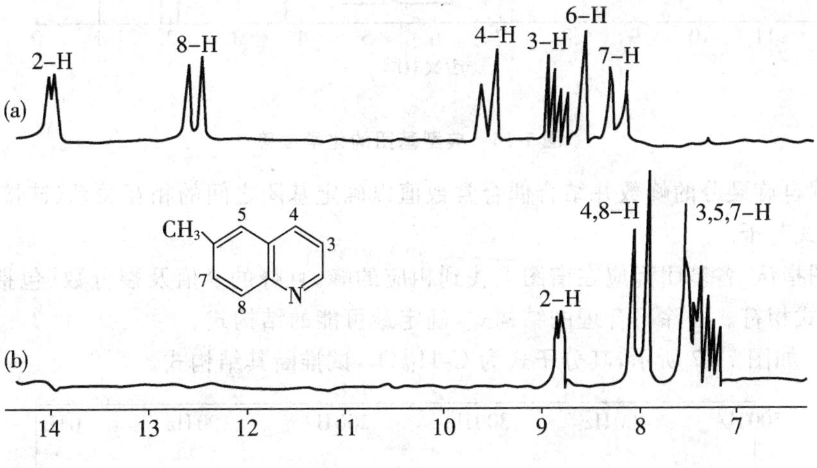

图 7-15　6-甲基喹啉 NMR 谱[其中(b)为加位移试剂后的谱图]

可以很好地确定各个峰的归属。

7.5　^{1}H-NMR 解析

NMR 氢谱主要应用于结构鉴定、定量分析以及动力学方面的研究。

NMR 谱是有机物结构鉴定的重要方法,在做有机物结构鉴定前尽量多地了解待鉴定样品的物理、化学性质,最好要确定其化学式(一般用质谱法确定),由分子的化学式可以计算分子的不饱和度,可初步确定化合物的环和双键的情况,NMR 谱做有机物结构分析,主要依靠分子中含 H 基团的化学位移 δ、峰的裂分(精细结构)与峰的面积。NMR 图谱解析的过程大体是:

(1)排除杂质峰,溶剂峰及旋转边带峰。

(2)计算不饱和度。

(3)根据积分面积确定各基团中氢核数的比值,决定各基团的氢原子数。

(4)根据 NMR 峰的化学位移确定基团类型:对于一级谱首先可以确定没有自旋裂分的峰所对应的基团,这些基团主要是一些和氧原子、氮原子、羰基及苯环相连的甲基、活泼氢及醛基等。需要注意的是—OH 与—NH_2,因为容易产生氢键,从而使化学位移发生很大的变化(这些基团的化学位移可以从 $1\sim10\times10^{-6}$)。但这类活泼,氢可用氘代办法确定,当样品加入 D_2O 代,活泼氢峰消失。

典型基团的近似化学位移见图 7-16。

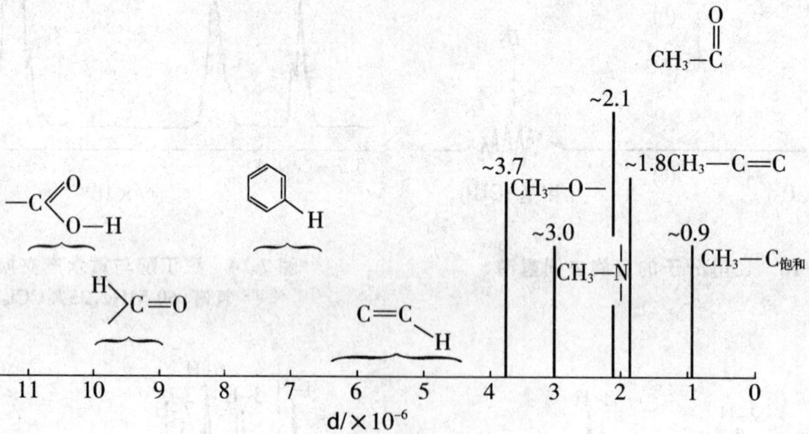

图 7-16 典型基团的化学位移

(5)根据自旋裂分的峰数并结合偶合常数值以确定基团之间的相互关系(连接顺序),确定可能的结构式若干。

(6)谱图指认,各基团都应在谱图上找到相应的峰,且峰的 δ 值及裂分数(包括 J 的大小)都应和结构式相符。去除不合理的结构式,确定最可能的结构式。

【例 1】 如图 7-17 所示,其分子式为 $C_5H_{10}O_2$,试推断其结构式。

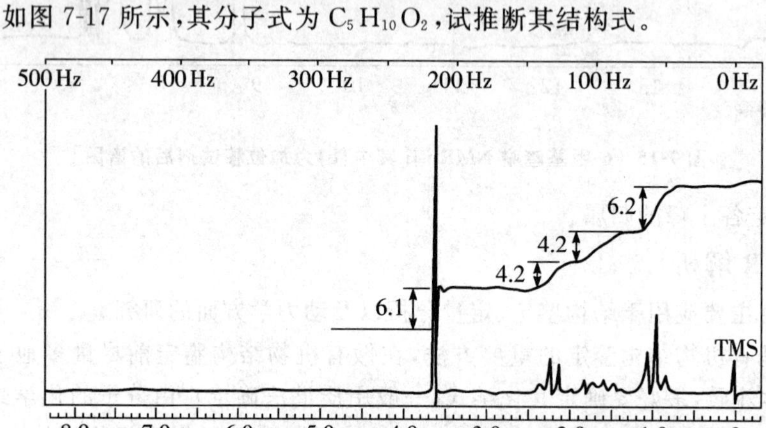

图 7-17 某化合物的 NMR 谱

解:此化合物的不饱和度为 1,因 δ4.5 以上无峰,故为 C═O。

从积分曲线看,峰 A∶B∶C∶D=6.1∶4.2∶4.2∶6.1=3∶2∶2∶3(H 数比),A 峰(δ3.6,单峰,

3H)为 CH_3—O；*B* 峰(δ2.2，三重峰，2H)为 CH_2—C═O，且另一端连 CH_2，*D* 峰(δ0.9，三峰，3H)为 CH_3，且与 CH_2 相连，*C* 峰(δ1.6，约六重峰，2H)则为 CH_2(分子式—*A*—*B*—*D* 只剩 CH_2)，且分别与 *B*、*D* 相连(实际应为 3×4 重峰，分辨率不够)，推断此结构式为：

$$CH_3—O—\overset{\overset{\displaystyle O}{\|}}{C}—CH_2—CH_2—CH_3$$

【例 2】 某化合物的分子式为 $C_{10}H_{13}O_2N$，其 NMR 如图 7-18 所示，试推断化学结构式。

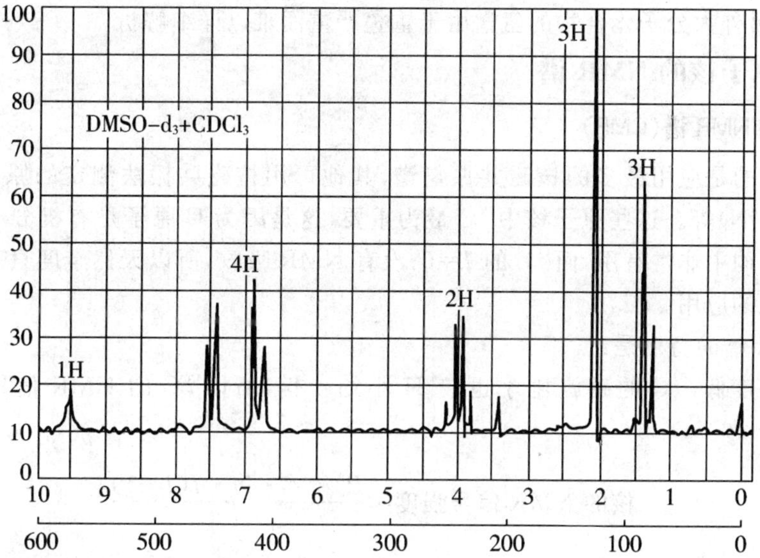

图 7-18 某化合物的 NMR 谱

解：计算该化合物的不饱和度为 5，可推断有苯环和一个双键(C═C 或 C═O)。

峰 δ7.1(对称四重峰，4H)可知苯环为对位二取代；δ4.0(四重，2H)可能为 CH_2—O，CH_2 另一端连一个含 3H 的基团(CH_3)，δ1.4(三重，3H)则为此基团(受 CH_3 裂分成三重峰)；δ2.1(单峰，3H)为 CH_3，且邻碳上无 H，可能苯或 CO 等相连；δ5～6 内无峰，说明无烯烃 H，则有 CO；δ9.5 有一个单峰(1H)，可能是醛 CHO 或酰胺的 NH，则初步推断结构为：

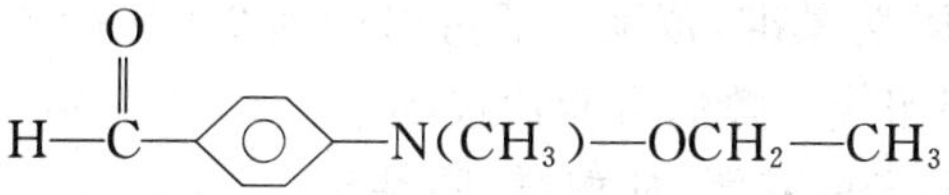
(A)

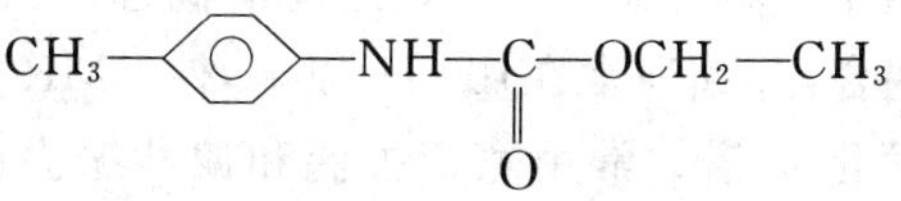
(B)

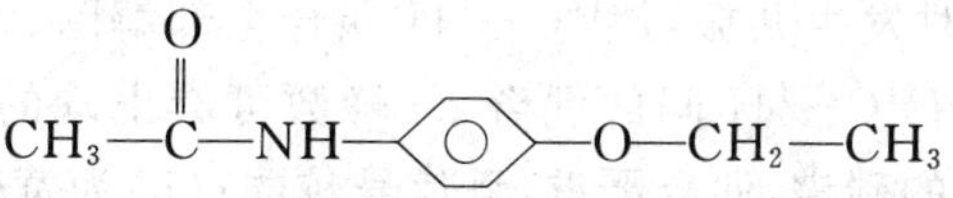
(C)

(A)式中—O—N—CH_3 的化学位移应比 2.1 大(常大于2.5×10^{-6})，因此(A)不合理。

(B)式裂分比较合理，但是其苯环上 H 的化学位移不符(应都小于7.3×10^{-6})，且

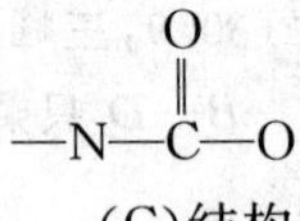 结构不合常识，故(B)结构不合理。

(C)结构的裂分和化学位移都比较合理，故此化合物的结构式为(C)，谱图指认如下：

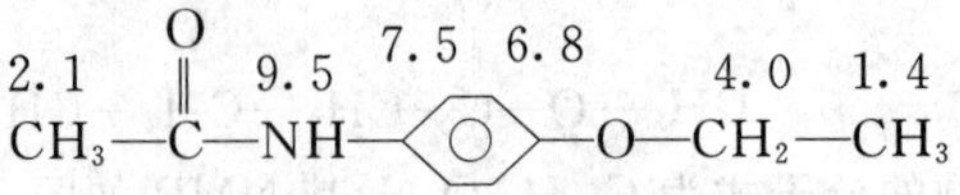

以上讨论的谱图都是一级谱，高级谱的解析需要用量子力学的知识和其他 NMR 技术，这里不做讨论，另外大分子化合物的氢谱由于重叠严重而难以详细解析。

7.6 其他原子核的 NMR 谱

7.6.1 ^{13}C 的 NMR 谱(CMR)

以上讨论的是应用最多的核磁共振氢谱，其他可用核磁共振法测定的原子核还有。^{31}P、^{19}F、^{13}C、^{15}N(^{14}N)等。这些原子核中^{13}C 最为重要，这是因为 C 原子是有机分子的骨架，在鉴定有机分子结构中非常有用，而^{12}C 的 $I=0$，没有 NMR 吸收，所以天然丰度只有 1.1%的^{13}C，仍然受到广泛的应用。

^{13}C-NMR 谱的特点是：

^{13}C-天然-度低，^{13}C 的磁旋比 γ 也较^{1}H 小约 4 倍，所以^{13}C 的 NMR 信号比^{1}H 的要低得多。

$$\text{核的 NMR 信号强度} \propto \frac{B_0^2 \cdot \gamma^3 \cdot N \cdot I(I+1)}{T} \tag{7.15}$$

式中：B_0 为磁场的磁感应强度；γ 为磁旋比；N 为共振核的数目；I 为核的自旋量子数；T 为绝对温度。因此，I 都等于 1/2 的^{13}C 与^{1}H 比较，在同样的外磁场、温度和仪器条件下，同样数目的碳原子和氢原子，二者 NMR 信号的大小比值约为 1 : 6 000，即^{13}C 的 NMR 信号远比^{1}H 的小，要得到信噪比 S/N 较高的^{13}C 谱就比^{1}H 谱要困难得多，要用 PFT-NMR 谱仪才能得到。

碳谱的化学位移范围比氢谱的大得多，这是因为 C 核和 H 核的屏蔽效应具有不同的性质。C 的核外层有一个 s 电子，三个 p 电子，其化学位移由 σ_p 项决定，因此化学位移的范围很大，一个分子中不同的 C 核，即使化学环境有微小的差别，在^{13}C 谱中也能明显地区别开来。与氢谱相比碳谱有如下的特点：

(1)CMR 谱的化学位移(以 TMS 为基准)范围一般可以达到 220×10^{-6}，比氢谱的化学位移高 10～30 倍，分辨率很高，因此碳谱线重叠的可能性很小。

(2)可以观察到一些不包括 H 原子的基团，如羰基、腈基等。

(3)因为^{13}C 的丰度小，所以在碳谱中可不考虑^{13}C—^{13}C 之间的偶合，没有 C—C 间的偶合裂分。但存在 C 与 H 原子核之间的偶合，J_{C-H}通常在100 Hz以上，使 CMR 重叠严重，可以用去偶技术把氢核对碳核的偶合消除，简化 C 谱。常用宽带去偶和偏共振去偶二种去偶技术，宽带去偶用强照射，使所有 H 核同时发生共振，使^{13}C—^{1}H 偶合全部解除，每个^{13}C 核的信号都是单峰，而偏共振去偶则部分保留^{13}C—^{1}H 间的偶合，从峰数可看出碳的级数。如图 7-19 所示苯酚的 CMR 谱。(a)为未去偶的碳谱，偶合严重，且信号较弱；(b)为宽带去偶的碳谱，只有分立的谱线(看不出碳级数)，分辨率提高，且信号增强(NOE)，这对于化合物的结构分析非常有利。一般地说，只要化合物不是对称的结构则分子中不同化学微环境的 C 核都有分立的谱线；(c)为偏共振去偶的碳谱，即使谱图简化，信号增强，又可看出碳的级数，如可确定 Cx 为季碳(单峰)，Cm 为 CH(二重峰)。

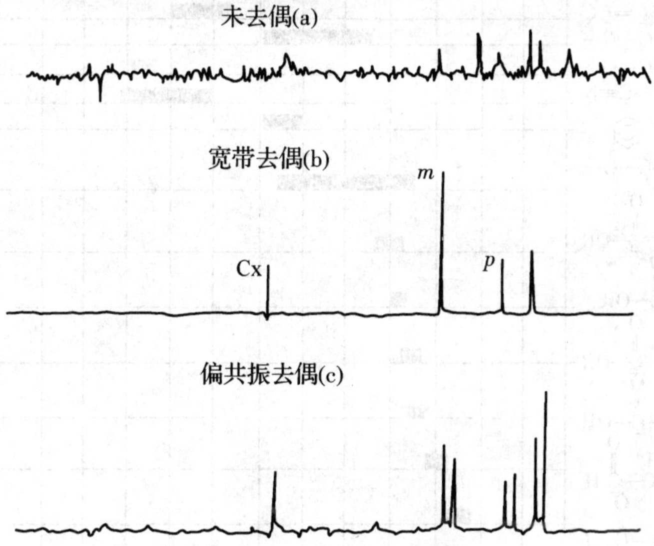

图 7-19　苯酚的 ^{13}C-NMR 谱图

由于去偶造成的异核 NOE 效应对同一分子不同化学环境的核的影响是不同的，因此 NMR 的 C 谱不能像 H 谱那样各峰的强度与碳数间有严格的线性关系。因此，从 CMR 谱可以得到以下信息：①各碳化学位移；②各碳的碳级(偏共振去偶谱)；③峰强与碳数近似线性关系。

1. CMR 的化学位移　^{13}C—NMR 中 ^{13}C 核的化学位移与分子结构关系如图 7-20 所示：

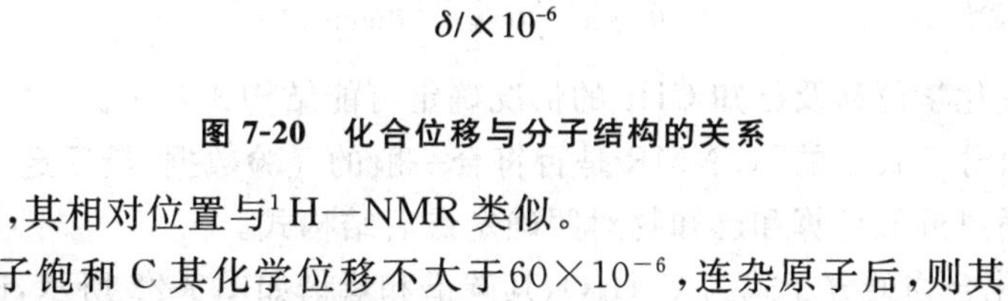

图 7-20　化合位移与分子结构的关系

由图 7-20 可知，其相对位置与 ^{1}H—NMR 类似。

一般不连杂原子饱和 C 其化学位移不大于 60×10^{-6}，连杂原子后，则其化学位移最大可达 80×10^{-6}，甚至约 100×10^{-6}，如葡萄糖中 O—^{13}C—O。炔为 $(70\sim100)\times10^{-6}$，双键及苯为 $(100\sim160)\times10^{-6}$，羰基为 $(200\sim150)\times10^{-6}$，其中酮为 $(188\sim228)\times10^{-6}$，醛为 $(185\sim208)\times10^{-6}$，酸为 $(116\sim182)\times10^{-6}$，酯与酰胺为 $(155\sim180)\times10^{-6}$，取代基团对化学位移的影响与 ^{1}H—NMR 相似。详细的化学位移值见图 7-21。

2. CMR 的解释　^{13}C—NMR 的解释过程大致为：

(1)识别真实谱峰　应把溶剂峰如 $CDCl_3$ (77×10^{-6}，三重峰)、杂质峰去掉，仔细检查是否

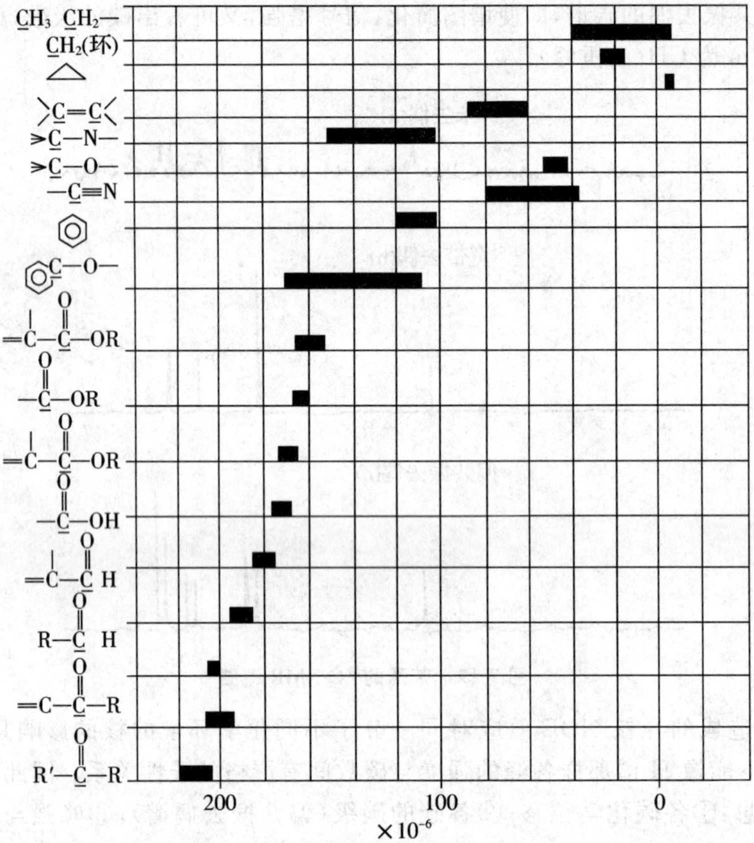

图 7-21　各官能团^{13}C的化学位移范围(参照物:TMS)

有季碳峰遗漏。

(2)决定分子的对称情况　即^{13}C谱中峰数是否等于总碳数,若不等则有对称性,应把对称性峰预测出来。

(3)确定碳级　若有偏共振去偶则可确定各碳峰为 C、CH、CH_2、CH_3,也可采用其他技术(如 APT、INEPT、DEPT 等)确定碳级。在此基础上确定活泼氢数目:

$$n_{活泼H}=n_{H(总)}-n_{H(CH_x)}$$

(4)解释　按化学位移及已知 CH_x 的情况确定可能结构式若干。

(5)指定　每分子式中的^{13}C-NMR 是否符合一般的经验数据,最后定一二个结构式。

(6)确认　通过近似计算和已知物对照确定最后结构式。

【例 3】 某化合物的分子式为 C_7H_8O,其碳谱和氢谱如图 7-22 所示,试推断出结构式。

^{13}C-NMR 中各峰的 δ 值:140.8(S)、128.2(D)、127.2(D)、126.8(D)、64.5(T)。

解:此化合物的不饱和度为 4,可能有苯环。

从氢谱上看,只有三组峰,δ7.3(单峰,5H)为苯的单取代,δ4.6(单峰,2H)可能为 CH_2—O,且另一端碳上无 H,则 δ2.4(单峰,1H)可能为 OH。从偏共振去偶碳谱上看,化学位移值大于120×10^{-6}的峰有四组,δ140.8(S)为季碳,其他三组为双重峰,是 CH,近似看 δ127.2 为一个碳,δ128.2 和 δ126.8 上各有两个碳,δ64.5(T)为 CH_2,且与杂原子相连,即 CH_2—O,从

而确定结构式为：$C_6H_5CH_2OH$（结构指定省略）。

7.6.2　其他核的核磁共振

磁性核除^{13}C、^{1}H外，常见的还测量^{14}N、^{31}P、^{19}F、^{17}O等，有这类核的核磁共振的应用情况。见表 7-8。

表 7-8　其他核的核磁共振

种类	1.41 T 时的共振频率/MHz	δ范围/×10⁻⁶	生物学应用举例
^{14}N	4.34	600	蛋白、氨基酸构象分析
^{15}N	6.08	600	蛋白、氨基酸构象分析
^{17}O	8.14	800	蛋白、氨基酸构象分析
^{19}F	56.45	300	氟化物分析
^{31}P	24.28	700	磷酸酯分析

随着生物工程（包括分子遗传）合成同位素标记样品技术的发展，^{1}H、^{15}N、^{13}C等同位素标记及示踪的方法（尤其是选择性标记）核磁分析中得到广泛应用，除了能提高分析灵敏度，还可用于辅助确定^{1}H谱峰及^{13}C谱峰的归属，以获得指定部位、指定性质的信息。另外，这些同位素的 NMR 谱的研究也在不断取得进展，尤其是^{2}H-NMR 谱在生物大分子结构及生物合成机理研究的重要性越来越受到人们的重视。

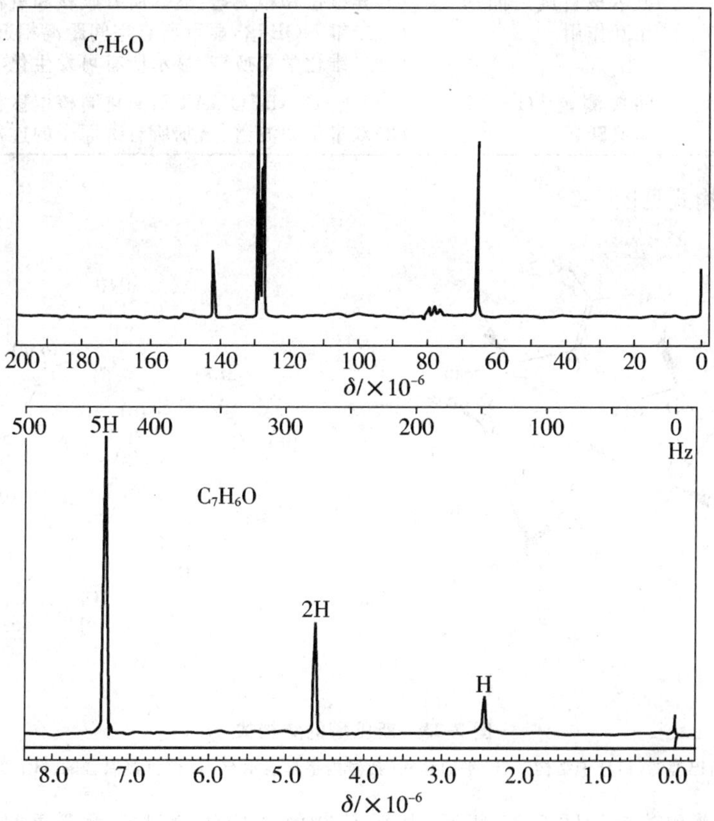

图 7-22　某化合物的 NMR 谱

7.7 多维 NMR 谱

前面讨论的核磁共振氢谱和碳谱都是“一维”核磁共振谱(一个频率变量),是使用脉冲-傅立叶变换波谱仪作图时,变量(横坐标)为采样时间,经一次傅立叶变换从时畴图转换成频畴图。采用不同的脉冲序列可引入第二个时间变量,即脉冲时间间隔,这样计算机采集到的信号随着采样时间和脉冲间隔两个独立的变量变化,信号经过两次傅立叶变换得到“二维谱”。二维谱有二个频率变量,再考虑峰强度,实际是一个三维图形(三维表示法)。从强度轴方向俯视,并用等高线表示峰强度,可把二维谱表现在平面上(等高线表示法)。根据核种类采用不同的脉冲序列,不同的采样时间和去偶方式,二维谱具有很多种类,有各不相同的用途,主要有:①确定复杂偶合体系中各峰的归属;②确定化合物中碳谱线和氢谱线的对应关系;③确定化合物构象中空间相近的原子核对;④确定碳原子的连接顺序;⑤确定偶合个数;⑥测定 NOE。详细见表 7-9,目前 2D-NMR 技术已广泛地应用于复杂结构鉴定,尤其是天然有机物及生物大分子。

表 7-9 常见 2D-NMR 的类别及用途

种类	目的	二维谱名称及主要用途
J 分解谱(δ-J 谱)	分开显示化学位移及偶合常数	(1)同核 J 谱:显示氢谱复杂峰形 (2)异核 J 谱:显示碳谱中碳的级数
化学位移相关谱(δ-δ 谱)	显示核自旋之间的相互作用	(1)同核位移相关谱:显示所有同类核之间的偶合关系 (2)异核位移相关谱:显示所有碳核和氧核的连接关系 (3)二维 NOE 谱:显示所有空间距离相近的原子核对 (4)二维化学交换谱:显示所有可发生化学交换的同种核
多量子二维谱	间接测定^{13}C—^{13}C 禁戒跃迁	(1)2D—INADEQUATE:简化同核位移相关谱 (2)双量子滤波谱:显示所有碳原子的连接顺序

斯巴醇的结构式见图 7-23。

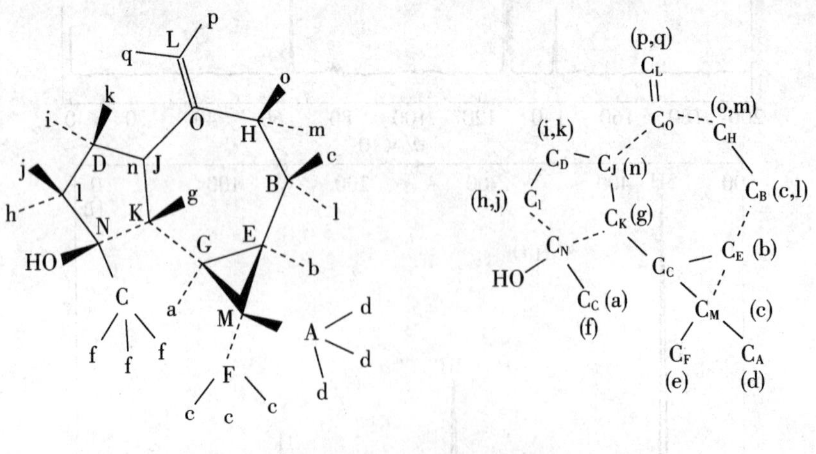

图 7-23 斯巴醇的结构式

斯巴醇的(a)分子结构 (b)平面结构(括号内字母表示与^{13}C 核直接偶合的^1H 核)

其脂肪区氢谱和碳谱如图 7-25 所示,如此复杂的结构的氢谱重叠严重,用高兆数的仪器测得的谱图指定起来也很困难,尤其是要搞清其中的偶合关系几乎是不可能的。

图 7-24 为其 $\delta\,0\sim3\times10^{-6}$ 的^1H 化学相关二维谱(COSY),图谱的对角线即一维 NMR 的

俯视图，其他位置的峰为相关峰，如 b, l 相交的位置有峰说明 b 位 H 与 l 位 H 偶合，其他相似。

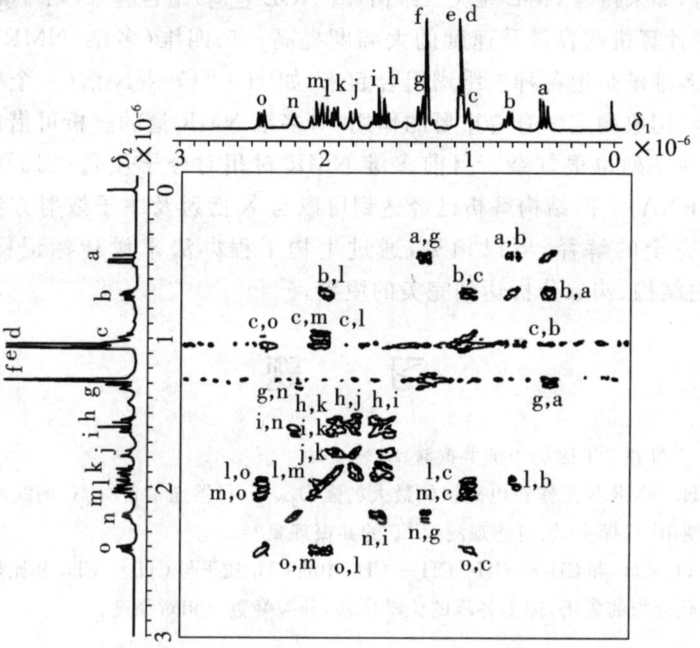

图 7-24　斯巴醇的 ^{1}H 化学相关二维 NMR 谱

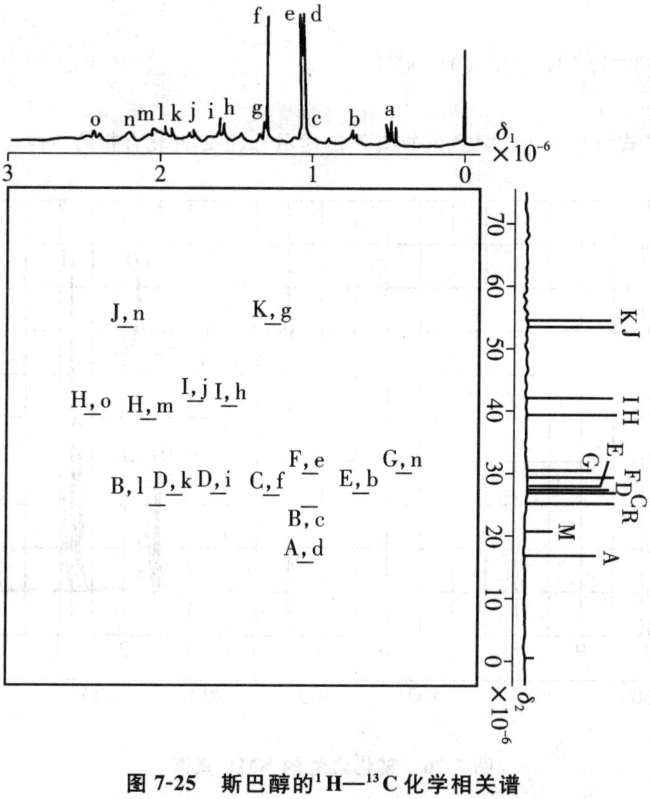

图 7-25　斯巴醇的 ^{1}H—^{13}C 化学相关谱

图 7-25 为斯巴醇的^{1}H—^{13}C—COSY，从谱图上可归属所有与氢相连的^{13}C峰和季碳峰，也可以把^{1}H-NMR 谱中接近（或重叠）峰清楚地分开。如 *a* 位 H 属于 *G* 位碳，与 H 位碳相关的 CH_2 的^{1}H是 o、m 峰等，如果再与 NOE 相关二维谱（或 NOE 差谱）结合起来，则可确定其立体结构。

近年来，随着计算机的容量及速度的大幅度提高，三、四维（多维）NMR 技术有了飞速的发展，直观地看，多维谱是把各种二维谱组合起来，如 H—^{13}C—^{15}N 谱（三个频率）组合成三维谱，在蛋白质结构、构象测定中有着重要的作用，对多维 NMR 谱的解析可借助计算机来完成，其测定所用的脉冲序列也很复杂。目前多维 NMR 对相对分子质量＜15 000的蛋白质的结构、构象分析及 tRNA，空间结构解析已经达到可以与 X 衍射及中子散射方法相匹敌的水平，有可能对结构作完全的解释，可以预见，通过生物工程办法来设计标记样品，可将使多维 NMR 技术对蛋白结构、构象分析达到完美的境界。

习　题

1. 计算^{1}H、^{13}C、^{15}N在 2 T 磁场中的共振频率？

2. 通常 100 MHz NMR 仪工作在电磁铁的最大场强 B_{max} 下，仪器通常备有^{13}C的线圈和探头，观测^{13}C的共振频率为多少？使用^{13}C探头，如何能观测到^{13}P的共振现象？

3. $CH_2=CH-O-CH_3$ 和 $CH_2=CH-CH_2-CH_3$ 中的 CH_2 质子与 $CH_2=CH_2$ 相比是处于低场还是高场？

4. 试画出下列化合物的氢谱，标出各峰的化学位移，分裂峰数及相对强度。

(1)甲苯；

(2)二乙醚；

(3)丙醛；

(4)2-苯基乙醇；

(5)1,2-二甲氧基乙烷 $CH_3OCH_2CH_2OCH_3$；

(6)2-氯丙烷。

5. 某化合物的分子式为 $C_3H_6O_2$，其氢谱如图 7-26 所示，试推断此化合物的结构式。

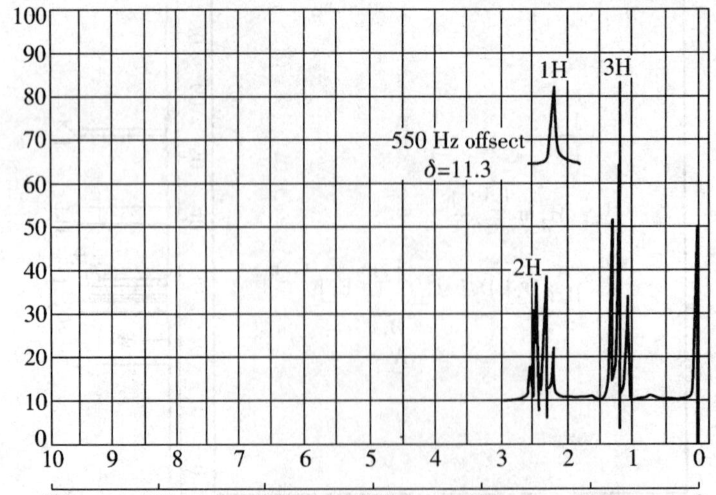

图 7-26　某化合物的 NMR 氢谱

6. 某化合物的分子式为 $C_6H_{11}O_2Br$，其氢谱及双共振结果如图 7-27 所示，试推断此化合物的结构式。

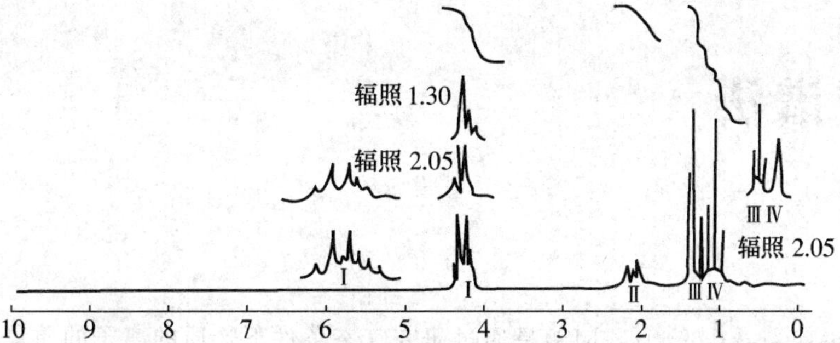

图 7-27 某化合物的 NMR 氢谱

7. 某化合物的分子式为 C_9H_{10}，其氢谱和宽带去偶碳谱如图 7-28 所示，试推断此化合物的结构式。

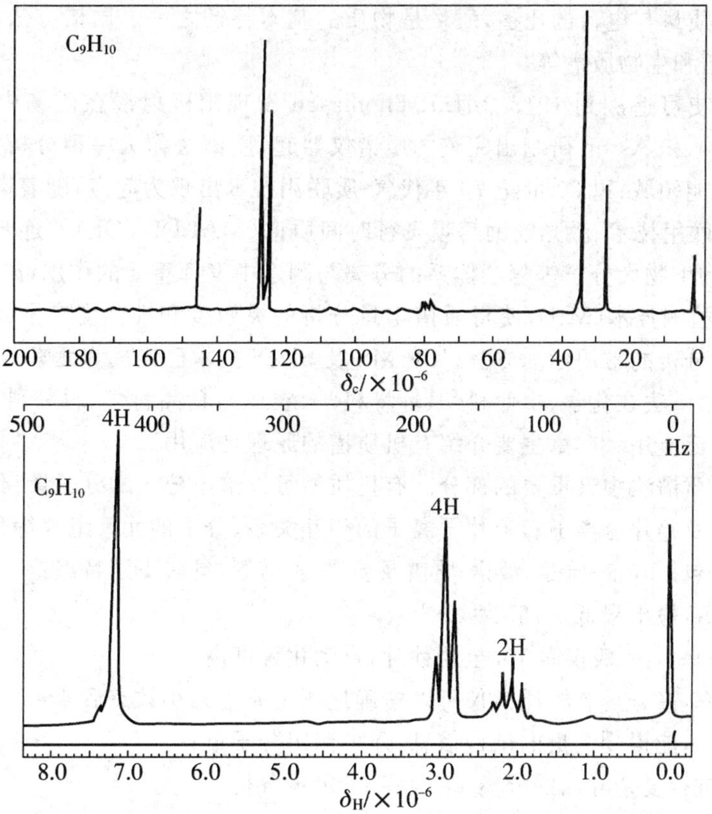

图 7-28 某化合物的 NMR 谱

上图：未知物 G_9H_{10} 的碳谱（25，2 MHz）质子噪声去偶

下图：氢谱（60MHz）

8 质谱法

8.1 概述

质谱法(mass spectrometry,MS)是通过研究气态条件下物质的离子的质量和该离子的数目(或相对数量)来研究物质的结构与组成的一种分析方法,是分离和测定分子、原子或离子质量的一种物理方法。质谱图是物质(原子或分子)不同的离子或离子碎片的相对强度按其质量与电荷之比值(质荷比)的大小顺序排列图谱。质谱法所依据的信息是物质离子的质量谱,准确地说是离子的质量与电荷的比值,质量是物质的基本特征之一。质谱方法按用途可分为无机质谱、有机质谱和生物质谱等。

质谱法的历史可追溯到 1913 年 J. J. Thomason 发现阳极射线在磁场中偏转的现象;从 1918 年 Dempster 和 Aston 研制出完整的质谱仪器起,质谱法作为一种分析方法开始应用于石油化工及原子能领域;以 20 世纪 70 年代气-质联用技术出现为起点,随着高分辨有机质谱、多级质谱、液-质联用技术、激光辅助解吸飞行时间质谱(MALDI-TOF)的逐步成熟,质谱在有机物、天然产物和生物大分子等复杂体系的分离与测定中发挥重要的作用;离子选择检测技术(SIM)和多离子检测技术(MID)使得质谱定量分析的灵敏度和准确度有了极大的提高,质谱成为混合物定量分析的常用标准方法;ICP-MS 及 SIMS 技术已经成为元素分析最为强大的分析手段。目前,质谱法在化学、生命科学、环境科学、农业与食品科学、材料科学及相关学科领域中已经得到广泛应用。本章主要介绍有机质谱的原理与应用。

有机质谱是质谱法中最重要的部分。有机质谱可以给出分子的分子量(分子离子)和碎片离子的质荷比以及碎片母离子和碎片子离子的相互关系、分子的元素组成等分子结构的信息。常用的有机质谱包括气谱-质谱、液谱-质谱及质谱-质谱等,具有下述特点:

(1)灵敏度高,检出限低,一般为 10^{-12} g;

(2)响应时间短,一般仅需 1 s 至几秒钟,自动化程度高;

(3)高分辨率,高分辨有机质谱仪可以精确地测定质量到小数点后 4～5 位;

(4)信息量大,能得到大量的结构信息,还可测定分子量;

(5)可同时进行复杂样品的分离、结构鉴定、定量分析。

8.2 质谱仪

按照质量分析器的类型,有机质谱分五大类型:双聚焦磁质谱、四极杆质谱、离子阱质谱、飞行时间质谱和傅立叶变换离子回旋共振质谱。双聚焦质谱仪应用广泛,四极杆质谱构造简单,体积较小,价钱便宜;飞行时间质谱主要应用于生物大分子分子量的测定,采用延迟引出和反射模式,可使飞行时间质谱的分辨率提高到 10 000 以上。从仪器性能看,又可分为高分辨、中分辨和低分辨质谱,低分辨质谱采用单聚焦和四极杆结构,分辨率在 1 000 以下,得出的离子质量数精确到整数;中分辨质谱采用小型双聚焦结构,分辨率在 1 000～15 000 之间,常配有峰匹配附件，离子质量准确到小数点第三或第四位，但操作麻烦。高分辨质谱采用大型双聚焦结构，设备复杂，价钱昂贵，分辨率在 50 000 以上，可对全部离子进行精确质量测定，但准确度不及峰匹配法，主要用于化合物的结构测定。

8.2.1　质谱仪的一般结构

不同种类的质谱仪结构有所不同，一般质谱仪包括进样系统、离子源、质量分析器、检测器、记录与数据处理系统等组成。此外，还包括电子系统和真空系统等辅助设备，如图 8-1 所示。

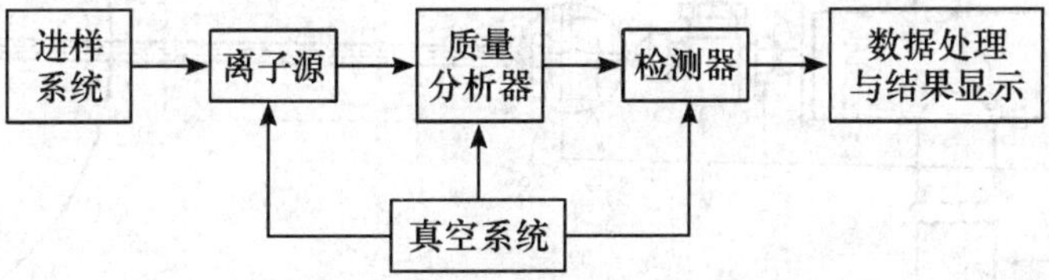

图 8-1　质谱仪一般结构示意图

8.2.2　进样系统

样品在进入电离源前必须被气化，进样系统是把样品转化为气态的装置。

进样系统的进样方式有直接进样和间接进样两种。直接进样是用进样杆将样品通过真空装置送入离子源，样品在离子源中被加热气化，这种系统可以获得分子量为 1 000～2 000 u 的非极性分子的质谱，但要控制样品量和加热速度，对挥发性强的物质要采用玻璃储罐系统把样品均匀导入离子源，直接进样装置见图 8-2。常见直接进样装置还有以下几种：

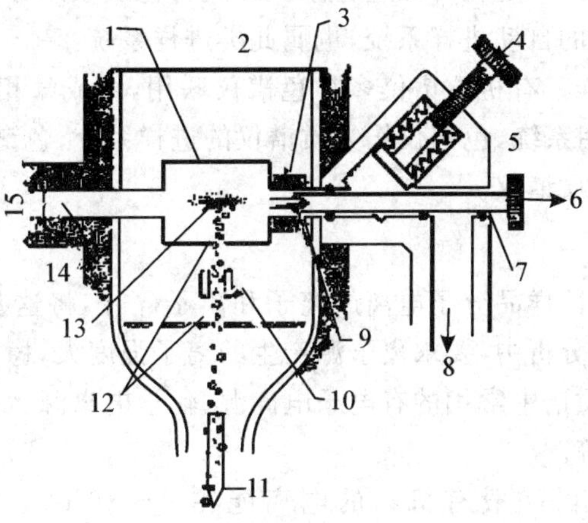

图 8-2　直接进样装置示意图

1. 离子源；2. 真空腔；3. 样品加热器；4. 关闭；5. 真空闭锁；6. 移出样品；7. 直接进样杆；8. 真空泵；9. 样品；10. 离子聚焦极；11. 离子束；12. 离子加速电压；13. 电子束；14. 真空漏缝；15. 比例放大

(1)直接探针进样　高沸点液体或固体样品，很难挥发，当样品量少(小于 5 μg)时，可采用直接探针进样。一般有机质谱都配有一个探针，并在质谱仪设有真空闭锁装置。进样时将样品粘于探针上，直接插入离子源，通过数秒钟加热，使样品挥发并在离子源中电离。探针的探头常为陶瓷、铼钨丝或铂丝。

图 8-3 是色谱-质谱探针进样系统结构示意图。非挥发性或热不稳定样品往往用真空阀

插入样品探针的方法直接输入离子源。探针由一毛细夹持器组成,毛细管中装有微克(或更少)样品。探针法的优点是只需要微量样品,探针上装有加热器以使样品挥发,探针可用于糖类、甾族类化合物和低分子量聚合物等非挥发性样品的直接进样。

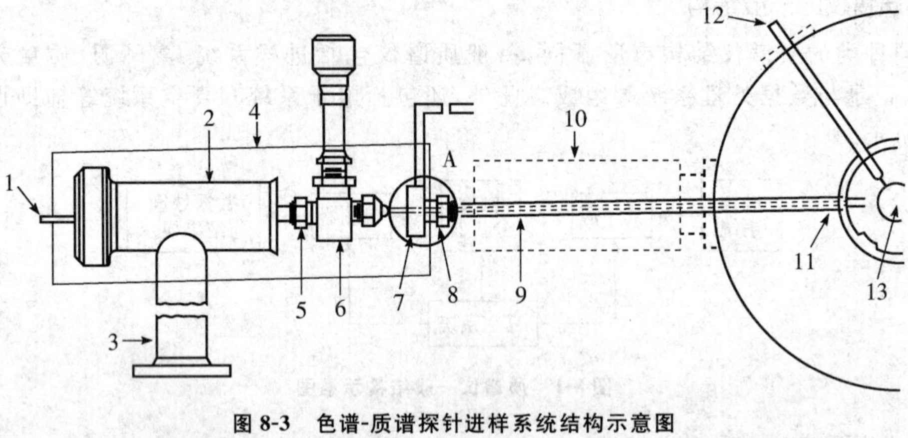

图 8-3 色谱-质谱探针进样系统结构示意图

1. 来自色谱仪的毛细管;2. 隙透分离器;3. 泵法兰;4. 铝壳;5. H. Swage-lok 接头配件;
6. 定量阀;7. 探针连接器;8. 探针接头;9. 空心探针;10. 真空闭锁装置;
11. 聚四氟乙烯探头;12. 一般进样;13. 质谱仪电离室

(2)标准分量进样　一般质谱仪均配备一个标准分量进样系统,它是由贮样瓶(液态)、流通阀组成,用来定量导入液、气态样品,以测定质谱仪的灵敏度。当不进样时,阀门关上;进样时将阀打开,由于质谱系统是高真空系统,贮样瓶中的液态样品就向质谱系统中挥发,通过打开阀的时间或质谱系统压强的变化可知进样量。在进行色质联用分析前用标准样如全氟三丁基胺对仪器的校正时采用的自动进样系统,也属此类进样系统。

(3)色质联用自动进样　有机质谱仪多与色谱仪联用,组成气相色谱-质谱(GC-MS)或液相色谱-质谱(LC-MS)联用系统,色谱仪作为质谱仪的进样系统,色谱柱流出的样品,经过接口装置(如分子分离器)进入质谱仪。

8.2.3 离子源

离子源的作用是把中性样品分子电离成离子和离子碎片,将这些离子聚焦并形成具有一定能量的离子束。在质谱分析中,要求离子源产生的离子强度大,稳定性好、质量歧视效应小。离子源的种类很多,有机质谱中常用的有电子电离源、化学电离源、快原子轰击源、电喷雾电离源、激光辅助解吸离子源等。

1. 电子电离源(EI)　一般有机物的电离能在 8～10 eV。在高真空(10^{-6} mmHg,1 mmHg=133.322 Pa)下,用适当强度的电子流直接轰击气态样品,样品分子产生电离。轰击的热电子流能量越高,样品分子被击得越碎,所产生的碎片离子越多,质谱图也越复杂,信息也越多,一般采用能量为 70 eV 的热电子碰撞样品分子,可引起绝大多数化学键断裂。

电子离子源一般结构如图 8-4 所示,由直热式阴极 F 发射的能量约 70 eV 的热电子在磁场和栅压 G_1、G_2 作用下,经加速、准直、螺旋地进入电离室,最后到达阳极——电子接收器 T。电子在前进的过程中,与进入电离室的样品发生碰撞。当电子能量大于样品分子电离电位时,样品被电离成离子。这些离子在推斥、引出、聚焦、加速、偏转电极电压作用下经引出狭缝进入质量分析器。

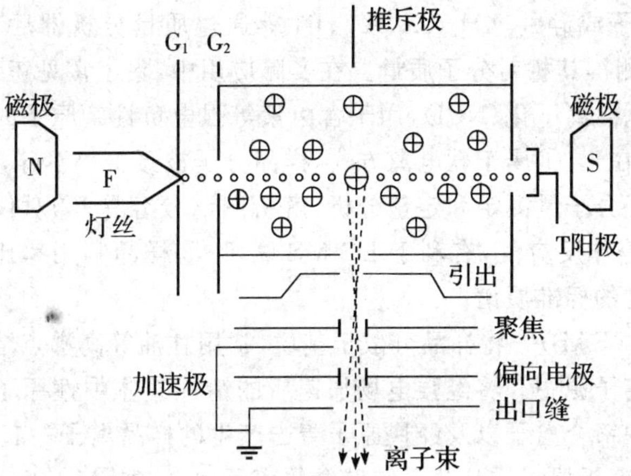

图 8-4　电子电离型离子源的示意图

电子轰击源是各种离子源中离子的量子产率最高的离子源，碎片离子丰富，由它发射的离子束的能量分散也很少(0.1～5 eV)，产生的离子流稳定，是有机结构分析中最常用的离子源。EI优点在于：①稳定性好，重现性好，在一定的电子流下可得到一样的图谱，所以标准质谱图都是EI做出来的；②所得离子碎片信息丰富，有利于物质结构分析。缺点是分子离子峰丰度小，对确定分子量、定量分析不利。

2. 化学电离源(CI)　有些化合物经电子轰击，分子离子 M^+ 峰不存在或其强度很低，必须采用比较温和的电离方法。化学电离是在较高压力(0.1～100 Pa)下进行的，气态样品和反应气受电子流(100～500 eV)轰击发生离子-分子反应来完成样品的离子化。常用的反应气有甲烷、异丁烷、氨、氯仿、乙腈、甲醇、四氢呋喃和氢气等。在电子流轰击下，反应气首先被打掉电子形成离子，这些反应气离子再转移一个质子给样品分子或接受样品分子的电子，使样品分子形成带正电离子。以 CH_4 作为反应气、HX为样品的化学电离过程如下：

反应气甲烷首先被打掉电子形成离子：

$$CH_4 + e \longrightarrow CH_4^+ + CH_3^+ + CH_2^+ + CH^+ + C^+ + H^+ + H_2^+$$

以 CH_4^+ 和 CH_3^+ 为主，它们又与反应气作用：

$$CH_4^+ + CH_4 \rightarrow CH_5^+ + CH_3$$
$$CH_3^+ + CH_4 \rightarrow C_2H_5^+ + H_2$$

生成的离子再与样品分子反应：

$$CH_5^+ + XH \rightarrow XH_2^+ + CH_4$$
$$C_2H_5^+ + XH \rightarrow XH_2^+ + C_2H_4$$
$$C_2H_5^+ + XH \rightarrow X^+ + C_2H_6$$

反应生成的样品离子也可能再分解：

$$XH_2^+ \rightarrow X^+ + H_2$$
$$XH_2^+ \rightarrow A^+ + C$$
$$X^+ \rightarrow B^+ + D$$

所生成样品的分子离子或碎片 XH_2^+、X、A^+、B^+ 等通过质量分析器后被检测，由(M+H)或(M—H)离子很容易测得其相对分子质量。在实际应用中，除了常见正化学电离离子化(PCI)方式外，还有负化学电离离子化(NCI)，用于含卤素等强电负性杂原子的化合物的测定。

化学电离的优点在于：①属于软电离方式，样品分子被轰击得不碎，分子离子峰丰度大，质谱图也较简单，有利于分子量测定和定量分析，解析图谱较容易；②对仪器电离室真空度要求不高，加之可用甲烷等作反应气，有利于 LC-MS 联机；③样品利用率比较高。缺点是重现性差，不能以此做化合物的标准质谱。

3. *快原子轰击源*(FAB)　将样品分散于基质(常用甘油等高沸点溶剂)制成溶液，涂布于金属靶上送入 FAB 离子源中。将经强电场加速后的惰性气体中性原子束(如氙)对准靶上样品轰击，基质中存在的缔合离子以及经快原子轰击产生的样品离子一起被溅射进入气相，并在电场作用下进入质量分析器。样品分子与碱金属离子加合，如[M+Na]和[M+K]，有助于形成离子，这种现象有助于生物分子的离子化。因此，使用氯化钠溶液对样品表面进行处理有助于提高加合离子的产率，样品加热也有助于提高产率。

FAB 的优点在于离子化能力强，可用于极性强、挥发性低、热稳定性差和相对分子质量大的样品及 EI 和 CI 难于得到有意义的质谱的样品。FAB 比 EI 容易得到比较强的分子离子或准分子离子，而且所得质谱有较多的碎片离子峰信息，有助于结构解析。缺点是对非极性样品灵敏度下降，而且基质在低质量数区(400 u 以下)产生较多干扰峰。FAB 是一种表面分析技术，需优化表面状况的样品处理过程，如用惰性气体离子束(如铯或氩)来取代中性原子束进行轰击，所得质谱称为液相二次离子质谱(LSIMS)。

在 FAB 离子化过程中，可同时生成正负离子，这两种离子都可以用质谱进行分析。样品分子如带有强电子捕获结构，特别是带有卤原子，可以产生大量的负离子。负离子质谱已成功用于农药残留物的分析。

4. *场电离源*(field ionization，FI)*和场解吸源*(field desorption，FD)　当样品蒸汽邻近或接触高正电位的金属针时，由于高曲率半径的针端处产生很强的电位梯度，样品分子可被电离，这称为场电离。场电离要求样品分子处于气态，灵敏度又低，因而应用逐渐减少。

场解吸的原理与场电离相同，但样品是被沉积在电极上。离子源由距离很近的阳极和阴极组成，两极间加上高电压后，阳极附近产生高达 $10^7 \sim 10^8$ V/cm 的强电场。接近阳极的气态样品分子产生电离形成正分子离子，然后加速进入质量分析器。对于液体样品(固体样品先溶于溶剂)可用 FD 来实现离子化。将金属丝浸入样品液，待溶剂挥发后把金属丝作为发射体送入离子源，通过弱电流提供样品解吸附所需能量，样品分子即向高场强的发射区扩散并实现离子化。

为增加离子的产率，电极上有很多微针(microneedles)。在电场的作用下(或再辅以温和的加热)，样品分子不经汽化而直接得到准分子离子，因而场解吸适合于难汽化的、热不稳定的样品，如肽类化合物、糖、高聚物、有机酸的盐、有机金属化合物等。由场解吸所得的质谱中准分子离子峰强，碎片离子很少，为得到较多的结构信息需进行碰撞诱导断裂(collision induced dissociation，CID)。

5. *大气压电离源*(API)　API 是液相色谱-质谱联用仪最常用的离子化方式。常见的大气压电离源有三种：大气压电喷雾(APESI)，大气压化学电离(APCI)和大气压光电离(APPI)。

电喷雾电离(electrospray ionization, ESI)的工作原理是样品溶液从具有雾化气套管的毛细管端流出时在强静电场(3～5 kV)和雾化气(通常是氮气)的吹带作用下喷成无数的高荷电雾状小液滴,在一定加热温度下,液滴中的溶剂被快速蒸发,液滴直径不断变小,经过反复的溶剂挥发——液滴裂分后,表面电荷密度不断增大,最终使溶剂和样品离子从液滴中被排挤出,产生具有单电荷或单个多电荷离子,电离过程中,产生多重质子化离子进入质量分析器,见图 8-5。电喷雾和离子化都是在大气压下进行的,带电荷数目和样品分子中的酸性和碱性基团数量有关,通常小分子样品得到带单电荷的准分子离子,大分子样品则得到多种多电荷离子。

ESI 电离是很软的电离方法,通常没有碎片离子峰,只有整体分子的峰,有利于生物大分子分子量的测定。电喷雾离子化是去除溶剂后的带电液滴形成离子的过程,适用于容易在溶液中形成离子的样品或极性化合物。因具有多电荷能力,其分析的分子量范围很大,既可用于小分子分析,又可用于多肽、蛋白质和寡聚核苷酸分析。

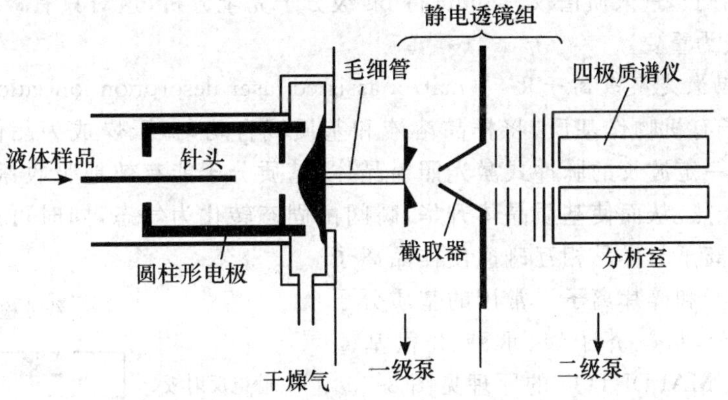

图 8-5 电喷雾电离源的示意图

大气压电离 APCI 是由 ESI 衍生出来的方法。APCI 的工作原理是在大气压下样品溶液从具有雾化气套管的毛细管端流出,被氮气流雾化,通过加热管时被汽化,在加热管端进行电晕放电来使溶剂分子被电离形成反应离子,这些反应离子与样品分子发生离子-分子反应生成样品的准分子离子。与经典 CI 不同,APCI 无须加热样品使之汽化,因而应用范围更广,但 APCI 要求样品有一定的挥发性,适用于非极性或低、中等极性的小分子化合物。由于极少形成多电荷离子,分析的分子量范围受到质量分析器质量范围的限制,APCI 工作原理见图 8-6。

APPI 是用紫外灯取代 APCI 的电晕放电,利用光化作用将气相中的样品电离的离子化技术,适用于非极性化合物。大气压电离源独立于高真空状态的质量分析器之外,不同大气压电离源之间的切换非常方便。

由于基质中常有 H^+、Na^+、K^+、NH_4^+ 等,因此,分子离子峰质量常为 M+1、M+23、M+39、M+18。

在热喷雾接口中,来自 HPLC 的流出液通过不锈钢柱直接进入喷雾器中,靠高速空气或氮气的喷射变成细雾,细雾被同轴气体吹入加热器内气化,进入大气压下化学电离源反应区电离,样品离子再进入质谱仪分析。热喷雾 LC-MS 接口可用于热稳定性较好的化合物分析。

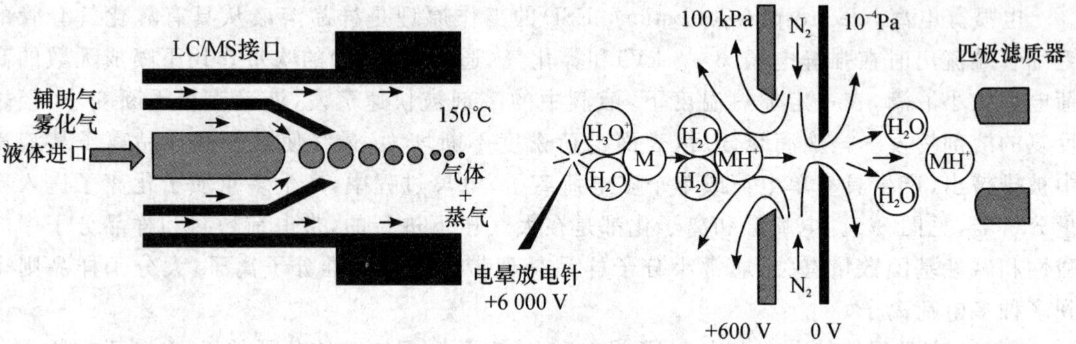

图 8-6　APCI 原理图

离子喷雾的接口中，被分析样品液体进入一个带有高电压的喷雾器，形成带有高电荷微滴的雾，当微滴蒸发时，经过一个非常低的能量转移过程形成含有一个或多个电荷的离子（与液相存在的形式相同），进入质谱仪，可以进行 pg 级分子完全分析，这对只有极少量样品可供使用的生化分析极为重要。

6. 基质辅助激光解吸离子化　(matrix assisted laser desorption ionization，MALDI)工作原理是用小分子有机物作基质，将样品溶液和基质混合均匀，干燥成为晶体或半晶体后送入离子源内，用一定波长的脉冲式激光照射晶体，基质分子能有效地吸收激光能量，导致能量蓄积并迅速产热，从而使基质晶体升华，瞬间由固态转化为气态，同时可产生光致电离和解吸作用，基质离子与样品相互碰撞使样品离子化，获得分子离子和碎片离子。常用的基质分子有 2，5-二羟基苯甲酸、芥子酸、烟酸、2-氰基-4-羟基肉桂酸等。MALDI-TOF 的原理见图 8-7。

MALDI 的特点是准分子离子峰很强，碎片离子峰很少，能直接测定难于电离的样品，主要用于大分子分析，并引入辅助基质减少过分碎裂。MALDI 产生的离子常用飞行时间质量分析器(time-of-flight，TOF)来分离不同的质量数，因此合称 MALDI-TOF，适合对蛋白质、多肽、核酸和多糖等生物大分子的研究。

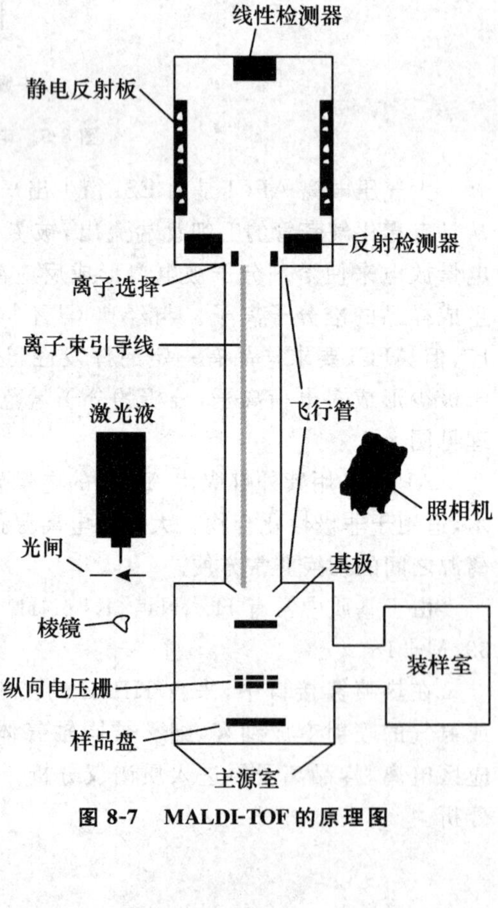

图 8-7　MALDI-TOF 的原理图

7. 电感偶合等离子体离子化(ICP)　等离子体是由自由电子、离子和中性原子或分子组成的，总体上呈电中性的气体，其内部温度高达几千摄氏度至 10 000℃。样品由载气携带从等离子体焰炬中央穿过，迅速被蒸发电离并通过离子引出接口导入到质量分析器。样品在极高温度下完全蒸发和解离，电离的效率高，对所有元素均有较高的检测灵敏度。该条件下化合物分子结构已经被破坏，所以 ICP 仅适用于元素分析。

8.2.4 质量分析器

质量分析器的主要作用是对不同的离子按其质量(或质荷比)大小顺序进行分离(即质量色散),并实现同质荷比的离子良好聚焦。不同的质谱仪采用的质量分析器是不同的,分析器有静态质量分析器(采用稳定的电磁场)和动态质量分析器(采用变化的电磁场)。前者多用于磁式单、双聚焦质谱仪,后者多用于摆线、飞行时间和四极质谱仪中。常见的质量分析器有:单聚焦磁质量分析器、双聚焦磁质量分析器、四极杆质量分析器、离子阱质量分析器、飞行时间质量分析器、傅立叶变换离子回旋共振质量分析器等。

1. 单聚焦和双聚焦质量分析器　单聚焦质量分析器主要依据不同质量的离子在磁场中不同的运动行为,将不同质量的离子分开。图 8-8 是一种单聚焦分析器的示意图,分析样品进入离子源后,在电子的轰击下,产生离子(大部分为正离子)。假设有质量 m 带有电荷 ze 的正离子,在电离室出口缝 S_0 和离子源出口缝 S_1 之间的加速电压 V 作用下(假设离子的初始能量为 0),被加速到 v,离子加速后具有的动能为:

$$\frac{1}{2}mv^2 = zeV \tag{8.1}$$

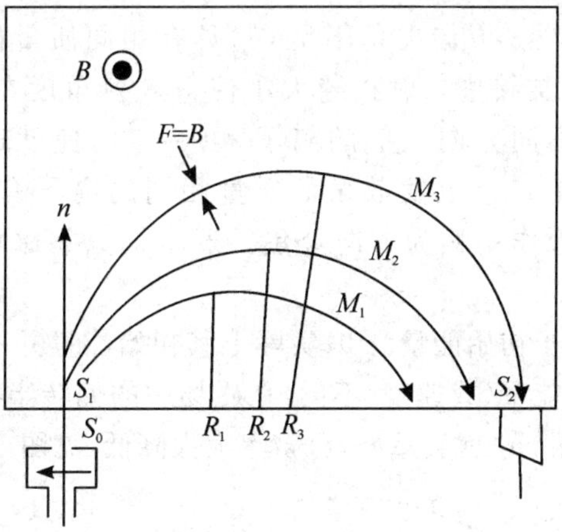

图 8-8　单聚焦质量分析器的原理图

z 为离子的电荷数,e 为电子的电量,V 为加速电压。沿与磁场垂直且与 n 方向夹角为 0° 的方向,加速后的离子进入磁场 B 的质量分析器,受到洛伦茨力的作用做圆周运动,而使运动轨道发生偏转,根据牛顿第二定律可得到:

$$m\frac{v^2}{R} = Bzev \tag{8.2}$$

式中:R 为质量 m 的离子运动轨道半径,由式(8.1)和式(8.2)消除 v,可得:

$$\frac{m}{z} = \frac{R^2 eB^2}{2V} \tag{8.3}$$

得：

$$R=\frac{1}{B}\sqrt{\frac{2m}{ze}V} \tag{8.4}$$

经单位变换后得：

$$R=\frac{1\,440}{B}\sqrt{\frac{m}{z}V} \tag{8.5}$$

其中质量 m 为相对原子质量 M(u)，电量 z 为电子所带电荷单位。对于单电荷离子 $z=1$，B 的单位用特斯拉(T)，V 的单位用伏特(V)，R 的单位用 mm。

从式(8.5)中可看出，离子在磁场中的偏转半径 R 由 V、B 和 m/z 三者决定。若 V、B 不变，则 R 只与离子的质荷比 m/z 有关，即不同质荷比的离子通过磁场后，由于偏转半径的不同而彼此分开，即磁场对带电离子具有质量色散作用(类似棱镜对不同波长光的色散)。但实际上仪器 R 是一定的，此时可通过改变加速电压 V 或磁感应强度 B 来改变离子的运动轨道半径。如果 V 保持不变，连续改变 B，可以使不同 m/z 的离子按顺序依次达到 R 位置的检测器，得到质谱；同样，保持 B 不变，连续改变 V，也可以在 R 位置检测到质谱图。

由于离子的入射方向与 n 方向夹角不是 0°，具有相同质量但不同方向入射的离子将不会聚焦到一点。通常需要调整入射狭缝大小使得入射角度在 ±5°以内，以保证同一点发出的、具有相同质量和不同方向入射的离子，以一定的速度送入磁场，经磁场偏转后，能聚焦到一点，即磁场对于有一定发散角的质量相同的离子有会聚作用，就像透镜对光的聚焦作用一样，这种会聚作用称为方向聚焦。通常把只靠磁场进行质量分离的质谱仪叫单聚焦质谱仪。

在上面讨论中，假设离子初始能量为 0，实际上其初始能量并不为 0，且各不相同。因此，即使质量相同的离子，由于能量(或速度)不同，在磁场中的偏转半径也不同，因而不会完全聚在一起，相邻离子质量 m_1 和 m_2 就会重叠，分辨率大大降低，见图 8-9。

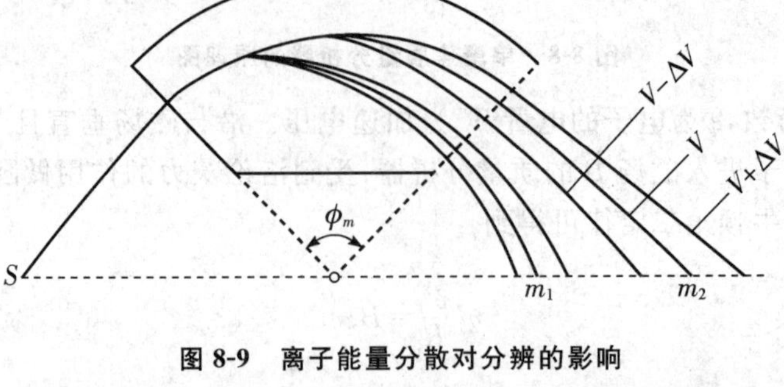

图 8-9　离子能量分散对分辨的影响

为消除离子能量分散对分辨率的影响，可在扇形磁场前面加一个径向扇形静电场，它是由两个同轴圆筒形、半径为 R_1、R_2 的电极上分别施加 $+V/2$，$-V/2$ 稳定的直流电压组成，如图 8-10 所示。进入电场的离子受到静电场力作用，其运动方程为：

$$Eze=m\frac{v^2}{R} \tag{8.6}$$

结合式(8.1)可得到：

$$R=\frac{2V}{E} \tag{8.7}$$

式中的 E 为扇形电场强度。从式(8.7)可知，如果电场强度 E 一定，离子轨道半径仅取决于离子的能量，而与离子的质量无关，即不起质量分离作用，而仅对能量有色散作用，是一个能量分离器；对于质量相同的离子，它是一个速度分离器。这样，质量相同而能量不同的离子经过静电场后将被分开，即静电场具有能量色散作用。

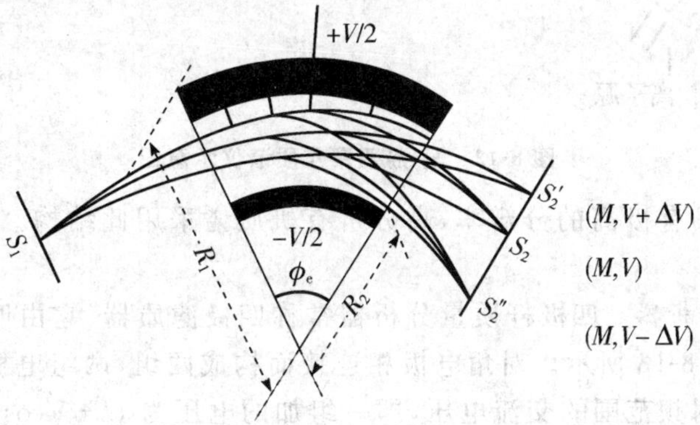

图 8-10　扇形电场能量色散

像光学透镜的作用一样，磁场对离子的作用也有可逆性。由一方向进入磁场的质量相同而能量不同的离子，经磁场会按一定的能量顺序分开；反之，从反方向以一定能量顺序排列的质量相同的离子，经磁场后可以会聚在一起；因此，如果电场和磁场配合，使二者对离子产生的能量色散数值相等方向相反，就可以实现能量聚焦，加之磁场的方向聚焦作用，这样就实现了方向和能量双聚焦，如图 8-11 所示。当质量相同而能量不同的离子通过静电场后，将按能量大小聚焦(成像)在 S_2 处。经过磁场时，磁分析器发挥其质量色散作用(以便进行质量分析)，同时磁分析器的能量色散设计正好为静电分析器的能量色散所抵消，实现方向和能量的同时聚焦，此类质谱仪称双聚焦质谱仪，见图 8-11。图 8-12 是马赫双聚焦质谱仪示意图，它能对所有的离子实现双聚焦。

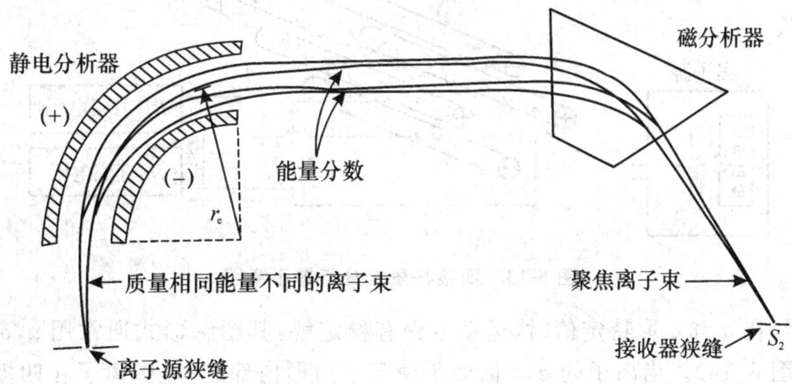

图 8-11　双聚焦质量分析器

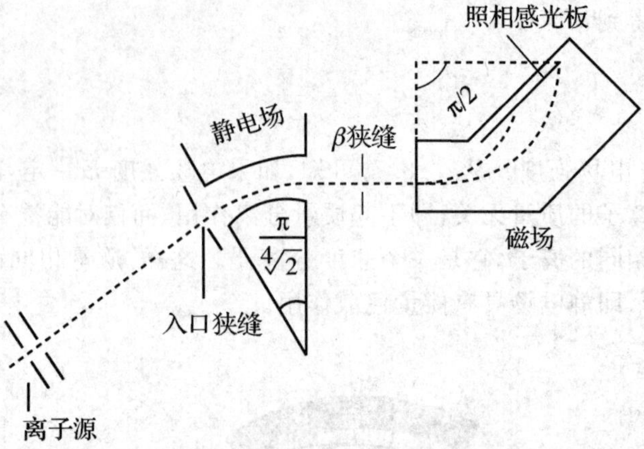

图 8-12　马-赫双聚焦质谱仪示意图

双聚焦质谱仪具有极高的分辨率，高分辨有机质谱采用此结构。但是价格昂贵，结构复杂。

2. 四极杆质量分析器　四极杆质量分析器常称四极滤质器，它由四根截面呈双曲面的平行电极组成，如图 8-13 所示。对角电极相连接而构成两组，两组电极的两极各加一定的直流电压和频率为射频范围的交流电压，即一组加的电压为 $U+V\cos \omega t$，另一组加的电压为 $-(U+V\cos \omega t)$，电极间的最小距离为 $2r$。如果质量为 m，电荷为 ze 的离子从 Z 方向进入四极杆，在电场作用下，离子会作横向振动，并以初速度向前运动，其运动方程是：

$$\begin{cases} \dfrac{d^2 x}{dT^2}+(a+2q\cos^2 T)x=0 \\ \dfrac{d^2 y}{dT^2}-(a+2q\cos^2 T)y=0 \\ \dfrac{d^2 z}{dT^2}=0 \end{cases}$$

$$a=\frac{8eV}{mr^2\omega^2} \quad q=\frac{4eV_0}{mr^2\omega^3} \quad T=\frac{\omega t}{2}$$

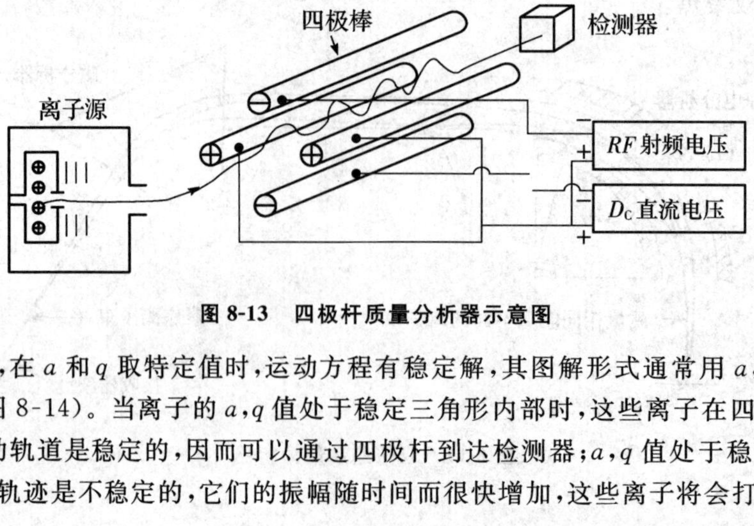

图 8-13　四极杆质量分析器示意图

数学证明，在 a 和 q 取特定值时，运动方程有稳定解，其图解形式通常用 a,q 常数的稳定三角形表示(图 8-14)。当离子的 a,q 值处于稳定三角形内部时，这些离子在四极场中的振幅是有限的，运动轨道是稳定的，因而可以通过四极杆到达检测器；a,q 值处于稳定三角形之外的离子的运动轨迹是不稳定的，它们的振幅随时间而很快增加，这些离子将会打到电极杆上并最终被真空系统抽走。选择适当的 a/q 值(即 U/V 值)扫描线通过稳定区,那么扫描线与稳定区 2 个交点之间对应的质量范围的离子如 m_1,可以沿 Z 方向到达检测器。而其他质量的离子将碰到四极杆被滤掉。也就是说保持 U/V 值及射频频率不变,改变 U 和 V。可以实现质量扫描。

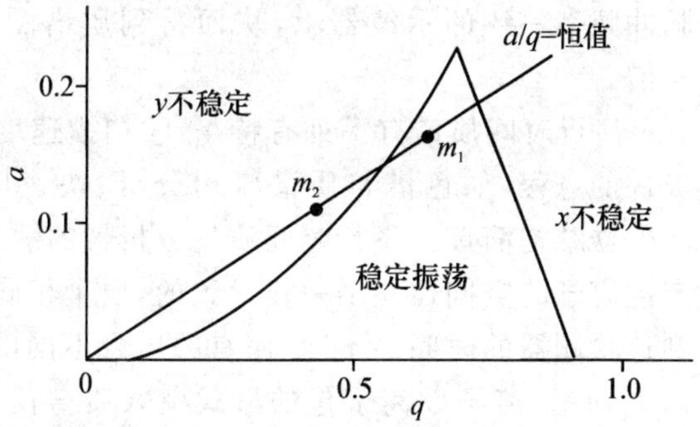

图 8-14 四极滤质质量分析器稳定性图

四极质量分析器具有以下特点:

(1)扫描速度快,可以实现联机,也适合跟踪快速化学反应等场合。仅用电场不用磁场,无磁滞现象。

(2)结构简单、体积小、重量轻,价格便宜、清洗方便,操作容易。

(3)操作时的真空度相对较低,因而特别适合同液谱联机。

(4)分辨率不够。

(5)对较高质量的离子有质量歧视效应。

一般四极质量分析器的质量范围可达 3 000 u,质量分辨率可达 0.1 u。

3.飞行时间质量分析器 飞行时间质量分析器依据被加速后的离子自由飞行特定长度所需要的飞行时间来测定离子的质量,飞行时间质量分析器的主要部分是一个离子漂移管,其原理见图 8-15。离子源产生的离子(质量为 m,带 ze 电荷)在加速电压 V 作用下,获得速度为 $v=(2zeV/m)^{1/2}$ 后,进入长度为 L 的漂移管,离子在漂移管中飞行的时间 t 为:

$$t=L/v=L\cdot\sqrt{\frac{m}{2zeV}}$$

故具有不同 m/z 的离子,到达终点的时间差 Δt 为:

$$\begin{aligned}\Delta t &= L(1/v_1-1/v_2)\\ &= L(\sqrt{m_1/z_1}-\sqrt{m_2/z_2})/\sqrt{(2Ve)}\end{aligned}$$

由上式看出,离子在漂移管中飞行的时间与离子质量的平方根成正比,Δt 取决于 m/z 的平方根之差。即对于能量相同的离子,离子的质量越大,到达接收器所用时间越长;质量越小,所用时间越短。据此原理可把离子按质量大小分开,一般质荷比的离子的飞行时间为毫微秒级,加大漂移管的长度 L,可以提高分辨率。

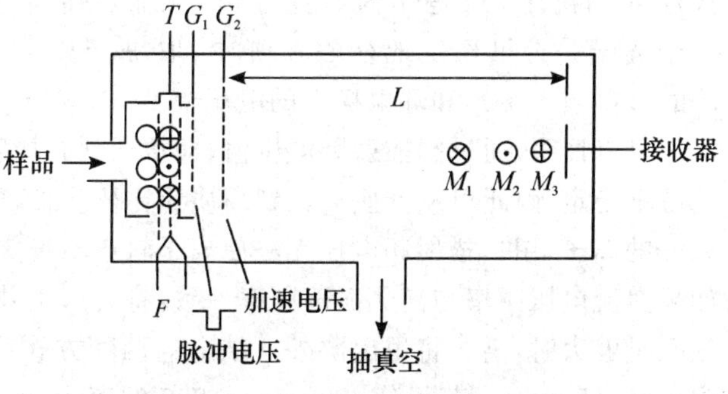

图 8-15 飞行时间质量分析器示意图

连续电离和加速将导致检测器的连续输出而无法获得有用信息,所以 TOF 是以大约 10 kHz 的频率进行电子脉冲轰击法产生正离子,随即用一具有相同频率的脉冲加速电场加速,被加速的离子按不同的时间经漂移管到达收集极上,并馈入一个水平扫描频率与电场脉冲频率一致的示波器上，从而得到质谱图。这种仪器每秒钟可以得到多达 1 000 幅的质谱。

飞行时间质谱有下列有特点：①扫描速度快，完整质谱图只要 10～100 μs，适用于研究极快的过程，如色谱与质谱联用分析、快速反应过程监测等；②分析样品的质量无上限；③仪器结构简单。飞行时间质量分析器的缺点是分辨率低，这是由于离子初始能量分散和产生离子的空间位置不一样导致的，质量相同的离子，由于起点不一样和初始动能不一样，到达检测器的时间也不同；而有的质量不同的离子，反而可以一齐到达检测器。为了克服以上问题，离子以离子包的形式引入质谱仪，这样可以统一飞行的起点，依次测量飞行时间。离子包通过一个脉冲或者一个栅系统连续产生，但只在一特定的时间引入飞行管，并采用离子在漂移管以一定角度的推斥反转来扣除初动能不同离子的飞行时间差异。新发展的飞行时间分析器具有大的质量分析范围和较高的质量分辨率，特别适用于大分子的离子质量分离，如蛋白质、肽、DNA 等生物大分子，并开始应用于较小的药物分子测定。

4. 离子阱(ion trap)　离子阱质量分析器既能依质量顺序分离不同的离子，又能储存和选择引出特定质量离子。四极离子阱原理图见图 8-17，由一对环形电极和两个呈双曲面形的端盖电极组成，离子阱可看成四极质量分析器变形而来，图 8-16 (a)四极质量分析器剖面图沿 y 轴旋转 180°，原 x 轴一对双曲面电极旋转变成内部为双曲面的环电极，沿 y 铀的一对双曲面电极旋转变形为端盖极。电极之间以绝缘隔开，但两个端盖极是等电位的，端盖极上的小孔用以进样和引出离子。

离子阱质量分析器在环形电极上加基础射频电压(fundemental rf)和直流电压 $\Phi = U + V\cos\omega t$；在端盖电极上加交流补充电压。由离子源产生的离子，通过脉冲离子门进入离子阱，离子在离子阱中的行为涉及复杂的数学问题，在此不进行详细讨论。与四极杆质量分析器类似，通过调节射频电压和直流电压，特定质量离子的振幅不大，离子可以稳定地存贮在离子阱中，其他质量的离子将碰到环电极或盖电极上消亡。阱中离子的数目可通过自动增益控制(AGC)技术进行有效控制。阱中离子数目太多，会引起空间电荷效应，导致电场的扭曲和整体性能的下降。离子阱中一般充入 1 mTorr(1 Torr＝133. 322 Pa)的氦气，它有两个作用，一是碰撞“冷却”降低初进入离子的动能，有效地捕获注入的离子；二是作为碰撞气体，从而产生多级 MS，提高分析灵敏度和质量分辨率。一个离子是否可稳定地存贮在阱中，取决于离子的荷质比，离子阱的大小(r)，fundamental rf 的谐振频率(ω)，和环电极上的电压幅度(V)。

可以证明，通过扫描射频电压值(即从低到高加射频电压值)，可以使阱中离子的轨道依次变得不稳定，因此可从低质荷比到高质荷比依次将离子甩出阱外并到达检测器；对于高质量数 m/z 的离子，用扫描射频电压无法使离子轨道不稳定，这时在端盖电极上加高幅的交流电压，如果交流电压频率与离子振荡频率一致，将会产生共振，离子振荡的振幅随时间线性增加，当振幅足够大时，离子将甩出阱外。结合这两种方式可分离出特定 m/z 的离子，比如扫描范围为 50～1 500m/z，若想分离出 m/z＝500 的离子，则先扫描射频电压，使 50～499m/z 被甩出阱；再依次改变交流电压频率，使 501～1 500m/z 被甩出阱，这样就分离出 m/z＝500 的离子。若在端盖电极上加低幅的交流电压信号，将使被分离出的离子产生共振激发，与氦气碰撞，产

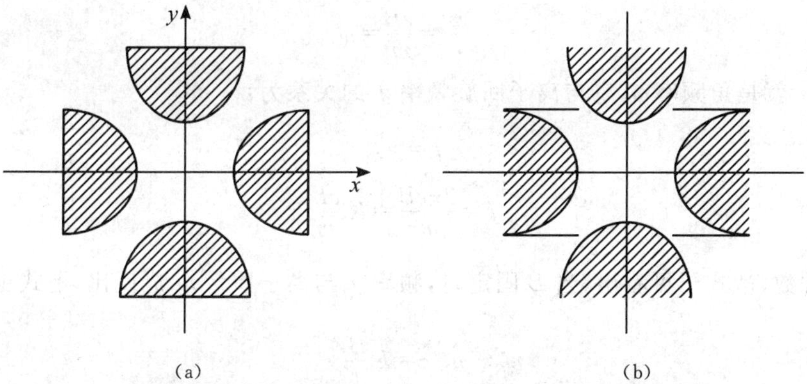

图 8-16 四极质量分析器(a)经绕 y 轴旋转变成离子阱(b)

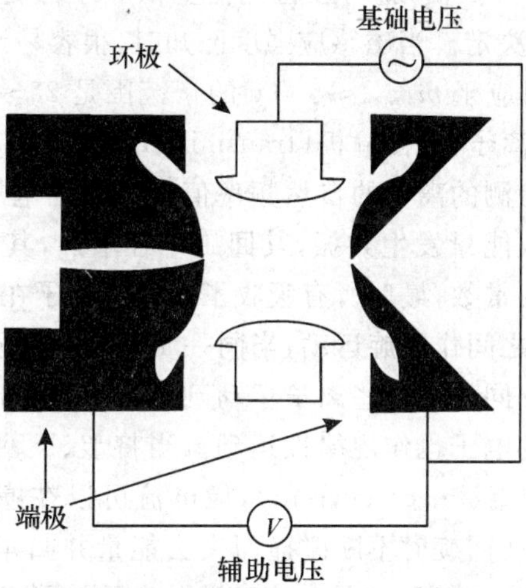

图 8-17 离子阱质量分析器原理图

结构碎片信息。而当不加直流电压分量 U 时，通过调节 V 到一定值，对应的特定质量离子振幅非常小而储存在离子阱内。

离子阱具有以下的优点：①离子阱的检出限很低，单一的离子阱即可实现多级串联质谱 MS^n；②结构简单，价格低，性能价格比高；③灵敏度高，较四极质量分析器高达 10～1 000 倍；④质量范围大，商品仪器已达 6 000 u。离子阱的缺点为所得质谱与标准谱图有一定差别，因为离子阱的离子可能发生离子-分子反应，采用外加的离子源可克服这个缺点。

5. 傅立叶变换离子回旋共振质量分析器(Fourier transform ion cyclotron resonance，FT-ICR) 傅立叶变换离子回旋共振分析器利用不同质荷比的离子在回旋池中具有不同回旋运动频率的性质分析离子，其优点是能够获得百万以上的超高分辨率，具有多级串联质谱的功能，灵敏度随分辨率的提高而提高。

傅立叶变换离子回旋共振质谱的示意图见图 8-18，包括离子源、质量分析器和检测器，样品受电子轰击而变成离子，在离子初速度 v 及感应强度 B 的作用下，离子作垂直于磁场的圆周运动，其频率为 f，离子所受的洛伦兹力与离心力平衡，即：

$$\frac{m \cdot v^2}{r} = eBv$$

或 $$\frac{v}{r}=\frac{eB}{m}=\omega$$

因为 v/r 就是角频率 ω，它与离子回旋频率 f 的关系为：

$$f=2\pi\omega$$
$$f=\frac{2\pi eB}{m}=K\frac{eB}{m}$$

式中：K 为常数，从式子可看出，当 B 固定时，频率 f 与离子质量 m 成反比，上式也可写成：

$$m/z=k\frac{B}{f}$$

对射频电场的频率 f 进行扫描，就可在检测器上依顺序检测到各个 m/z 值的离子，扫描的质量范围由频率 f 的范围决定。当磁感应强度已知时，很容易计算出 m/z 与 f 之间的对应值。例如，当 B=1.5T 时，对应于 m/z 1～500 u 的 f 范围是 25～50 MHz。

为了在检测器上检测到离子，在传输板(transmitter plate)上对离子施加一个射频电场扫描，其频率范围对应于所要检测的离子的自然频率值。当扫描电压频率与某离子间回旋频率相等时，该离子从射频场吸收能量发生共振，其回旋半径增加，其他 m/z 离子则不受影响；停止电场后，离子运动半径变为常数，最后所有吸收了能量的离子在相近轨道上作规律性回旋运动。离子在两块金属接收板之间作回旋运动，当同一质量的正离子接近上极板时，由于其带正电，就吸引接收板上的电子。同样当这些离子运动到接近下极板时，就吸引这块板上的电子。随着离子的运动，接收板上的电子也作规律性运动。当将上、下两板连接成电路时，电子的运动就变成了一个电信号-像电流(image current)，像电流可以在停止交变电场后观察到，感应产生的像电流由于共振离子在回旋时不断碰撞而失去能量并归于热平衡状态而逐步消失，这个过程的周期一般在 0.1～10 s 之间，它是一个衰减的余弦波形 $A\cos(2\pi f_0 t)$，与 Fourier 变换 NMR 中的自由感应衰减信号(FID signal)类似。

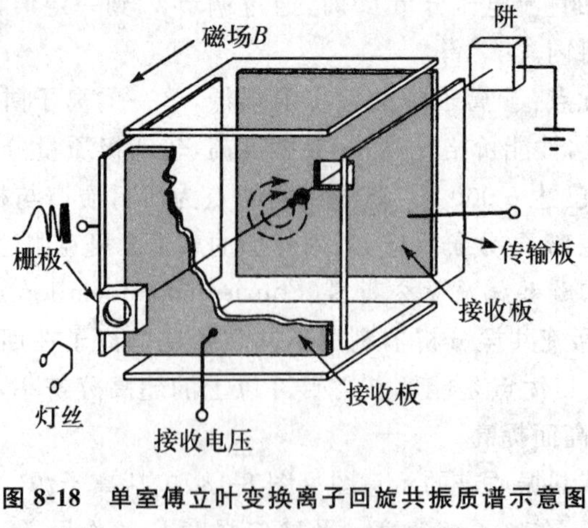

图 8-18　单室傅立叶变换离子回旋共振质谱示意图

实际上在同一时刻不同质荷比的离子分别产生与其相应的像电流。因此，在电路输出端得到的是一个各种频率的正弦波叠加而成的时域信号，各分量的强度对应于离子的数量。傅立叶变换能将这个时域信号中的每个正弦波分量的频率和振幅值都加以确定，即可获得各离

子所对应的 f 值及离子强度。

傅立叶变换质谱分析过程包括分析室的清洁(quench)、离子形成(ion formation)、离子激发(ion excitation)、离子检测(ion detection)、计算等过程。开始工作时，通过分析室的阱集板(trapping plate)上施加一个脉冲电压将分析室中残存的离子清除掉，离子化脉冲控制样品的离子化时间，离子化的方法是电子轰击，在离子形成至离子激发之间设定几毫秒至几秒的延时，产生样品的化学电离或离子—分子反应，通过调节反应气压力及时间来控制化学离子化的程度;而没有反应气参与仅在样品间反应叫做自身化学离子化(self-CI)。

常见的单室(single cell)质谱仪集离子化和分析检测于一室，主机结构简单，但单室的仪器要求室内的真空度极高(约 10^{-9} Torr)，减少被检测的离子与气体分子碰撞而碎裂的几率，提高灵敏度和分辨率。单室仪器不适合那些样品气压或背景气压较高的场合，如色质联用(GC-FTMS)。

双室(dual cell) 质谱仪有源区(source region)和分析区(analyzer region)两部分，离子化在真空度要求较低的源区进行，同时保证仪器的分析室保持高真空。这样，很多其他的离子化方法也能应用到 FTMS 上，如 FTMS 能够与 GC 联用，激光解吸、二次离子等离子化方法均可以和 FTMS 联用。

8.2.5 检测器

检测器的作用是接受和检测经质量分析器分离后的不同 m/z 比的离子束，并把离子流强度转变为电信号。离子检验器一般分为以下几种:

(1)法拉第筒　单接收器和双接收器分别检测单束离子和双束离子，主要用于检测同位素比。

(2)电子倍增器　利用光电倍增管器检测单个离子，经多级(10～20 级)倍增放大后，电流放大倍数为 $10^5 \sim 10^8$ 倍，其电信号被记录成谱线。电子通过电子倍增器的时间极短，利用它可以实现高灵敏度和快速测定;缺点是随时间延长，增益会发生变化，并存在质量歧视效应。

(3)光学方法(即照相感光板检测器)　这种检测方法主要用于火花源双聚焦质谱仪中。利用离子打在感光板上时产生敏化作用，显影后成一系列平行的黑线，根据黑线的位置和强度，可以得到样品定性定量分析结果。

(4)阵列式隧道电子倍增器　隧道电子倍增器与打拿极组电子倍增器类似，它可同时监测样品中所有质量的离子，因为不同质量的离子轰击不同的通道，这样质量分析器就不要进行 m/z 扫描，每个隧道的输出信号可快速依次被监测，或同时监测每通道的全部输出信号。

(5)闪光计数器　这种检测器用光电倍增管计算从质量分析器出来的离子轰击荧光屏产生光子发射的数目，监测 PM 管的输出信号并显示在读出装置上。

8.2.6 记录与数据处理

现代质谱仪器的记录与数据处理一般在计算机上进行，尤其是标准质谱图库的应用，给质谱解释带来极大的方便，提高了质谱解决有机物结构的能力。

8.2.7 质谱仪的主要性能指标

(1)质量测定范围　质谱仪的质量测定范围表示质谱仪所能够进行分析的样品的相对原子质量(或相对分子质量)范围，通常采用原子质量单位(unified atomic mass unit，符号 u)进行度量。

在非精确测量物质的场合，常采用原子核中所含质子和中子的总数即“质量数”来表示质量的大小，其数值等于其相对质量数的整数。

测定气体用的质谱仪，一般质量测定范围在 2～100，而有机质谱仪一般可达几千。利用多电荷电离技术，现代质谱仪甚至可以研究相对分子质量达几十万的生化样品。

(2)分辨率　指质谱仪分开相邻质量数离子的能力，一般定义是：对两个相等强度的相邻峰，当两峰间的峰谷不大于其峰高 10%时，则认为两峰已经分开，其分辨率 R：

$$R=m_1/(m_2-m_1)$$

式中：m_1、m_2 为质量数，且 $m_1<m_2$。故在两峰质量数较小时，要求仪器分辨率越大。

质谱仪的分辨本领几乎决定了仪器的价格。分辨率在 500 左右的质谱仪可以满足一般有机分析的要求，此类仪器的质量分析器一般是四极滤质器、离子阱等，仪器价格相对较低。若要进行准确的同位素质量及有机分子质量的准确测定，则需要使用分辨率大于 10 000 的高分辨率质谱仪，这类质谱仪一般采用双聚焦磁式质量分析器，目前这种仪器分辨率可达 100 000，当然其价格也将会是低分辨率仪器的 4 倍以上。

(3)灵敏度　质谱仪的灵敏度有绝对灵敏度、相对灵敏度和分析灵敏度等几种表示方法。绝对灵敏度是指仪器可以检测到的最小样品量；相对灵敏度是指仪器可以同时检测的大组分与小组分含量之比。

8.3　有机质谱的离子与断裂机理

质谱图提供不同质量离子的碎片和每种碎片的离子数目的多少，离子的类型主要有分子离子、碎片离子、重排离子、亚稳离子、多电荷离子和同位素基团离子。各种有机化合物的分子结构不同，其裂解方式不同，产生的碎片离子的种类和数量也不同。相同类型的化合物，裂解方式和产生的离子类型相似或相同。分子离子的裂解主要发生在分子中的薄弱环节，即化学键很不稳定、易于裂解化学键上。有机分子进行裂解的结构因素，一般可归纳为以下几点：

(1)有利于失去电子或形成稳定的正电荷；

(2)有利于形成偶数电子的碎片离子；

(3)有利于共轭体系和芳香体系的形成；

(4)解除环的张力或空间位阻；

(5)C—X 基团和烯丙基团(包括苄基基团和环己烯基团)的存在。

所以，研究已知结构的各种类型化合物分子的质谱裂解方式，对于鉴定化合物和测定新化合物的分子结构很有意义。

8.3.1　分子离子峰

分子受电子(如电子轰击源)撞击后，失去某一个电子而生成带正电荷离子称为分子离子。即：

$$M + e^- \longrightarrow M^{+\cdot} + 2e^-$$

当中性分子失去一个电子时，就显示出一个正电荷，所以分子离子就用 $M^{+\cdot}$ 表示。

除同位素峰外，分子离子峰在质谱图中处在质荷(m/z)比最大位置，即分子离子峰位于质谱图的右端，其质荷比值数值上等于化合物的分子量。在有机化合物中，分子离子的稳定性

(即分子离子峰的相对强度)有如下次序：芳香环＞共轭多烯＞烯＞环状化合物＞直链烃类＞羰基化合物＞醚＞脂＞胺＞酸＞高度分支烃类＞醇。因此，分子离子峰的强度可以大致指示被测化合物的结构类型。

一般情况下，"$\dot{+}$"符号首先标在杂原子、共轭体系、不饱和键或多级碳上，如果不好确定位置则采用以下记法"$M]^{\dot{+}}$"或$[M]^{\dot{+}}$。

8.3.2 碎片离子峰

一般分子离子不稳定，会产生进一步裂分形成碎片离子。常见的断裂方式有 σ 断裂、α 断裂、i 断裂、逆 Diels-Alder 反应、麦氏重排等。

1. σ 断裂　σ 断裂是最常见的断裂方式之一，在只有 σ 键的饱和烃中首先发生 σ 断裂，生成相对较稳定的正碳离子，最大可能断裂位置在分支最多的基团上，且失去的基团越大，生成正碳离子稳定性越高，发生断裂的可能性就越大，该离子的峰也就越高。如：

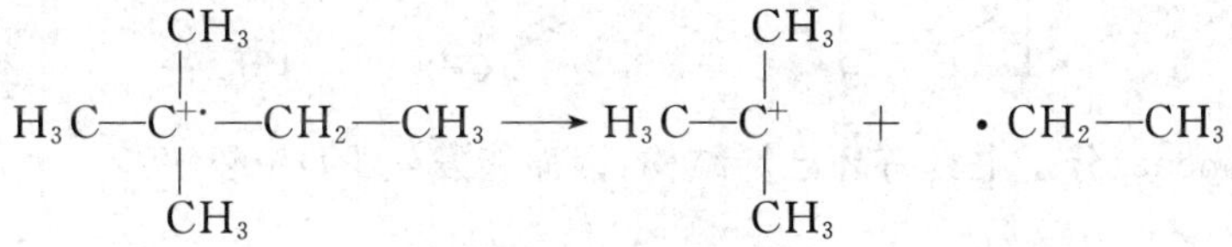

有机化合物中，C—C 键不如 C—H 键稳定，因此烷烃的断裂一般发生在 C—C 键之间，且较易发生在支链上，形成正离子稳定性的顺序是三级＞二级＞一级。

2. α 断裂　α 断裂也称游离基中心引发的断裂或诱导断裂，α 断裂是由电子强烈的成对倾向引起的，游离基中心提供一个电子与 α 键断裂产生的一个电子结合成一个新键而使正电荷得到稳定。这种裂解主要发生在分子中含有氧、氮和硫原子的脂肪族化合物。例如醇、醚、醛、酮、酯、胺、硫醇、硫醚、四氢呋喃、四氢吡咯、四氢噻吩及饱和六元杂环等的质谱中，在这些化合物中，都含有 C—X 或 C ═X 基团。α 断裂一般可以用下列表示：

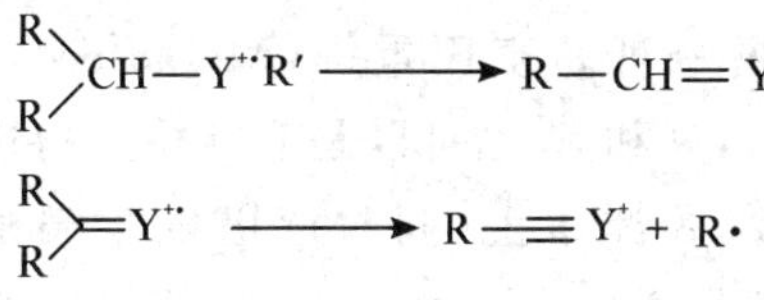

其中 Y 为杂原子，杂原子对正电荷的稳定顺序为 N＞S＞O。对烯烃，则有烯丙基断裂，有 m/z41 峰，断裂过程如下：$R—CH_2—CH\overset{+\cdot}{—}CH_2 \longrightarrow CH_2=CH-CH_2^+ + \cdot R$

芳香烷烃的断裂机理如下，m/z91 峰是特征。

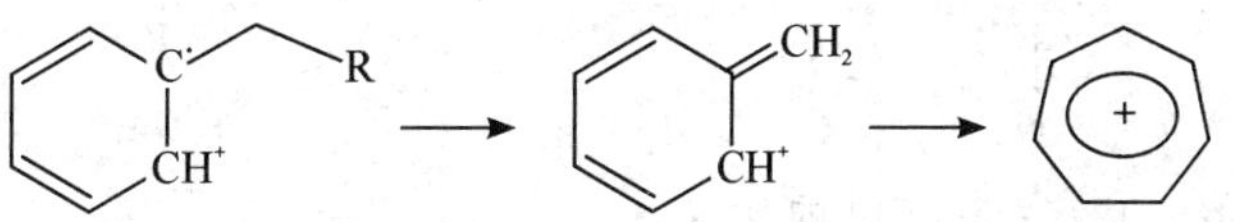

3. i 断裂　也称电荷中心引发的断裂，是由正电荷对一对电子的强烈吸引而引起的。i 断裂需要电荷转移，与游离基中心反应相比断裂几率小一些，通常情况下，i 断裂与 α 断裂同时存在并相互竞争。由 RY^+ 形成 R^+ 的倾向是：卤素＞O、S＞N、C。如：

$$R-Y^{+\cdot}-R_1 \longrightarrow R^+ + \cdot Y-R_1$$

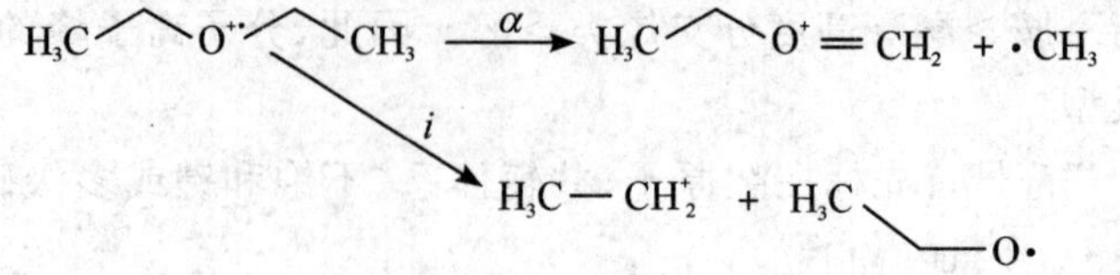

4. *逆* Diels-Alder *反应*　以下断裂机理可看成是 Diels-Alder 反应的逆反应，Diels-Alder 反应即：

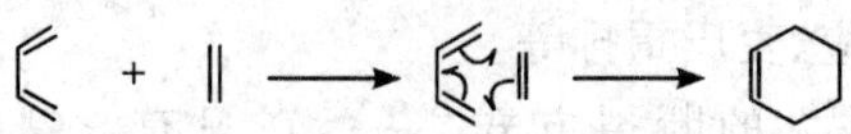

逆 Diels-Alder 反应即：

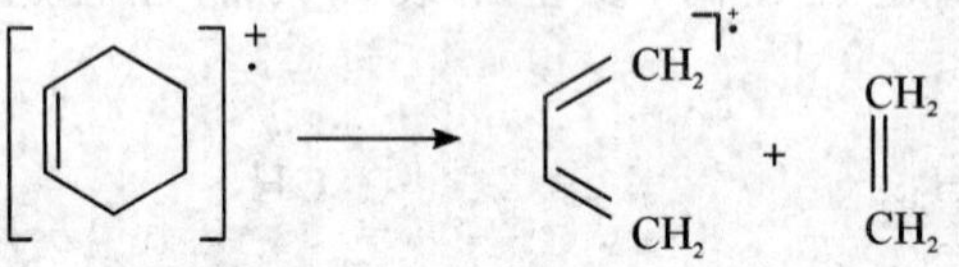

柠檬烯（limonene）分子中具有环己烯结构，因而能发生 RDA 裂解：

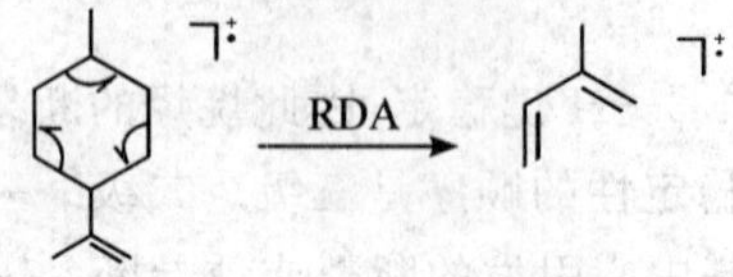

*m/z*138　　　*m/z*68

8.3.3　重排离子峰

在两个或两个以上键的断裂过程中，某些原子或基团从一个位置转移到另一个位置生成新的结构单元，所生成的离子，称为重排离子。质谱图上相应的峰为重排离子峰。转移的基团常常是氢原子。

重排的种类很多，其中最常见的一种是麦氏重排（McLafferty rearrangement）。当化合物分子中台有 C ═X 基团（X 多为 O，N 和 S，也可以是 C），并且与这个基团相连的链上具有 γ-氢原子时，这个氢原子可以转移到 X 原子上，同时产键发生裂解，这种重排形可以归纳如下：

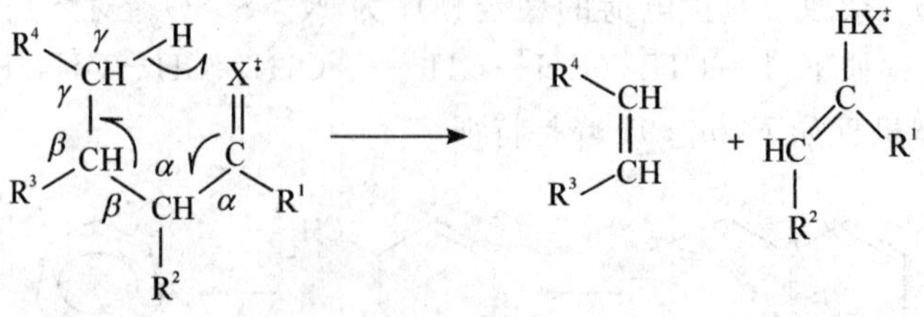

如乙酸乙酯的 Mclafferty 重排机理如下：

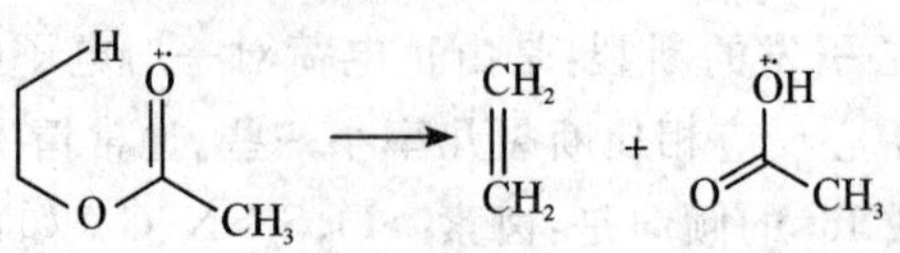

对于偶质量分子离子，一般麦氏重排峰也是偶质量，而普通断裂离子峰为奇质量，偶质量离子是发生麦氏重排一个明显的标志。除 γ-H 会发生重排外，含 N 化合物中 β-H 也经常会发生重排。

8.3.4 亚稳离子峰

当离子寿命短于 10^{-6} s 时，在离子源内形成新的离子，并被加速和记录；当离子寿命长于 10^{-5} s 时，经加速后，可到达检测器而被记录；当离子寿命在 $10^{-6}\sim10^{-5}$ s 时，离子 m_1^+ 会在质量分析器中飞行时分解为 m_2^+，即：

$$m_1^+ \longrightarrow m_2^+ + (m_1 - m_2)$$

m_1^+ 离子称母离子，其断裂的产物离子 m_2^+ 称子离子。由于其一部分能量被中性碎片 (m_1-m_2) 带走，形成碎片离子 m_2^+ 的能量比在离子源中形成的正常的离子 m_2^+ 的能量要低，故经质量分析器磁偏转后就与正常的 m_2^+ 离子的位置不同，即落在 m^*/z 处，用 m^* 表示。而 m^*、m_1、m_2 有如下关系：

$$m^* = \frac{m_2^2}{m_1}$$

m_2^+ 离子为亚稳离子，m^* 所在的峰称为亚稳离子峰。亚稳离子峰的特点是峰较宽而矮小，一般可跨几个质量单位，且通常 m^*/z 为非整数。图 8-19 对氨基茴香醚的部分质谱图。

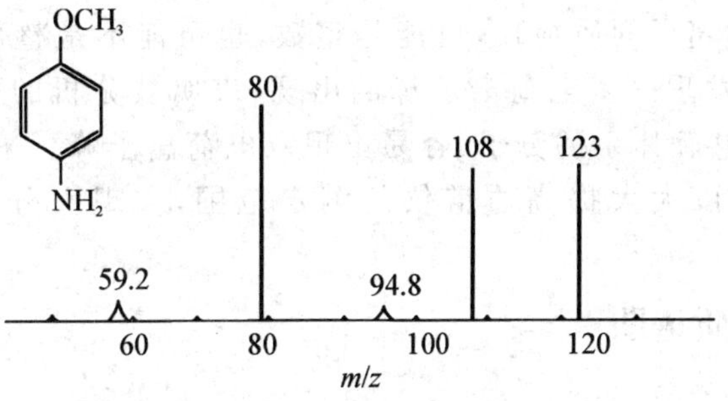

图 8-19 对氨基茴香醚的部分质谱图

m/z94.8 和 59.2 处出现亚稳离子峰，表示有下列裂解过程：

$$m/z123 \xrightarrow[108]{m_1^*\ 94.8} m/z108 \xrightarrow[80]{m_1^*\ 59.2} m/z80$$

亚稳峰在质谱解析中是有用的，根据 m^* 可以找出 m_1、m_2，证明有 $m_1 \rightarrow m_2$ 裂解。

8.3.5 同位素离子峰

当化合物含有非单一同位素组成的元素时，分子离子产生一同位素峰簇。一般是最轻同位素的天然丰度最大，物质相对应分子量有关的分子离子峰 M 是最轻同位素所产生。在质谱图上，一般会出现含一个或多个重同位素原子所形成的离子峰。如甲烷的质谱图中，分子离子峰是由$[^{12}CH_4]^{+\cdot}$产生的；m/z17 即(M＋1)的同位素峰主要是由分子离子$[^{13}CH_4]^{+\cdot}$形成的。

在质谱中，分子离子(和碎片离子)的主峰是由^1H，^{12}C，^{14}N及^{16}O等天然含量大、恰巧也是各元素中最轻同位素所组成。比分子离子(或碎片离子)主峰高一个以上质量数的小峰，在没有杂质干扰及M＋H(在碎片离子中没有其他离子)存在的情况下，是由于分子(及碎片)中所含重同位素引起的。如果分子(及碎片)中有氯或溴原子，同位素峰则强得多。一般情况下，同位素峰的相对丰度总是比主峰的相对丰度弱。同位素峰和分子离子(或碎片离子)主峰的丰度比，理论上等于化合物中各元素中重同位素与轻同位素的含量比乘以分子(或碎片)中该元素原子的个数。

天然碳元素中的^{13}C含量为1.08％(如^{12}C为100％)，因此，假定一个化合物的分子中只有一个碳原子，则含^{12}C的分子为100％，含^{13}C的分子为1.08％，M和M＋1的强度比为100∶1.08。假若分子中有两个碳原子，化合物中含有一个^{13}C的分子数则为1.08％×2；依此类推，含n个碳原子的化合物，同位素峰(M＋1)就有1.08％×n。因此，可依据M∶(M＋1)值来估计离子中的碳数。

同样，如果离子中含有一个Cl(100％^{35}Cl和32.5％^{37}Cl)元素，则M∶(M＋2)＝3∶1；如果离子中含有一个Br(100％^{79}Br和98％ ^{81}Br)元素，则M∶(M＋2)＝1∶1。

8.3.6 多电荷离子峰

分子失去一个电子后成为高激发态的分子离子，称为单电荷离子。有些非常稳定的分子能同时失去两个或两个以上的电子，这时在质量数为$m/(nz)$(n为失去的电子数)的位置上，出现多电荷离子峰。除分子离子外，碎片离子、重排离子都可能产生多电荷离子。应该指出，多电荷离子的质荷比，可能是整数，也可能不是整数(常为半整数)，如是后者在质谱图上容易发现。多电荷离子峰的出现，表明被分析的样品非常稳定。例如，芳香族化合物和含有共轭体系的分子，容易出现双电荷离子峰。采用一些特殊的电离技术实现多电荷电离可以大大提高质谱仪的测定范围，实现大分子量生物样品的质谱测量。

8.4 常见有机物的质谱图

8.4.1 烃类

饱和正构烷烃的质谱特征是各峰都间隔14 u，即都相差一个次甲基，离子峰为C_nH_{2n+1}，相对丰度以C_5、C_4和C_3的烷基离子最强，然后按离子的质量数由低到高，丰度渐渐减小，直至分子离子峰，呈近似正态分布，如图8-20所示。

如果不是正构烷烃，则在分支碳上断裂的可能性大些，这些离子峰的相度丰度高，离子的质量数由低到高不再呈近似正态分布，如图8-21所示。图中m/z169、168、85峰相对较强，因为这些离子的正碳离子较稳定，通过这些离子可以很容易确定分支碳的位置。

直链烯烃的质谱图与直链烷烃有相似之处，其中烯丙基峰是特征之一，但离子峰多为C_nH_{2n-1}，比烷烃少2 u。此外还可能有麦氏重排峰。

芳香烷烃出现苯环特征，有m/z 91(92)、77(76)、65、51、39离子峰，图8-22为正丁基苯的质谱图，m/z134峰为分子离子峰。

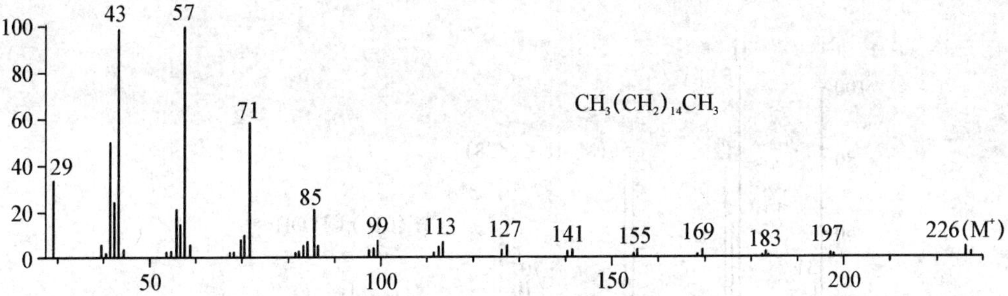

图 8-20 正十六烷烃的质谱图

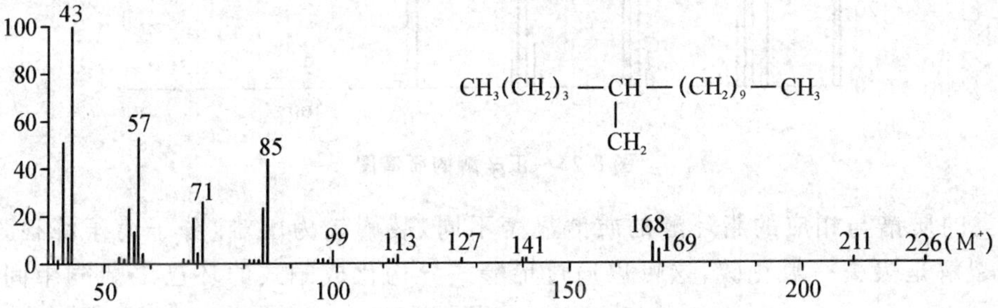

图 8-21 5-甲基十五烷的质谱图

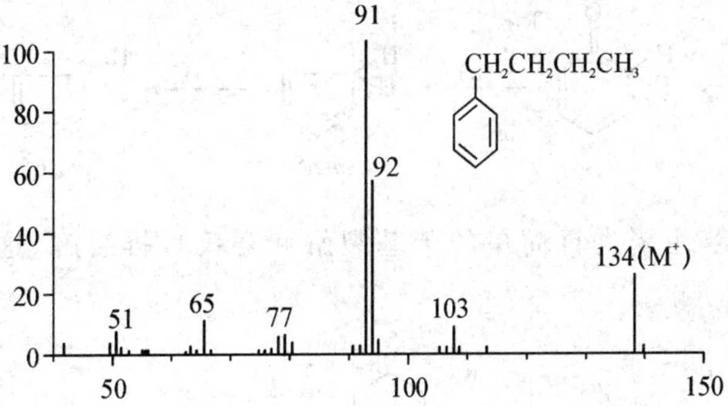

图 8-22 正丁基苯的质谱图

8.4.2 醇类与酚类

醇类的主要质谱特征为 m/z31 和 M－1，也可能出现 31＋(14)n 峰，n 为 1、2、3…。如下为丁醇-2 的断裂机理，醇类一般很难看到分子离子峰 M^+，如图 8-23 中正辛醇的质谱图可以看到 m/z112 峰为 M－18。

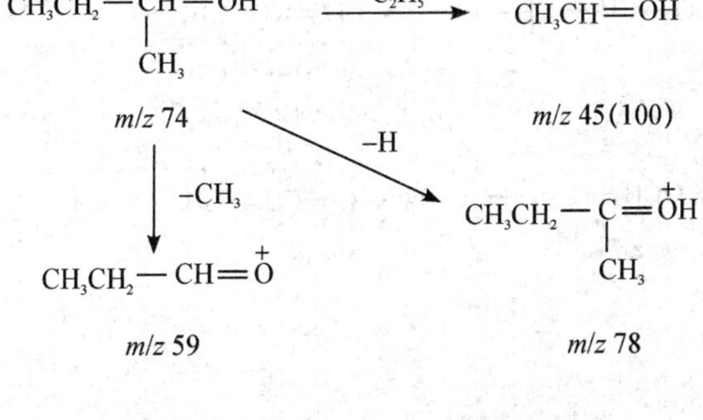

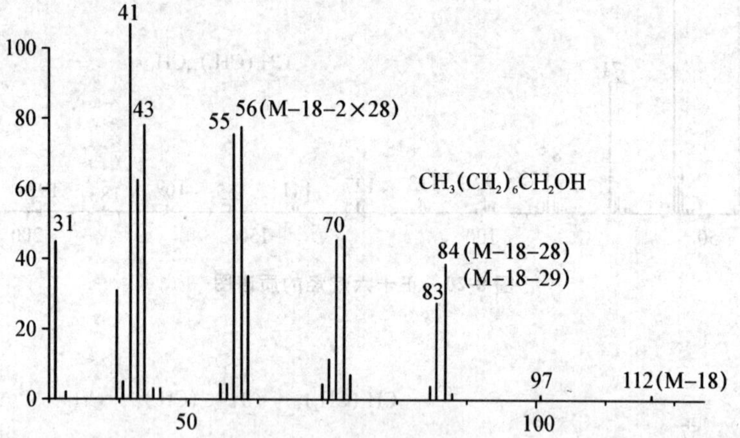

图 8-23　正辛醇的质谱图

酚类的质谱与相应的脂环醇的质谱显著不同，裂解较为困难，分子离子峰很强，苯酚的特征裂解是失去一氧化碳，这可以通过烯醇式异构化成酮式的环已二烯酮中间离子来进行：

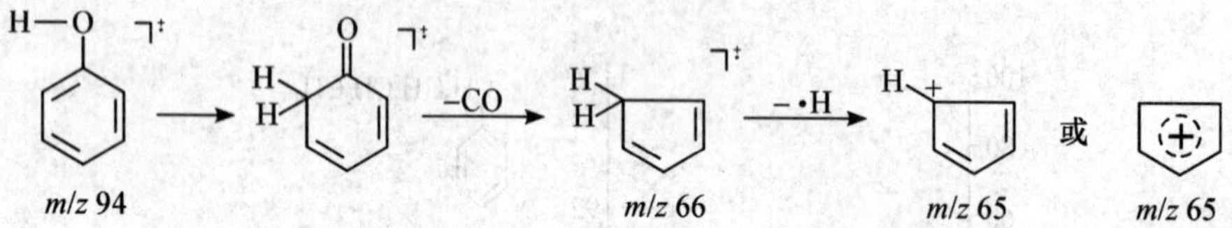

具有长链的酚类，主要进行简单的苄基裂解和麦氏重排裂解，这与相应的烷基苯类相似。

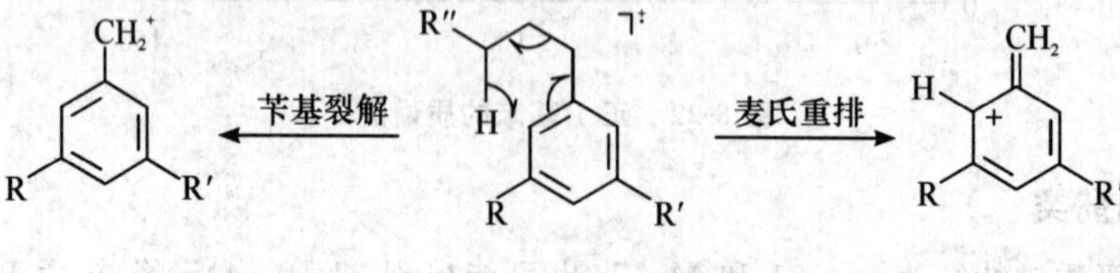

8.4.3　醚类

图 8-24 为乙醚的质谱图，m/z31 峰与伯醇很像，是重排离子峰，其断裂机理如下：

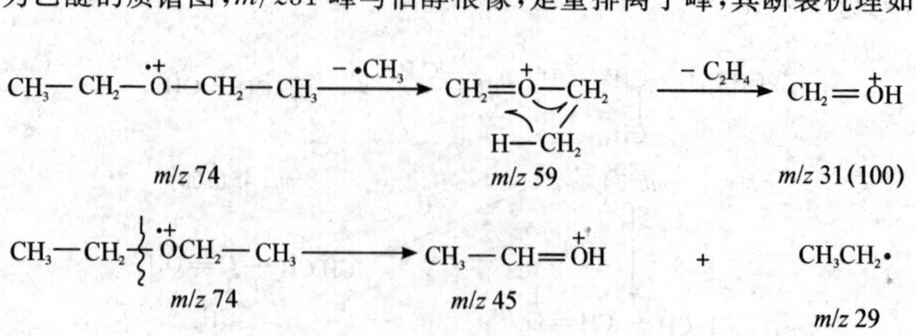

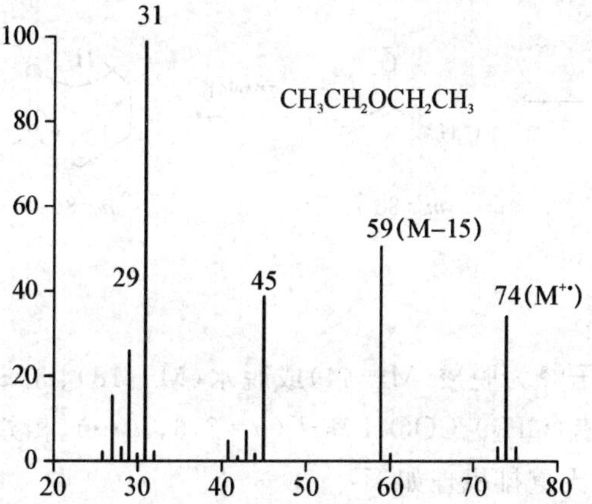

图 8-24 乙醚的质谱图

8.4.4 醛类和酮类

羰基化合物的主要断裂方式是 α 断裂，但有 γ-H 结构还有麦氏重排峰，断裂机理如下：

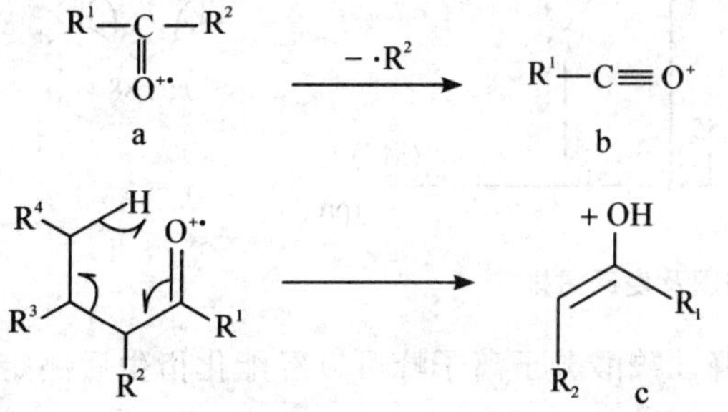

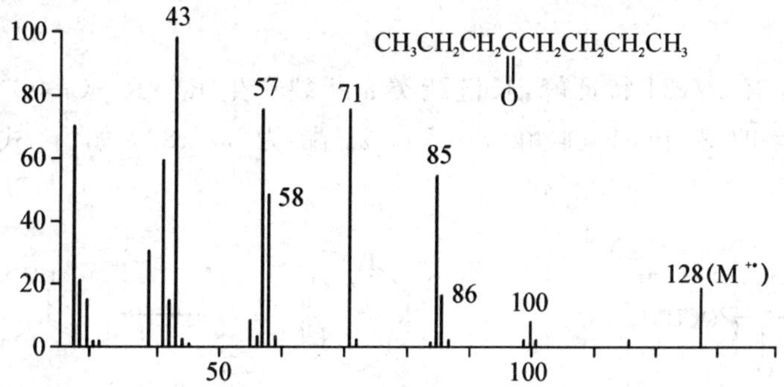

图 8-25 辛酮-4 的质谱图

如图 8-25 所示为辛酮-4 的质谱图，辛烷-4-酮质谱中的基峰是 m/z43，为丙基离子，m/z58 为两次麦氏重排离子。m/z86 为一次重排离子，这说明分子中含有丙基。很弱的离子 m/z100，证明丁基的存在，也是一次重排离子。两种一次重排和一种两次重排，说明该化合物确实有两个可以进行麦氏重排的烷基。但是更重要的离子是一些 α-裂解的离子，例如 m/z 43，

m/z57，m/z 71 和 m/z85，主要离子的产生方式如下：

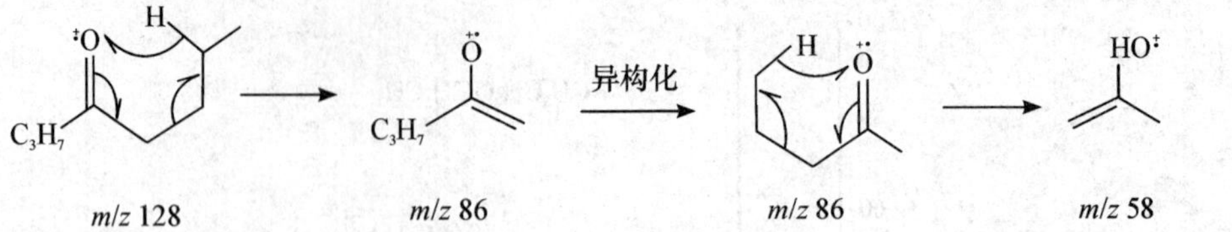

8.4.5 羧酸类

羧酸不稳定，特征离子峰为脱羧（M－44）或脱水（M－18）、m/z60、m/z45 峰，还可能出现麦氏重排峰，另外还可能有$(CH_2)_nCOOH$ 离子（n＝2，6，10…），相差 56 u（4 个次甲基）。图 8-26 为丁酸的质谱图，其麦氏重排机理如下：

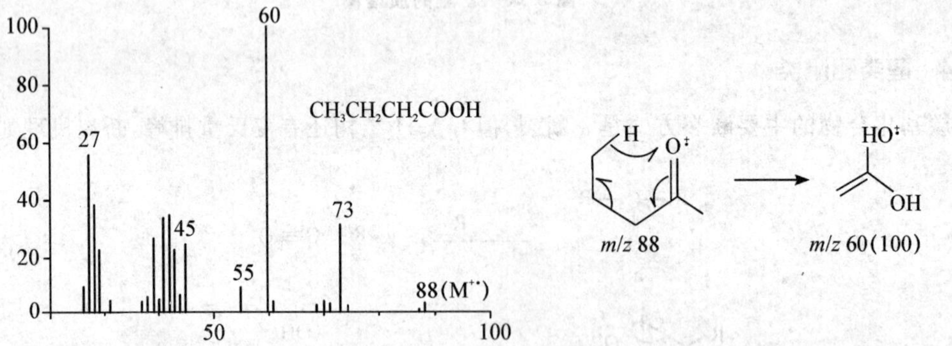

图 8-26　丁酸的质谱图及麦氏重排

α-断裂有 m/z45 离子峰。羧酸分子离子峰可以经酯化衍生后测定。

8.4.6 酯类

小分子的甲酯有 m/z31 特征峰，长链酯类 α 断裂产生 R^+、$R—C≡O^+$、$CH_3O—C≡O^+$ 和 CH_3O^+，甲酯的麦氏重排峰 m/z74，乙酯为 m/z88，如下式所示，另外有 $(CH_2)_nCOOCH_3|^+$。

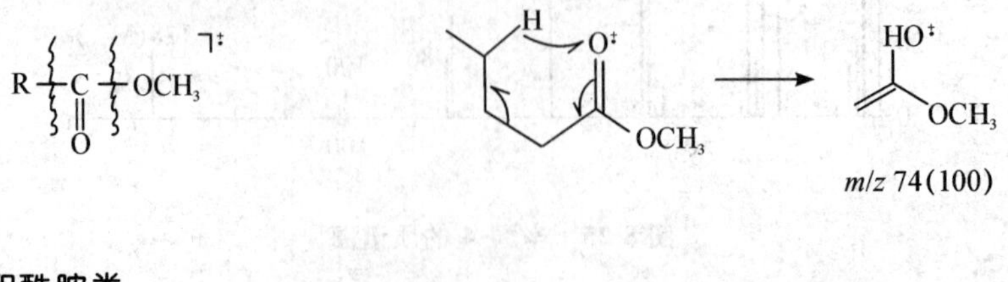

8.4.7 胺类和酰胺类

脂肪伯胺的主要特征为 α 断裂产生的 m/z30 峰。另外，M－1 峰和重排反应也是脂肪胺的特征，如：

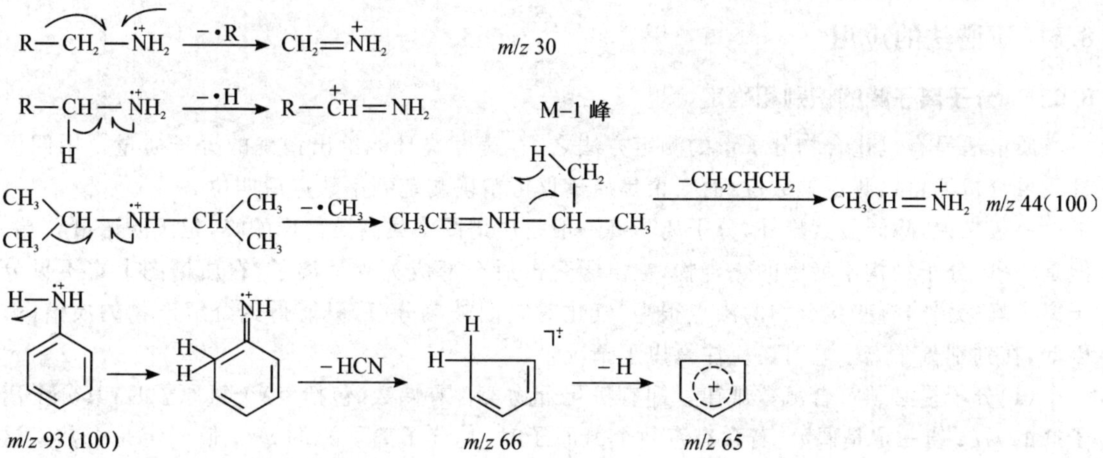

而酰胺类化合物的主要特征是 α 断裂产生的 m/z44 峰和麦氏重排峰，如：

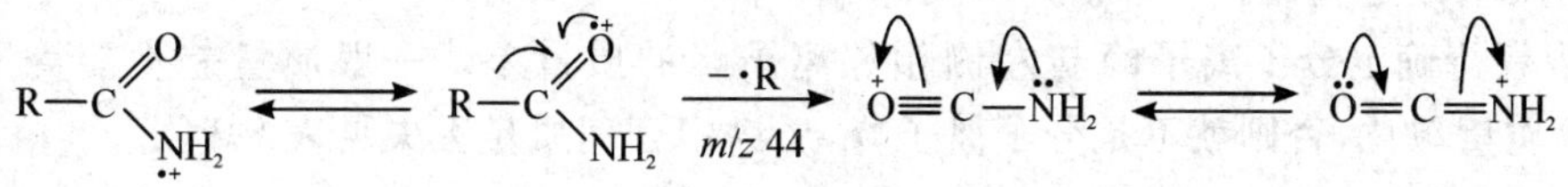

8.4.8 醌类

醌类的质谱特征为 M 峰强，可丢失乙炔、1 或 2 个 CO 小分子，如图 8-27 所示为对苯醌质谱图，可能断裂机理如下：

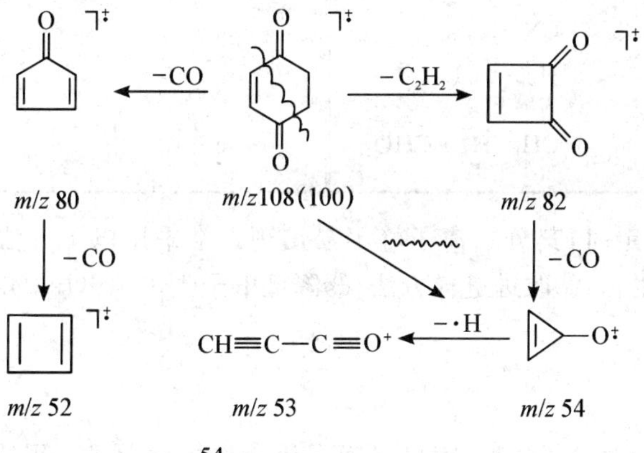

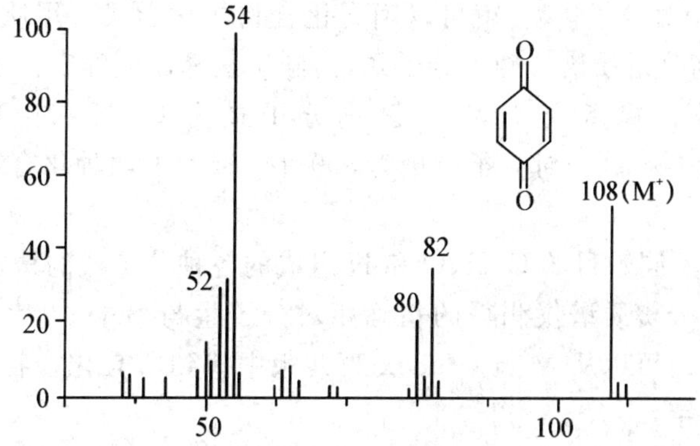

图 8-27 对苯醌质谱图

8.5 质谱法的应用

8.5.1 分子离子峰的识别和确定

质谱法是有机化合物分子量的测定方法之一，速度快且能给出精确的分子质量。用四极杆质量分析器可以测定整数位，而双聚焦质谱仪可精确测定到小数点后四位。

一般来说，除同位素峰外，分子离子峰一般是质谱图中最高质荷比的峰，位于质谱最右端。但是，一些分子结构不稳定的化合物，被电子轰击后全部成为碎片离子，在质谱图上看不见分子离子峰；另外，有些化合物的沸点很高，气化时它们被热分解，只能得到分解产物的质谱图。因此，在判别分子离子峰时还应注意以下情况：

(1)分子量必须符合氮数规律。即有机化合物若含有偶数(包括零)个氮原子时，其分子离子峰的 m/z 值一定是偶数；若含有奇数个氮原子时，其分子离子峰的 m/z 值一定是奇数。这是因为组成有机化合物的主要元素 C、H、O、N、S、卤素等中，只有氮的化合价是奇数(一般为 3)而质量数是偶数。

(2)观察待确定分子离子峰与左侧相邻离子峰的质量差。一般质量差不能等于 4～13、21～25 等质量单位，否则就不是分子离子峰，质谱中合理质量丢失见表 8-1。

表 8-1 常见合理质量丢失及基团表

质量丢失	基因	质量丢失	基因
m－15	$\cdot CH_3$	m－31	$\cdot OCH_3$
m－17	$\cdot OH$	m－35	$\cdot C1$
m－26	$\cdot CN$	m－43	$CH_3=0$
m－28	$H_2O=CH_2$	m－45	$\cdot OCH_2CH_3$
m－29	$\cdot CH_2CH_3$ $\cdot CHO$	m－91	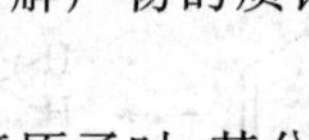

(3)当化合物不稳定时，其分子离子峰不易出现。常采用以下方法提高分子离子峰的强度。①制备适当的衍生物；②改进进样方法；③降低电子轰击源电压；④降低汽化温度；⑤改变电离方法。

8.5.2 分子式的确定

在确定了分子的相对分子量后，就可以确定化合物的化学式。用质谱法确定化合物的分子式有两种方法：用高分辨质谱仪确定分子式，由同位素峰比值确定分子式。

1.用高分辨质谱仪确定分子式　区别分子式为 $C_{11}H_{20}N_6O_4$(相对分子质量为 300.154 592)和 $C_{12}H_{20}N_4O_5$(相对分子质量为 300.143 359)的两种化合物，要求质谱仪的分辨率在 27 000 以上。

Beynon 等人列出不同数目的 C、H、O 和 N 组成的各种分子式的精密分子量表(具有小数点后三位数字)。将高分辨质谱仪测得的精确相对分子量与 Beynon 表进行核对就可以得到可能的分子式。此外，还可以从 Merck Index 第九版中找到所有化合物的精密相对分子质量(具有小数点后六位数字)。

2.由同位素峰比值求分子式　Beynon 等人根据 $M+1/M\times100=1.08w+0.02x+0.37y$ 和 $M+2/M\times100=(1.08w+0.02x)2+0.02z$ 公式，计算了相对分子质量 500 以下只

含C、H、N、O的有机化合物的M+2、M+1的峰与分子离子峰M的相对强度，得到Beynon表；式中w、x、y和z分别代表C、H、N、O数。表8-2列出了Beynon中M=102的部分内容。在求分子式时，质谱图上得到的分子离子峰应足够强，其高度和M+1和M+2同位素的高度都准确测定，计算M+1和M+2峰相对于M峰的百分数后，根据Beynon表，便可初步确定可能分子式。例如，某质量数为102的化合物的M+1、M+2峰与分子离子峰M的相对强度分别为7.81%和0.35%。从表8-2中可以得到该化合物的可能分子式有如下三个：$C_6H_2N_2$，C_7H_2O，C_7H_4N。因为相对分子量为偶数，依照氮规律，可以排C_7H_4N，再根据断裂机理，或者其他信息如红外光谱、核磁共振谱数据等，即可确定该化合物的分子式。

表8-2 Beynon表中M=102部分数据

	M+1	M+2		M+1	M+2
$C_5H_{10}O_2$	5.64	0.53	$C_6H_{14}O$	6.75	0.39
$C_5H_{12}NO$	6.02	0.35	C_7H_2O	7.64	0.45
$C_5H_{14}N_2$	6.39	0.17	C_7H_4N	8.01	0.28
$C_6H_2N_2$	7.28	0.23	C_8H_6	8.74	0.34

为了判断分子中是否含有S、Br、Cl等原子，应该注意质谱图上(M+2)/M的值。由于Beynon表只列出了含C、H、N、O的化合物，因此，当化合物中含有上述原子时，应从相对分子质量中扣除这些原子具有的质量数，然后从Beynon表中找到剩余部分可能的经验式。

3. *谱库检索* 现代质谱仪带有容量巨大的标准质谱图库，谱图库将许多已知化合物的图谱数据存储在计算机中，检索时将未知物的质谱按一定方法与库文件参考谱进行比较，如可进行分子式、分子量、结构式、M/(M+1)/(M+2)、三峰法等检索，并计算它们的相似性指数，最后找出几种较相似的化合物的名称、分子量和分子式(或结构式)供参考。

8.5.3 结构鉴定

用质谱法鉴定有机化合的结构时，应首先与标准图谱进行对照，以核对该化合的结构。常用标准图谱集有：

(1)Registry of mass spectral data，由John Wiley出版，共收集近2万张图谱。

(2)Eight peak index of mass spectra，由Mass spectrometry data center出版，收集了3万余张图谱。

若该化合物为未知物质，由上述方法确定分子量，再推出分子式。

质谱法进行结构分析的步骤为：

(1)根据分子式，计算化合物的不饱和度；

(2)根据分子离子峰相对于其他峰的强度，为化合物的类型提供线索；

(3)根据分子离子和高质量数碎片离子之间m/z的差值，找到分子离子可能脱掉的碎片，以此推测分子的结构和断裂类型；

(4)根据图谱中重要离子，特别是奇电子离子，因为它们的出现常常意味着分子中发生了重排；

(5)若有亚稳峰,利用 $m_1^* = m_2^2 / m_1$ 的关系式,找到 m_1 和 m_2,以此推出结构单元;

(6)按各种可能式,连接已知的结构碎片及剩余的结构碎片,提出可能的结构式;

(7)根据质谱或其他数据,排除不可能的结构式,最后确定可能的结构式。

【例 1】 已知化合物的分子式 $C_6H_{12}O_2$,试根据图 8-28 中 MS 判断未知物的结构式。

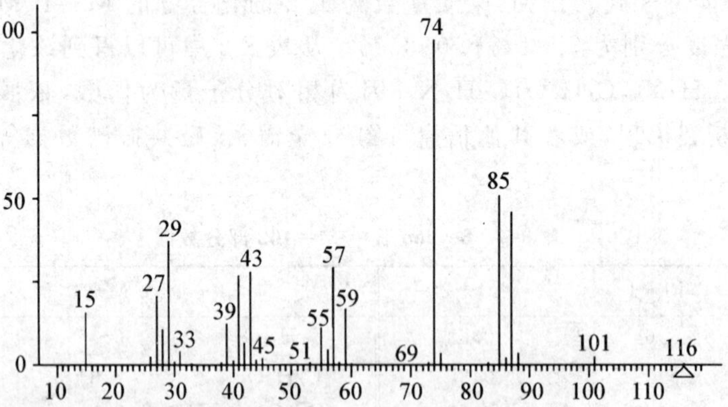

图 8-28 分子式 $C_6H_{12}O_2$ 质谱图

解:图中高质量峰 $m/z=116$ 与相邻的碎片离子峰 $m/z=101$ 之差为 15,为合理丢失,可认为 $m/z=116$ 为分子离子峰。由分子式 $C_6H_{12}O_2$ 计算得,不饱和度 $U=1+n_4+(n_3-n_1)/2=1+6-12/2=1$,可判断分子中有一个双键。低质量端 $m/z=29$,$m/z=43$,$m/z=57$ 等为烷基系列离子,可以判断为直链烷烃;$m/z=45$,$m/z=59$ 等为含氧的碎片离子峰;基峰 $m/z=74$ 为重排峰,发生了麦氏重排,所以结构式中含有羰基 C═O,而且还有 γ-H 的存在;$m/z=116$ 与 $m/z=85$ 之差为 31,推断掉的基团可能为—OCH_3,可能是酯进行 α 裂解。综上所述,可以初步推断分子式为:

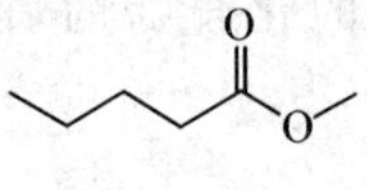

上述结构主要碎片断裂机理如下:

正戊酸甲酯进行 α 反应脱掉烷氧基,得到的正碳离子易脱掉羰基:

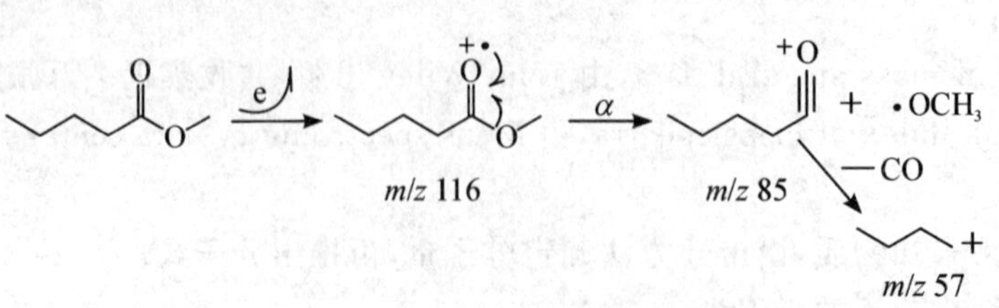

正戊酸甲酯进行 α 反应脱掉丁基:

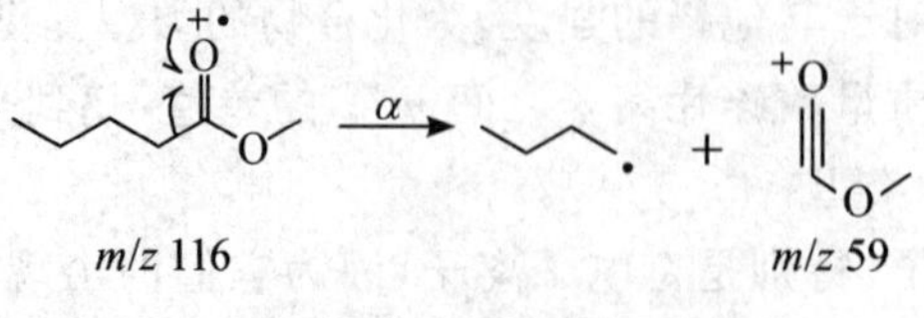

正戊酸甲酯进行麦氏重排反应,得到偶质量数的离子:

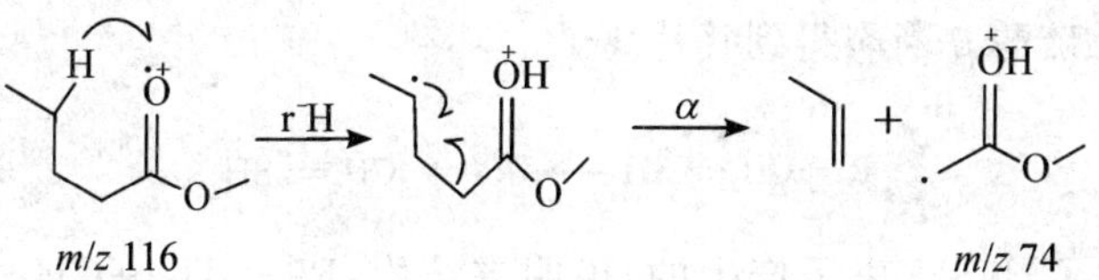

各主要离子碎片得到合理的解释，因而可以判断该化合物即为正戊酸甲酯。

【例 2】 图 8-29 是某化合物的质谱图，分子离子峰 m/z 为 104，M+1 和 M+2 峰 m/z 分别为 105 和 106，它们的强度比为 100∶6.24∶4.50，试确定该化合物的结构。

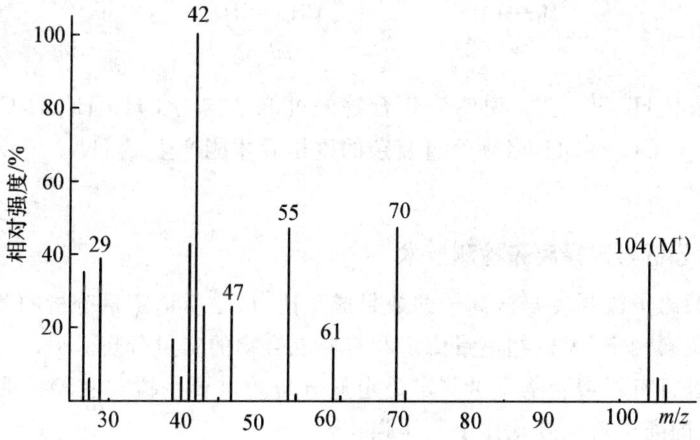

图 8-29 例 2 中试样质谱图

解：由 M+1 峰的强度，知道该分子中含有一个硫原子，在 Beynon 表中查 M=72 部分，只有 C_5H_{12} 的 M+1 峰强度最接近 6.24，故该化合物的分子式可能为 $C_5H_{12}S$，此时，可用下式进一步计算核对：

$$(M+1/M)\times 100=5\times 1.08+12\times 0.02+1\times 0.78=6.42$$

$$(M+2/M)\times 100=(5\times 1.08+12\times 0.02)^2/200+1\times 4.40=4.56$$

进一步对各质谱峰进行解析。分子的不饱和度 $U=1+n_4+(n_3-n_1)/2=1+5-12/2=0$，该物质为饱和化合物。

m/z70 峰和基峰 m/z42 是奇电子离子峰，它们的出现意味着分子中发生了重排或消除反应。m/z70 峰是分子离子减去 34 个质量单位(M−34)生成的，说明分子中失去了中性碎片 H_2S，m/z42 的基峰应是 $C_3H_6^+$ 碎片离子，它是由 M−(34+28)产生的，即从分子离子中失去了 H_2S 和 $CH_2=CH_2$。进一步研究发现，m/z42 峰应有由下面两种情况通过六元环为过渡态得到：

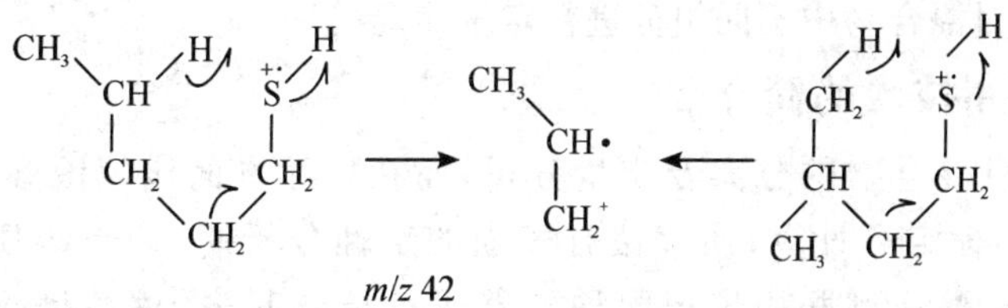

强度较大的 m/z55，41，27 是由于 $C_nH_{2n-1}^+$ 离子产生的系列离子峰，因此是烷基链的碎

片。$m/z47$ 峰是一元硫醇 β-断裂得到碎片离子：

$$R—CH_2—\overset{+\cdot}{S}H \longrightarrow R\cdot + CH_2{=}\overset{+}{S}H$$

$m/z61$ 峰是 CH_2CH_2SH 离子产生的，说明有结构：$R—CH_2—CH_2—^{+}SH$ 存在，$m/z61$ 峰获得的方式为：

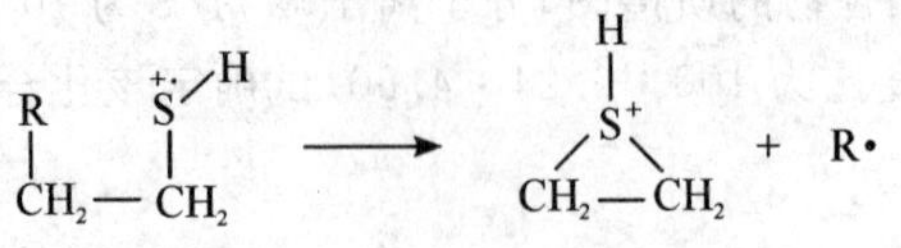

$m/z\ 61$

$m/z29$ 强峰是 $C_2H_5^+$ 产生的，说明该化合物的可能结构为 $CH_3CH_2CH_2CH_2CH_2SH$，因为 $CH_3—CH(CH_3)—CH_2—CH_2—SH$ 必须经过复杂的重排后才能产生 $C_2H_5^+$。

8.5.4 质谱定量分析与选择离子检测技术

质谱检测到的离子流强度与该离子的数目成正比，这是质谱定量分析的基础，目前质谱方法广泛应用于同位素测定、无机物痕量测定和有机混合物的定量分析。

采用质谱法进行有机混合物定量测定是定量分析的重要手段。实验证明，在一定的压强范围内，单纯组分的离子流强度正比于其压强：

$$I_m^1 = i_m^1 p \tag{8.14}$$

式中：I_m^1 为组分在质量 m 处的离子流强度；p 为组分的压强，可从试样容器的压力得到；i_m^1 为组分在质量 m 处的压强灵敏度，即单位压强产生的离子流强度，待测组分在某一质量处的压强灵敏度可以用标准样品进行标定。

如果混合物所产生的质谱中有各单组分的峰，则只需测出各峰的离子流强度，相应的压强灵敏度，即可得到各组分的分压（p_n^1）。将分压值除以分析时试样容器内的总压（p^1），就能得到各组分的摩尔百分含量 x：

$$x = \frac{p_n}{p} \times 100\% \tag{8.15}$$

如果混合物所产生的质谱中没有单组分峰，则需解联立方程求得试样中各组分的分压，再按式(8-15)求得各组分的摩尔百分含量。

现代质谱可以通过选择待测化合物的某特征定量离子来进行定量分析，即选择离子检测技术(SIM)。不同的化合物可以选择不同的特征定量离子，一次质谱分析就可以获得多个选择离子的离子流图，对混合物中不同组分进行定量测定。

8.6 现代质谱联用技术的简介

色谱法用于有机混合物的分离及定量分析，而在定性方面比较困难，且在进行定量分析时，需要做繁琐的标定和计算；质谱法有极强的定性分析能力，单级质谱对复杂有机物分离则无能为力；色谱-质谱联用仪把两种仪器优点结合起来，用色谱仪作为质谱仪的进样系统，把质谱仪作为色谱仪的检测器，把色谱仪的高分辨能力与质谱仪的高鉴别能力结合起来，很好地发挥两种仪器的各自长处。色谱-质谱联用已经成为一种最常用分析技术，常见的仪器有气相色谱-质谱联用仪和液相色谱-质谱联用仪。

8.6.1 气相色谱-质谱联用(GC-MS)

气相色谱-质谱联用(GC-MS)采用气相色谱来作为混合物的分离单元，气化的混合物样品经过毛细管柱分离后，不同组分的气态样品和载气依次从毛细管柱端流出，通过气相色谱与质谱的接口——分子分离器的小孔喷射进入喷射腔中，具有较大质量的样品分子在惯性作用下继续直线运动而进入捕捉器中，进入质谱的离子源进行离子化；载气由于质量较小扩散速率较快，容易被真空泵抽走；必要时可以选择多次喷射浓缩样品。气态组分经离子源电离后，位于离子源出口狭缝的总离子流检测器检测到每个色谱峰的离子流信号，经放大处理获得总离子流图，即色谱图；当某组分出现时，总离子流检测器发出触发信号，启动质谱仪开始扫描，获得该组分的质谱图。常见的气相色谱-质谱联用仪器原理图见图8-30。

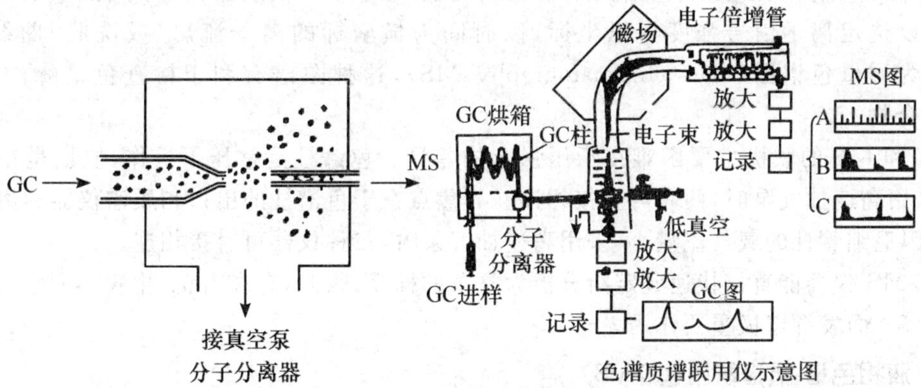

图 8-30 气相色谱-质谱联用仪器原理图

一个完整的色谱-质谱联用分析，可以得到色谱图、总离子流色谱图、质谱图、质量碎片图谱、质量色谱图等分析图谱，即：

(1)质谱图和质量碎片图谱　色谱-质谱联用分析中，在进行色谱分离的同时，质谱仪的质量分析器在进行重复的质谱扫描，即以一定的时间间隔，重复地让某一质量范围(如 m/z 45～800)的离子依次通过它，同时，检测系统和计算机进行快速地检测、记录和储存处理。在进行定量分析时，为了提高灵敏度，可选择一个或几个丰度大的离子如基峰离子或特征离子作为检测对象。在整个分析过程中，质谱仪的质量分析器并不进行质量扫描，自始至终只让所选择作为检测对象的离子通过它到达收集极得到信号，并记录以选定离子丰度为纵坐标，时间为横坐标的图谱。这种图谱称为质量碎片图(mass fragmentography，MF)，这种方法称为选择离子监测(selection ion monitoring，SIM)；若只选择一种质量的离子进行检测就叫单离子监测(single ion monitoring，SIM)；若选择质量不同的多种离子进行监测，则称多离子监测(multiple ion monitoring，MIM)，采用这种方式进行定量测定常比采用总离子流色谱图、质量色谱图或质谱图定量的灵敏度高 100～1 000倍。

(2)色谱图和总离子流色谱图　色谱图和总离子流色谱图可以获得多个色谱图，即辅助性色谱检测器、总离子检测器和质谱扫描。一般色谱-质谱联用分析中，常用总离子流检测器来监测由电离室飞往质量分析器的总离子流，可得到总离子流色谱图。在色谱分离出的各组分依次流出并进入质谱仪的同时，质谱仪的质量分析器在进行着快速的重复质谱扫描，计算机除了记下每次扫描的质谱图以外，还同时将每次扫描质量范围的所有离子信号加和起来作为总离子流检测信号储存起来或描绘在以时间为横坐标、总离子流信号强度为纵坐标的图中。分析结束后，得到一张总离子流强度随时间的变化图，称为总离子流色谱图(total ion current, TIC)。

(3)重建离子色谱图　在进行色谱-质谱联用分析时，常由于色谱柱中固定液的分解流失进入质谱仪，而使质谱仪检测到的信号中含有不可忽视的本底。它的存在常干扰化合物的定性鉴定。计算机系统可自动从总离子流信号中扣除本底，给出扣除本底后的总离子流色谱图。这种扣除本底的总离子流色谱图就称为重建离子色谱图(reconstructed ion chromatography, RIC)。它更真实地反映了被分析样品的组成情况，有时它还使分辨率提高，更有利于化合物的鉴定。

(4)质量色谱图　在色谱-质谱联用分析中，可根据检测目的物的裂解特点选择特征离子，指令计算机从总离子色谱图中查寻何时出现过这种或这些离子，其强度有多大，从而画出以选定离子信号强度为纵坐标，以时间为横坐标的离子流出(或洗脱)曲线，这种曲线称为质量色谱图(mass chromatography, MS)，这种图谱有利于检查色谱峰的纯度和鉴定化合物。

GC和MS的联机主要困难在于压强上的差异。色谱柱是常压下操作，质谱是在真空下操作，采用高速抽气泵时，两者可直接相连。其焦点在于色谱柱的出口和质谱仪器的离子源的连接。因毛细管柱的载气流量小，采用高速抽气泵时，二种仪器可直接相连。

GC-MS仪器能直接快速鉴定组分极为复杂的样品，因此，它在有机、生物、环境、石油、药物化学等方面发挥着极重要作用。

8.6.2　液相色谱-质谱联用(LC-MS)

常用的LC-MS实际上是指HPLC-MS，即高效液相色谱和质谱联用。气相色谱只能分离在操作温度下能气化且热稳定的物质，液相色谱大大扩充了分离范围，生物大分子也可以采用液相色谱分离。但是液相色谱和质谱联机的面临新的困难，流动相的流量按分子数目计算比气相色谱高了几个数量级，大量的流动相的分子导致的真空度下降和极强的背景干扰，液相色谱和质谱联机就必须通过“接口”，该“接口”具有以下作用：①流动相及样品气化；②分离去除大量的流动相分子；③常压下的样品分子的电离；④在样品分子已电离的情况下，为了获得更多的碎片离子，需要进行碰撞诱导分解(CID)或碰撞活化分解(CAD)，几种典型LC-MS接口见图8-31。

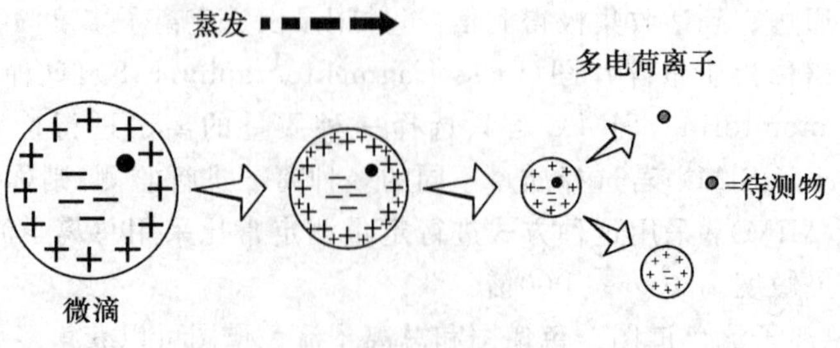

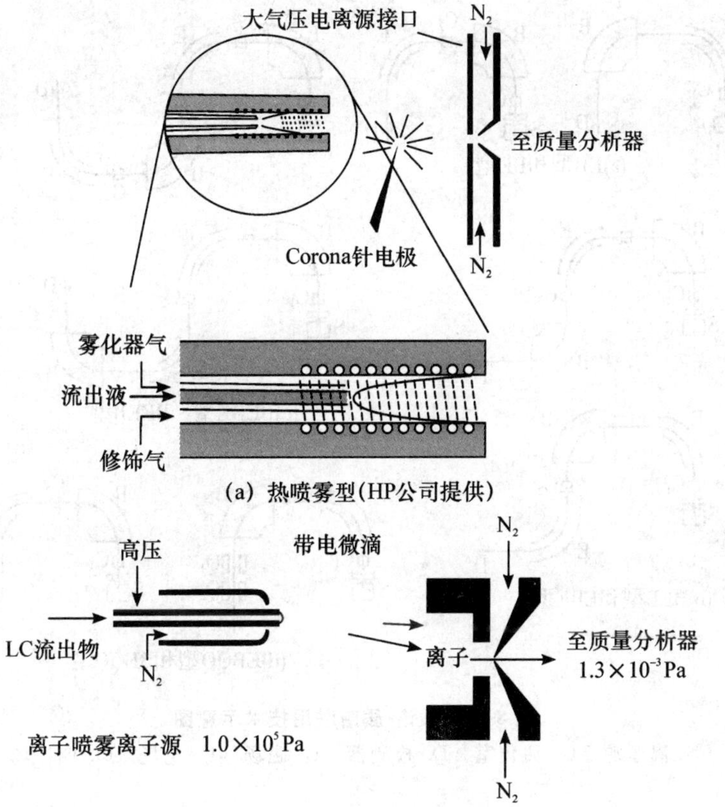

(a) 热喷雾型(HP公司提供)

(b) 离子喷雾型(Perkin-Elmer公司提供)

图 8-31 几种典型 LC-MS 接口

LC 分离要使用大量的流动相，如何有效的除去流动相而不损失样品，是 LC-MS 的技术难题之一，电喷雾电离（ESI）及大气压化学电离（APCI）是常见的 LC-MS 接口，流动相和样品在“接口”气化和样品分子的电离。由于 ESI 和 APCI 都是软电离手段，各种样品都可以得到准分子离子或其多电荷离子，因而可得到分子量甚至元素组成式。为弥补碎片离子缺少的缺点，源内 CID 装置可在不同电压下操作，电压低时无 CID，逐步提高电压，CID 逐渐增加，碎片离子丰度增加，因而得到较丰富的结构信息。

8.6.3 质谱-质谱联用（MS-MS）

质谱-质谱联用是在传统的质谱仪基础上发展起来的质谱联用技术。质谱-质谱联用是采用两个以上质量分析器串联、可实现二级或多级质谱测定的联用技术，所以也称串级质谱（tandem MS）。它既可用于复杂化合物的直接分析，又是质谱碎裂机理研究的重要手段。

质谱-质谱联用方式很多，有同种质量分析器联用的，如三重四极滤质质谱、TOF-TOF 等；也有不同种质量分析器联用的，如磁式质谱-静电质谱联用，包括 BEB 型、EBE 型（B：磁分析器，E：静电分析器），还有 Q-TOF、LIT-TOF 等。无论哪一种类型的联用，都采用了碰撞诱导分解（CID）技术来获得更多的碎片离子。图 8-32 是各种质谱-质谱联用技术示意图。

各质量分析器都可以用于串联质谱中，常用的串联方式是 QqQ 或（QQQ）模式（图 8-33）

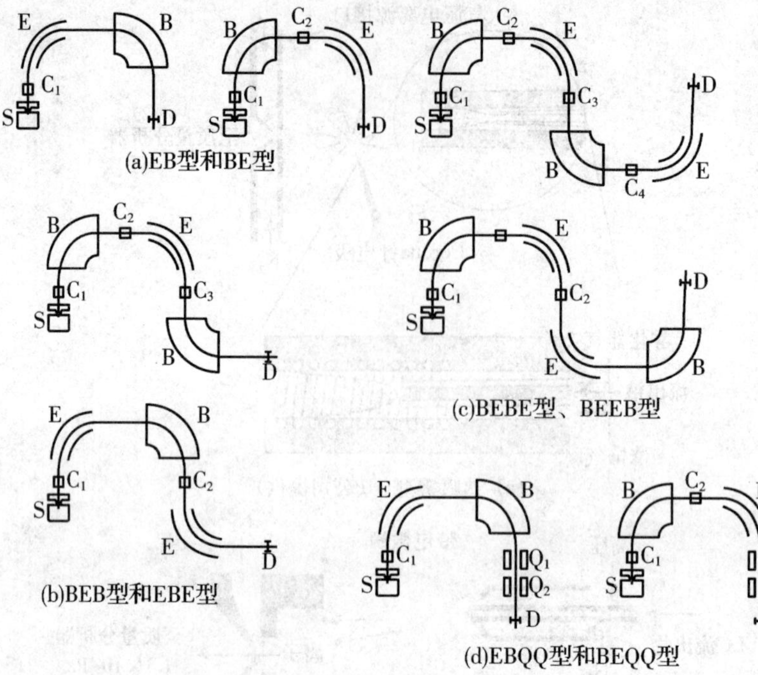

图 8-32 质谱-质谱联用技术示意图

S. 离子源　C. 活化室　D. 检测器　B. 磁场　E. 电场　Q. 四极场

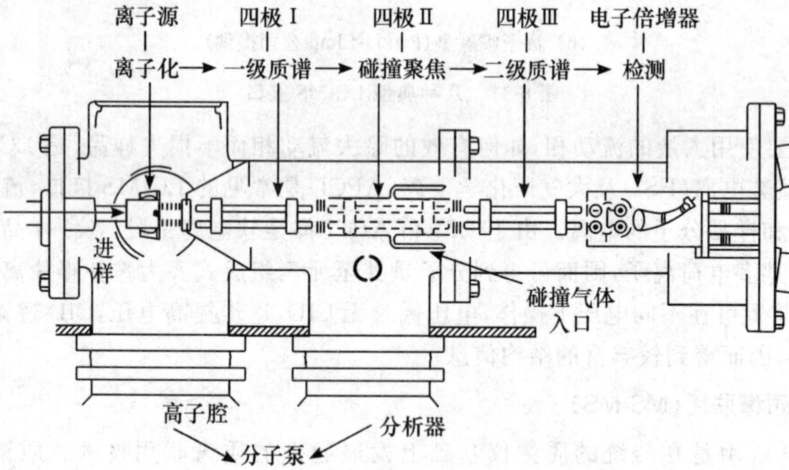

图 8-33 三重四级杆原理图

将三组滤质器串联起来，样品经软电离源（CI 源）电离后加速进入第一级，按一般四级滤质方式可分离出母离子，这些离子快速进入第二级，此级为碰撞室，母离子开始发生进一步裂解，此级工作再仅有射频场（无直流电压模式），对离子进行聚焦，再引入（1.3～13）$\times 10^{-2}$ Pa 氦气发生碰撞而裂解，子离子进入第三级进行扫描记录。

与 GC-MS 依靠 GC 将混合物分离，然后由 MS 测定。MS-MS 则是依靠第一级质量分析器将混合物中的各个组分生成分子离子或准分子离子分离，挑选出特定的定量定性分析离子，使得组分与其他组分分离，经过碰撞活化后，再依靠第二级质量分析器像正常的质谱计那样扫描进行分析测定，就可以获得通过一级 MS 的那个组分的质谱图。质谱联用技术有以下三种扫描方式：

(1)产物离子扫描　第一个质量分析器选择出某质荷比的离子，它通过碰撞室时，与惰性气体(Ne，Ar，Xe 等)分子发生碰撞诱导断裂，生成若干产物离子，由第二个质量分析器分析，可得到产物离子的质谱。这样的到的质谱图实际上是第一级 MS 和第二级 MS 之间无场区的亚稳离子谱，信号很弱。因此，MS-MS 联用通常都采用碰撞诱导活化技术(collision induced dissociation，CID)，即在两级质量分析器之间的无场区设置碰撞室，引入中性气体，如 He、N_2 等。当气压到达 $10^{-3}\sim10^{-2}$ Pa 时，碰撞使离子的部分动能转化为内能，大大增加离子碎裂几率，提高了检测灵敏度和重现性，使得 CID 谱图可以用于定性分析。从关于亚稳离子的讨论可知，断裂途径研究是串联质谱最重要的应用。

(2)初始离子扫描　初始离子也称母离子，在此操作模式时，第一个质量分析器在一个选择的质量范围内扫描，按离子质荷比的顺序，依次在碰撞室中进行门控 CID；第二个质量分析器设置为让某一个选定质荷比的离子通过，通过初始离子扫描；扫描的结果可以找到能产生选定质荷比子离子的所有母体离子。

(3)中性碎片丢失的扫描　在两个质量分析器之间碰撞室进行 CID。两个质量分析器一起扫描，保持某一质荷比的差值，第二个质量分析器让比第一个质量分析器选出的低某一质荷比的离子通过。这样，就可以检测出若干成对的离子，它们有共同的中性碎片的丢失，如失 H_2O，$C=O$ 等，四极质量分析器完成这样的实验特别简单。

MS-MS 具有以下优点：第一，不需要接口，样品利用率高；第二，避免了色谱流动相或固定相对质谱仪可能造成的污染以及对样品测定产生的干扰；第三，样品不需要复杂繁琐的前处理，不经过色谱保留，所以操作简便，分析速度快。

利用质谱-质谱联用技术可以进行子离子扫描、母离子扫描和中性丢失扫描。子离子扫描可以用来研究某个化合的结构；母离子扫描则用以研究一组相关的化合物；而中性丢失扫描，可以在复杂的混合物中，寻找具有相同官能团的系列化合物。同时，采用 MS-MS 技术还可以直接进行混合有机物的定性定量分析。另外，对分子量大的热不稳定的化合物，可以利用场解吸-质谱-质谱(FD-MS-MS)或快原子轰击-质谱-质谱(FAB-MS-MS)联用方法，充分发挥 MS-MS 联用的优势。MS-MS 联用的这些不同扫描方式对分析复杂混合体系中的各种目标物、推测未知离子的结构以及探讨质谱碎裂机理都非常有用。

串联质谱法可以起到 GC-MS，LC-MS 类似的作用且工作效率更高，可用于反应动力学研究，但是目前应用更多的是与 GC 或 LC 相连，进行 GC-MS-MS 或 LC-MS-MS 联用，在生命科学、环境科学中有重要应用。

习　题

1. 试述质谱仪的主要部件及其功能。
2. 解释硬离子化方法和软离子化方法有什么不同。
3. 简述四极滤质、离子阱、磁场、飞行时间分析器四种质量分析器的特点及用途。
4. 质谱图中常见的离子峰来源。
5. 离子源的作用是什么？试论述几种常见离子源的原理及优缺点。
6. 鉴别下面化合物是苯甲酸甲酯($C_6H_5COOCH_3$)还是乙酸苯酯($CH_3COOC_6H_5$)，并指明各个峰的归属。

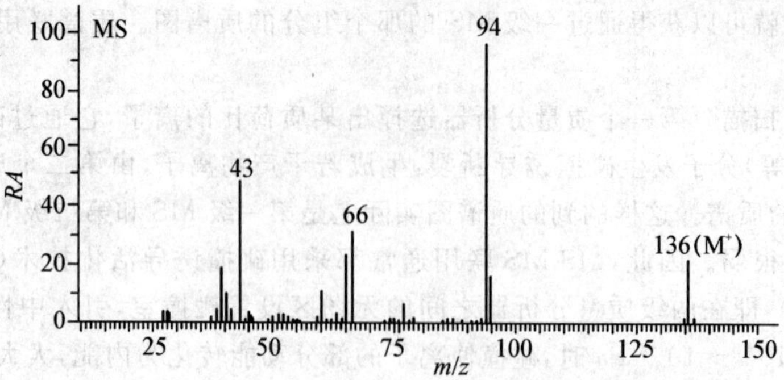

7. 已知化合 C_8H_8O 的质谱图如下，试推断其结构，并写出主要峰的断裂机理。

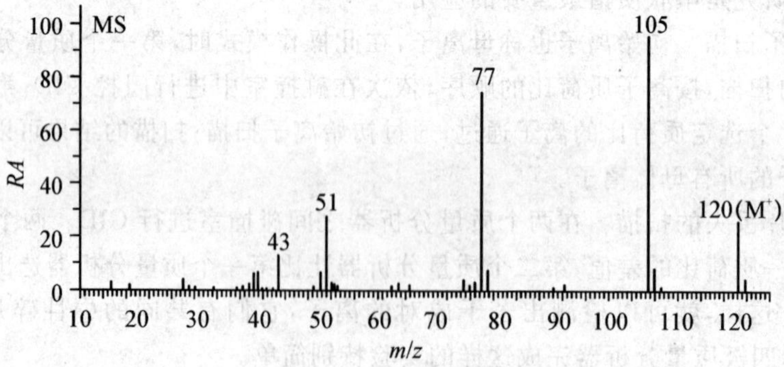

8. 已知化合物的分子式为 $C_6H_{12}O$，试根据如下所示 MS 图推断其结构，并写出主要峰的断裂机理。

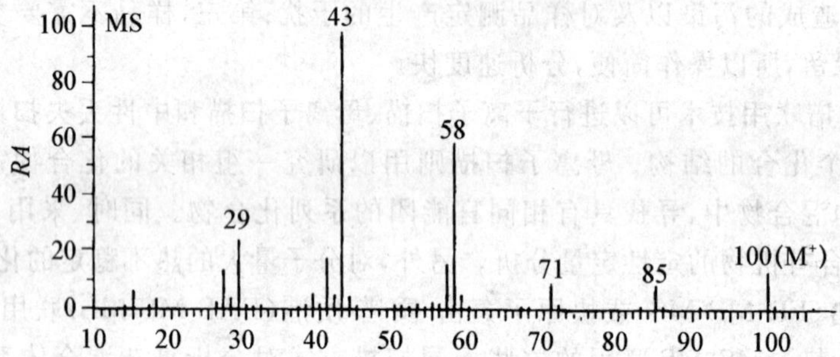

9. 已知化合物的分子式为 $C_5H_{10}O_2$，试根据如下 MS 图推断其结构，并写出主要峰的断裂机理。

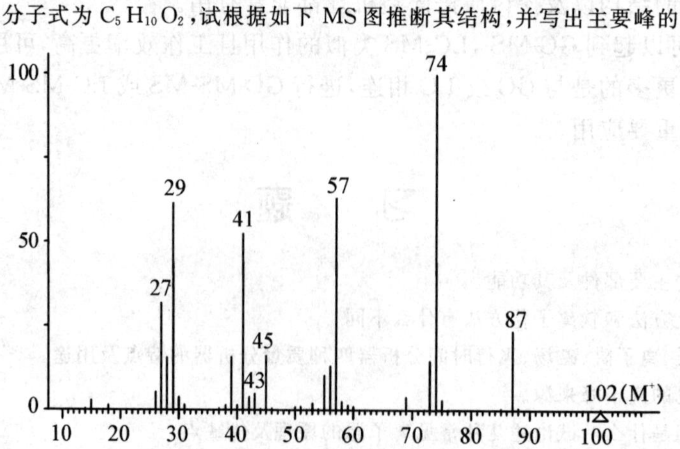

10. 已知化合物的分子式为 $C_8H_{16}O$，IR 在 1 380 cm^{-1} 附近有分叉，试根据如下 MS 图推断其结构，并写出主要峰的断裂机理。

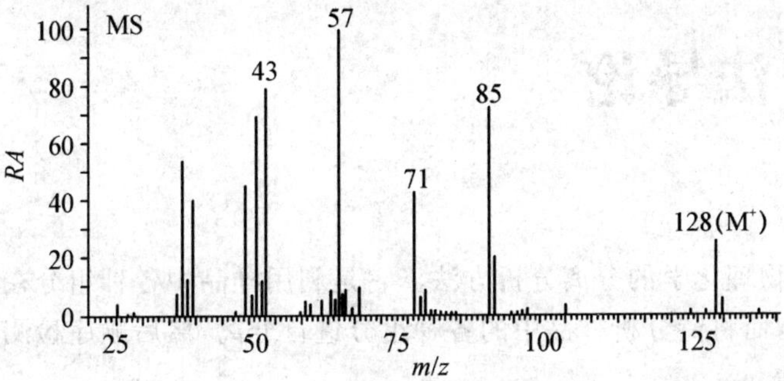

9 色谱法导论

色谱法是一种物理化学的分离分析方法。它是利用样品中各种组分在固定相与流动相中受到的作用力不同，而将待分析样品中的各种组分进行分离，然后顺序检测各组分的含量。

9.1 色谱法概述

9.1.1 色谱法的发展历史

色谱法是 20 世纪初由俄国植物学家 Michael Tswett 首先提出来的。1906 年，Tswett 在装有碳酸钙颗粒的玻璃管中，倒入植物叶片的石油醚萃取液，然后用石油醚不断地冲洗，叶片的色素提取液随着冲洗液在管中的碳酸钙上缓慢地向下移动。其中不同的组分被分离开，并在碳酸钙柱内的不同部位上形成不同颜色的谱带，见图 9-1。

最下面的色谱带呈黄色，经分析是胡萝卜素；随后的另一黄色谱带是叶黄素谱带；上面两层是呈绿色和黄绿色的叶绿素 a、b 谱带。由于不同谱带有不同颜色，故这种分离方法被称为色谱法或色层法(chromatography)。虽然后来色谱法的发展不限于分离有色物质，更多的是用于无色物质的分离和测定，但由于习惯，现在仍沿用色谱这个名称。

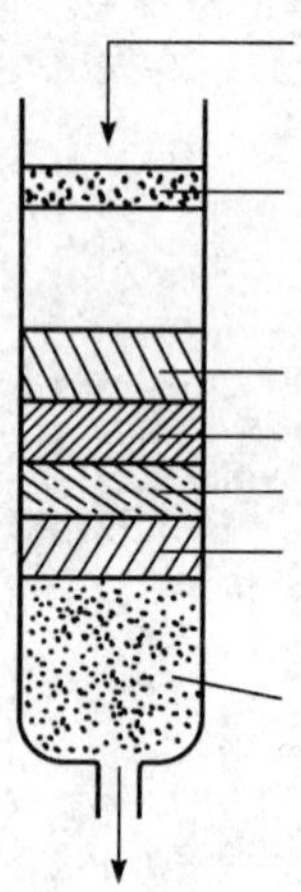

图 9-1 叶片的色素提取液在碳酸钙上形成不同颜色的谱带

按现代色谱学术语，Tswett 实验中的相对于石油醚而固定不动的碳酸钙称为固定相(stationary phase)，装有固定相的管子称为色谱柱(column)，冲洗过程称为洗脱(elution)，洗脱液称为流动相(mobile phase)，得到的图谱称为色谱图(chromatogram)。

Tswett 的发现在随后的几十年里并没有引起足够的重视。直到 1941 年 Martin 和 Synge 把氨基酸的混合液注入到以硅胶作固定相的柱中，用氯仿作流动相，将各个氨基酸的组分分开，才引起化学家的重视。这个方法形式上与 Tswett 的方法相似，但 Tswett 是借助于各组分在固定相中吸附能力的强弱不同而进行分离的，而 Martin 的分离是借助于氨基酸在硅胶中的水和有机溶剂氯仿两相中的溶解度不同而达到分离的。前者称为吸附色谱(adsorpting chromatography)，后者称为分配色谱(partition chromatography)。随后，1944 年 Martin 和 Synge 用滤纸代替硅胶，不用色谱柱，固定相是滤纸中含有水分的纤维素，流动相用有机溶剂，也成功地分离了氨基酸，从而创立了纸色谱法(paper chromatography)。1952 年 Martin 等又提出以气体作流动相的气相色谱法(gas chromatography)。20 世纪 50 年代又出现了将固定相涂布在玻璃板上的薄层色谱法(thin-layer chromatography)。60 年代末，高效液相色谱法(high performance liguid chromatography)的迅速发展,使色谱法成为一门应用广泛的分离分析方法。特别是它能既分离又分析的特点,在现代分离分析技术中占有极重要的地位。

9.1.2 色谱法的分类

(1)按固定相及流动相的状态分类 流动相可分为气体和液体两类,故色谱法又分气相色谱法和液相色谱法。固定相又分液态固定相(作为固定相的液态物质涂布或键合在颗粒状而本身不参与分离过程的、惰性材料制成的担体上)和固体固定相,故气相色谱又分气液色谱和气固色谱,液相色谱也可分液液色谱和液固色谱。

(2)按色谱系统中固定相的载体分类 将固定相装在柱中的称柱色谱。利用滤纸作固定相的称纸色谱。固定相被涂布在玻璃板上的称薄层色谱。纸色谱和薄层色谱又称开床式色谱。

(3)按色谱过程的物理、化学机理分类色谱可以分成许多种,比较重要的见图 9-2。

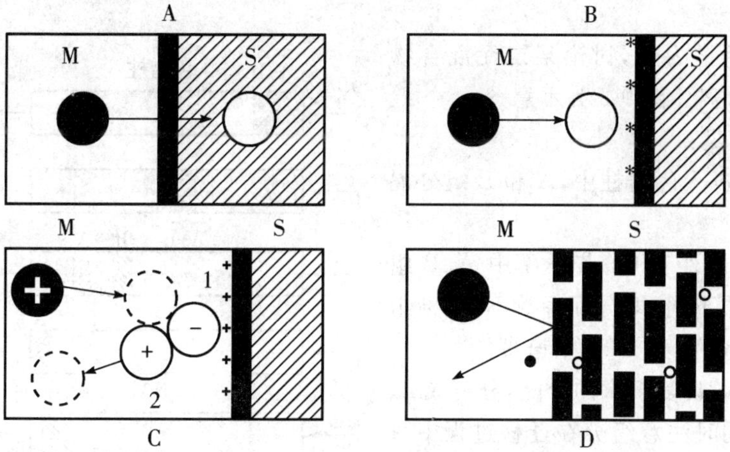

图 9-2 色谱按分离过程的物理、化学机理分类

M 流动相 S 固定相 ●流动相中的组分分子 ○被固定相固定的组分分子

①分配色谱 对于液液色谱,固定相与流动相均为液态物质,利用组分在作为固定相与流动相两种液相中溶解度的不同(因而分配系数不同)而进行分离的色谱。气液色谱也可按分配色谱原理进行分离,见图 9-2A。

②吸附色谱 用固体吸附剂作固定相的(气相或液相)色谱。它是利用组分在吸附剂上吸附力的不同,因吸附平衡常数不同而将组分分离的色谱,见图 9-2B。

③离子交换色谱 液相色谱中利用离子交换原理而进行分离的色谱,见图 9-2C。图中“1”为树脂上的电荷,“2”为溶剂或组分中的极性离子。

④凝胶色谱或称排阻色谱 液相色谱中利用分子大小不同进行分离的色谱,见图 9-2D。

⑤电色谱 利用带电物质在电场作用下移动速度不同进行分离的色谱。电泳就是一种最重要的电色谱。

9.1.3 各种色谱方法的共同特点

凡是色谱分离都具有以下共同点:

(1)色谱分离的核心都是具有分离组分功能的分离系统(如色谱柱),都具有两个相:流动相和固定相。固定相是不移动的，流动相冲洗样品时在色谱系统内对固定相作相对的运动。

(2)被分离的组分对流动相和固定相有不同的作用力。这种作用力有吸附力(吸附色谱)，溶解能力（分配色谱)，离子交换能力（离子交换色谱)，渗透能力(凝胶色谱)等。在色谱分离中我们常用分配系数来描述组分对流动相和固定相的作用力的差别：

$$K=\frac{c_s}{c_m} \tag{9.1}$$

式中：K 为分配系数；c_s为组分在固定相中的浓度；c_m为组分在流动相中的浓度。

分配系数的大小与组分的热力学性质有关。只有当各组分的分配系数有差异时，各组分才有可能达到彼此分离。当样品随流动相在色谱系统流动时，组分在两相中进行反复、连续、多次的分配，由于样品混合物中各组分在两相中具有不同的分配系数，形成差速迁移，从而达到分离。

下面以柱色谱为例，讨论某二元混合物在色谱柱内的分离。图 9-3 为示意图。

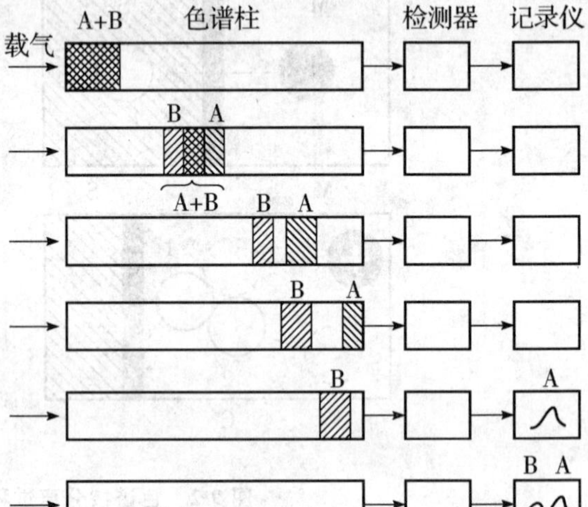

图 9-3　二元混合物在色谱柱内分离示意图

由图 9-3 可见：

(1)样品刚进入色谱柱中，A 和 B 组分混合在一起。

(2)经过一段距离后，若样品中 A、B 组分的热力学性质不同，即分配系数不同，则组分逐渐分离为 B、A+B、A 几个谱带。

(3)经过连续反复多次的分配，分离成 B、A 两个谱带。同时注意组分在迁移过程中每个谱带自身在系统内逐渐扩散，从而影响 A、B 的分离。

(4)组分 A 进入检测器，信号被记录，在记录仪上得到峰 A。

(5)组分 B 进入检测器，信号被记录，在记录仪上峰 A 出完后，又出峰 B。

从上述过程可以看出，组分是否能分离，决定于 A、B 组分的热力学性质不同程度，即分配系数差异的大小，差异越大，越易分离。但分离是否能实现，分离效果的好坏还与组分在两相中的扩散程度有关。扩散会造成分配系数相差较少的组分重叠而影响分离。扩散的程度取决于组分分子的微观运动，这类运动受动力学因素的影响。因此，色谱学需要研究下列三个重要问题：

(1)要想使二组分(特别是难分离的二组分，亦称物质对)分离，就要使它们的流出峰相距足够的远。二物质的流出峰的距离与它们在两相的分配系数 K 有关，而 K 与物质的分子结构和性质有关，因此必须研究这一分配过程中的热力学基础，它是发展高选择性色谱柱的理论基础。

(2)两峰具有一定距离还不足以分离，还必须要求峰宽要窄。色谱峰的宽窄与物质在色谱过程中的运动情况有关，这就要求研究色谱过程中的动力学因素。

(3)当改变操作条件时,色谱峰宽和距离均可能同时起变化,色谱分离条件的选择,就成了色谱学理论研究的第三个重要问题。

学习色谱分离技术也有四个共同的问题:

(1)要了解描述组分在色谱分离系统中迁移和扩散的有关参数,以及组分被分离程度的参数。

(2)要学习和了解在色谱分离过程中影响组分迁移和扩散的各个因素,以及在色谱分析的两个重要理论:塔板理论与速率理论。

(3)要学习和掌握如何控制色谱条件,以在尽量少的时间内实现组分间的最佳分离。

(4)要学习与运用色谱系统实现组分的分离。

9.2 色谱图的重要参数

色谱图反映出被色谱分离的各组分从色谱柱中洗脱出的浓度变化情况。通常横坐标代表洗脱时间,它与流过色谱柱的流动相体积成正比;纵坐标代表检测器检测信号的大小,通常与组分的浓度成正比。

9.2.1 色谱峰及峰宽

只有流动相而没有组分通过色谱柱和检测器时的色谱曲线,称为基线,加入组分后,每个被分离良好的组分对应一个正态分布的色谱峰曲线(理论推导见第 9.3 节)。描述一个正态分布色谱峰的参数主要有四个:色谱峰的位置、宽度、高度与峰形,见图 9-4。

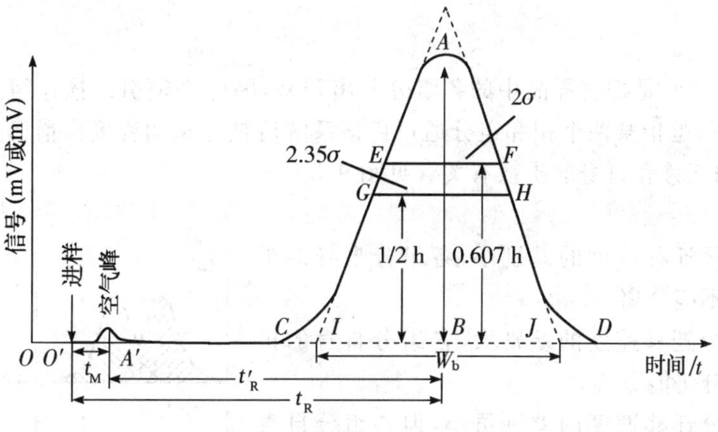

图 9-4 色谱图和它的参数图解

色谱峰的位置用峰所对应组分的保留值来表示,反应了该组分迁移的速度,图 9-4 中用 OB 表示,可用于定性分析。图中用 h 表示峰高,与组分的浓度有关,分析条件一定时蜂高是定量分析的依据。色谱峰宽可用标准偏差 σ 量度,如图中的 EF,亦称色谱峰拐点峰宽,即峰高 0.607 处峰的宽度;它反应了组分在色谱系统中扩散的程度。此外还有两种表示峰宽的量即:底峰宽 W_b 为过色谱峰拐点作切线与底边交点间的距离,如图中的 $IJ(4\sigma)$;半高峰宽 $W_{1/2}$,如图 9-4 中的 $GH(2.35\sigma)$。

色谱峰形的对称性可用不对称因子 S_a 表示

$$S_a = CD/2CB \tag{9.2}$$

$S_a=1$ 时,为符合正态分布的对称峰,$S_a<1$ 为前伸峰;$S_a>1$ 为拖尾峰。

9.2.2 组分在色谱系统中的保留值

组分在色谱系统中的保留值，是描述某一种组分在色谱系统中迁移特征的一个量。决定于组分的特征，也与色谱系统有关。保留值可用时间或体积表示，有下列几种参数：

保留时间(t_R)、保留体积(V_R)是指某组分的保留时间或保留体积分别是指色谱过程从组分进样开始，至流出色谱系统、浓度达到极大值所需的时间或所耗用流动相的体积。在色谱图上保留时间等于色谱图中峰值横坐标的距离值除以记录仪的走纸速度。保留时间不但决定于组分特征，还与流动相的流速(流量 F_c)有关；保留时间乘以流量 F_c，就得到保留体积，该值主要决定于组分。

$$V_R = t_R \cdot F_c \tag{9.3}$$

死时间(t_M)：是指流动相流过色谱系统所需的时间，因此也称为流动相保留时间。

死体积(V_M)：是指流动相流过色谱系统所需的体积，等于分离系统中除固定相以外(流动相所占)的空间。

校正保留时间(t'_R)是指扣除死时间的组分保留时间，表达式为：

$$t'_R = t_R - t_M \tag{9.4}$$

校正保留体积(V'_R)是指扣除死体积的组分保留体积，表达式为：

$$V'_R = V_R - V_M \tag{9.5}$$

9.2.3 分离度

色谱分离的目的是把将样品中的各组分分离开来，因此必须引入描述组分被分离程度的参数。分离度(R)是指某两个相邻组分通过色谱系统后被分离的程度。前已讨论过组分分离的程度与组分的迁移和自身的扩散有关。见图 9-5。

图 9-5 中：

(a)两个组分迁移速度的差别小，各组分自身的扩散又大，两组分不能分离。

(b)两个组分迁移速度的差别大，各组分自身的扩散虽然大，两组分仍能分离。

(c)两个组分迁移速度的差别虽小，但各组分自身扩散小，两组分也能分离。

(d)两个组分迁移速度的差别大，各组分自身扩散也小，两组分分离极好。

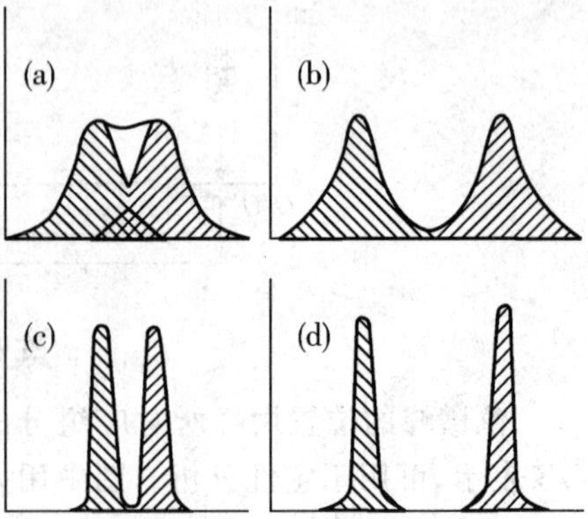

图 9-5 组分迁移速度差及各组分自身的扩散与组分分离的关系

某相邻的两组分间的分离度 R 等于两组分保留值之差除以它们的平均底峰宽(W 的单位与 t_R 相同)。即

$$R = \frac{2(t_{R_2} - t_{R_1})}{W_1 + W_2} = \frac{\Delta t_R}{W_{1,2}} \tag{9.6}$$

R 值越大，表示两个峰分开的程度越大。$R=1$ 时，组分中有 98%被分离；$R=1.25$ 时，两峰基本上被分离，只有 0.6%重叠在一起。

9.2.4 容量因子(质量分配比 k')和相比(β)

容量因子 k',亦称质量分配比,是指组分在色谱系统的固定相和流动相之间达到分配平衡时,在两相中组分的质量比(或分子数之比、摩尔数之比)。

$$k'=\frac{N_S}{N_M}=\frac{c_S V_S}{c_M V_M}=k\frac{V_S}{V_M} \tag{9.7}$$

式中:N_S 为固定相中组分的质量;N_M 为流动相中组分的质量;c_S 为组分在固定相中的浓度;c_M 为组分在流动相中的浓度;V_S 为色谱柱中固定相的体积;V_M 为色谱柱中流动相的体积。

相比是指色谱柱中流动相和固定相体积的比值。β 值与 k、k' 有如下关系:

$$\beta=\frac{V_M}{V_S}=\frac{k}{k'} \tag{9.8}$$

组分在色谱系统中的保留值决定于组分的热力学性质。色谱分离时,每个组分的保留时间 t_R,可分为两个部分:一部分是平均停留在固定相中的时间,用 t_S 表示;另一部分是平均停留在流动相中的时间,这个时间等于死时间(流动相保留时间)t_M。

$$t_R=t_S+t_M \tag{9.9}$$

又可证明 $t_S/t_M=N_S/N_M=k'$ 由此可得:

$$t_R=t_M+t_S=t_M(1+t_S/t_M)=t_M(1+k') \tag{9.10}$$

$$t'_R=t_M\times k' \tag{9.10'}$$

同样保留体积 V_R,与校正保留体积 V'_R 也可表示如下:

$$V_R=V_M(1+k')=V_M+V_S k \tag{9.11}$$

$$V'_R=V_M\times k'=V_S\times k \tag{9.11'}$$

9.2.5 相对保留值(α)

为了描述某两种组分通过色谱柱后被分离的原因,必须引入关于两种组分热力学性质差别的参数。相对保留值 α 亦称分离因子或选择性因子,是指样品中某组分的校正保留值与相邻的另一组分校正保留值的比值为:

$$\alpha=\frac{t'_{R_2}}{t'_{R_1}}=\frac{V'_{R_2}}{V'_{R_1}}\neq\frac{t_{R_2}}{t_{R_1}} \tag{9.12}$$

也等于两组分质量分配比 k' 或浓度分配比 k 的比值:$\alpha=k'_2/k'_1=k_2/k_1$。

t'_{R_2}、t'_{R_1} 通常是同一样品分离过程中相邻的两个组分的校正保留时间。习惯上设定 $t'_{R_2}>t'_{R_1}$,故 $\alpha\geqslant1$。若 $\alpha=1$,则该两组分热力学性质相同,因而不能分离;只有 $\alpha>1$ 时这两种组分才有可能分离。

9.3 色谱理论Ⅰ——塔板理论

组分在迁移和扩散过程中,会出现理想或非理想状态。所谓色谱理想状态是指被分离组分在两相间的交换在热力学上是可逆的,传质速率很高,平衡瞬间实现,分子扩散可以忽略。非理想色谱则相反。因此,色谱过程可分为四种不同的类型:线性理想色谱、线性非理想色谱、非线性理想色谱、非线性非理想色谱。

线性理想色谱是指被分离组分在两相分布呈线性,在色谱柱内迁移为理想状态,被分离组分的浓度分布可以简单地用理论模型和数学方法求出。

线性非理想色谱是指被分离组分在两相分布呈线性,但在色谱柱内迁移由于传质阻力、分子扩散等存在,使谱带对称展宽,呈现 Gaussian 曲线。

非线性理想色谱是指被分离组分在两相分布呈非线性,但在色谱柱内迁移分子扩散可以忽略,谱带不对称,色谱图通常是高浓度前沿和后部拖尾。固液吸附色谱近似于这种类型。

非线性非理想色谱则是气固吸附色谱接近这种类型。

本节将介绍色谱分析基本理论之一即塔板理论,该理论由 Martin 和 Synge 在 1941 年提出,他们把色谱柱比作蒸馏塔,引用蒸馏塔理论和概念,从而成功地解释了色谱过程。通过该理论研究组分在色谱柱内迁移和扩散的数学模型,从而可以准确地描述组分在色谱柱内运动的特征。我们简略地介绍这种学说。

9.3.1 塔板模型的基本假设

塔板模型的基本概念是设想色谱柱是由若干小段组成的,在每一个段内,一部分空间为固定相占据,而另一部分空间为流动相占据。见图 9-6。

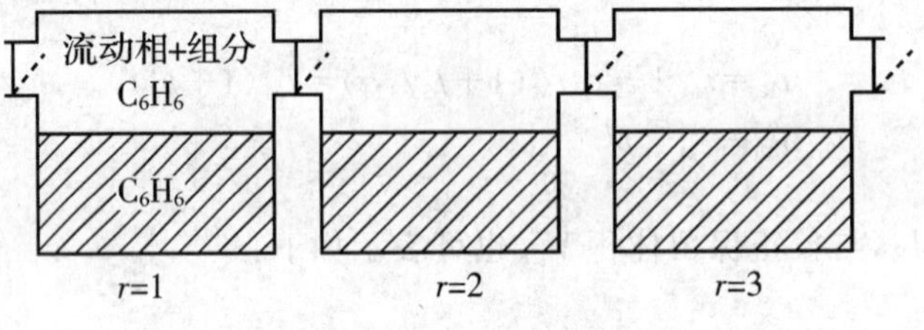

图 9-6 色谱柱的塔板模型

塔板理论又假设:

(1)样品中组分随流动相在柱内流动时,每流过一小段 H 距离,组分可以在两相间按照分配系数 $k(=C_S/C_M)$达到一次瞬时的分配平衡,柱内这一小段称为一个理论塔板,这一小段高度 H 称为一个塔板高度。

(2)柱内各段的塔板高度 H 不变,因此柱子塔板数为:

$$N=\frac{L}{H} \tag{9.13}$$

式中:N 为塔板数;L 为柱长。

(3)流动相进入柱子不是连续的,而是脉冲式的:每次进入一个塔板体积的流动相。

(4)分配系数在所有塔板上是常数,且与组分在某一塔板上的量无关。

(5)开始时,组分加在零号塔板上,轴向扩散可以忽略。

如果我们设想这根柱子由 5 块塔板组成,即 $N=5$;组分的质量为 1 024 个单位,分配系数 $k=1$。当把组分加在零号塔板上时,按照上面假设,组分瞬时在零号塔板上达到平衡,此时,流动相和固定相组分量各为 512。然后，一个塔板体积的流动相(1ΔV)以脉冲方式进入零号塔板上，将原来零号塔板上的流动相(1ΔV)顶到第一号塔板上，瞬时达到分配平衡。此时零号与一号塔板上组分总量各为 512(流动相和固定相中的量各为 256)。此后，每当一个新的塔板体积的流动相，以脉冲方式进入柱子时，这一过程就重复进行，于是得到如图 9-7 的示意图和表 9-1 的分配表。

表 9-1　组分 M＝1 024个单位在 $N=5$，$k=1$ 的柱内各塔板上分配表

体积数	塔板 N					
	0	1	2	3	4	柱出口
1	1 024					
2	512	512				
3	256	(512)	256			
4	128	(384	384)	128		
5	64	256	(384)	256	64	
6	32	160	(320	320)	160	32
7	16	96	240	(320)	240	80
8	8	56	168	(280	280)	120
9	4	32	112	224	(280)	140
10	2	18	72	168	252	(140)
11	1	10	45	120	210	126
12	1/2	6	28	83	165	104
13	1/4	3	16	55	124	84
14	1/8	1	10	36	90	61
15	1/16	1/2	5	23	63	45
16	1/32	1/4	2	15	43	32

组分在柱内各塔板上的分配符合二项式展开式前面的系数呈对称分布。

从表 9-1 可见，组分随着流动相在柱内移动时，一方面在柱内扩散；另一方面谱带的峰值逐渐向后推移(峰值位置用括号标出)。柱末端流出液的浓度分布近似于柱内分布，以此值作图得图 9-7，与典型色谱图 9-4 已很相似。

但图 9-7 流出曲线不对称，与正态分布不同。这是由于柱子总塔板数太少的缘故。当 N 大于 50 时，就可以得到对称的曲线。而一般色谱法中，N 值是很大的，如气相色谱一般为 $10^3 \sim 10^6$。若柱内的塔板数增加则峰形变窄并趋于对称。图 9-8 为由三种柱效(N)不同的色谱柱得到的色谱示意图。

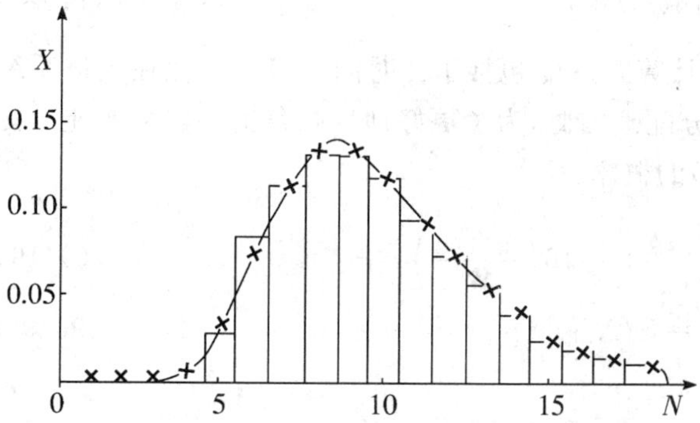

图 9-7　组分通色谱柱($N=5$)的流出曲线

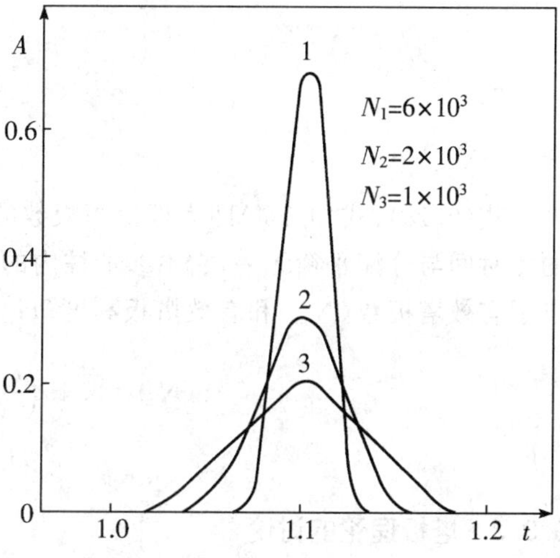

图 9-8　理论塔板数与谱带展宽的关系

9.3.2 塔板理论方程式

可以证明,当塔板数 N 很大时,流出液的浓度 c 随淋洗体积 V 的变化可用正态方程来描述,这就是色谱过程的流出方程。

$$c(V)=\frac{M}{\sqrt{2\pi}\cdot\sigma}e^{-1/2\cdot[(V_R-V)/\sigma]^2} \tag{9.14}$$

式中:M 为进样量;V_R 为保留体积;σ 为标准差。

$$\sigma=V_R/\sqrt{N} \tag{9.15}$$

当流出浓度最大时,即 $V=V_R$ 时,式(9.14)可写成:

$$c(V_R)=c_{max}=\frac{\sqrt{N}\cdot M}{\sqrt{2\pi}\cdot V_R}=\frac{M}{\sqrt{2\pi}\cdot\sigma} \tag{9.16}$$

c_{max} 为流出浓度最大值,将式(9.16)代入式(9.14)式得:

$$c(V)=c_{max}\cdot e^{-1/2\cdot[(V_R-V)/\sigma]^2} \tag{9.14$'$}$$

式(9.14)、式(9.16)说明色谱峰的高度正比于进样量与色谱柱理论板数的方根,而反比于保留体积(或保留时间)与峰宽。这说明①色谱定量分析时,对于一定的色谱柱与保留体积(相同的色谱条件)可以用峰高或峰面积作为定量的依据;②当保留体积和进样量一定时色谱柱的柱效越高(理论板数越高)则峰越高(峰宽越小);③对一定的色谱柱随着组分出峰的时间推迟,保留体积增加,峰变矮,即先出的峰高而窄,后出的峰低而宽。

由塔板理论可计算色谱峰宽与标准差 σ 的关系:

$$\text{半峰宽 } W_{1/2}=2.35\sigma \tag{9.17}$$

$$\text{底宽 } W=4\sigma \tag{9.17$'$}$$

根据标准差和柱效关系的公式 $\sigma=t_R/\sqrt{N}$ 可计算柱效:

$$\begin{aligned} N &=(t_R/\sigma)^2 \\ &=[t_R/(W_{1/2}/2.35)]^2=5.54(t_R/W_{1/2})^2 \end{aligned} \tag{9.18}$$

或

$$N=16(t_R/W)^2 \tag{9.18$'$}$$

式(9.18)、式(9.18′)即为理论塔板数的计算式。t_R 包括了死时间。组分消耗在色谱系统的死时间与分配平衡无关,它不参加柱内的分配。因此,为了更好地反映色谱柱实际效能。提出了有效塔板数(N_{eff})和有效塔板高度(H_{eff})的概念。

$$N_{eff}=5.45\left(\frac{t_R-t_M}{W_{1/2}}\right)^2=16\left(\frac{t_R-t_M}{W}\right)^2 \tag{9.19}$$

$$H_{eff}=L/N_{eff} \tag{9.19$'$}$$

9.3.3 塔板理论的讨论

塔板理论对色谱分析的意义是提出了组分在色谱柱内分布(或色谱峰)的数学模型:随着

洗脱时间的增加，组分在柱内逐步形成向后迁移的浓度正态分布的谱带；正态分布的标准差决定于谱带在色谱柱所在位置(L)，所对应的柱效($N=L/H$)与淋洗时间。

塔板理论还形象地说明了色谱柱的柱效，理论塔板数是反映柱效能的指标。理论塔板数 N 的物理意义在于说明柱中组分所达到平衡次数的多少。色谱分离时，组分 1，2 在色谱系统中分离的基本条件是它们的热力学性质容量因子 k' 不同，这仅是分离的可能性，但这种可能性在色谱系统中的实现及实现的程度取决于组分在分配系统中达到分配平衡的次数：对于柱效高的色谱柱，组分在柱内流过较短的距离(H)就能够达到分配的平衡，组分在柱内分配平衡次数越多，组分间热力学性质的差异表现得就越充分，组分与固定相的相互作用力也更显著，分离得就较好；反之，对于柱效低的色谱柱，组分经过这样的色谱柱时达到平衡分配的次数少，它们间热力学性质的差异不能充分表达，分离得就不好。

塔板理论还能很好地解释色谱图。如流出曲线的形状、浓度最大值的位置、数值和流出时间，色谱峰的区域宽度和保留值的关系。因此，塔板理论有一定的实用价值。

但是，把色谱柱作为蒸馏柱或蒸馏塔来看待，这个概念并不完全符合色谱柱内的情况。它依据的分配平衡只是一种理想状态，极限状态。组分在柱内的流动并不是跳跃式的或脉冲式的，而是连续的。在一个塔板高度内，也不能达到瞬时平衡，质量传递需要一定的时间，达不到完全的平衡。因此，塔板理论不能解释同一色谱柱对不同组分的理论塔板数和理论塔板高度可能不同；也不能解释同一组分不同操作条件下，理论塔板数和理论塔板高度的不同；不能找出影响塔板高度的内在因素；因此也不能为操作与应用色谱方法提供改善柱效的途径与方法。这是因为塔板理论只考虑组分的热力学性质，而没有考虑组分分子在柱内动力学因素，这就是塔板理论的局限性。总之塔板理论主要是描述与解释宏观的色谱过程，不能用于研究色谱分离的微观机理。下一节我们将进一步介绍色谱分离的另一个基本理论即速率理论，介绍描述组分分子在色谱柱内微观过程(扩散)的数学模型，可以补充塔板理论的某些不足之处。

9.4 色谱理论Ⅱ——速率理论

塔板理论是描述组分分子在色谱柱内宏观运动的规律，只考虑了组分的热力学性质，所以只能定性地给出板高的概念，而找不出影响板高的各种因素。速率理论从动力学方面出发，概括了影响板高的三种因素，这三种因素是涡流扩散、分子扩散与传质扩散(阻力)。速率理论认为这三种扩散独立地造成组分谱带的展宽，并构成了谱带的总宽度，因为色谱柱的板高与谱带宽度呈正相关，因此速率理论认为色谱柱的板高 H 是涡流扩散、分子扩散与传质扩散等三种因素分别形成的板高 H_E、H_M、H_T 之和：

$$H=H_E+H_M+H_T \tag{9.20}$$

即色谱柱的板高可以分为三项：涡流扩散项、分子扩散项与传质扩散(阻力)项。

下面分别讨论三种扩散：

图 9-9 是色谱柱中某一局部放大的示意图，在这一局部空间有 10 个固定相颗粒，其中 C 表示作为固定相的液态物质，在担体的表面，以某种方式与其结合，组分在色谱柱内原来的纵向谱带宽度为 w，组分分子随着流动相流过柱时，就在固定相颗粒之间通过，从而发生各种扩散。

9.4.1 涡流扩散项

填充在色谱柱里的是很多固定相颗粒组成的多孔体系，流动相带着组分分子流动时，碰到

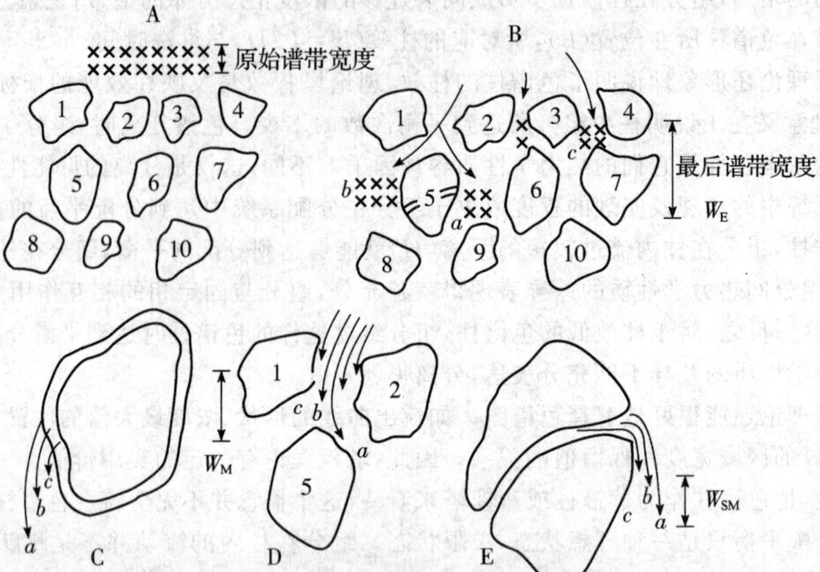

图 9-9　色谱柱内造色谱谱带展宽的一些扩散运动

固定相，就会不断地改变流动方向，分成许多不同的流路，由于固定相的颗粒大小不同、填充的松紧不同，造成各个流路的长度不同，于是流动相流过时的流速不同，形成紊乱的类似"涡流"的流动。因此，涡流扩散项(eddy diffusion)亦称多径项。图 9-9 中的 B 表示涡流扩散造成组分谱带的展宽。流动相流经固定相颗粒 1、2 之间 a、b 的流速大于流经颗粒 3、4 之间 c 的流速，从而使谱带宽度增为 W_E。

由涡流扩散产生的板高 H_E 与固定相颗粒的平均粒度 d_P 成正比。在塔板方程中由涡流扩散产生的板高 H_E 常用 A 表示，称为 A 项，可用下式表示：

$$H_E = A = 2\lambda d_P \tag{9.21}$$

λ 称不规则因子，决定于固定相填充的均匀程度与颗粒之间的形状与大小的差别。

9.4.2　分子纵向扩散项

分子扩散也叫分子纵向扩散(molecular diffusion)。当样品进入色谱柱后，由于存在着浓度梯度，组分分子由浓度高的区域向浓度低的区域运动，产生浓差扩散。分子扩散产生的板高 H_M 与组分分子在流动相中的扩散系数 D_M 成正比，也与分子在流动相中停留的时间成正比，因此与流动相的线速度 U 成反比。在板高方程中分子扩散产生的板高 H_M 写成 B/U，称为 B 项：

$$H_M = \frac{2\gamma D_M}{U} = \frac{B}{U} \tag{9.22}$$

式中：B 为分子扩散项系数；γ 为弯曲因子，反映填充柱中流路的弯曲性，使用粒度小和均匀的固定相装柱，可使 γ 值减小，提高柱效。

9.4.3　传质阻力项

样品各组分流经色谱柱时，组分分子一方面在流动相的带动下向柱后移动，另一方面又按浓度分配比在两相间不断分配扩散，进行质量传递，称为传质(mass transfer)。这种传质是动态的过程。图 9-10 是分离柱内组分在固定相与流动相中的浓度 c_S、c_M 分布；纵坐标的原点上方与下方分别为浓度 c_S、c_M 的坐标；横坐标为柱内的距离；图的上方与下方分别为流动相与固定相。图中的 A 为没有组分扩散的理想色谱；图中的 B 是流动相的流速为零、组分达到分配平衡时在柱内的 c_S、c_M 分布，呈较窄的对称谱带；实际上质量传递达到分配平衡需要一定的时间，分离柱内不断向前运动的组分在两相中达不到完全平衡状态，因此对传质产生一种阻力，称为传质阻力；有的组分分子较早地由固定相进入流动相，产生峰形的前沿，而有的组分分子较晚进入流动相，形成峰形拖尾展宽，因而形成组分谱带的展宽，如图 9-10 的 C。因此传质阻力产生的板高(或组分的扩散)与流动相的线速度 U 成正比，在板高—流速方程中传质阻力产生的板高 H 写成 CU，称为 C 项。

传质阻力可分为两种：固定相传质阻力与流动相传质阻力；它们分别独立地使谱带展宽，形成板高分别写成 $C_S \cdot U$ 与 $C_M \cdot U$，传质阻力产生总的板高为两者之和：

$$H_T=(C_S+C_M)U=CU \tag{9.23}$$

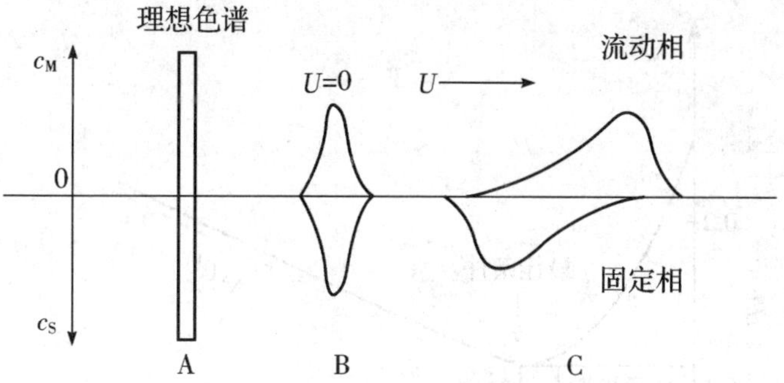

图 9-10　分离柱内组分在两相中的浓度分布

下面分别讨论比例常数 C_S、C_M：

图 9-9 中 C 表示在色谱柱内组分分子在固定相传质阻力形成的谱带展宽：组分分子随流动相移到色谱柱内的某部位，按浓度分配比渗透进入固定相，在两相间达到分配平衡；由于流动相的向前移动，“新”流动相流到该部位后，分配平衡受破坏，于是组分分子又将按浓度分配比返回流动相，以便建立新的平衡，但由于质量传递不能瞬间达到平衡，组分分子停留在固定相中的时间与渗入固定相的距离有关：渗入愈深，在固定相中停留的时间愈长。由于渗入的深浅不同。组分分子在各个流路中的移动的距离 $a>b>c$，由此使谱带宽度增加为 W_S。由于固定相传质阻力引起的板高正比于线速度 U 与固定相膜的平均厚度的平方 d_{F^2}；反比于为组分分子在固定相中的扩散系数 D_S。写成等式为 $C_S \times U$，式中 C_S 等于：

$$C_S=\omega \frac{d_F^2}{D_S} \tag{9.24}$$

式中：ω 为系数，与容量因子 k' 有关。

图 9-9 中 D 和 E 分别表示在色谱柱内组分分子的两种流动相传质阻力：在移动的流动相中的传质阻力与在停滞的流动相中的传质阻力。经过与固定相中的传质阻力类似的讨论可以得到：

$$C_M=\psi\frac{d_P^2}{D_M} \tag{9.25}$$

式中：ψ 为系数，与容量因子 k' 有关；D_S 为组分分子在固定相中的扩散系数。

合并上述几式，可得到色谱的塔板高度 H 与流量 U 关系的表达式：

$$H=A+B/U+C\cdot U=A+B/U+(C_S+C_M)U \tag{9.26}$$

$$=-2\lambda d_P+\frac{2\gamma D_M}{U}+\left(\psi\frac{d_P^2}{D_M}+\omega\frac{d_F^2}{D_S}\right)U \tag{9.27}$$

由式(9.27)可见，决定板高的除了流量外主要是色谱柱的结构：固定相与流动相的物理特性(D_M、D_S、d_P、d_F、λ)、化学特性(ψ、ω)以及填充的状况(λ、γ)。

按式(9.26)，作 H 和 U 的关系曲线，即得如下图形(图 9-11)。

色谱柱的板高与流量的关系由三项构成：涡流扩散项 A 的影响为一常数，不随 U 而改变；传质阻力项 CU 为一定斜率的直线，如图 9-11 均以点虚线表示；分子纵向扩散项 B/U 为双曲线。

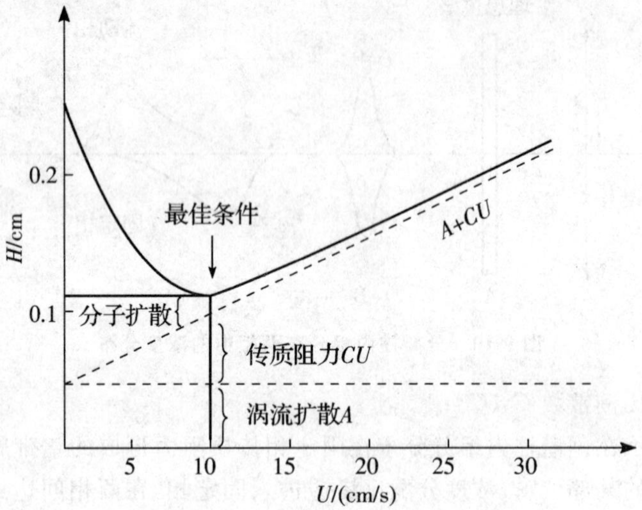

图 9-11　色谱的板高流速曲线

在低流速时，板高及峰变宽主要是由于分子纵向扩散项 B/U 所决定；在高流速时，传质过程中偏离分配平衡的影响增加，这时 CU 项是影响峰宽和板高的主要因素。如图 9-11 中曲线所示，在气相色谱中当载气流速由低到高增加时，开始 H 降低，柱分离效率增高；超过某一流速后，再增加流速，H 反而升高，柱效降低，在三项影响因素综合起作用的情况下，可以得到一个最佳流速 $U_{最佳}$ 和 $H_{最小}$，这时柱的分离效果最高。

【例】 根据式(9.26)，推导以 A、B、C 表示的载气最佳线速度和最小板高的表达式。

解：对方程 $H=A+B/U+CU$ 求导数。

$$\frac{dH}{dU}=-\frac{B}{U^2}+C$$

当 H 为最小值时，一阶导数为零。

$$-\frac{B}{U^2}+C=0$$

$$U_{最佳}=\sqrt{B/C}$$

$$H_{最小}=A+B/U_{最佳}+CU_{最佳}$$

$$=A+2\sqrt{BC}$$

Van Deemter 方程中三个常数的求法如下：

对于某一色谱柱，在组分、载气和柱温等一定操作条件下：

(1)用三个相差较大的、不同流速 U，取得三个色谱图。

(2)在三个色谱图中选择某个峰，分别求出对应三种 U 的色谱柱板高 H。

(3)由已知 U 和 H 建立三个 Van Deemter 方程，解联立方程求出 A、B、C。

对于某一色谱柱，根据 A、B、C 三项数值；可看出何者影响柱效最大，以便采取相应的改进措施。当已知三常数时，在不同的 U 下计算 H，可绘制板高流量曲线，得到某一色谱柱的 $U_{最佳}$ 和 $H_{最小}$。这样求出的 U 最佳可能很慢，使保留时间太长，操作不便。实际工作中可使用 $U_{最佳}$ 的 2 倍流速，仍可在较短的时间内，得到较好的分离。常用气相色谱填充色谱柱的数据举例：

$A \cong 0\sim1$ mm　　　　$H_{最小} \cong 0.2\sim2$ mm

$B \cong 10$ mm/s　　　　$U_{最佳} \cong 10\sim100$ mm/s

$C \cong 0.001\sim0.01$ s

速率理论对色谱分析的实践有指导意义，下面我们首先以气谱分析为例，对式(9.27)作一些讨论，由该式可见：

①流速 U 在 B 项和 C 项中分别为分母和分子，对板高有不同的影响，增大流速，分子扩散 B 项减少，板高就减小；而传质阻力就增加，使板高增加。选择最佳流速以兼顾二者的影响。但实际气相色谱分析时因为最佳流量偏小，分析速度太慢，因此实际流速往往采用理论最佳流速约 2 倍的流速作为实际最佳流速。同样组分分子在流动相中的扩散系数 D 对板高也有两种相反的影响：扩散系数增加使分子扩散项增加，增加板高；而使传质阻力项减小，板高降低。

②固定相的选择　固定相对色谱的影响包括固定相的物理状态(固定液膜的厚度 d_F 与颗粒的直径 D_P)与固定相的化学性质。降低 d_F 与 d_P 可以降低板高、提高柱效。适当选择固定相使不同组分的容量因子差别较大，以提高分离度。

目前气相色谱比较流行的是用较少量的固定液，因此 d_F 减小，固定相传质阻力项可以忽略。此时传质阻力项减少，板高降低，亦可缩短分析时间。

③流动相的选择　流动相即载气常用的是小分子量的氢气，或分子量较大的氮气或氩气，用不同的载气流速时有不同的选择：用低流速时 B 项对板高有较大的影响，因此流动相扩散系数应尽量减小。而扩散系数约与载气的分子量的平方根成反比，故可以用分子量大的载气。相反高流速时 B 项可以忽略，流动相扩散较大对 B 项影响不大，却可降低 C 项，因此可以选择小分子量的载气。

流动相一般都是选择化学性质不活泼的、不致和固定相及组分产生化学反应的惰性气体，因此其化学状态对柱子的选择性(相对保留值)影响不大。

④温度对柱效的影响比较复杂：温度升高，组分分子在固定相和流动相中的扩散系数提高，导致板高公式中的 B 项的提高致使板高增加、柱效降低；同时使 C 项下降，板高下降、柱效

提高，因此不同的流速情况下 B 项和 C 项对柱效影响不同时，温度对柱效的影响也不同。此外温度升高使浓度分配比和质量分配比下降，导致保留时间与分离度的下降。上述关系可用下面的符号表示：

$$\begin{array}{llll} & \rightarrow\rightarrow B\uparrow & \rightarrow & H\uparrow\rightarrow\quad N\downarrow \\ T\uparrow & \rightarrow D_M\uparrow, D_S\uparrow & \rightarrow C\downarrow & \rightarrow H\downarrow\rightarrow N\uparrow \\ & \rightarrow k\downarrow, k'\downarrow & \rightarrow t_R\downarrow & \rightarrow (R)\downarrow \end{array} \tag{9.28}$$

速率理论对液相色谱实践亦有指导意义，下面我们对式(9.27)作一些讨论：

①流速与板高的关系　在液相色谱中组分分子在液体中的扩散系数(10^{-5}数量级)比气体(10^{-1}数量级)小得多，因此 B 项可以忽略，于是板高方程可以用下列经验公式表示：

$$H=A+C\cdot U \tag{9.29}$$

斯尼德(Snyder)认为，实际测定的板高—流速方程需要减少流速对板高的影响，需要在流速上加上一个小于1的指数项，可写成下列经验公式：

$$H=DU^n \tag{9.30}$$

对于大部分的液谱柱，指数项 n 为0.3～0.6。方程中 D 是衡量柱子性能的一个重要参数，它等于当线速度为1 cm/s时的板高，它包含式(9.29)中的A和C项；D 决定于 D_M、D_S、C_M、C_S、d_P、d_F 等。图9-11是气相色谱的板高流速曲线(若完全不考虑分子的纵向扩散，则液谱的曲线由原点起始)。

②谱带展宽与粒度的关系　如果考虑一下板高方程中每一项与粒度的关系，我们会发现，式中的 B 项和固定相的传质阻力项 C_S 与粒度没有关系。由于 $d_F \ll d_P$，流动相传质阻力项与固定相传质阻力项相比，固定相传质阻力项可以忽略。因此方程可以写为：

$$H=2\lambda d_P+\frac{2\gamma D_M}{U}+\left(\frac{\psi d_P^2}{D_M}\right)U \tag{9.31}$$

大量实验结果表明：式中 λ 值在1和1.5之间(即 $A=2-3d_P$)，$\gamma=1$(即 $B=2D_M$)。C_M 项中包含有取决于 k' 值的函数 ψ，哈拉矢(Halasz，1975)引用Golay(1958)的结果，当 $k'=1$ 时，$\psi=0.047$，当 $k'=5$ 时，ψ 值为0.09，当 $d_P<10\ \mu m$ 时，H 受 k' 的影响很小。此时可以认为，$\psi=0.047$。因此在上述条件下，上式可简化为：

$$H=(2-3)d_P+\frac{2D_M}{U}+\frac{0.047d_P^2}{D_M}U \tag{9.32}$$

在液相色谱中，至今普遍采用的，为目前所用仪器所限制的速度范围内，此式是适用的。对此式的 U 求导数，就可得到最小流速值：

$$U_{min}=(B/C)^{1/2}=[(2D_M^2)/(0.047d_P^2)]^{1/2}=6.25D_M/d_P$$

将 U_{min} 值代入速率理论的化简式(9.32)就得到谱带展宽与粒度的关系式：

$$H_{min}=(2-4)d_P \tag{9.33}$$

粒度小时，能得到最佳的 H 值。最小值大约是微粒直径的2～4倍。例如，粒度为10 μm，长300 mm的柱色谱，在最佳的条件下工作，其理论塔板数为7 500～15 000。但是，粒度并不能无限地小。因为当粒度减少 2 倍，H 值也减少 2 倍，所需压力要增高 8 倍，这是仪器条件所不允许的。目前粒度的最佳值是 3～5 μm。

③柱外效应和管壁效应　液相色谱与气相色谱相比，有两个很大的差异，一是组分在液体流动相里的扩散系数比在气体流动相里小 $10^4 \sim 10^5$ 倍，即组分在液相流动相里扩散是低的。组分在气相里的作用力可以忽略，而在液相里是不能忽略的。二是液相固定相的粒度远远小于气相固定相。第一个差异将可能引起柱外效应。因为当进样部分的死体积、柱和检测器之间连接管道的死体积以及检测器本身的死体积较大时，组分在死体积中的扩散就变得更为重要了。对谱带的展宽有相当大的影响，形成柱外谱带展宽。甚至一种纯组分能出两个峰，给人以存在着不纯物或第二种组分的假象。特别是对于短的柱子。柱外效应严重与否，可以用下列几种简单的方法识别，一是通过测定 k' 值小于 3 和 k' 值大于 3 的两种不同组分的 H 和 U 的关系曲线，如果二种曲线的形状不相同，就表明存在着柱外效应。第二种方法是用 k' 值较小的组分进样分析，如果峰形拖尾或双峰，也表示这种影响。如果非保留峰比保留峰的板高大，也是柱外效应的一个证据。对于购回的仪器，特别是经过改进以后，应该检查柱外效应的影响。柱外效应的消除主要是尽量地避免多接长管道，把进样部分、检测器部分的死体积减少到最低限度。或者加长柱子，以减少与死体积的比例。

当粒度很小，而柱子的填装又不理想时，往往柱壁的粒度比柱中心的粒度大，这样柱内沿柱壁部分的流速较平均值大，柱中心部分的流速较平均值小当柱内径处于这样的情况，即溶质分子传递到柱壁，但在被洗脱出柱之前来不及返回柱中心时，则溶质峰不能获得在柱截面上的平衡，到达柱壁的溶质较快流出，峰就不对称地洗脱下来，有时出现反常的拖尾和双重峰，这种谱带展宽的现象称为管壁效应。克服的办法是重新装填。亦有人提出，用“无限直径柱”。因为当柱内径较小的时侯，组分分子就可能不受管壁效应的影响。“无限直径”柱显然会得到最小的板高，最高的柱效率。“无限直径”柱的内径可以利用经验公式计算：

$$D_C = (2.4 d_P L)^{1/2} \tag{9.34}$$

例如：装填一根 250 mm，粒度为 10 μm 的“无限直径”柱，其内径为：

$$D_C = (2.4 \times 10 \times 10^{-3} \times 250)^{1/2} = 2.5 \text{ mm}$$

即具有 2.5 mm 的最小的内径的色谱柱，可得到较高的柱效率。

综上所述，影响液相色谱板高的参数主要是扩散系数、温度、粒度、管壁效应和柱外效应。提高分子在流动相和固定相中的扩散系数（如选用分子量较小、黏度较低的流动相）一般都能使板高降低提高柱效。同样，选用粒度小的固定相的柱子可以降低板高，提高柱效。提高色谱柱的温度也可以增加扩散系数而改善柱效。流动相的化学性质对组分的容量因子可产生很大的影响，因此对相对保留值会产生较大的影响，这也是与气相色谱不同的。

9.5　分离度

9.5.1　分离度与组分被分离的纯净度

色谱的分离度用以表示两种组分经过色谱分离后被分离开的程度。式(9.6)给出了分离度的定义公式，还要进一步研究分离度与组分实际被分离纯净程度的关系。因为色谱曲线符合正态分布，且色谱峰的面积与组分含量成正比，因此依据标准正态分布曲线从横坐标为 $-\infty$ 到任意点 X 面积的积分值计算，可以算出当分离度为 R 时，相邻两个色谱峰重叠的部分，由此可得到组分被分离的纯净程度。图 9-12 标准色谱分离度曲线给出了当两组分峰高比分别为 1∶1、2∶1、4∶1、8∶1 时，不同分离度对应的标准色谱分离度曲线，图中的数值为对应的组分分离的纯净程度，例如，分离度为 1.0，两组分的峰高比为 1∶1 时，组分被分离的纯净程度为 98%；即对此色谱图，若从两峰横坐标的中间（对应色谱的洗脱时间）切割，则在一个峰内包含另一个峰对应组分的 2%。

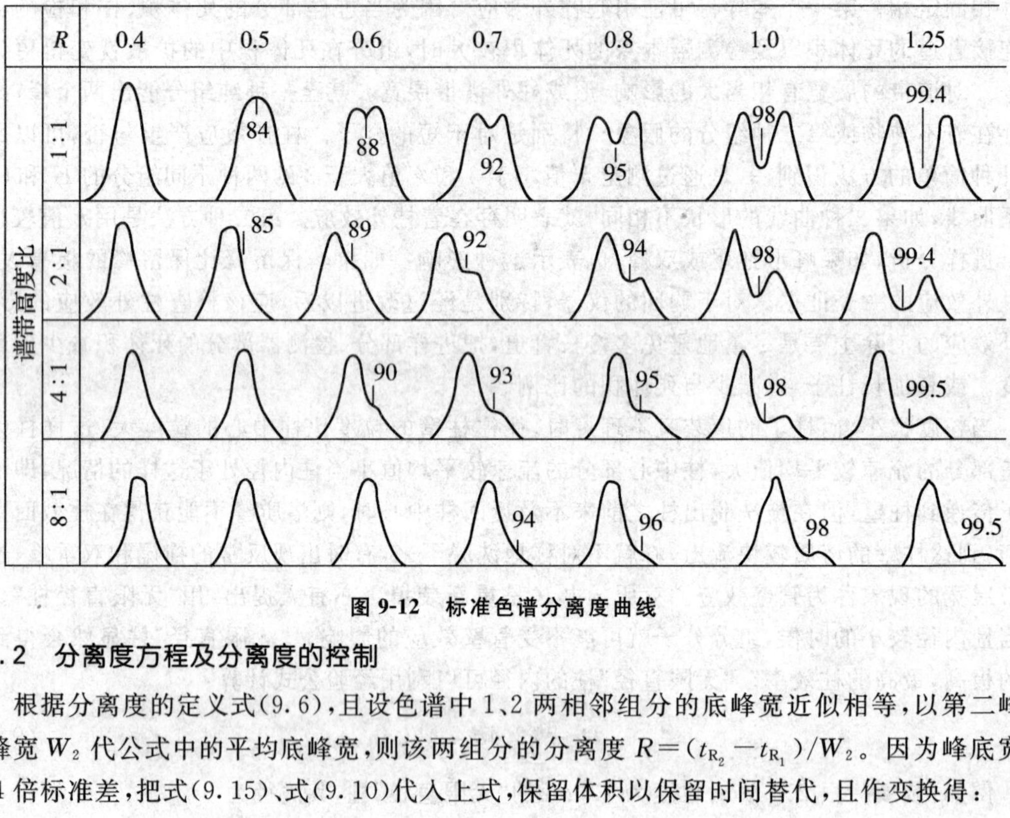

图 9-12　标准色谱分离度曲线

9.5.2　分离度方程及分离度的控制

根据分离度的定义式(9.6)，且设色谱中 1、2 两相邻组分的底峰宽近似相等，以第二峰的底峰宽 W_2 代公式中的平均底峰宽，则该两组分的分离度 $R=(t_{R_2}-t_{R_1})/W_2$。因为峰底宽等于 4 倍标准差，把式(9.15)、式(9.10)代入上式，保留体积以保留时间替代，且作变换得：

$$R=\frac{t_M(k'_2-k'_1)}{4t_M(1+k'_2)/\sqrt{N}}=\frac{\sqrt{N}}{4}\cdot\frac{1}{1+k'_2}\cdot\frac{(k'_2/k'_1-1)k'_1}{k'_2}\cdot k'_2$$

把相对保留值的公式($\alpha=k'_2/k'_1$)代入上式，整理后可得分离度方程：

$$R=\frac{\sqrt{N}}{4}\times\frac{\alpha-1}{\alpha}\times\frac{k'_2}{k'_2+1} \tag{9.35}$$

由此看出，决定物质分离度的三个基本要素为相对保留值 α，质量分配比 k' 和理论塔板数 N。由式(9.35)可见为了改变分离度可用不同的方法：可以改变 k'、N 或 α 值，它们对分离度的影响见图 9-13。

下面分别讨论 k'、N 与 α 对分离度的影响。

1. *分离度与 k' 的关系*　因为色谱相邻峰所对应的质量分配比 k'_2、k'_1 大致相同，以 k' 代 k'_2，则由分离度方程得分离度 $R\propto k'/(1+k')$。由质量分配比的定义可得：

$$\frac{k'}{1+k'}=\frac{N_S}{N_S+N_M} \tag{9.36}$$

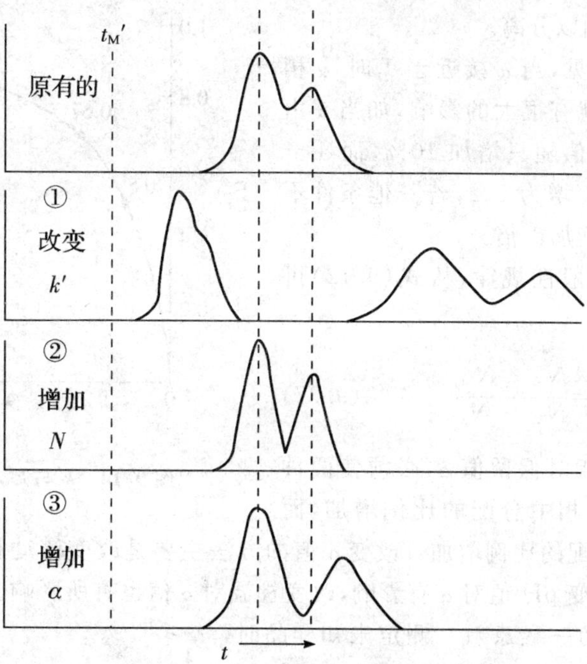

图 9-13 改变 k'、N 和 α 值对分离度的影响

即 $k'/(1+k')$ 等于组分分子在固定相中的量 N_S 占组分总量(N_S+N_M)的分数。因此在色谱过程中达到分配平衡时，若某组分在固定相中分配的比例较大，则由于 k' 较大，$k'/(1+k')$ 与分离度也有所增大。k' 与 $k'/(1+k')$ 的关系见图 9-14。

由图可见，当 k' 较小时(小于 1～2)随 k' 的增加，$k'/(1+k')$ 迅速增大；当 k' 增到 5 左右时，随 k' 的增加，$k'/(1+k')$ 变化已不大。此外，保留时间 t_R 也随 k' 的增加而增加，致使组分的峰宽变大，见图 9-13 中①；而组分峰的高度大致与 k' 成反比，因此 k' 值不宜过大。实际色谱分析时，k' 一般应控制在 3～7。

可以用不同的方法改变 k'，但主要是通过变更流动相的配比；降低(升高)温度可以提高(降低)k'，但需注意，改变温度同时会改变柱效。

2. 分离度与柱效的关系　由分离度方程式可知：

$$R \propto N^{1/2} \qquad \text{即 } R^2 \propto N$$

即为了使分离度增加 1 倍，N 值需增加 4 倍。增加 N 可提高分离峰高度并降低峰的宽度，从而改善分离度，而分离的时间可以保持不变，见图 9-13 中②。

因为分离柱的柱效决定于柱长 L 及板高 H，因此可由 L 及 H 值来控制柱效。板高 H 主要决定于分离柱的性能如固定相的物理与化学性质及填充状况等，也与分离条件如流动相的种类、线速度(U)、温度等有关。因此，提高柱效的方法可以更换柱效高的分离柱，或用两根分离柱接在一起(增加柱长度)，对某一定的分离柱也可用改变分离条件，如改变流动相，或使流速接近最佳值来提高柱效。

3. 分离度与 α 值的关系　由分离度方程可见分离度与相对保留值 α 关系极大。改变 α 值将改变组分峰中心距离，而对分离时间及峰宽影响不大，见图 9-13 中③。某两组分能够分离的条件是 $\alpha>1$。应用现代色谱技术，只要两组分的热力学特性略有差别，即使 $\alpha=1.01$($\alpha-$

1=0.01)，即有可能加以分离。

由分离度方程可见，当α接近于1时，α稍有变化，对分离度R就有很大的影响，如当α由1.1增加为1.2时，α值随只增加10%，而(α－1)增加了1倍，由0.1增为0.2，若其他条件不变，则可使分离度R增加1倍。

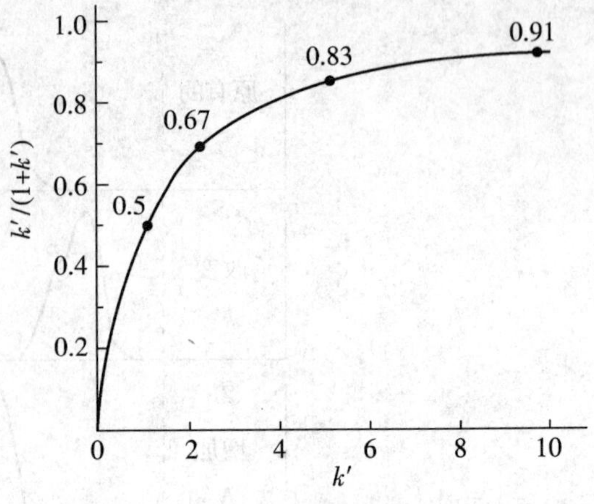

图 9-14　k'与$k'/(1+k')$的关系

控制α值缺乏一般性规律，从式(9.12)可得到：

$$\alpha=\frac{k'_2}{k'_1}=\frac{N_{S_1}\cdot N_{M_2}}{N_{M_1}\cdot N_{S_2}} \qquad (9.37)$$

因此，为了增加相对保留值α，必须使两种组分中的一种在固定相中分配的比例增加，而另一种在流动相中分配的比例增加。改变α值的方法主要是改变流动相与固定相的组成，在离子交换色谱柱中改变pH值对α有影响，改变柱温对α值也有所影响。

4. *控制分离度的一般原则*　测定未知样品时，可依据样品的特点，初步确定采用某种分离系统，并进行预备性的分离，然后利用标准分离曲线(图9-12)，对初步分离得到的图谱与标准分离度曲线比较，估计出分离度R的值，再根据要求，控制各种分离条件，控制分离度而达到分离的目的。

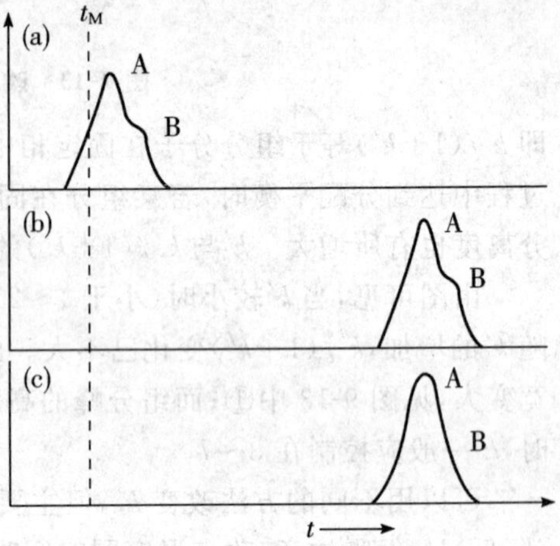

图 9-15　几种不同的分离问题

由于k'、N与α对分离度R的影响不同，因此在不同情况下用不同的方法来控制R，如A、B两组分通过色谱预备性的分离得到如图9-15的色谱图。

图9-15中的(a)显然k'值过小，增大k'值可提高分离度；图中9-15的(b)，k'值已大致合适，与标准分离度曲线图9-12比较，估计分离度约为0.6。可通过增加N值或α值来改善分离度；图9-15中(c)与标准分离度曲线相比，可知R约在0.4以下，由于R与柱效N的平方根成正比例，故通过提高N将分离度提高到1.25左右将相当困难了，只能通过改变分离系统，提高α值来达到要求的分离度。

习　题

1. 色谱法有哪些类型？其分离基本原理是什么？
2. 保留值有几种？具有什么特性？
3. 试述理论塔板数N的物理意义。能否根据N来判断分离的可能性？为什么？
4. 试述速率理论方程式中A、B、C三项的物理意义。
5. 为什么可用分离度R作为色谱柱的总分离效能指标？
6. 试以速率理论讨论气相色谱和液相色谱操作条件的选择。

7. 在一根长 2 m 的硅油色谱柱上分析一个混合物，得到下列数据：苯、甲苯及乙苯的保留时间分别为 1′20″、2′2″及 3′1″；半峰宽为 0.211 cm、0.291 cm 及 0.409 cm；已知记录仪纸速为1 200 mm/h，求色谱柱对每种组分的理论塔板数和塔板高度。

8. 一根具有 8 100 块理论塔板的柱子上，异辛烷和正辛烷的保留时间各为 800 s、815 s，流动相的保留时间为 10 s 时，问：

(1)二组分通过该柱子时，所得到的分离度是多少？

(2)假如二组分保留时间不变，当使分离度达到 1.01 时，所需的塔板数是多少？

9. 色谱柱温为 150℃时，速率方程中的常数 $A=0.08$ cm，$B=0.15$ cm^2/s，$C=0.03$ s，这根柱子的最佳流速是多少？所对应的最小塔板高度为多少？

10. 有一根 1 m 长的气相色谱柱，测得三种不同流速下所对应的塔板数如下：10 mL/min、$N=1\,205$ 块；20 mL/min、$N=1\,250$ 块；40 mL/min、$N=1\,000$ 块。

求：(1)速率方程的 A、B、C 值。

(2)最佳流速和最佳柱效(N)。

(3)若要最佳柱效在 95%以上，则载气流速多少才合适？

10 气相色谱法

气相色谱法(gas chromatography)是用气体作为流动相的色谱法。作为流动相的气体称为载气(carrier gas)。常用的载气有 N_2、H_2、Ar 和 He 等。用活性吸附剂作固定相的称气固吸附色谱。用液体作固定相的称为气液分配色谱。气相色谱具有以下几个特点：

1. *高选择性*　表现在它能分离理化性质极为相似的组分。如二甲苯的三个异构体，同位素等。

2. *高效能*　一般色谱柱达几千个塔板数。毛细管柱可达 100 万个塔板数。

3. *低检测限*　可检测 $10^{-13} \sim 10^{-7}$ g 的物质。

4. *分析速度快*　一般分析只需几分钟到几十分钟。

5. *应用范围广*　凡是在 $-196 \sim 450$℃的范围内，只要稍有一定蒸气压力的组分均可进行分析。对于不易挥发，易分解的物质可经过化学转化，生成易挥发的稳定的衍生物后，亦可进行气相色谱分析。

气相色谱也有一定的缺陷。在没有纯样品时对未知物的准确定性和定量较困难。往往需要与红外、质谱等仪器联用。沸点高的、易分解、腐蚀性和反应性较强的物质，气相色谱分析就较为困难。有人统计过，约有 20%的有机物能用气相色谱测定。因此，气相色谱的应用有一定的局限性。

10.1　气相色谱仪

根据使用的目的不同，气相色谱仪可分为：分析用气相色谱仪、制备用气相色谱仪和控制监测用气相色谱仪(又称流程色谱仪)三大类，本书主要介绍分析用气相色谱仪。

分析用气相色谱仪主要由主机、控制器、记录及数据处理三部分组成，基本结构可用图 10-1 表示。

图 10-2 是以热导池为检测器的填充柱气相色谱仪流程示意图。载气由高压钢瓶供给，经过减压阀、稳压阀后，以稳定的和精确的流速连续流过压力计和流量计，以指示色谱柱前的载气压力和流速。然后分别进入热导池检测器的参考池与经过汽化室、色谱柱和热导池检测器的测量池，最后放空。进入检测器的载气中的组分浓度的变化被检测器检测，输出相应的电压或电流信号至记录仪，描绘出组分的色谱图。

另外还有一种双气路色谱仪它是在单气路基础上发展起来的。它可以补偿变温和高温下固定液流失而产生的噪声，从而提高仪器稳定性，特别适用于程序升温和痕量分析。

从上所述，气相色谱仪必须具备几个必不可少的部分：气路系统、进样系统、分离系统、检测系统、记录和数据处理系统、温度控制系统。本节重点介绍这几个系统的组成和作用。

10.1.1　气路系统

气路系统是一个载气连续运行、管路密闭的系统。常用的载气有氮气、氢气、氦气和氩气

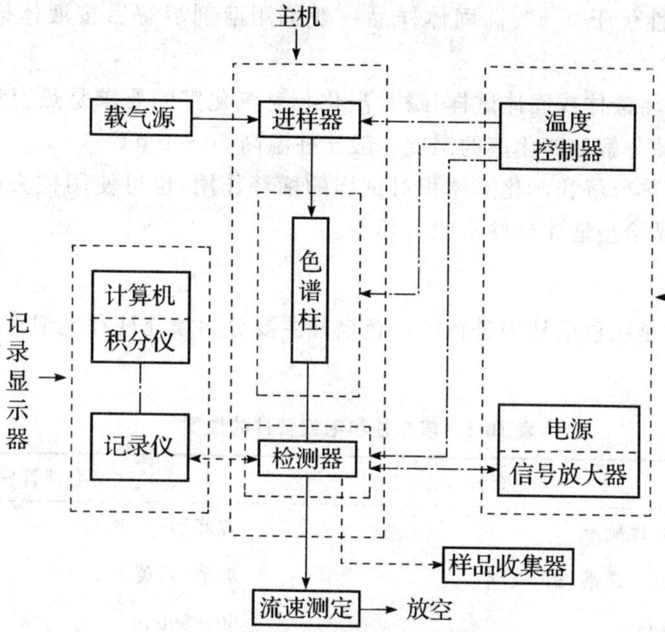

图 10-1 气相色谱仪基本结构

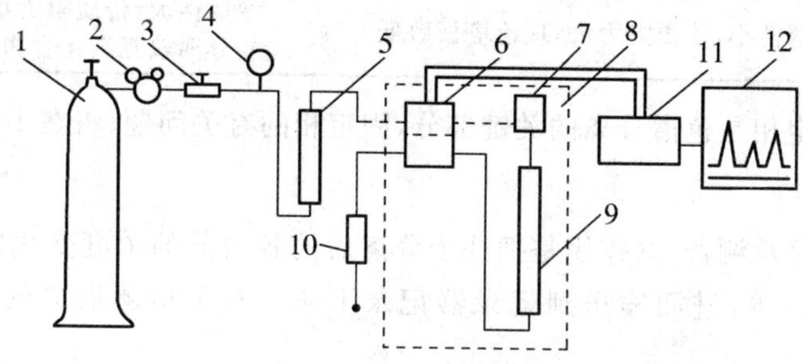

图 10-2 单气路气相色谱仪示意图

1. 高压钢瓶(载气源) 2. 减压阀 3. 稳压阀 4. 压力表 5. 转子流量计
6. 热导池检测器 7. 汽化室 8. 色谱恒温室 9. 色谱柱
10. 皂膜流量计 11. 检测器桥路 12. 记录仪

等。这些气体一般由高压钢瓶供给,初始压力在 100～150 kg/cm^2,纯度要求在 99.99%以上。市售的钢瓶气如纯氮、纯氢等,往往含有水分和其他杂质,需要纯化。常用的纯化方法是使载气通过一个装有净化剂的净化器来提高气体的纯度。净化剂有硅胶、分子筛(4A、5A 型)、活性炭等,硅胶、分子筛作用是除去载气中水分。活性炭吸附载气中烃类。

载气流速的稳定性、准确性都对色谱结果有影响。载气流速范围常选在 30～100 mL/min,流速稳定度要求小于 1%。用气流调节阀(如稳压阀、稳流阀、针形阀等)来控制流速。

10.1.2 进样系统

进样就是把气体、液体、固体样品快速定量地加到色谱柱头上,进行色谱分离。进样量的准确性和重复性以及进样器的结构等都对定性和定量有很大的影响。

进样系统包括进样器和汽化室。常用的进样器有微量注射器和进样阀。微量注射器有 0.5 μL、1 μL、10 μL、50 μL、100 μL 等规格。重复性为 2.0%。常用进样阀有平面六通阀和拉杆式六通阀，重复性优于 0.5%。固体样品一般都用溶剂溶解后按液体样品的进样方式分析。

汽化室的作用是将液体或固体试样，瞬时汽化。对汽化室的要求是热容量大，死体积小，无催化效应，不使样品分解。汽化室的温度一般比柱温高 50～100℃。

为了避免试样的热分解和汽化室体积对试样的稀释作用，也可使用柱头进样。所谓柱头进样，就是直接将样品恰当地注到柱头固定相上。

10.1.3 分离系统

样品组分的分离是在色谱柱中进行的。色谱柱主要分为填充柱和毛细管柱两大类(表 10-1)。

表 10-1 填充柱和毛细管柱的性质

	填充柱	毛细管柱
柱形	U 形、螺旋形	螺旋形
材料	紫铜、不锈钢、铝、玻璃	玻璃、石英
常用柱长	1～6 m	50～500 m
柱内径	2～6 mm	0.1～0.5 mm
特性	渗透性小，传质阻力大，理论塔板数低	渗透性大，传质阻力小，理论塔板数高，能分离较复杂化合物

色谱柱中的固定相是色谱分离的关键部分，固定相的有关问题，将在 10.2 中进一步讨论。

10.1.4 检测系统

检测系统主要是检测器，其作用是把柱子分离后的各组分的浓度变化转变成易于测量的电信号，如电流、电压等，进而输送到记录器记录下来。有关检测器的问题将在第 10.3 节讨论。

10.1.5 记录及数据处理系统

由检测器产生的电信号，通过记录仪进行记录。以便得到一张永久的色谱图。

新型的色谱仪常用微型处理机处理分析数据、打印或显示分析结果。简单快速，标准偏差≤0.5%，提高了定量计算精度及工作效率，实现了色谱分析数据处理的自动化。

10.1.6 温度控制系统

温度控制是气相色谱分析的重要操作条件之一，直接影响到色谱柱的选择性、分离效率和检测器的灵敏度和稳定性。因此，要对色谱柱、汽化室和检测器进行严格的温度控制。

温度控制可分恒温控制和程序升温控制。恒温控制要求精度高，一般只容许在(±0.1～±0.3)℃范围内波动；温度梯度要小，控温室内各点的温度梯度不超过±0.5 ℃/cm。升、降速度要快，以利于快速分析。保温性能要好。

对于组分的沸点范围很宽的混合物，往往采用程序升温。所谓程序升温是指在一个分析周期内，柱温随时间由低温向高温线性的或非线性的变化，使沸点不同的组分，在最佳柱温下流出，从而改善了分离效果，缩短了分析时间。

10.2 固定相

气相色谱分析中，某一多组分混合物能否分离，主要取决于色谱柱的柱效和选择性，故在很大程度上取决于固定相的选择。气相色谱固定相可大致分成两类：固体固定相和液体固定相。本节主要讨论这两类固定相。

10.2.1 固体固定相

固体固定相包括常用的固体吸附剂和新型固定相，常用的吸附剂主要有活性炭、硅胶、氧化铝、分子筛等。用于气相色谱中的新型固定相一是以苯乙烯与二乙烯基苯或乙基二烯基苯与二乙烯基苯聚合而成的高分子多孔微球，二是化学键合固定相。它们的性能特征列于表10-2和表10-3。

表 10-2 几种常用的固体固定相及其性能

吸附剂	化学组成	最高使用温度	性质	分析对象	使用前活化处理方法
活性炭	C	<200℃	非极性	惰性气体（−196℃）N_2、CO_2、CH_4 等永久性气体 N_2O 等	粉碎过筛、苯浸泡几次，在 380℃ 下通入过热水蒸气，吹至乳白色物质消失，装柱前在 160℃ 烘 2 h
硅胶水	SiO_2XH_2O	<400℃	氢键型	一般气体，C_1～C_4 烷烃、N_2SO_2、H_2S、CO、S、SF、CF_2Cl_2 等气体	粉碎过筛，用6 mol/L HCl 浸泡 2 h；洗至无 Cl，在 180℃ 烘 6～8 h，装柱后，在 200℃ 通载气活化2 h
氧化铝	Al_2O_3	<400℃	极性	氢同位素及异构体（−196℃）、C_1～C_4 烷烯烃	粉碎过筛，根据分析对象，净化，然后在 600℃ 烘烤 4 h，使之活化
分子筛	$Na_2O_3(CaO)$ Al_2O_3、$2SiO_2$ Al_2O_3、$3SiO_2$	<400℃	强极性	惰性气体、H_2、O_2、N_2、CH_4、CO 等永久性气体及 N_2O	粉碎过筛，用前在 550～600℃ 烘 2 h 或在 350℃ 下真空活化 2 h
GDX 1 型 2 型 3 型 4 型	高分子多孔微球	<400℃	极性随原料不同而不同	试样中水、CO、CO_2、CH_4、C_2、C_3、低级醇 H_2S、SO_2、NH_3、NO_2 等的分析	在 170～180℃ 烘去微量水分后在 H_2 或 N_2 气流中处理 10～20 h

1. 常见的固体吸附剂 常见的固体吸附剂有以下特点：

(1)吸附能力大，组分保留值大，适于低级烃和永久性气体的分析。

(2)吸附等温线多为非线性的，只有在进样量很少的时候才有可能出现对称性的色谱峰。

(3)耐高温，价廉。但是，固体吸附剂一般都具有催化活性，在高温时，催化活性更强，故不宜在高温和有活性组分存在下使用。

(4)吸附剂性质、孔隙均匀程度与制备条件和处理方法有密切关系。往往不同来源的同一种吸附剂,甚至同一来源的不同批号的吸附剂,分离能力往往不同,很难重复。所以,重现性差。

针对上述缺点,要对吸附剂改性。所谓改性是指通过对吸附剂表面进行物理化学处理来解决表面不均匀,降低活性等,以提高吸附剂的性能。改性办法主要是加减尾剂,以堵死微孔,覆盖活性中心,使峰形对称,保留时间减少,但选择性下降。这类减尾剂有液态石蜡、硅油、氢氧化钾等。此外,还有将吸附剂涂在担体上,制成薄层吸附剂,使单位体积内吸附剂量减少,吸附层薄,保留时间缩短,传质阻力减少,提高了柱效。

2. 高分子多孔微球　高分子多孔微球是近年发展的一种新型合成固定相,是一种性能优良的吸附剂。既可直接作为气相色谱固定相,又可作为担体,用于气液色谱分析。它的作用机理是既有吸附又有分配;在低温时,吸附占主导地位,高温时,分配占主导地位。

高分子多孔微球的主要优点在于:能够根据样品的性质,选择孔径大小和表面性质合适的固定相,使色谱柱处于最佳条件下操作,达到最理想的分离。而且峰形对称,拖尾现象少,柱效高,耐高温、性质稳定,有利于水、醇、脂肪酸、腈类等强极性物质的分析,亦适于作超纯分析和程序升温分析。

3. 化学键合固定相　这种固定根是由一些化学试剂与硅胶表面的硅醇基经化学键合而成。其特点是:比用这些化学试剂涂渍所成的固定相使用温度范围宽和高;不会被溶剂抽提掉;传质速度快,在很高的载气线速下使用时柱效下降很小。目前化学键合固定相有四种类型:

(1)Si—O—Si—C 键合相　用有机氯硅烷或有机烷氧基硅烷反应而成,热稳定性好,在气相色谱和液相色谱广泛使用。

(2)Si—O—C 键合相　这种键合相易水解,热稳定性较前者差。

(3)Si—N—C 键合相　将硅胶氯化物与伯胺在干燥的溶剂中于 100℃下反应10 h而成,其热稳定性颇差。

(4)Si—C 键合相　将硅胶氯化物与有机锂化合物或格氏试剂反应而成,由于制备手续麻烦,很少使用。

化学键合固定相若按结构可分为两类:一为"刷型",即被键合的有机物的纵轴垂直地与硅胶表面的硅烷醇基团形成单分子层;另一为"层型",即被键合的有机物在硅胶表面形成一层或数层。一般地说,Si—O—C 键合相主要是"层型",其他三种键合相主要是"刷型"。不同有机物与硅胶化学键合的化学键合固定相极性不相同。

国内外重要的化学键合固定相,如表 10-3 所示。

10.2.2 液体固定相

液体固定相是由惰性担体和涂覆在其表面的固定液膜组成。它与固体固定相比,具有以下优点:

(1)通常情况下,分配等温线是线性的,峰形呈现良好的对称峰。

(2)固定液的品种繁多,可根据待测组分,选择合适的固定液,有利于分离。

(3)组分的保留值和重现性好,柱寿命长。

表 10-3 常用化学键合固定相

名称	结构	基料	极性	最高使用温度/℃	用途
HDG-201A	Si—O—C(=O)—NH—C_6H_5	DG-2	极性	60	分析 C_1～C_3 烷、烯、炔、CO_2
HDG-202A	Si—O—$(CH_2)_{11}CH_3OH$	DG-2	中等	120	分析 C_1～C_4 烃
HDG-203A	Si—O—PEG 400	DG-2	中等	135	分析低级烃、卤代烃、有机含氧化合物
501 键合型硅胶载体	Si—O—PEG 400	硅胶	中等	150	与 Durapak-PEG400 相似
502 键合型硅胶载体	Si—O—$(CH_2)_7CH_3OH$	硅胶	极性	160	与 Durapak-n-octane 相似
Durapak-DPN Porasil C	Si—O—$(CH_2)_2CN$	Porasil C	中等	135	分析 C_1～C_3 烷、酸、酯、醛
Durapak-PEG400/ Porasil C	Si—O—PEG 400	Porasil C	中等	150	分析脂肪酸
Durapak-PEG400/ Porasil S	Si—O—PEG 400	Porasil S	中等	220	热稳定性好
Durapak-PEG400/ Corasil	Si—O—PEG 400	Corasil	中等	—	热稳定性好
Durapak-PEG400/ Porasil S	Si—O—PEG 4 000	Porasil S	极性	200	分析极性化合物
Durapak-n-octane/ Porasil C	Si—O—$(CH_2)_7CH_3$	Porasil C	极性	160	快速分析 C_4 烃
Durapak-Phenyl isocyanate/Porasil C	Si—O—C(=O)—NH—C_6H_5	Porasil C	极性	60	分析 C_1～C_3 烃
Bondapak-C_{18}/ Corasil	Si—O—Si—$(CH_2)_{17}CH_3$	Corasil	非极性	320	分析高沸点烃
Bondapak-Phenyl/ Co-Rasil	Si—O—Si—C_6H_5	Corasil	非极性	—	分析高沸点烃

(4)涂覆在担体上的固定液用量可以任意变化,既可作分析柱的填充料,又可作制备柱和毛细管柱的涂渍。

但是,液体固定相也有它的缺点,高温时固定液容易流失,造成基线漂移,噪声增大。

1. 固定液　气相色谱固定液都是一些高沸点的有机化合物。对固定液的要求是:首先,蒸汽压要低,热稳定性要好。否则,固定液容易流失,造成基线漂移,噪声大,灵敏度低,而且也影响色谱柱的寿命。其次,固定液的黏度、凝固点要低,保证能均匀地涂在担体上。凝固点低,可扩大使用温度。因此,固定液的最高使用温度和最低使用温度是固定液的一个重要指标。除此以外,固定液还要求热稳定性和化学稳定性要好,不得有热分解,氧化和与分离组分反应。对被分离组分分配系数要有足够差别,才有一定的分离能力。

(1)固定液的分类　固定液的种类很多,据报道,目前能收集到的已约1 000种。但在一般分析中,常用的只是十几种,这些固定液列于表 10-4。

表 10-4 常用固定液及其性能

名　称	极性	最高用温度/℃	溶剂	用　途
沙鱼烷	非	140	乙醚	非极性标准固定液，分析烃类和非极性化合物
阿皮松	非	250	苯，氯仿 石油醚	高沸点、非极性或弱极性化合物
甲基硅酮 (OV-1)	非	220	丙酮 氯仿	高沸点，非极性或弱极性化合物
甲基硅橡胶 (SE-30)	非	300	氯仿	高沸点，非极性或弱极性化合物
苯基(50%)甲基硅酮 (OV-17)	非	350	丙酮	高沸点，非极性或弱极性化合物
邻苯二甲酸二壬酮 (DNP)	弱	150	乙醚 丙酮	烃、酮、酯及弱极性化合物
聚苯醚	弱	200	氯仿	芳烃、脂肪烃
β,β'-氧二丙腈	强	100	甲醇 丙酮	脂肪烃、芳烃、含氧化合物等极性物质
有机皂土-34 (Bentone-34)	强	200	甲苯	芳烃及二甲苯异构体
聚丁二酸乙二醇酯	强	250	丙酮	分析醇、酮、脂肪酸、甲酯
聚丁二酸二乙二醇酯 (DBDS)	强	240	丙酮	分析醇、酮、脂肪酸、甲酯
聚丁二酸二乙二醇酯 (DEGS)	强	250	丙酮	分离极性化合物
聚乙二醇(Mw300 万～2 万) (PEG)	氢键型 强极性	60～225	氯仿	分析极性化合物如醇、醛、酮、酯
1.2,3-三(2-氰基乙氧基) 丙烷	氢键型 强极性	175	氯仿	分析极性化合物

因目的不同，分类方法亦异，若固定液按极性大小划分，通常把固定液分成非极性、中等极性、强极性和氢键型四种，如表 10-4 所示。鲨鱼烷和阿皮松属非极性，长链酯类属中等极性，聚酯和含腈基的属强极性，聚乙二醇是氢键型等。

(2)组分和固定液分子间的作用力　气相色谱的进样量很少，气相中溶质接近于理想气体行为，而固定液中的溶质亦近似于无限稀释溶液，因此，溶质分子间的作用力可以忽略不计，所以，主要是溶质和固定液间的作用力。作用力大，分配系数大，流出色谱柱慢，反之流出就快。了解溶质与固定液间的作用力，对推测组分在柱上的分配行为和流出顺序都有很大的意义。

组分与固定液之间的作用力主要有四种：静电力、诱导力、色散力和氢键力。前三种属于范德瓦力，氢键力属于特殊的范德瓦力。

静电力，也叫定向力，它是极性分子之间的作用力，它的大小等于：

$$E_k = -2/3\,\frac{U_a^2 \cdot U_b^2}{R^6 \cdot K \cdot T} \tag{10.1}$$

式中：U_a、U_b 分别为组分分子和固定液分子的永久偶极矩；K 为波茨曼常数；T 为温度；R 为分子间平均距离。

从式(10.1)可知:①在极性固定液上分离极性组分时,样品的极性越大,偶极矩越大,作用力大,保留时间越长;反之,保留时间越短。②同系物中,偶极矩接近常数,如果是直链状固定液和组分,R 不变,则同系物保留时间相近,在极性固定液中难以分离。③同族异构体中,支链不同,R 不同,可分离同族异构体。④升高温度,不利于极性物质的分离。

诱导力,是极性分子与非极性分子之间的作用力,它等于:

$$E_d = -\frac{a_b \cdot U_a^2 + a_a \cdot U_b^2}{R^6} \tag{10.2}$$

式中:a 为分子的极化率。当样品含有非极性分子和可极化分子时,利用极性固定液的诱导效应,使可极化分子后流出。例如,苯和环己烷,选用极性固定液邻苯二甲酸二壬酯使苯产生诱导偶极矩,从而在环己烷后流出色谱柱。

色散力,是非极性分子之间的作用力。它来自分子中正负电中心瞬间相对位置变化而产生瞬时偶极矩,使周围分子极化。它等于:

$$E_L = -\frac{3}{2}\frac{I_a \cdot I_b \cdot a_a \cdot a_b}{(I_a + I_b)R^6} \tag{10.3}$$

式中:I_a、I_b 为组分和固定液分子电离能。有机分子电离能接近一常数,大约为 962.964 kJ/mol。相差不超过10%。因此,如果组分中有一个组分变形性大(a_a 大),而另一个变形性小时,可利用非极性固定液分离。

氢键力,也是一种特殊定向力。一般是含有活泼氢原子和含有氢键供给者原子(N、O、F等)的分子间的作用力。氢键的类型和强弱顺序为:F—H…F>O—H…O>O—NH…N>N—H…N>N═C—H…N。在实际操作中,若用含有—OH,—COOH,—COOR,—NH官能团的固定液分析含氟、氧、氯、氮化合物时,常有显著的氢键作用力。因此,这些组分的保留值都很大。

(3)固定液应具备的条件　固定液在操作温度下必须是液态物质,且应具备以下条件:①对组分有良好的选择性;②蒸汽压力低;③润湿性好;④热稳定性好;⑤化学惰性好;⑥凝固点低,黏度适当;⑦成分稳定。

(4)固定液的选择原则

第一,相似性原则。即选择固定液要与被分离组分结构相似。人们在长期实践中,总结出一些规律如下:①对于非极性样品选用非极性固定液。物质间的作用力主要是色散力,色散力大小相差不大,没有特殊选择性,所以组分按沸点顺序流出,沸点低的先流出,沸点高的后流出,同沸点的极性组分先流出。②中等极性样品选用中等极性固定液。物质间主要作用力为色散力和诱导力,按沸点顺序流出,沸点相同时,极性小的先流出。③强极性的样品选用强极性固定液,物质间作用力主要是定向力。按极性顺序流出,极性小的先流出。

第二,利用固定液和分离组分之间的特殊作用力选择。例如,能形成氢键的样品,选择氢键型固定液。如胺类能与三乙醇胺形成氢键,用三乙醇胺作固定液可分离低分子量的伯、仲、叔胺;选用对芳香族异构体具有特殊作用力的有机皂土和液晶作固定液,可分离芳香族异构体;某些无机盐和硝酸银、高氯酸汞等能与带有双键的烃类形成松散的络合物,从而与饱和烃分离。

第三,分离酸性或碱性组分,选用强极性固定液加酸性或碱性添加剂,以便得到对称峰。

这类添加剂有氢氧化钾、氢氧化钠、磷酸、癸二酸等；如分离有机酸，可用聚乙二醇丁二酸酯加癸二酸和硬脂酸加磷酸，分离有机胺类，可用聚乙二醇加氢氧化钾。

第四，对于不能用单一固定液分离的复杂混合物，选用混合固定液。大量实验证明，组分在混合固定液上保留值具有加和性，可通过单一固定液上的保留值或相对保留值，用作图法求得混合固定液的配比。

2. 载体(担体)　载体是承载固定液用的多孔结构支持物。它的作用是提供一个大的惰性固定表面，让固定液在上面形成一层薄而均匀的液膜。使液体固定相具有比较大的物质交换面。理想的载体应该具备下列特性：

比表面积大；孔隙均匀；化学惰性；热稳定性好；机械强度好。

完全满足这些要求的担体是不多的，基本上能满足这些要求就可以了。

(1)担体的分类和性质　气相色谱用的担体，大致可分为硅藻土型和非硅藻土型两大类。

硅藻土担体　硅藻土担体是最先使用，直到现在仍然是用得最多的一种担体。硅藻土是由叫做硅藻的单细胞海藻的骨架所构成。把硅藻土制成砖块，然后在烘箱中干燥，再把它压碎，过筛，即得到红色担体。如果在硅藻土中加入约2%的碳酸钠后，放在转窑中于900℃加热处理，此时氧化铁成为无色硅铝酸铁钠络合物，呈白色，称为白色担体。因此，硅藻土担体分红色担体和白色担体两种。

红色担体的机械强度大，比表面积大($4\ m^2/g$)，吸附能力强，孔径较小，为毛细管道结构，表面存在活性中心，可以引起催化效应和吸附效应。因此，只适宜烃类等非极性化合物的分离，而不适宜极性化合物的分离。

白色担体机械强度小，比表面积小($1\ m^2/g$)，吸附能力差，柱效也比红色担体低。但是，白色担体的表面活性中心显著减少，吸附性和催化活性都比较小，因此适用于极性化合物，并且能用于较高的柱温。

非硅藻土担体　这类担体有氟担体、玻璃担体、素瓷、高分子多孔微球、无机盐、海砂等。这类担体的应用范围不如硅藻土型的担体广泛和普遍。通常是利用其特殊性能作一些特殊的分析。如聚四氟乙烯担体，可分析强极性、腐蚀性气体。

(2)担体的预处理　硅藻土类担体的表面不是惰性的，它们具有不同程度的吸附作用和催化活性。其原因有三：①担体表面的微孔结构；②表面有硅醇基(═Si—OH)和硅醚基(═Si—O—Si═)结构；③表面含有少量金属氧化物。

因此存在着氢键和酸、碱活性中心。用低含量固定液涂渍时，没有被覆盖的活性中心将会吸附组分，从而使峰产生拖尾，拖尾程度随着氢键形成程度的增加而增加，试样不同产生拖尾程度的顺序排列如下：烃<醚<酯<醇<酸<二醇<水<氨。

拖尾也随着固定液浓度减少而增加，因为担体上没有覆盖的活性中心要多一些。

鉴于上述原因，要对担体进行预处理，以消除活性中心和堵塞微孔结构，避免拖尾现象。一般是对于涂渍低含量固定液的担体而分离高沸点强极性物质时，要对担体进行预处理，而对于涂渍高浓度固定液和分离一般极性和非极性样品时可不必预处理；预处理有酸洗、碱洗、硅烷化、釉化处理等几种方法。

(3)载体的选择　载体的选择可从两方面考虑，一方面是载体本身的表面性质和粒度；另一方面是考虑试样的性质。

从速率理论公式可知，载体粒度大，涡流扩散和气相传质阻力增大，H 升高，柱效下降，D_p

小，有利于填充均匀，减小λ和γ值，使H降低，柱效升高，因此筛分窄，粒度小而均匀，柱效较高。例如，70～80目的筛分比60～80目的筛分较窄，故较好，而60～80目的不如80～100目的均匀，80～100目的载体用最大颗粒直径除以最小颗粒直径，其比率为1.2，而60～80目的为1.4，比率越小的载体越均匀。另外，比重也是一个很关键的因素，要制得一根保留时间重现性好的柱子，载体的比重要大致相同。如要制备一根10 mL体积的柱子，固定液的涂渍量为10%时，选择比重为0.2 g/mL的载体所用的固定液涂渍量比选择比重为0.3 g/mL的载体少50%，当两柱在相同条件下操作时，0.3 g/mL的载体柱的保留时间几乎是前柱的2倍。

试样的性质也很重要。一般来说，试样组分极性高、沸点较高、分子量较大，这时，固定液用量较小，柱温高，选择白色担体或硅烷化白色担体。试样组分为非极性、低沸点组分，一般固定液含量高，大都选用红色担体，对于强腐蚀性的组分，选用氟载体或高分子多孔微球。

10.2.3　色谱柱的制备

1. *填充柱的制备*　一根装填优良的色谱柱，对色谱的分离起决定性的作用。制备过程大致分以下几个阶段。

(1)载体的处理　将选择好的载体进行预处理，酸洗或硅烷化等，以消除表面活性中心，减少吸附作用，避免严重吸附和拖尾现象。然后将已预处理过的载体，按选用的筛分过筛，过筛时要避免载体过于破损，最好用人工过筛而不用振荡器或机械摇动等。

(2)固定液的涂渍　固定液涂渍方法有多种，但不管采用何种方法涂渍，一般都应遵守下面几条规则：

①保证固定液涂布均匀。

②避免载体颗粒破碎。

③避免使用高挥发性溶剂，但也要有一定的挥发度。

(3)色谱柱的填充　取预先处理好的色谱柱，将柱的一端塞入少量玻璃棉并接在抽气管上；另一端接上漏斗、开动真空泵，将固定相从漏斗中灌进柱子，同时用适当工具轻轻由下至上敲打柱子各部位，使柱内填料装填紧密而均匀，又不损坏填料颗粒；填满后，仍塞上少量玻璃棉，把装入柱内的固定相称重，记下重量；并在色谱柱上作好装填方向，以便把接在抽气管上的一端接到检测器上，因为这一头比另一头要紧密些。如果接反了，操作过程中柱内填料将发生位移，容易出现空缺。

(4)色谱柱的老化　老化的目的在于：

①除去柱中的杂质和短链的高聚物，这些较易挥发的物质若残留在柱中，以后会慢慢流出，形成噪声和基线漂移。

②促使固定液均匀牢固地分布于载体上。一般的老化都是在比操作温度高5～20℃的条件下进行。老化的操作最好是逐步进行，先用较低的载气流速，柱子温度由室温升至操作温度，升温时间最好花几个小时完成，不能突然在200℃或300℃的条件下加热，需连续处理4～8 h或以上，直至记录器基线平直为止。

2. *毛细管柱的制备*　由于填充柱内填充填料粒度的不均匀性，涡流扩散严重，渗透性差，柱效较低。1957年，出现了在内径0.1～0.5 mm，柱长10～100 m的细长毛细管内壁上涂上固定液的毛细管柱。根据固定液在毛细管内涂渍方式或柱结构的不同，毛细管柱可分为涂壁开管柱、壁处理开管柱、多孔层开管柱、载体涂层开管柱和填充毛细管柱等。毛细管柱的出现是气相色谱发展的重要里程碑。

毛细管柱的制备技术要比填充柱复杂得多。制备一根毛细管柱要经过选材、拉制、内壁粗糙化、固定液涂渍、固定相固定化等步骤。

(1)毛细管柱材料的选择　可选用不锈钢、玻璃、石英玻璃等毛细管作为柱材料。目前多采用在石英毛细管上外涂一层耐高温、机械强度好的聚酰亚胺,被称为弹性石英毛细管柱。

(2)拉制　在1 800～2 000℃的高温下,由玻璃拉制机拉制。石英柱由于熔点高,由拉制光度纤维的机器拉制。

(3)内壁粗糙化和惰化　由于玻璃或石英表面的活性中心的存在,需要对内壁进行预处理,处理方法类似于担体的预处理方法。如用氯化氢或氟化氢气体腐蚀,以增大内壁表面积,提高固定液涂渍量。

(4)固定液涂清　分动态涂渍和静态涂渍两种。静态涂渍是将一定浓度的固定液充满柱子后,将一端封死。另一端接真空系统,在一定温度下,将溶剂慢慢挥发,形成薄而均匀的固定液。动态涂渍是将一定浓度的固定液在一定压力的氮气下,以稳定的流速,将柱内的液柱慢慢通过柱子。然后继续以氮气洗吹3～4 h,除去溶剂。通常认为,静态涂渍柱效高于动态涂渍,但时间较长。

(5)固定相固定化　涂渍在毛细管内壁的固定液通过固定液分子间的共价连接(称原位交换)或与毛细管内壁连接(键合)是提高固定液稳定性的重要途径。交联固化后的毛细管柱大大提高了柱子的寿命。

10.3　气相色谱检测器

气相色谱检测器是把色谱柱后流出物质的信号转换为电信号的一种装置。

检测器按照信号记录方式不同,可分为微分型检测器和积分型检测器。积分型检测器是测量各组分积累的总和,响应值与组分的总质量成正比,色谱图为台阶形曲线,阶高代表组分的总量。微分型检测器的响应与流出组分的浓度或质量成正比。绘出的色谱图是一系列的峰。微分型检测器又可分为浓度型和质量型两种。浓度型检测器的检测信号大小和进入检测器的组分瞬间浓度有关,因此用这类检测器时色谱峰面积与流动相(载气)的流速成反比,如热导池检测器、电子捕获检测器。质量型检测器的响应与单位时间内进入检测器的组分质量有关,因此用这类检测器时色谱峰面积与载气的流速无关,如氢火焰离子化检测器,火焰光度检测器等。

另外,按对检测物质的应用范围可分为:通用型检测器和选择性检测器;根据样品组分是否被破坏,又可分为:破坏型检测器和非破坏型检测器。

10.3.1　检测器的性能指标

检测器的主要性能指标有以下几方面:

1. 灵敏度(亦称响应值或应答值)　灵敏度是单位样品量(或浓度)通过检测器时所产生的响应(信号)值的大小。灵敏度高,意味着对同样的样品量(或浓度)其检测器输出的响应(信号)值高。同一个检测器对不同组分,灵敏度是不同的。浓度型检测器与质量型检测器灵敏度的表示方法与计算方法亦各不相同。

对浓度型检测器,由于浓度单位不同,灵敏度表示的方法也有所不同:对液态样品浓度单位取mg/mL时灵敏度单位是每单位组分(质量)浓度通过检测器时产生的信号mV值,计算公式是:

$$S_g=\frac{A_i\cdot F_0\cdot U_2}{U_1\cdot W_i}\ (\text{mV}\cdot\text{mg/mL})\tag{10.4}$$

由公式(10.4)可见，对浓度型检测器，一定的组分(灵敏度一定)，色谱峰面积与流量成反比。

对于气态样品，浓度单位取 mL/mL 时，灵敏度单位是每单位(体积)浓度通过检测器时产生的信号 mV 值，计算公式是：

$$S_v=\frac{A_i\cdot F_0\cdot U_2}{U_1\cdot W_i}\ (\text{mV}\cdot\text{mL/mL})\tag{10.5}$$

式中：S_g，S_v 分别为浓度单位不同的灵敏度表示方法；A_i 为组分峰面积；F_0 为载气流速(mL/min)；U_2 为记录仪灵敏度(mV/cm)；U_1 为记录纸速度(cm/min)；W_i 为分别为样品量 mg 或 mL。

对于质量型检测器，灵敏度是指进入检测器的组分达到 g/sec 时检测器产生信号的 mV 值，可用式(10.6)表示。

$$S_t=\frac{60\cdot U_2\cdot A_i}{U_1\cdot W_i}\ (\text{mV}\cdot\text{s/g})\tag{10.6}$$

由公式可见，对质量型检测器，一定的组分(灵敏度一定)，色谱峰面积与流量无关。

比较式(10.4)、式(10.5)、式(10.6)，可得到它们之间的相互关系为：

$$S_v=S_g\cdot\frac{M}{22.4}\tag{10.7}$$

$$S_t=\frac{S_g}{F_0}\times 6\times 10^4\tag{10.8}$$

2. 敏感度和最小检测量　敏感度为检测器的最小检测量。它等于检测器恰能产生两倍噪声信号时所需的单位时间(s)引入检测器的样品量(g)或单位体积(mL)载气中所含有的样品量。

$$M=\frac{2R_n}{S}\ (\text{g/s、mg/mL 或 mL/mL})\tag{10.9}$$

式中：R_n 为噪声，M 的单位由灵敏度 s 而定。

最小检测量是要使待测组分所产生的信号恰好能在色谱图上与噪声鉴别开来时($2R_n$)，所需引入到色谱柱的组分的最小物质量或最小浓度。因此，敏感度只与检测器的性能有关，而最小检测量则与检测器的性能、柱效率和操作条件有关。如果峰形窄，样品浓度越集中，最小检测量就越小。

3. 噪声　噪声就是零电位(又称基流)的波动，反映在色谱图上就是基线的波动。噪声有两种，即短周期噪声和长周期噪声，有时短周期噪声会重叠在长周期噪声上(图 10-3)。

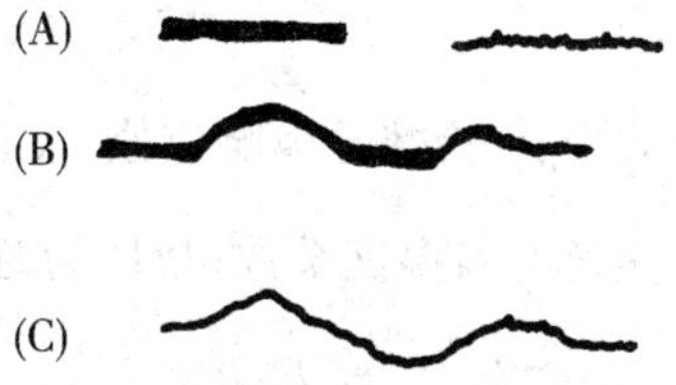

图 10-3　噪声的一般类型

(A)两种类型的短周期噪声
(B)短周期噪声重叠在长周期噪声上
(C)长周期噪声

仪器的工作温度波动，电源电压波动，载气流速的变化等，都可能产生噪声。

4. 线性范围　定量分析时要求检测器输出信号与进样量间呈线性关系，线性范围就是在检测器呈线性区间内最大和最小进样量之比，比值越大，表示线性范围越宽，越有利于准确定量。

5. 响应时间　检测器的响应时间是指进入检测器的一个给定组分的输出信号达到其真值的90%时所需的时间。检测器的响应时间如不够快，则色谱峰会失真，影响定量分析的准确性。但是，绝大多数检测器的响应时间不是一个限制因素，而系统的响应，特别是记录仪的局限性却是限制因素。

10.3.2　热导池检测器

TCD(thermal conductivity detector)是目前使用最多的一种通用型浓度检测器。它具有结构简单、稳定、应用范围广，不破坏组分等优点，适用于常量分析和含量在 10^{-5} 以上的样品分析。

TCD是根据各种物质均具有不同的热传导系数，当载气中混入其他气态物质时，热导率发生变化的原理制成的。

1. 热导池结构　热导池由池体、热敏元件和相应的电气线路组成。池体的结构形式有直通式、扩散式和半扩散式三种。直通式中，载气全部通过热敏元件，所以灵敏度高，响应时间快，但对气流波动很敏感。扩散式对气流波动不很敏感，但灵敏度低，响应时间较长。半扩散式介于上述两者之间。

热敏元件有金属热丝和热敏电阻两种，金属热丝的形状有锯形和V形两种。

2. 热导池的工作原理　热导池的工作原理如图10-4所示。两个装在热导池内的热敏元件 R_1、R_2 及电阻 R_3、R_4 组成惠斯登电桥的四个臂。检测时，当参比池 R_1 和检测池 R_2 都通入载气时，调节 R_3 使电桥平衡，此时没有信号输出，$R_1 \times R_4 = R_2 \times R_3$。但当参比池通入载气，而检测池通以由色谱柱分离后的被载气所携带的组分时，由于载气和组分的热导系数不同，损失热量的大小就不同，其温度也不同。致热丝 R_2 的电阻值与通入载气时的电阻值不同。故电桥失去平衡，输出电信号。浓度越高，热丝电阻改变越大，输出信号就越大，根据理论推导，双臂热导池产生信号大小，可由式(10.10)计算出来。

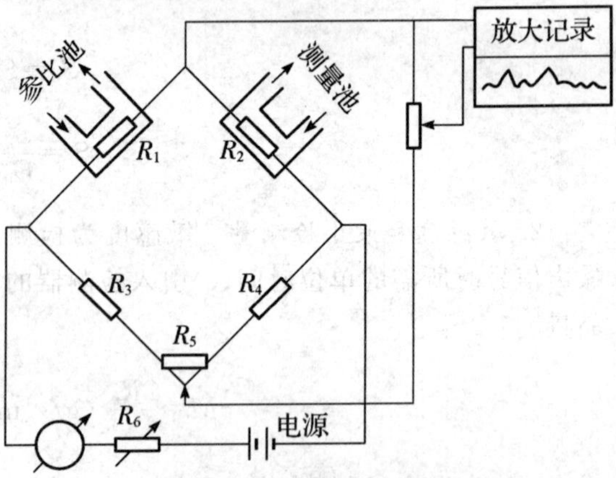

图10-4　热导检测器原理

$$S=\frac{K(\lambda_g-\lambda_i)aI^3R^2}{M_i(\lambda_g)^2G\,8(1+n)} \tag{10.10}$$

式中：S 为热导池响应值；K 为常数；M_i 为组分分子量；γ_g、γ_i 为载气和组分的热导系数；a 为热丝电阻温度系数；I、R 为通过热丝的电流和电阻；$n=\frac{R_3}{R_1}=\frac{R_4}{R_2}$；$G$ 为热导池结构因子；$G=2\pi len\frac{d_2}{d_1}$；$d_1$ 为热丝半径；d_2 为池孔内径；l 为热丝长度。

从式中可以看出，有三个因素影响热导池性能：

(1)电学因素 I^3R^2　热导池响应值正比于 I^3R^2，这是提高灵敏度的关键。但 I 不能太大，太大会使噪声增大，稳定性下降，热丝寿命短，因此，热丝桥电流控制在100～150 mA

之间。

(2)热导因素 λ_g 和 λ_i　热导因素决定载气选择。当 λ_g 与 λ_i 差别越大,灵敏度越高。常用热丝有钨、铂丝以及最近发展起来的铼-钨合金丝。

(3)结构因素 G　热导池的响应值与结构因素 G 成反比,似乎热丝长度小,d_2 要大,d_1 要小才好,但 l 太短,不利于提高电阻 R 值,d_1 太小则影响热丝寿命,d_2 增大,池死体积增大,故选择外形时要综合考虑上述因素。

热导池检测器在使用过程中,常遇到非线性响应和出现反峰、N 峰和 W 峰的问题。非线性响应主要是载气分子与样品分子的直径和分子量相差不大时产生,反峰、N 峰和 W 峰的出现主要是由于以分子量大的气体作载气时,池温升高,而流速较大时,强制性对流传质热传导超过热导丝热传导,使热丝温度低于池体温度,反过来,池体向热丝传导热量而产生的。因此,选用分子量小的,导热系数大的载气,低池温,避免使用直通式池体,可获得较宽的线性范围和较好的峰形。

10.3.3　氢火焰离子化检测器

氢火焰离子化检测器 FID(flame ionization detector)是最重要的质量型检测器。它具有灵敏度高($10^{-11}\sim10^{-10}$ g),线性范围宽(10^7 以上),响应快等特点,但是,它是破坏型检测器。

FID 的结构如图 10-5 所示,载气(包括从色谱柱分离出来的组分)和氢气混合,用空气做助燃气,在火焰喷嘴上燃烧。组分中的含碳有机物在高温火焰中被离子化,产生数目相等的正离子和负离子(电子),当在极化极上加 50～300 V 负电压,与收集极形成电场时,负离子被收集极收集。由于有机物在氢焰中的离子化效率很低,电离程度约为 10^5 个分子中才有一个被离子化,只能产生为 $10^{-14}\sim10^{-5}$ 的微弱离子流,这些微弱离子流通过电阻转换成信号电压,经过放大器放大,才能送至记录仪记录。

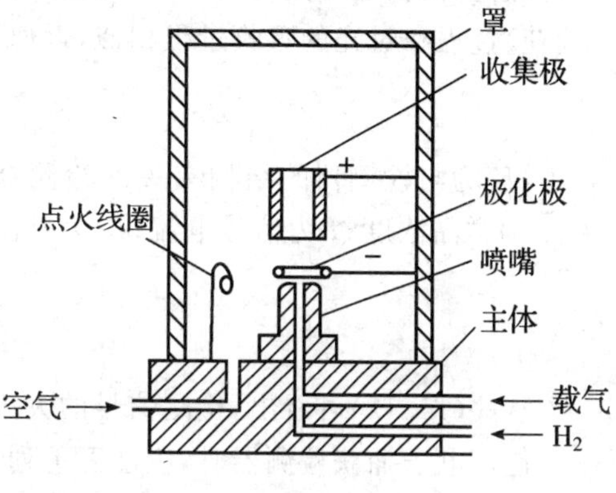

图 10-5　氢焰检测器

样品在火焰中的电离,不是热电离而是化学电离,其主要根据是离子浓度的最大区不在火焰的温度最高区,而在温度较低的反应区。Sternberg 等曾做过试验,某些火焰如二硫化碳和硫化氢的火焰温度极高,但它们形成的离子流浓度很低,而一些有机物在火焰中燃烧温度很低,但离子流浓度很高,这说明不是热电离而是化学电离。

在使用 FID 时,除了注意操作条件外,还应注意到电极绝缘、离子室屏蔽、清洁和载气、空气的净化。

10.3.4　电子捕获检测器

电子捕获检测器　ECD(electroncapture detector)是目前使用最多的一种放射性离子化检测器。它对电负性物质有极高的灵敏度(10^{-14} g/mL),对非电负性物质则没有响应。ECD 的主要缺点是线性范围窄(10^3),常出现非线性响应,测定结果重现性差,受操作条件影响和放射源污染的影响较大。

ECD的结构如图10-6所示。载气在离子室中受放射源放出的β射线轰击而被电离，形成正离子和电子，在电场作用下，电子向正极迁移，形成基流I_0；当电负性物质进入离子室后，基流的电子被负电性样品AB捕获，而形成负离子，其反应过程有四种类型：

(1) $AB+e \longrightarrow AB^-$；　　(2) $AB+e \longrightarrow A+B^-$；

(3) $AB^- \longrightarrow A+B^-$；　　(4) $AB^- \longrightarrow A^-+B$。

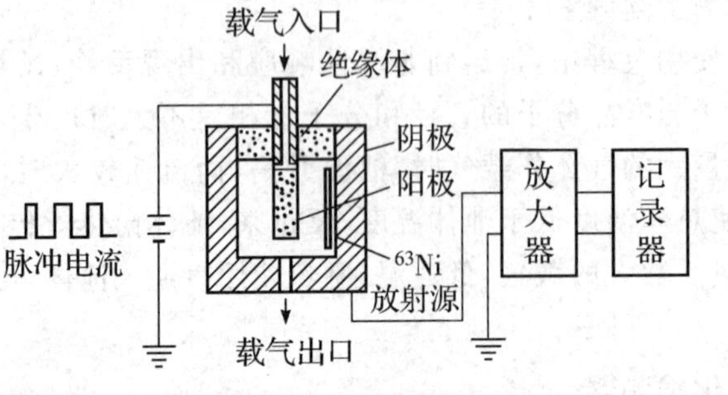

图 10-6　电子捕获检测器

第一种类型属非离解捕获反应，如多环芳烃基、氟、氰基化合物，这种反应一般发生在低温条件；第二种类型属离解捕获反应，生成负离子和自由基，如脂肪卤化物，多发生在较高温度，离解型捕获也可能按(3)、(4)发生。由于电子被捕获，基流I_0减少为I，样品对电子的吸收(捕获)过程和对光的吸收过程相似，近似的遵守比尔定律，即：

$$I=I_0 e^{-KAc} \tag{10.11}$$

式中：K为与检测器的结构有关的检测器常数；A为电子吸收系数，与样品的负电性强弱有关；c为样品浓度；I为信号电流；I_0为基流，当样品浓度很低时，上式可近似的表示为：

$$\frac{I_0-I}{I}=KAc \tag{10.12}$$

从式(10.12)可看出，检测信号的大小与浓度c呈线性关系，但其线性范围窄。

使用电子捕获检测器时，应注意下列几点：

1. 选择合适的检测室温度　检测温度受两个因素的制约，一是放射源的最高使用温度，通常^{3}H源允许使用的温度较低，在180℃以下可以安全地使用，超过190℃，^{3}H流失量大，^{63}Ni源的检测器最高使用温度350℃，^{3}H-Sc源可允许使用至325℃；二是需与柱温相匹配，通常电子捕获检测器的温度应等于或者略高于柱箱的温度，以免高沸点的组分冷凝在检测器离子室内。

2. 载气　常用高纯氮(纯度为99.99%)作为载气，载气中的微量杂质特别是O_2存在时，可使基流大大下降，使灵敏度显著降低，因此，要求N_2中含O_2量应在10 μL/L以下，而要彻底脱水，分析前须用载气冲洗系统一夜，一般可彻底顶走色谱柱和离子室内的氧气，使基流恢复正常。

目前，亦有不用放射源作为能源，如用高能光子作为能源的ECD，载气在光子作用下产生电离，形成正离子和电子，这样可减少放射源对环境的污染。

10.3.5　火焰光度检测器

火焰光度检测器(flame photometric detector, FPD)是一种对硫磷化合物有高选择性和高灵敏度的检测器，其敏感度可达 10^{-12} g/s，它是气相色谱的主要检测器之一，主要应用于有机磷农药残留量的测定和大气中痕量硫化物的测定。

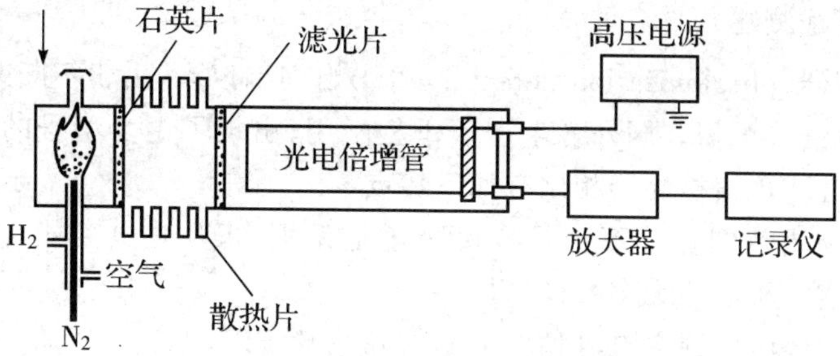

图 10-7 火焰光度检测器

FPD 的结构如图 10-7 所示，FPD 实际上是一个简单的发射光谱仪。发射源是一个富氢火焰，当含磷、硫组分在富氢焰条件下燃烧时，外层电子受到激发而跃迁到激发态，当处于激发态的电子跃回到基态时，放出特征光谱来，过程如下：

$$S + S \rightarrow S_2^* \rightarrow S^2 + h\nu(350 \sim 480\ nm)$$
$$P + OH \rightarrow POH^* \rightarrow POH + h\nu(480 \sim 600\ nm)$$

硫的最大发射波长在 394 nm，而磷的最大发射波长在 526 nm，经干涉滤光片滤光，由光电倍增管接收、放大后记录下产生的信号。

10.3.6 氮磷检测器

氮磷检测器（NP detector，简称 NPD），为碱盐离子化检测器之一，结构如图 10-8 所示。它是由 FID 发展而来，在喷嘴和收集极之间加一个小玻璃球，表面涂一层硅酸铷作为离子源，向两极加负电压（−130 V），采用低氢气流速（约 3 mL/min），玻璃用电加热，氢气在受热的小球周围燃烧形成暗淡的冷火焰带，此时在喷嘴火焰上有机物燃烧形成的负离子基 CH^- 则因喷嘴接地而从地线导通，玻球周围产生的离子流被收集极收集形成信号。这种检测器只对含磷和

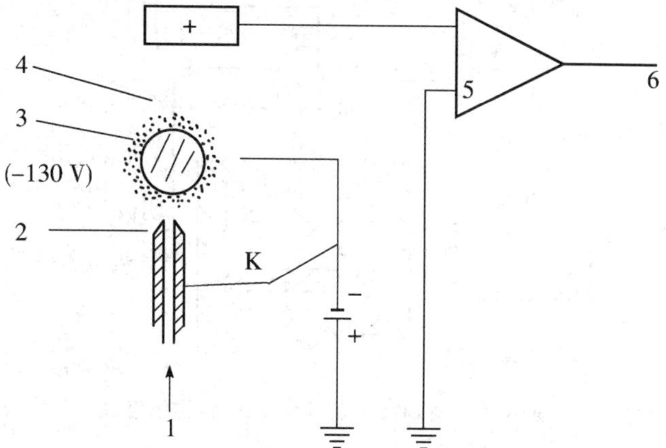

图 10-8 氮磷检测器结构示意图

1. 气体+样品 2. 喷嘴 3. 硅酸铷玻球 4. 冷火焰带
5. 放大器 6. 接记录仪

含氮化合物有很高的选择性和灵敏度，对氮的灵敏度约 10^{-13} g/s，对磷为10^{-14} g/s，主要用于食品、药物、农药残留以及亚硝胺类等的分析。

10.3.7 光离子化检测器

光离子化检测器(phtoionization detector，PID)自问世以来，由于不断改进提高，现已成为一种实用的气相色谱检测器。国外各生产厂争相配用，出现了不少型号的商品。PID 有良好的性能，和常用的气相色谱检测器相比有如下特点：

(1)可分析的物质范围宽　不论是有机物还是无机物，凡是电离能小于11.9 eV 均可检测，即包括气相色谱分析的绝大多数样品。

(2)灵敏度高　经测定许多有机物对 PID 灵敏度比 FID 高 10～50 倍，测定负电性物质的检测限与 ECD 相近，测定硫、磷化合物的检测限与 FPD 相近或更低一些，测定氨类物质的检测限优于 TCD 2～3 个数量级。最小检测量可达 Pg 级(10^{-12})。

(3)线性范围宽　PID 的线性范围远远超过 TCD、FPD 和 ECD，与 FID 相比还高出 10 倍左右，因此既可作常量分析也可作痕量分析。

(4)在操作中通过改变光源辐射光谱，则不同物质有选择性的响应关系，故可以判断出性能相近的两种物质，如同分异构体。

(5)PID 对样品组分是非破坏性检测。可以方便地和其他检测器串联操作，如它对脂肪和芳香族响应与 FID 不同，PID 和 FID 串联用响应比值可协助定性。

(6)操作温度最高可达 315℃。

(7)虽然设备较复杂，但操作特性和 ECD、FPD、NPD 相比较好。

(8)检测器的离子室容积比较小(<150 μL)，可直接和毛细管分析配用。

目前 PID 已成功地用于测定工业环境中的 CS_2、H_2S、CH_3SH 和四乙基铅；大气中的烃类；氯乙烯单体；水中芳香烃；无机组分如：NH_3、PH_3、Br_2 和 I_2；农药和药品中的含硫、氯组分等。

PID 的结构型式主要分为无光窗和有光窗两种。早期的 PID 结构为无光窗式，缺点较多。为了克服以上缺点出现了有光窗式结构。图 10-9 是改进后的有光窗同轴式 PID 结构示意图。

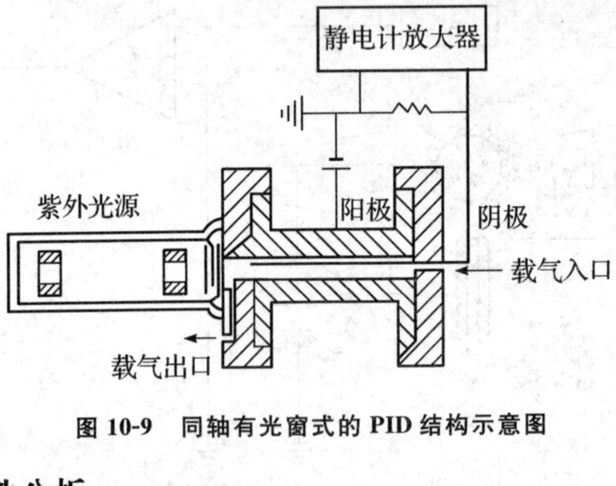

图 10-9　同轴有光窗式的 PID 结构示意图

10.4 气相色谱定性分析

气相色谱是一种卓越的分离方法。但是，它不能直接从色谱图中给出定性结果，而需要与已知物对照，或利用色谱文献数据和其他分析方法配合才能给出定性结果。

10.4.1 利用已知物定性

在气相色谱定性分析中，最常用的简便可靠的方法是利用已知物定性，这个方法的依据是：在一定的固定相和一定的操作条件下，任何物质都有固定的保留值，可作为定性的指标。比较已知物和未知物的保留值是否相同，就可定出某一色谱峰可能是什么物质。

1. 用保留时间或保留体积定性　比较已知和未知物的 t_R、V_R 或 t'_R、V'_R是否相同，即可决定未知物是什么物质。用此法定性需要严格控制操作条件(柱温、柱长、柱内径、填充量、流速等)和进样量，V_R'或 V_R 定性不受流速影响。用保留时间定性，时间允许误差要少于 2%。

2. 利用峰高增加法定性　将已知物加入到未知混合样品中去，若待测组分峰比不加已知物时的峰高增加了，而半峰宽并不相应增加，则表示该混合物中含有已知物的成分。

3. 利用双柱或多柱定性　严格地讲，仅在一根色谱柱上用以上方法定性是不太可靠的。因有时两种或几种物质在某一色谱柱上具有相同的保留值。此时，用已知物对照定性一般要在两根或多根性质不同的色谱柱上进行对照定性。两色谱柱的固定液要有足够的差别，如一根是非极性固定液，一根是极性固定液，这时不同组分保留值是不一样的。从而保证定性结果可靠。

双柱或多柱定性，主要是使不同组分保留值的差别能显示出来，有时也可用改变柱温的方法，使不同组分保留值差别扩大。

10.4.2 与其他分析仪器结合定性

气相色谱能有效地分离复杂的混合物，但不能有效地对未知物定性。而有些分析仪器如质谱、红外等虽是鉴定未知结构的有效工具，但对复杂的混合物则无法分离、分析。把两者结合起来，实现联机既能将复杂的混合物分离又可同时鉴定结构是目前仪器分析的一个发展方向，是近年来发展的特点。

实现联机需要硬件与软件条件。硬件条件需要一种色谱和其他分析仪器连接的“接口”，以便把样品通过色谱分离后的各组分依次进入用于鉴定的分析仪器的样品池中。实现联机的条件是：①样品池的体积足够小，色谱分离后相邻的组分不至于同时保留在样品池内；②分析的速度足够快以便色谱一个组分峰洗脱的期间就能达到对组分的分析(采集一个图谱)；③分析的灵敏度足够高、检测限低以便对需要分析的组分能够取得足够信噪比的分析图谱。目前常见的色谱与其他分析仪器连接的技术主要有：

1. 色-质联用　质谱仪灵敏度高，扫描速度快，能准确测知未知物分子量，而色谱则能将复杂混合物分离。因此，色-质联用技术是目前解决复杂未知物定性问题的最有效工具之一(详见第 8 章)。

2. 色谱-红外光谱联用　纯物质有特征性很高的红外光谱图，并且这些标准图谱已被大量地积累下来，利用未知物的红外光谱图与标准谱图对照则可定性。

除此以外，核磁共振，紫外等技术亦可以与色谱联用，在此，就不多介绍了。

10.5 气相色谱定量分析

10.5.1 定量分析的理论依据

在一定的操作条件下，被分析物质的重量 m_i 与检测器上产生的响应信号(色谱图表现为峰面积 A_i 或峰高 h_i)成正比。即：

$$m_i = f_i \cdot A_i \tag{10.13}$$

$$m_i = f_{hi} \cdot h_i \tag{10.14}$$

这两式就是定量分析的依据,要对组分定量,步骤是:

(1)准确测定峰面积 A_i 或峰高 h_i。

(2)准确求出定量校正因子 f_i 或 f_{hi}。

(3)根据式(10.13)、式(10.14)正确选用定量计算方法把测得的 A_i 或 h_i 换算成百分含量或浓度。

10.5.2 峰面积的测量方法

峰面积的测量有两类方法:一类是数学近似测量法,另一类是真实面积测量法。

1. 数学近似测量法

(1)峰高乘半峰宽法　这是目前使用较广的近似计算法,适用于对称峰。实际上是求出一个长方形面积,如图 10-10 所示。理论上可证明峰面积应为长方形面积的 1.065 倍,即:

$$A = 1.065 \times h \times 2\Delta X_{1/2} \tag{10.15}$$

(2)峰高乘平均峰宽法　取峰高 0.15 和 0.85 处的峰宽平均值乘以峰高,求出近似面积(图 10-10)。

$$A = 1/2(2\Delta X_{0.15} + 2\Delta X_{0.85})h \tag{10.16}$$

此法适用于前伸型和拖尾型峰面积的测量。

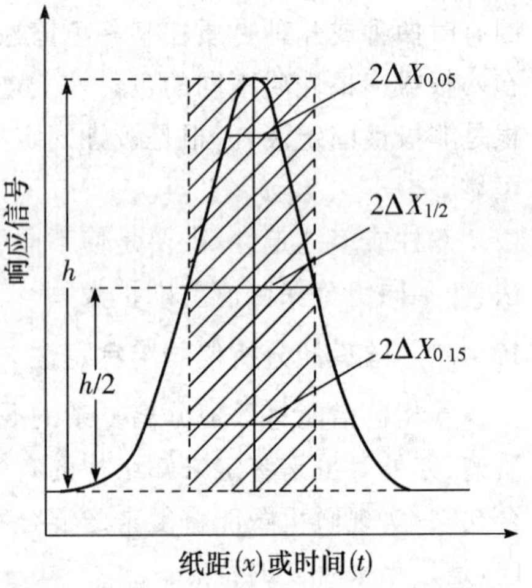

图 10-10　峰面积测量

2. 真实面积测量法　较先进气相色谱仪都带有积分仪或微处理机,能自动的测出峰面积。它测得的是全部峰面积,对小峰或不对称峰也能给出较准确数据。测量精度在 0.2%～2%。使用时,要注意仪器的线性范围。

10.5.3 定量校正因子的测定

1. 定量校正因子的作用　相同量的不同物质在同一检测器上产生的响应信号(峰面积、峰高)是不相同的,相同量的同一物质在不同的检测器上产生的响应信号也不相同,这是受物质的物理化学性质差异或检测器性能影响的缘故。因此,混合物中某物质的含量并不等于该物质的峰面积占总峰面积的百分率。

为了解决这个问题,可选定某一物质作为标准,用校正因子把其他物质的峰面积校正成相当于这个标准物质的峰面积,然后用这种经过校正后的峰面积来计算物质的含量。

2. 定量校正因子的表示方法　由式(10.13)得:

$$f_i = \frac{m_i}{A_i} \tag{10.17}$$

f_i 称为绝对校正因子。是指单位峰面积所代表的某组分的含量。f_i 主要是由仪器的灵敏度决定的,不易测得,无法直接应用。常用的是相对校正因子,相对校正因子是指一种物质 i 和标准物质 S 的绝对校正因子的比值,用 f'_i 表示,

$$f_i' = \frac{f_i}{f_s} \tag{10.18}$$

常用的标准物质为苯，除特殊标明外，我们平常所用的校正因子均是指相对校正因子，一般的参考文献中都列有许多化合物的校正因子，可在使用时查阅。

相对校正因子只与物质 i 和标准物质 S，以及检测器有关。而与柱温，流速、样品及固定液含量、甚至载气等条件无关（一些资料认为载气性质有影响，但影响不超过 3%）。

10.5.4 各种定量方法

1. *归一化法* 此法是较常用的一种方法，如以面积计算，称面积归一化法，如以峰高计算，称峰高归一化法。以面积归一化法为例，若样品有 n 个组分，进样量为 m，则其中某 i 组分的含量：

$$P_{\mathrm{i}} = \frac{m_i}{m} \times 100\% = \frac{A_i \cdot f_{i'}}{A_1 \cdot f_{1'} + A_2 \cdot f_{2'} + \cdots + A_n \cdot f_{n'}} \times 100\% \tag{10.19}$$

$f_{i'}$ 如为相对重量校正因子，则得重量百分含量。如为相对摩尔校正因子或相对体积校正因子，则得摩尔百分数或体积百分数。

归一化法的优点是：

(1)不必知道进样量，尤其是进样量小而不能测准时，更为方便。

(2)此法较准确，仪器及操作条件稍有变动对结果的影响不大。

(3)比内标法方便，特别是需要分析多种组分时。

(4)如 f_i' 值相近或相同（如同系物、同分异构体等）可不必求出 f_i'，而直接用面积或峰高归一化，这时式(10.29)可简化为：

$$\mathrm{P}_i = \frac{A_i}{A_1 + A_2 + \cdots + A_n} \times 100\% \tag{10.20}$$

归一化法的缺点是：①所有 n 个组分必须全部流出色谱柱并产生响应信号和测出峰面积；②即是不必定量的组分也必须求出峰面积；③所有组分的 $f_{i'}$ 值均需测出，否则此法不能应用。

2. *外标法* 外标法又称标准样校正法或标准曲线法，见第 3 章所述。

3. *内标法* 这是常用的比较准确的定量方法。分析时准确称取试样 W 内含待测组分 m_i，精确加入一定量某纯物质 m_s 做内标物，进样并测出峰面积 A_i 和 A_s，按下式计算组分 i 的百分含量。

因为

$$\frac{m_i}{m_s} = \frac{A_i \cdot f_i'}{A_s \cdot f_s'}$$

故

$$P_i = \frac{A_i \cdot f_i' \cdot m_s}{A_s \cdot f_s' \cdot W} \times 100\% \tag{10.21}$$

一般常以内标物为基准（即 $f_s' = 1$）进行简化计算。

对内标物的要求是纯度要高，结构与待测组分相似。内标峰要与组分峰靠近但能很好分离，内标物和被测组分的浓度相接近。

内标法的优点是定量准确，测定条件不受操作条件、进样量以及不同操作者进样技术的影响，缺点是选择合适的内标物较困难，每次需准确称量内标和样品，并增加了色谱分离条件的难度。

4. *内加标准法*　当色谱图上峰较密集时，采用内标法是比较困难的，此时，可采用(样品)内加标准法，即在试样中加入一定量为 m'_1 的待测组分。设样品中有组分 1 和组分 2(图10-11)。

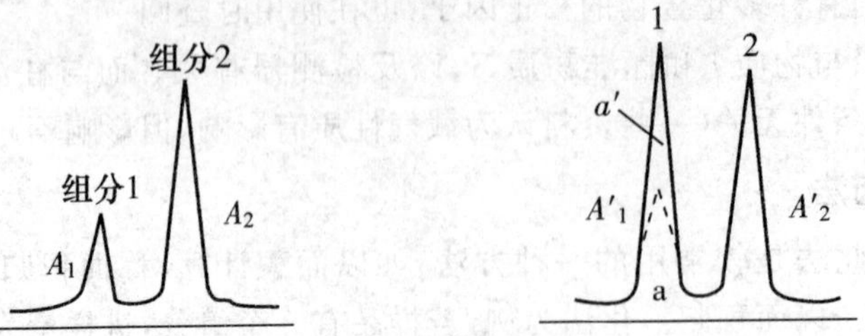

图 10-11　内加标准法定量图

(a)原样品色谱图　(b)原样品内加组分 1 的色谱图

A_1，A_2 是组分 1 和 2 的峰面积，原样品中添加 $m_{1'}$ 的组分 1 后，组分 1、2 峰面积变为 $A_{1'}$，$A_{2'}$，因此 A'_1 面积包括两部分：相当原样品组分 m_1 的峰面积 a 与原样品添加 m'_1 后增加的面积为 a'。即 $A'_1=a+a'$。

同一样品虽两次进样，因浓度不同，得到的峰面积不同，但其峰面积比例是相同的，即：

$$\frac{A_1}{A_2}=\frac{a}{A'_2}\qquad a=\frac{A_1\cdot A_{2'}}{A_2}$$

则：

$$a'=A_{1'}-a=A_{1'}-\frac{A_1\cdot A_{2'}}{A_2}$$

然后就可按照内标法计算组分 1，2 的百分含量，即把加入量 m'_1 作为 m_s 对应的色谱峰面积 a' 作为 a_s，代入式(10.21)。因 a 和 a' 是同物质的峰面积，所以，当计算组分 1 时，不需加校正因子。计算 2 时，要加校正因子，即：

$$P_1=\frac{a\cdot m_{1'}}{a'\cdot W}\times 100\% \tag{10.22}$$

$$P_2=\frac{A'_2\cdot f_{2'}\cdot m'_1}{a'\cdot f_{1'}\cdot W}\times 100\% \tag{10.23}$$

此法需两次进样，测量误差较内标法大，操作也较麻烦。

此外还有内标标准曲线法，转化定量法，收集定量法等，这里不拟介绍。

10.6　色谱定量分析允许误差范围

色谱分析中允许偏差是多少？这主要看分析对象的浓度范围而定。目前，一般按照 Kaiser 提出的色谱定量分析允许标准偏差范围要求(表 10-5)。

表 10-5　气相色谱定量分析允许标准偏差范围　　%

试样浓度	$a\%$	试样浓度	$a\%$
0.01～0.05	＜100	3～10	3～5
0.05～0.5	＜50	10～3	2～3
0.5～3	5～10	＞30	＜2

习　题

1. 试述气相色谱的流程。

2. 对担体和固定液的要求各是什么?

3. 固定液可分为哪几类?为什么这样划分?如何选择固定液?

4. 常用的气谱检测器有哪几种?原理是什么?各有什么特点?

5. 何为检测器的噪声、灵敏度、敏感度、最小检测量?敏感度和最小检测量之间有什么区别?

6. 已知记录仪的灵敏度为 0.658 mV/min,纸速为 2 cm/min,载气流速 F_0 为 68 mL/min,进样 0.5 mL 的苯饱和蒸气,其质量经计算为 0.11 mg,得到色谱峰的面积为 3.84 cm^2,求该热导池检测器的灵敏度。

7. 已知在混合酚试样中仅含有苯酚、邻甲酚、间甲酚和对甲酚四种组分,经乙酰化处理后,用液晶柱测得色谱图,图上各组分色谱峰的峰高、半峰宽以及测得各组分的校正因子分别如下,求各组分的百分含量。

	苯酚	邻甲酚	间甲酚	对甲酚
峰高/mm	64.0	104.1	89.2	70.0
半峰宽/mm	1.94	2.40	2.85	3.22
校正因子 f	0.85	0.95	1.03	1.00

8. 某样品重 0.1 g,加入 0.1 g 内标物,欲测组分 A 的面积校正因子为 0.80,内标物的面积校正因子为 1.00,组分 A 的峰面积为 60 mm^2,内标物峰面积为 100 mm^2,求组分 A 的百分含量。

11 高效液相色谱法

11.1 高效液相色谱法简介

高效液相色谱法(high performance liquid chromatography,简称 HPLC)是 1964—1965 年开始发展起来的一项新颖快速的分离分析技术。它是在经典液相色谱法的基础上,引入了气相色谱的理论,在技术上采用了高压泵、高效固定相和高灵敏度检测器,使之发展成为高分离速度、高分离效率、高检测灵敏度的高效液相色谱法,亦称为现代液相色谱法。

HPLC 与 GC 的比较:

HPLC 是在 GC 高速发展的情况下发展起来的。它们之间在理论上和技术上有许多共同点,主要有:①色谱的基本理论是一致的;②定性定量原理完全一样;③均可应用计算机控制色谱操作条件和色谱数据的处理程序,自动化程度高。

由于 HPLC 的流动相是液体,而液体的黏度比气体大 100 倍以上,扩散系数比气体小 $10^2 \sim 10^5$ 倍,故溶质分子与液体流动相之间的作用力不能忽略,致使 HPLC 与 GC 有以下的差别:

1. 流动相差别　GC 用气体作流动相,气体与样品分子之间作用力可忽略,而且,载气种类少,性质接近,改变载气对柱效和分离效率影响小。HPLC 以液体作流动相,液体分子与样品分子之间的作用力不能忽略,而且,液体种类多,性质差别大,既可以是水溶液,又可以是有机溶剂,既可以是极性化合物,又可以是非极性化合物;可供选择范围广。是控制柱效和分离效率的重要因素之一。使 HPLC 除了固定相的选择外,增加了一个可供选择的重要的操作参数。

2. 固定相差别　GC 固定相多是固体吸附剂和在担体表面上涂渍一层高沸点有机液体组成的液体固定相及近年出现的一些化学键合相。粒度粗(一般为 100～250 μm)、吸附等温线多是非线性的,但成本低。HPLC 固定相大都是新型的固体吸附剂,化学键合相等,粒度小(一般为 3～10 μm),分配等温线多是线性的,峰形对称,但成本高。样品容量比 GC 高,分析型色谱柱最大容量可达 50 mg 以上。

3. 使用范围更广　GC 一般分析沸点 500℃以下,相对分子质量少于 450 的物质。对热稳定性差易于分解,变质,以及具有生理活性的物质,都不能用升温气化的方法分析。因此,GC 只能分析占有机物总数 15%～20%的物质。

HPLC 在室温或在接近室温条件下工作,可分析有机物质占总数的 80%～85%。HPLC 的使用范围远远超过 GC。

4. 高效液相色谱仪和气相色谱仪在原理和结构上亦有很大差别　高压液相色谱仪具有高压输液泵,其检测器的检测原理和结构与 GC 有较大差异,应该指出,高效液相色谱和气相色谱各有所长,相互补充。在 HPLC 越来越广泛地获得应用的同时,GC 仍然发挥着它的重要作用。

11.2 HPLC的类型及类型的选择

HPLC按组分在两相间分离机理分类，可分为十余种方法，以下主要介绍液-液色谱法，液-固色谱法，离子交换色谱法和排阻色谱法。

11.2.1 液-液色谱

液-液色谱(liquid liquid chromatography)又称液-液分配色谱。液-液色谱以涂渍或键合在惰性载体表面上的固定液为固定相，固定相的形式分为两种：一种是涂渍固定相，即用类似于气相色谱的方法将某些固定液涂渍在惰性担体的表面；另一种是化学键合固定相，即把欲键合的化学基团与惰性担体反应，使之以共价键的形式结合在担体表面上。涂渍的固定相，其固定液易于流失，柱子寿命短，分离的重现性差，现已少用。化学键合固定相能耐溶剂的洗脱、耐热、不易流失、柱寿命长，而且重现性和分离效果好，是目前固定相的发展方向。

液-液色谱中，样品的分离是由不同溶质在两个液相中，有不同的分配系数而引起的。但对于化学键合相的液-液色谱，其作用机理尚有争论，一般认为，分配机理和吸附机理同时存在。

为了防止色谱过程中两相的混溶，流动相与固定相的极性必须不同。当固定相为极性时流动相选择非极性溶剂，此时，组分流出先后的顺序是由非极性向极性组分过渡，称为正相色谱。相反，固定相为非极性，选择极性溶剂作流动相，组分的流出顺序是极性组分先流出，称为反相色谱。另外，液-液色谱还有一种特殊形式，固定相与正相色谱或反相色谱相同，流动相是含有适当有机反离子(counter-ion)的溶剂，它能与组分生成离子对，称为正相离子对色谱或反相离子对色谱。离子对色谱，可以分析离子型或可离解的化合物。

11.2.2 液-固色谱

液-固色谱(liquid solid chromatography)亦称液-固吸附色谱，它是以固体吸附剂如硅胶，各种微球硅珠、氧化镁、氧化铝、活性炭，聚酰胺等作为固定相。一般吸附剂粒度20～50 μm或35～75 μm，比液-液色谱固定相粒度大。

液-固色谱分离物质的依据是吸附剂表面与溶质分子中功能团的吸附与解吸的相互作用，是溶质分子和溶剂分子对固定相的竞争吸附的结果。因此，溶剂的极性强弱对分离和分析速度影响很大。液固色谱主要是用来分析具有极性官能团而极性不太强的化合物。它的特点在于具有特殊的选择性。对同系物的选择性很小。而对不同族化合物具有好的选择分离能力。因此液-固色谱有利于按族分离化合物。此外，由于溶质分子在吸附剂活性中心上的吸附能力与分子的几何形状有关，因而液-固色谱对异构体有高的选择性，能分离几何异构体(顺，反异构体)和同分异构体(不同取代位)。

液-固吸附色谱的主要缺点是重复性差。故对流动相的含水量必须严格控制，方能获得有重复性的保留值。因此，每次分析后，特别是作梯度洗脱时，色谱柱再生的时间很长，耗费溶剂多。

11.2.3 离子交换色谱

离子交换色谱(ion exchange chromatography)的固定相是离子交换剂。根据分离离子的不同而采用阳离子交换剂或阴离子交换剂。其机理是离子交换剂基团与组分离子的交换，可用离子交换平衡式来表示：

$$R\cdot r^- + X^- = R\cdot X^- + r^-$$

$R\cdot r^-$是阴离子交换剂。r^-是平衡离子。X^-是样品中的阴离子。这个过程属于阴离子交换,故称为阴离子交换色谱;相反,则称为阳离子交换色谱。

离子交换色谱主要用于分离能解离为离子的化合物。如无机离子、核酸、氨基酸等。

11.2.4 凝胶色谱

凝胶色谱(gel chromatography)亦称排阻色谱,空间排阻色谱等。凝胶色谱是基于分子大小不同而进行分离的一种色谱技术。固定相凝胶内具有一定大小的孔穴,当试样随流动相在凝胶外的间隙和凝胶孔穴中流动时,分子体积大的不能渗透到凝胶孔穴中去,较快地随流动相流走。中等大小的样品分子,能选择渗透到部分孔穴中去,流出稍慢。分子体积小的,则渗透到凝胶内部孔穴中,因而有一个平衡过程,较慢地被冲洗出来。分子越小,渗透进孔穴越深,流出越慢。这样,样品按分子大小先后从柱中流出。

凝胶色谱主要是分离,鉴定高分子量化合物。甚至相对分子质量高达 150 000 000 的高分子化合物亦可分离鉴定。

凝胶颗粒微孔直径不同的固定相,其线性范围不同,可以用于分离不同分子量范围的组分。凝胶色谱在生物样品(蛋白质、酶、核酸等)与高分子化学分析中有重要的应用价值。

11.2.5 液相色谱的简单模型

上述各类液相色谱的分离机理如图 11-1 所示。

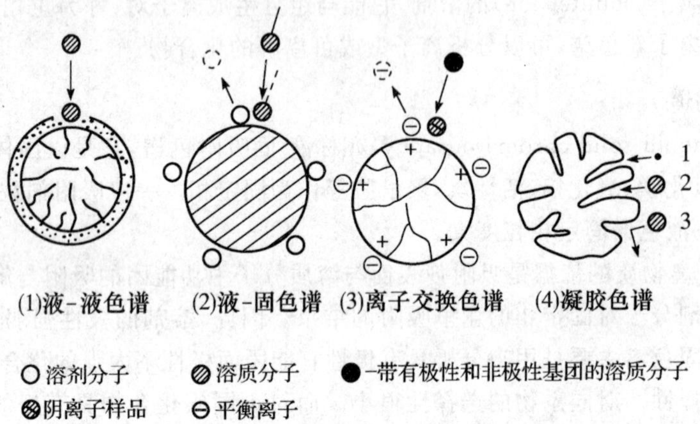

图 11-1 各类液相色谱的分离机理示意图

1. 全渗透 2. 部分渗透 3. 排阻

11.2.6 分离类型的选择

在解决某一试样的分析任务时,色谱分离类型的选择,主要根据样品的性质,如分子量高低,水溶性或是非水溶性,离子型或是非离子型,极性的或是非极性的,分子结构如何等来选择,选择方法如图 11-2 所示。

11.3 高效液相色谱仪

现代高效液相色谱仪,无论在复杂程度以及各种部件的功能上都有很大的差别。但是就基本原理和色谱流程而言都是相同的,其流程如图 11-3 所示。

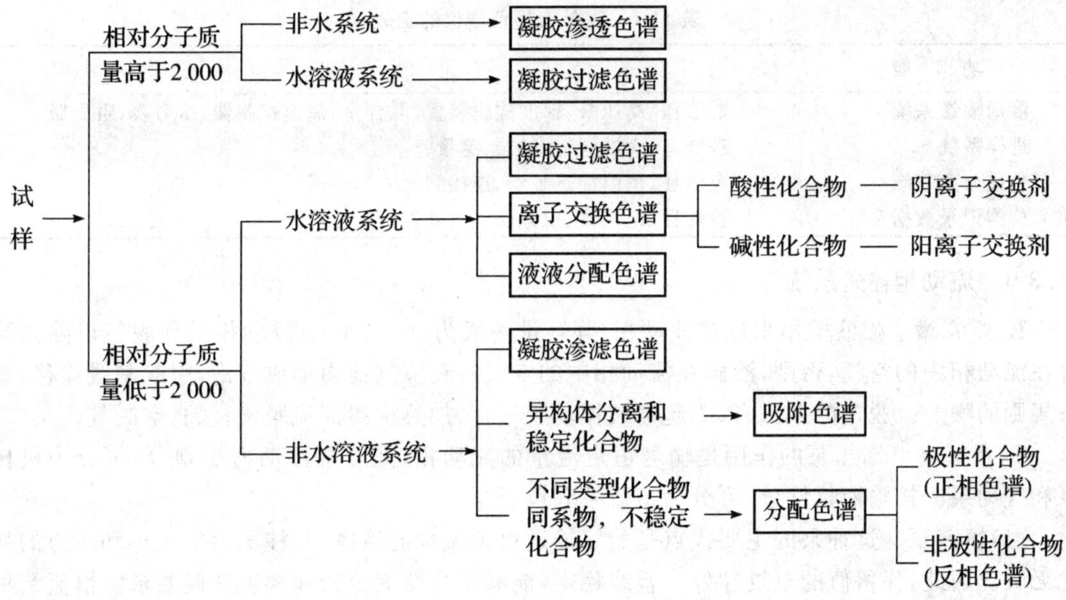

图 11-2　HPLC 分离类型选择示意图

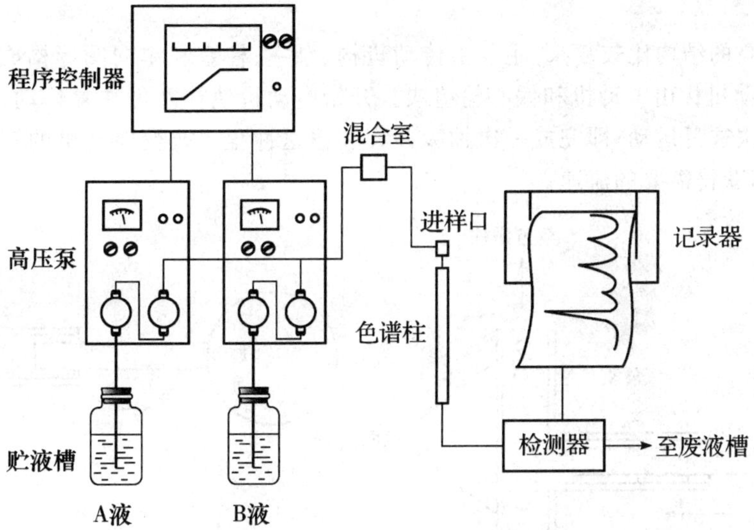

图 11-3　HPLC 流程图

图 11-3 是带有高压梯度系统的液相色谱流程。这种系统可以进行等比洗脱或梯度洗脱。贮液槽中的流动相被高压泵吸入后输出，经压力和流量测量后导入进样器。将待分析试样注入进样口。流动相把样品带入色谱柱进行分离，经分离后的组分进入检测器检测，最后和洗脱液一起进入废液槽。被检测器检测的信号经放大器放大后，用记录器记录下来，得到一系列的色谱峰。或者检测信号被微处理机处理，直接显示或打印出结果。可以看出，高效液相色谱仪的基本组成可分为：溶剂输送系统、进样系统、色谱分离系统与检测记录数据处理系统四部分。各系统的组成部件如表 11-1 所示。

表 11-1　高效液相色谱仪的组成

功　能	组　成
溶剂输送系统	贮液槽、高压泵、梯度洗脱装置、混合室、流速控制器、压力表、阻尼器
进样系统	进样口、六通阀、注射器、定量管
色谱分离系统	色谱柱、恒温加热装置、连接阀
检测记录数据系统	检测器、记录器、积分仪或微处理机

11.3.1　流动相输送系统

1. *贮液槽*　贮液槽用来盛放流动相，其容量一般为 0.5～1 L；流动相必须脱气以除去溶解在流动相中的空气，否则，溶解在流动相中的空气将在检测池内形成气泡，引起基线漂移，或不规则的噪声。脱气的办法有：①超声波振动脱气；②加热沸腾回流脱气；③真空脱气。

2. *高压泵*　高压泵的作用是输送恒定流量的流动相，高压泵按动力源划分，可分为机械泵和气动泵。按输液特性分，可分为恒流泵和恒压泵。

(1)恒流泵　这种泵的主要优点是始终输送恒定流量的液体，与柱压力的大小和压力的变化无关。因此，保留值的重复性好。基线稳定，能满足高精度分析和梯度洗脱要求。恒流泵可分为注射泵和往复泵。

往复泵又可分为往复柱塞式和隔膜式两种，这里主要介绍前一种。它是 HPLC 最常用的一种泵。

往复柱塞泵的结构比较复杂，主要由传动机构、泵室、柱塞和单向阀等构成。其工作原理见图 11-4。传动机构由电动机和偏心轮组成。开始电动机使柱塞做往复运动，偏心轮旋转一周柱塞完成一次往复运动；即完成一次抽吸冲程和输送冲程。改变电动机的转速可以控制柱塞的往复频率，获得需要的流速。

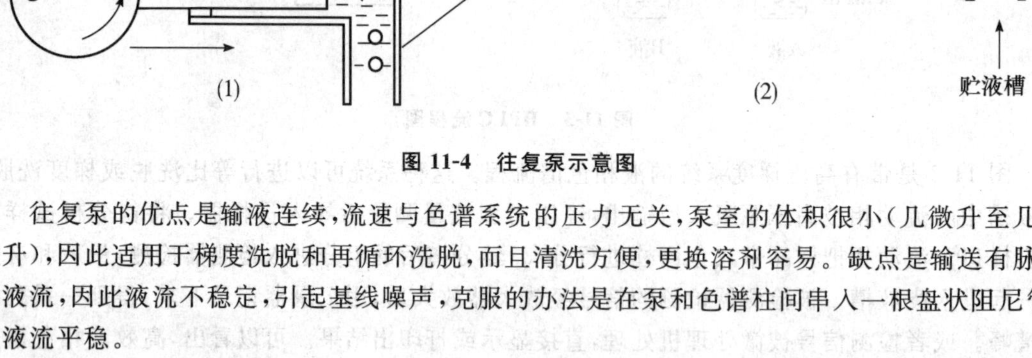

图 11-4　往复泵示意图

往复泵的优点是输液连续，流速与色谱系统的压力无关，泵室的体积很小(几微升至几十微升)，因此适用于梯度洗脱和再循环洗脱，而且清洗方便，更换溶剂容易。缺点是输送有脉动的液流，因此液流不稳定，引起基线噪声，克服的办法是在泵和色谱柱间串入一根盘状阻尼管，使液流平稳。

(2)恒压泵　恒压泵系采用适当的气动装置，使高压惰性气体直接加压于流动相，输出无脉动的液流。常称为气动泵。这种泵简单价廉。但流速不如恒流泵精确稳定。故只适用于对流速精度要求不高的场合，或作为装填色谱柱用泵。

恒压泵的工作原理为：气缸内装有可以往复运动的活塞。通常气动活塞的截面积比液动活塞的截面积大23～46倍。因此，活塞施加于液体的压力，是按两个截面积同等比例放大的压力。比如气缸压力是1 kg/cm^2、液缸压力为23 kg/cm^2 或46 kg/cm^2。工作时，在恒定气压的作用下，活塞在缸内往复运动，完成抽吸和输送液体的动作。

气动放大泵优点是容易获得高压，没有脉冲，流速范围大。缺点是受系统压力变化的影响大。因此，保留值重复性较差，不适于梯度洗脱操作。泵体积较大（2～70 mL），更换溶剂麻烦，耗费量大。

3. 梯度洗脱装置　梯度洗脱亦称溶剂程序。是指在分离过程中，随时间函数程序地改变流动相组成，即程序地改变流动相的强度（极性，pH值或离子强度等）。梯度洗脱装置有两种，一种是低压梯度装置，一种是高压梯度装置。高压梯度装置又可分为两种工作方式：

一种是以2台或多台高压泵将不同的溶剂吸入混合室，在高压下混合，然后进入色谱柱。它的优点是只要通过电子器件分别程序控制两台或多台输液泵的流量，就可以获得任何一种形式的淋洗浓度曲线。其缺点是如需混合多种溶剂，则需要多台高压泵；另一种是以一台高压泵通过多路电磁阀控制同时吸入几种溶剂（各路吸入的流量可以控制），经混合后送到色谱柱，这样只要一台高压泵。

11.3.2　进样系统

进样系统包括进样口，注射器、六通阀和定量管等，它的作用是把样品有效地送入色谱柱。进样系统是柱外效应的重要来源之一，为了减少对板高的影响，避免由柱外效应而引起峰展宽，对进样口要求死体积小，没有死角，能够使样品像塞子一样进入色谱柱。

目前，多采用耐高压、重复性好、操作方便的带定量管的六通阀进样（图11-5）。

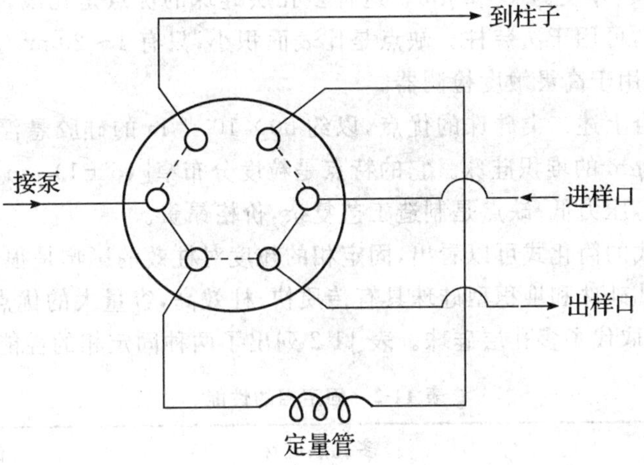

图11-5　进样阀

11.3.3　色谱分离系统

色谱分离系统包括色谱柱、恒温装置和连接阀三部分。分离系统性能的好坏是色谱分析的关键。采用最佳的色谱分离系统，充分发挥系统的分离效能是色谱工作中重要的一环。

（1）色谱柱色谱柱　包括柱子和固定相两部分。柱子的材料要求耐高压，内壁光滑；管径均匀，无条纹或微孔等。最常用柱材料是不锈钢管。每根柱端都有一块多孔性（孔径1 μm左右）的金属烧结隔膜片（或多孔聚四氟乙烯片），用以阻止填充物逸出或注射口带入颗粒杂质。

当反压增高时，应予更换(更换时，用细针剔出，不能倒过来敲击柱子)。

柱效除了与柱子材料有关外，还与柱内径大小有关。应使用“无限直径柱”以提高柱效。

固定相的有关问题将在第四节叙述。

(2)柱恒温器　柱温是液相色谱的重要操作参数。一般来说，在较高的柱温下操作，具有三个好处：①能增加样品在流动相中的溶解度，从而缩短分析时间。通常柱温升高6℃，组分保留时间减少约30%；②改善传质过程，减少传质阻力，增加柱效；③降低流动相黏度，因而在相同的流量下，柱压力降低。液相色谱常用柱温范围为室温至65℃。

11.3.4　检测记录数据系统

检测记录数据系统包括检测器，记录仪和微型数据处理机。常用的检测器为：示差折光检测器、紫外吸收检测器、荧光检测器和二极管阵列检测器等。记录及数据处理系统与气相色谱仪相同。

11.4　高效液相色谱固定相

11.4.1　液-固色谱固定相

液-固色谱用的固定相，大都是以硅胶为基体的各种类型的硅珠。最初使用的是粒度30～70 μm的全多孔硅珠，比表面积100～400 m^2/g，孔径大而深。由于粒度大，易于装柱；比表面积大则柱容量大，允许较大进样量；制作工艺简单，成本也低。但由于孔径深，传质阻力大，柱效不高。近年来，由于筛分工艺和装柱技术的进展，现已普遍采用粒度为5～10 μm的全多孔微粒型硅珠，无论在柱效或柱容量方面都大大提高。

多孔层硅珠亦称表面多孔硅珠或薄壳型硅珠。它是在粒度为30～50 μm的硅珠表面上，覆盖一层多孔性基质，厚度为1～2 μm。这种多孔层硅珠的优点是孔浅，传质阻力小，柱效较高。此外，流动性好，可用于法装柱。缺点是比表面积小，只有1～20 m^2/g，故样品容量小，易发生过载现象，只适用于高灵敏度检测器。

堆积型硅珠综合上述二类硅珠的优点，以约 50×10^{-10} m的硅胶悬浮液经成珠凝聚工艺处理，堆积成5～10 μm的堆积硅珠。它的特点是粒度分布窄[(5±1) μm]，比表面积大，柱渗透性小，所以柱效高，压力低；缺点是制造工艺复杂，价格昂贵。

从速率理论公式的简化式可以看出，固定相的粒度对柱效的影响是很大的。因此，近年来发展的微粒型全多孔硅珠和堆积型硅珠具有传质快，柱效高，容量大的优点，已成为液-固色谱常用的固定相，普遍取代了多孔层硅珠。表11-2列出了两种固定相的性能比较。

表11-2　固定相的性能

性　能	多孔层硅珠	微粒型硅珠
粒度/μm	30～50	5～10
最佳 H 值/mm	0.2～0.4	0.01～0.03
柱长/cm	50～100	10～25
柱内径/mm	2	2～5
柱压	小	大
样品容量/(mg/g)	0.05～0.1	1～5
比表面积/(m^2/g)	10～25	400～600

除了上述各类硅珠外，还有氧化铝、分子筛、聚酰胺等，但目前已较少使用了。

11.4.2　液-液色谱固定相

在20世纪60年代末，液-液色谱采用的固定相主要是类似于气相色谱的涂渍固定相，只是粒度大大低于气相色谱固定相。常用的载体主要是液-固色谱的固定相全多孔型硅珠、薄壳型和堆积型硅珠，气相色谱里的其他担体亦有应用，但不常用。常用的固定液只是极性不同的为数不多的几种，如B,B′-氧二丙腈、聚乙二醇、鲨鱼烷等，这类涂渍固定相最大缺点是固定液溶易流失，稳定性和重复性不易保证。因此，一般都需要在分析柱前加一根预饱和柱，即在普通担体上涂渍上高含量(一般为30%)的与分析柱相同的固定液，让流动相先通过预饱和柱，事先用固定液把流动相饱和，以保护分析柱中固定液不流失。但是，经过这样的改进，并未完全解决问题。

为了克服这个缺点，人们研究了化学键合固定相，化学键合固定相的出现，是高效液相色谱发展的一个重要里程碑，它兼有吸附和分配色谱两种机理，这种色谱积为键合相色谱(bonded phase chromatography)或键合色谱(bonded chromatography)，简称BPC。

化学键合固定相的优点是：

(1)由于表面键合了有机物基团，消除了表面的吸附活性点，使表面更均一。

(2)可以通过改变键合有机分子的各种不同基团来改变选择性。

(3)柱效高。

(4)固定液不流失，提高了柱子的稳定性和使用寿命。

(5)由于牢固的化学键，能耐各种溶剂，有利于梯度淋洗和样品的回收。

化学键合相主要是以硅珠为基质，利用硅珠表面的硅醇基团与键合基反应，其反应方式请参阅第10.2.1节。

国内化学键合相常以YQG、YWG、YBG(分别代表堆积型、无定型、薄壳型硅基)与键合基反应制备化学键合固定相，例如YWG-$C_{18}H_{37}$代表无定型硅基与$C_{18}H_{37}$反应制成。

11.4.3　离子交换剂

经典的多孔型离子交换树脂很少用于高压液相色谱法，因为它们不能承受压力。目前已专门研制了粒度小而均匀，稳定性好，pH值范围广，交换容量大，能耐高压的离子交换剂。常用的离子交换剂的结构有两种类型：一种类型是以硅胶或玻璃微球为基质，表面涂覆一层离子交换树脂，或将离子交换基团键合在硅胶表面而成；另一种类型是苯乙烯与二乙烯基苯的共聚物，增加聚合物中二乙烯基苯的含量，可以提高机械强度和树脂的交联度，但树脂交联度过大，孔径小，渗透性低，不利于分离，最常用的是中等交联度3%～12%的树脂。两种结构类型的树脂见图11-6。

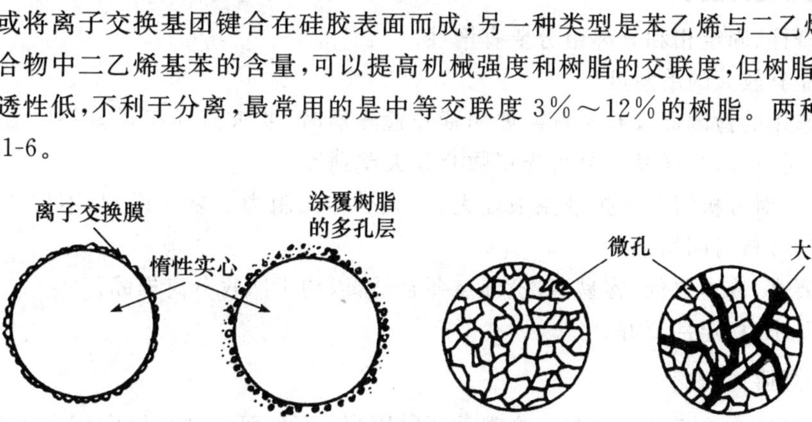

图11-6　离子交换剂的结构类型

按离子交换基团的性质将离子交换树脂分为强酸性或弱酸性阳离子交换树脂，强碱性或弱碱性阴离子交换树脂。常见的强酸性阳离子交换树脂的交换基为磺酸基($—SO_3H$)，弱酸性的为羧基(—COOH)。强碱性阴离子交换树脂的交换基为季铵盐($—CH_2N\text{-}(CH_3)_3Cl$)，弱碱性的为$—NH(R)_2Cl$。

交换容量是指每克干树脂(或每毫升湿树脂)可以交换的离子的当量数。它是离子交换树脂的重要特性指标。交换容量大，进样量大，有利于微量分析和制备分离。交换容量小，要求进样量小及灵敏度高的检测器。但是容量大的离子交换树脂往往能较牢固地保留离子，需要用浓度高的缓冲液作流动相(1～5 mol)，才能从柱上洗脱下来。此外，交换容量往往与pH值有关，对于强酸和弱酸性阳离子交换树脂最适宜的pH值分别为2～14和8～14。而强碱性和弱碱性阴离子交换树脂，最适宜的pH值分别为2～10和2～6。

高效液相色谱常用的离子交换剂，如有薄壳玻珠(1)—苯磺酸、薄壳玻珠(1)—乙基苯磺酸、薄壳玻珠(1)—丙氨基丙、堆积硅珠—丙氨基丙酸、薄壳玻珠(3)—丙基苄基二甲胺氯等。

11.4.4 凝胶色谱固定相

按化学类型可分为软性、半软性和刚性凝胶。软性凝胶在高的流速下被压缩，而且会从柱末端接头的筛板中被挤压出来，因此只适用于低流速下使用，不适用于高速液相色谱。

半软性凝胶可用于高效液相色谱，但压力一般不能超过150 kg/cm^2。这类凝胶有聚苯乙烯凝胶 styragel 系列，聚醋酸乙烯酯类 merckogel-or 系列等。

刚性凝胶主要有多孔硅胶(如 lichrosorb，lichrospher porasil，sphersosil，以及 merckogel-si 系列等)，它没有压力稳定的问题，因为它们都近于纯的 SiO_2，只是孔径按不同方法形成。值得注意的是，多孔硅胶和多孔玻璃表面上都带有酸性基团，能与某些样品作用，因此，要进行表面处理。

11.5 液相色谱流动相

在液相色谱中，可作为流动相的溶剂很多，它们的极性、浓度、黏度等差别很大，因此，选择流动相对分离影响很大。

11.5.1 对流动相的要求

(1)对色谱柱、固定相和分离组分要有惰性。

(2)对样品有较大的溶解度。

(3)对所选用的检测器没有干扰。如用紫外检测器时，要求流动相在紫外区吸收很弱，采用示差折光仪时，要求与样品组分折光指数有较大差别等。

(4)黏度小，对分析组分的扩散系数要大，以减少传质阻力。黏度增加，不仅柱效降低，而且渗透性下降，分析时间增加。

(5)纯度要高，成本要低，容易清洗，沸点要合适，以利于回收分离样品。

(6)毒性要小，稳定性要好。

11.5.2 溶剂强度

流动相的极性在液相色谱中是一个很重要的因素。k'值可用选择固定相来改变。但往往是不方便的，在实际工作中，常常用改变流动相的极性来改变k'值。

溶剂极性的大小，可以用表 11-3 所列的溶剂强度 E_0 来表示，这种溶剂强度的顺序称为洗脱序列，在柱色谱的洗脱中，溶剂的溶剂强度顺序与溶剂的洗脱能力大致相符。因此，我们可以用溶剂洗脱序列为依据，正确地选择一定强度的溶剂，以解决色谱分离。

表 11-3 常用溶剂的性质(洗脱序列)

溶剂	ε^0 (Al_2O_3)	折光指数 N_D^{20}	紫外吸收 /nm	黏度/ ($\times10^{-3}$ Pa·s^{20})	沸点 /℃	溶解度参数 d	P^*
正戊烷	0.00	1.358	210	0.23	36.0	7.1	0.0
正已烷	0.01	1.375	210	0.32	68.7	7.3	0.0
环已烷	0.01	1.427	210	1.00	81.0	8.2	0.0
四氯化碳	0.18	1.466	265	0.97	76.7	8.6	1.7
苯	0.32	1.501	280	0.65	80.1	9.2	3.0
乙醚	0.38	1.353	220	0.23	34.6	7.4	2.9
氯仿	0.40	1.443	245	0.57	61.2	9.1	4.4
二氯甲烷	0.42	1.424	245	0.44	41.0	9.6	3.4
四氯呋喃	0.45	1.408	222	0.55	65.0	9.1	4.2
二氧六烷	0.56	1.422	220	1.54	104.0	9.8	4.8
丙酮	0.56	1.359	330	0.32	56.2	9.4	5.4
醋酸乙酯	0.58	1.370	260	0.45	77.1	8.6	4.3
乙氰	0.65	1.344	210	0.37	81.6	11.8	—
甲醇	0.95	1.329	210	0.60	65.0	12.9	6.6
水	最大	1.33	200	1.01	100.0	21	—

* 从 Rohrschneeider 溶解度数据算得的极性指数。

hildebrand 的溶解度参数(d)是溶剂极性的另一个标度，利用这种溶解度参数可以建立一套定量的洗脱序列。因为 d 值是由静电力、诱导力、色散力和氢键力等分子作用力的总和所决定的，它不仅能定量地表示溶剂的强度，而且能从分子作用力的角度正确地解释溶剂的选择性。

11.5.3 液-固色谱流动相的选择

液-固色谱流动相的选择主要从三个方面考虑：选择最佳的溶剂强度；选择适当的溶剂组成；控制溶剂的含水量。

首先应选择一个最佳的溶剂强度，使流出峰的容量因子均在 $1\leqslant k'\leqslant10$ 范围内，因此，如果一个初始溶剂太强，k' 值太小，就可选择一个较弱溶剂来代替(较小的 E 值)，相反亦然，使所有组分的容量因子在 $1\leqslant k'\leqslant10$ 之间。

如果流出峰的 k' 值位于 1～10 范围内，也就是说，溶剂强度已最佳化了，仍然有一些组分未能分离的话，此时，为了改进分离的选择性可改变溶剂组成，但仍需保持原来的溶剂强度，故采用混合溶剂来代替单一溶剂。

作为液固色谱来说，固定相的含水量是很重要的，如何保持色谱系统的水分处于平衡状态是关键，因此，精确控制流动相的含水量是关键因素，这点是不能忽视的。

11.5.4 液-液色谱流动相的选择

液-液色谱大致可分正相色谱，反相色谱和离子对色谱三种类型。

1. *正相色谱* 在正相色谱中，极性化合物可在最佳的 k' 值时洗脱。因而，在非极性的流动相中，则需加入一些极性改性剂调节溶剂的强度，以达到适当分离。典型的极性改性剂有甲醇、四氢呋喃、氯仿等。具体调节步骤是：先选择单一的非极性溶剂，使其 k' 值在 1～10，然后，在已选择好的单一非极性溶剂基础上，加入极性改性剂，以达到组分更好地分离；对 k 值相差很大的复杂组分，可用梯度洗脱技术。

2. *反相色谱* 在反相色谱中，非极性的组分可在最佳的 k' 值下洗脱。而且，反相色谱具有分离极性范围较宽的极性组分的能力。水的极性最大，用强溶剂甲醇和乙腈以适当的比例与水混合作流动相，加上适当的其他溶剂，配合梯度洗脱技术就能很好地分离复杂组分。因此，反相色谱的应用范围很广。

3. *离子对色谱* 它又分正相和反相离子对色谱，反相离子对色谱适用性广。

反相色谱不能有效地分离电解质，若在流动相中加入适当的反离子使之与样品离子形成疏水性离子对，就可以在反相系统中分配。因此，改变反离子浓度，就可以控制样品的分配系数，得到最佳的 k' 值，从而达到分离的目的。

11.5.5 离子交换色谱流动相的选择

离子交换色谱过程是在含水介质中进行的，色谱峰的保留值主要是由流动相的 pH 值和缓冲液类型来控制，离子交换色谱流动相的选择主要从三方面来考虑：

1. *pH 值* pH 值对交换基团和样品的离解度有很大的影响。一般来说，增加 pH 值，样品的正电性降低，在阳离子交换色谱上样品保留值降低，在阴离子交换色谱上样品保留值增加。

2. *离子强度* 流动相中离子强度对保留值的影响比 pH 值变化所造成的影响大得多，流动相的离子强度越大，则洗脱能力越强从而降低组分的保留时间越显著。

3. *缓冲液类型的选择* 不同的离子具有不同的离子电荷、离子半径以及离子的溶剂化特性，它们与离子交换基团的作用力也不相同，因而有不同的洗脱能力。例如，阴离子的相对交换能力是：氢氧根离子＞硫酸根＞柠檬酸根＞酒石酸根＞硝酸根＞磷酸根＞醋酸根＞氯离子。阳离子的相对交换能力是 $Ba^{2+} > K^+ > NH_4^+ > Li+ > H^+$。上述的顺序，对于不同型号树脂会有所不同。

另外，如所用流动相对某组分溶解度增加，则此组分的保留顺序将降低。

11.5.6 凝胶色谱流动相的选择

凝胶色谱的分离机理与其他色谱类型截然不同，它不是基于溶质分子与固定相间分子作用力的大小来分离，而是按分子大小进行分离。控制分离度要着重考虑两个问题：

1. *在分离温度下控制黏度* 因为高黏度将限制扩散，损害分离度。对于具有相当低的扩散系数的大分子来说，这种考虑就更为重要。

2. *考虑溶解样品的能力* 凝胶渗透色谱所用的溶剂必须能溶解样品并必须与凝胶本身非常相似，这样才能润湿凝胶并防止吸附作用。表 11-4 列举了凝胶渗透色谱最常用的一些溶剂。

表 11-4　凝胶色谱的常用溶剂

溶剂	沸点/℃	密度	黏度	折射率	使用温度/℃	用途
四氯呋喃	66	0.889 2	0.51(在 25℃)	$1.407\ 0^{20}$	室温至 45	一般高聚物及小分子
1,2,4-氯苯甲苯	213	$1.463\ 4^{22}$	0.50(在 135℃)	$1.552\ 4^{25}$	130～160	聚烯烃
甲苯	110.6	0.866^{20}	0.52(在 25℃)	$1.489\ 3^{24}$	室温至 70	橡胶及弹性体
间甲酚	202	1.034^{20}	16.9(在 20℃)	$1.534\ 8^{20}$	30～135	聚酯及聚酰胺
N,N′-二甲	153	0.944^{25}	0.90(在 15℃)	$1.423\ 03^{25}$	室温至 85	聚氨酯、丙烯酰酯、丙烯腈、纤维素
氯仿	61.2	1.489^{20}	0.53	$1.447\ 6^{20}$	室温	环氧衍生物，聚硅氧烷，乙烯类聚合物，小分子
1，1，2，2-四氯乙烷	146.5	$1.586\ 6^{25}$		$1.494\ 19^{20}$	室温至 100	低分子量化合物
三氟乙醇	73.6	$1.382\ 3^{25}$	0.9(在 38℃)	$1.290\ 7^{20}$	室温至 40	某些聚酰胺

11.6　高效液相色谱检测器

检测器连在液相色谱柱的出口，样品在色谱柱中被分离后随同流动相连续地流经检测器，根据流动相中样品量或样品浓度可以输出一个信号，来定量表示被测组分含量或浓度的变化，最终得到样品中各个组分的含量。检测器是色谱分析工作中定性定量分析的主要工具。

一个理想的检测器应该符合灵敏度高、重复性好、响应快、峰形好、线性范围广、对流量和温度的变化不敏感等要求。从目前商品仪器来看，最广泛应用的是紫外吸收检测器、示差折光检测器和荧光检测器，此外，尚有近年发展的二极管阵列检测器等。现简要地介绍这些检测器的基本原理及特性。

11.6.1　紫外吸收检测器

紫外吸收检测器(UV)的作用原理和结构与常用的紫外可见光分光光度计基本相同(见第 3 章)，仪器结构的主要区别在于将吸收池改为流动池，流动吸收池的体积一般只有5～15 μL，光程长1 cm^3 左右，以适应高效液相色谱进样量小、柱外谱带展宽小的要求。

紫外吸收检测器具有较高的灵敏度，最小检测量可达10^{-9} g，因而即使那些对紫外光吸收不甚敏感，吸光系数较低的物质，也可用这种检测器进行微量分析。此外，这种检测器对温度和流速不敏感，所以，几乎所有的高压液相色谱仪都配有紫外吸收检测器。

11.6.2　示差折光检测器

示差折光检测器(RI)是利用连续测定参比池与样品池中溶液折射率变化来测量样品浓度。

示差折光检测器按其工作原理可以分为偏转式和反射式两种类型。现以偏转式示差折光检测器为例，光路见图 11-7。

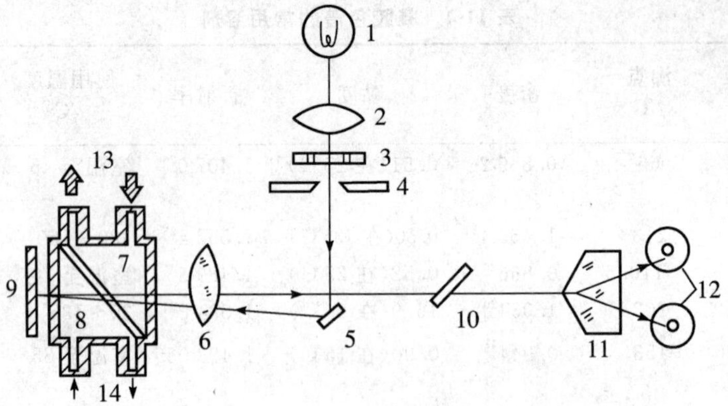

图 11-7 偏转式示差折光检测器光路图

1. 钨丝灯光源 2. 透镜 3. 滤光片 4. 遮光板 5. 反射镜 6. 透镜 7. 样品池 8. 参比池 9. 平面反射镜 10. 平面细调透镜 11. 棱镜 12. 光电管 13. 样品流路 14. 参比流路

示差折光检测器的最大优点是其通用性。它的用途很广，其使用的普及程度仅次于紫外吸收检测器。这种检测器的缺点是其灵敏度不高，不能进行痕量分析；对溶剂的变化非常敏感，不适用于梯度洗脱；它对温度的变化也非常敏感，使用中必须将温度保持在给定温度±0.001℃的范围内。这种检测器对流量的变化不太敏感。

11.6.3 荧光检测器

荧光检测器(FD)的作用原理和结构与常用的荧光分光光度计基本相同(见第 5.2 节)，仪器结构的主要区别在于将吸收池改为流动池，流动吸收池的体积一般只有5～15 μL，光程长 1 cm 左右，以适应高效液相色谱进样量小、柱外谱带展宽小的要求。

荧光检测器的优点是选择性好(具有相同激发波长和发射波长的物质是极少的)，灵敏度高(大多数情况下皆优于紫外吸收检测器)，但线性范围较窄，应用范围也不普遍。

11.6.4 二极管阵列检测器

这是近几年内发展起来的一种新型二极管阵列检测器(DAD)，其本质仍为紫外吸收检测器，不同的是进入流通池的不再是单色光，得到的信号可以是在所有波长上的色谱信号。图 11-8 是这种检测器的光路示意图，氘灯发出的紫外光经消色差透镜系统聚焦后进入流通池，经全息衍射光栅色散后，被一个由多个光电二极管组成的阵列所检测，每一个光电二极管检测一窄段的谱区；这种检测器作用是一种反光路系统，即光先通过流通池然后再色散，全部阵列在很短的时间(10 ms)内扫描读数一次，这种高速的数据收集可保证快速分析中最早流出的峰也不变形，整个系统的动作中，只有快门(用来测暗电流)是移动部件，其余皆固定不动，故保证了检测器的重复性和可靠性。

进行分析时，监测一个波长上的色谱输出而储存其他波长上的数据。分析完毕后，可在处理机上得到等吸收数据图，也可将时间沿时间轴慢慢变动，观察光谱随时间的变化，由此可得到三维信息(时间、波长、吸光度)的直观图。

二极管阵列检测器配有软件可为每一样品提供极为丰富的色谱与光谱信息，可对未分离峰进行定量分析，可协助进行色谱峰的定性和进行样品组分纯度的测定。其局限性是造价高，一次性投资大。

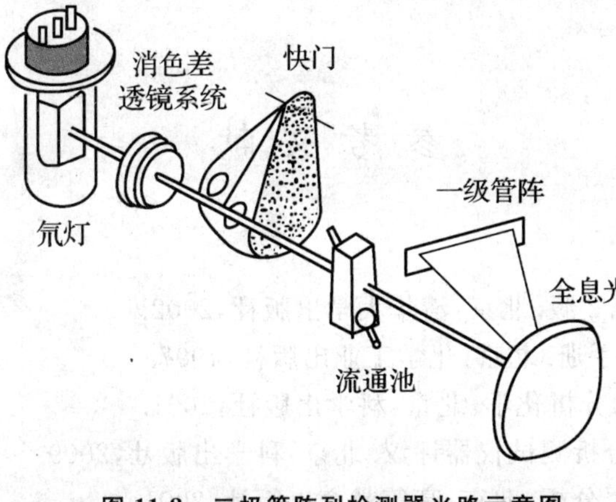

图 11-8 二极管阵列检测器光路示意图

此外,蒸发光散射检测检测器(evaporation light scattering detector,ELSD)是近期发展起来的已商品化的对所有物质都有响应的新型通用型检测器。它适用于梯度淋洗,最低检出浓度达到 5 ng/25 μL,灵敏度远高于示差折光检测器。

高效液相色谱检测器种类很多,质谱检测器、电导检测器、红外检测器等在各个不同领域都有一定程度的应用,这里就不介绍了。

习 题

1. 简要比较气相色谱和液相色谱的异同点。
2. 简述液-液色谱、液-固色谱、离子交换色谱、凝胶色谱的分离原理。
3. 何为正相色谱、反相色谱、离子对色谱?
4. 试述高效液相色谱的一般流程。
5. 在对固定相和流动相的选择上,液相色谱和气相色谱有什么不同?为什么?
6. 在高效液相色谱分析中,选用键合十八烷基为固定相,乙腈水溶液为流动相,判断下列组分的流出顺序,并简述理由。

①苯甲酸、苯甲酸甲酯、苯甲酸丁酯、苯甲酸乙酯。

②丙醇、异丁醇、醋酸丁酯。

参考文献

[1]刘密新,等.仪器分析.2版.北京:清华大学出版社,2002.
[2]朱良漪,等.分析仪器手册.北京:化学工业出版社,1997.
[3]汪尔康,等.21世纪的分析化学.北京:科学出版社,2001.
[4]中国分析测试协会.分析测试仪器评议.北京:科学出版社,2009.
[5]武汉大学化学系.仪器分析.北京:高等教育出版社,2001.
[6]向文胜.王相晶.仪器分析.哈尔滨:哈尔滨工业大学出版社,2006.
[7]陆婉珍.现代近红外光谱分析技术.2版.北京:中国石化出版社,2007.
[8]严衍禄.近红外光谱分析基础与应用.北京:中国轻工业出版社,2005.
[9]高鸿,分析化学前沿.北京:科学出版社,1991.
[10]姚松年.信息论在分析化学中的应用.北京:科学出版社,1990.
[11]吴瑾光.近代傅立叶变换红外光谱技术及应用.北京:科学技术出版社,1994.
[12]荆煦英,等.红外光谱实用指南.天津:天津科学技术出版社,1992.
[13]朱明华.仪器分析.北京:高等教育出版社,2000.
[14]严国光,等.仪器分析原理及其在农业中的应用.北京:科学出版社,1982.
[15]董庆年.红外光谱法.北京:化学工业出版社,1979.
[16]冯胜.吸光光度法的发展及其应用.广州:广东科技出版社,1990.
[17]卢佩章,等.色谱理论基础.上海:华东化工学院出版社,1986.
[18]达世禄,色谱学导论.武汉:武汉大学出版社,1988.
[19]Douglas A. Skoog, F. James Holler, Stanley R. Crouch. Principles of Instrumental Analysis (6th Edition). Thomson Brooks/Cole, 2007.
[20]北京大学化学系.仪器分析教学组.仪器分析教程.北京:北京大学出版社,2005.
[21]R. Kellner,等.分析化学,李克安,等.译,北京:北京大学出版社,2001.
[22]宁永成.有机化合物结构鉴定与有机波谱学.北京:科学出版社,2009.
[23]Kenneth A. Rubinson,等.现代仪器分析(影印版).北京:科学出版社,2003.
[24]赵瑶兴,等.有机分子结构光谱鉴定.北京:科学出版社,2003.
[25]D. A. Burns, E. W. Ciurczak, etal. Handbook of Near-Infrared Analysis(2nd Ed.), New York: Marcel Dekker, 2001.
[26]James W. Robinson. Undergraduate Instrumental Analysis (Thirs Edition). Marcel Dekker, 1982.
[27]Thomas M. Viclkrey. Liquid Chromatography detectors. Marcel Dekker, 1993.